高等职业教育“互联网+”创新型系列教材
安徽省高等学校质量工程项目“高水平教材”立项建设教材

FX5U PLC应用技术项目教程

主　编　王烈准　江玉才
副主编　徐巧玲　金　何
参　编　刘自清　孙吴松
主　审　王晓勇

机械工业出版社

本书以职业岗位能力需求为依据，从工程实际应用出发，较为系统地介绍了三菱 FX5U PLC 的基本结构、安装接线、工作原理、GX Works3 编程软件的应用、指令的编程及应用、模拟量控制、通信控制等。内容包括 FX5U PLC 顺控程序指令的编程及应用、FX5U PLC 基本指令与应用指令的编程及应用、FX5U PLC 步进梯形图指令的编程及应用、FX5U PLC 模拟量控制与通信的编程及应用 4 个项目。

本书为理论与实践一体化教材，选用三菱 FX5U PLC 中的 FX5U-32MR，将 FX5U PLC 的相关指令安排在 15 个任务中介绍，目标明确、针对性强，很好地践行了知识学习与实践操作有机融合。

本书可作为高职高专电气自动化技术、机电一体化技术、工业过程自动化技术、工业机器人技术、智能控制技术等专业的教学用书，也可作为相关工程技术人员的 PLC 培训和自学的参考书。

为方便教学和自学，本书配有电子课件（PPT）、复习与提高解答、模拟试卷及参考答案等，凡选用本书作为授课教材的学校，均可来电（010-88379375）索取或登录机械工业出版社教育服务网（www.cmpedu.com）注册下载。

图书在版编目（CIP）数据

FX5U PLC 应用技术项目教程 / 王烈准，江玉才主编 .—北京：机械工业出版社，2023.9

高等职业教育“互联网 +”创新型系列教材

ISBN 978-7-111-73833-6

Ⅰ. ① F… Ⅱ. ①王… ②江… Ⅲ. ① PLC 技术 – 高等职业教育 – 教材 Ⅳ. ① TM571.61

中国国家版本馆 CIP 数据核字（2023）第 168628 号

机械工业出版社（北京市百万庄大街 22 号 邮政编码 100037）

策划编辑：王宗锋　　　　责任编辑：王宗锋

责任校对：张亚楠　梁　静　　封面设计：马精明

责任印制：单爱军

北京虎彩文化传播有限公司印刷

2024 年 1 月第 1 版第 1 次印刷

184mm × 260mm • 18 印张 • 457 千字

标准书号：ISBN 978-7-111-73833-6

定价：54.80 元

电话服务　　　　　　　　网络服务

客服电话：010-88361066　机　工　官　网：www.cmpbook.com

010-88379833　机　工　官　博：weibo.com/cmp1952

010-68326294　金　书　网：www.golden-book.com

　机工教育服务网：www.cmpedu.com

前 言

三菱 FX5U PLC 是三菱电机推出的新一代小型 PLC，也是工业自动控制领域中的佼佼者，其中内置了数字量、模拟量、通信、高速输入、高速输出等模块，可通过扩展板和扩展适配器轻松地扩展整个控制系统，在多种智能功能模块的支持下，通过高速的系统总线，发挥出更为强大的控制功能。FX5U PLC 提供了全新的自动控制系统解决方案，具有适合高标准工业控制的接口，适用于多种用途，可以构建出多姿多彩的自动控制系统。

FX5U PLC 使用的是 GX Works3 编程软件，它支持以 IEC 为标准的主要程序语言。与 GX Works2 相比较，它具有更为强大的功能。例如专用功能指令由原来的 510 种增加到 1113 种，可以在计算机中通过虚拟 PLC 进行仿真调试，以确定程序是否正确。

本书根据智能制造领域从业人员对 PLC 技术应用的需求，结合“可编程控制器系统应用编程”职业技能等级标准要求编写而成。教材内容对接机电一体化技术、电气自动化技术等相关专业教学标准的要求，全面贯彻立德树人根本任务，注重专业精神、职业素养、工匠精神的培养。全书以三菱 FX5U PLC 应用为主线，选择 15 个典型任务为载体，围绕每一个任务实施的需要组织相关知识点，使知识与技能融为一体。硬件上以浙江天煌科技实业有限公司 THPFSL–2 网络型可编程控制器综合实训装置为平台，同时，教材编写组与浙江天煌科技实业有限公司相关技术人员共同开发了与教材内容配套的相应挂件，针对性很强，非常适合目前高等职业教育教学做一体化、混合式教学的需要。

本书的突出特点是采用项目导向、任务驱动框架设计内容，通过任务实施组织相关知识和技能训练，凸显了职业教育的特色。教材在内容编排上，每一任务均按“任务导入、知识准备、任务实施、任务考核、知识拓展、任务总结”逻辑组织，为更好地方便学习者复习和巩固，每一项目都安排了梳理与总结、复习与提高。

本书共 4 个项目，包括 FX5U PLC 顺控程序指令的编程及应用、FX5U PLC 基本指令与应用指令的编程及应用、FX5U PLC 步进梯形图指令的编程及应用、FX5U PLC 模拟量控制与通信的编程及应用。

本书获 2022 年安徽省高等学校质量工程项目“高水平教材（2022gspjc078）”立项，是六安职业技术学院与六安江淮电动机有限公司合作开发的课证融通教材，也是基于混合式教学改革的特色教材。本书由六安职业技术学院王烈准、江玉才主编，南京工业职业技术大学王晓勇主审。具体编写分工为：六安江淮电机有限公司刘自清编写了项目一的任务一、任务二；江玉才编写了项目一的任务三、任务四；六安职业技术学院金何编写了项目二的任务一、任务二；六安职业技术学院徐巧玲编写了项目二的任务三、任务四、任务五；六安职业技术学院孙吴松编写了项目三；王烈准编写了项目四，并负责全书的设计、统稿及定稿工作。在本书编写过程中，编者参阅了大量相关教材和三菱电机微型可编程控制器 MELSEC iQ–F 相关技术资料，在此对相关人员一并表示衷心的感谢！

由于编者水平有限，书中难免有不足之处，敬请读者批评指正。

编 者

二维码清单

序号	名称	图形	页码	序号	名称	图形	页码
1	PLC 的硬件组成		7	10	通用定时器及应用		53
2	PLC 的软件组成		10	11	累计定时器及应用		54
3	认识 FX5U PLC		16	12	堆栈指令及应用		63
4	FX5U PLC 的安装与接线		20	13	位软元件输出取反指令及应用		73
5	使用 GX Works3 编程软件编制梯形图		34	14	上升沿脉冲指令、下降沿脉冲指令及应用		79
6	程序的运行与监视		38	15	运算结果脉冲化指令及应用		81
7	程序的仿真		41	16	基本指令、应用指令的表达形式		91
8	梯形图注释		42	17	数据传送指令及应用		94
9	软元件的设置与软元件的复位指令及应用		48	18	n 位数据的 n 位右移位指令及应用		95

（续）

序号	名称	图形	页码	序号	名称	图形	页码
19	n位数据的n位左移位指令及应用		95	31	FX5U PLC 简易 PLC 间链接的硬件及接线		227
20	位软元件移位指令及应用		102	32	FX5U PLC 简易 PLC 间链接通信的参数设置		229
21	数据比较输出指令及应用		104	33	FX5U PLC 并列链接通信的参数设置		238
22	字软元件的位设置指令及应用		115	34	FX5U PLC MODBUS RTU 通信参数设置		244
23	字软元件的位复位指令及应用		116	35	FX5U PLC MODBUS 读、写（ADPRW）指令		246
24	7段解码指令及应用		119	36	FX5U PLC Socket 通信建立连接指令		251
25	不带进位的旋转指令及应用		144	37	FX5U PLC Socket 通信切断连接指令		252
26	步进梯形图指令及应用		164	38	FX5U PLC Socket 通信接收数据读取指令		253
27	使用 GX Works3 编程软件编制 SFC 程序		182	39	FX5U PLC Socket 通信数据发送指令		254
28	SFC 程序的运行与监视		188	40	TCP 协议通信参数设置		256
29	FX5U PLC 内置模拟量输入及参数设置		205	41	FX5U PLC 简单 CPU 通信功能的参数设置		265
30	FX5U PLC 内置模拟量输出及参数设置		207	42	FX5U PLC MODBUS/TCP 的通信设置		269

目 录

项目一

FX5U PLC 顺控程序指令的编程及应用

教学目标	知识目标	1. 熟悉 PLC 的组成及工作过程 2. 掌握梯形图和指令表之间的相互转换 3. 掌握编程元件 X、Y、M、T、ST、C、LC 及字元件位指定的功能及使用方法 4. 掌握顺序控程序指令中触点指令、结合指令、输出指令、主控制指令的编程及应用
	能力目标	1. 能分析简单控制系统的工作过程 2. 能正确安装 PLC，并完成 PLC 输入电源及输入 / 输出信号的接线 3. 能合理分配 PLC 输入 / 输出信号，使用顺控程序指令编制控制程序 4. 会使用 GX Works3 编程软件编制梯形图 5. 能进行程序的仿真及在线调试运行
	素质目标	1. 通过顺控程序指令的学习及编程应用，培养学生一丝不苟、精益求精的工匠精神和团结协作精神 2. 培养学生脚踏实地、勤于思考的学习精神 3. 通过任务实施，培养学生的责任意识、安全意识及规范的操作意识
教学重点		GX Works3 编程软件的使用；触点指令、输出指令的编程及应用
教学难点		边沿输出指令、堆栈指令和主控制指令的编程及应用
参考学时		16 ～ 24 学时

FX5U PLC 的 CPU 模块用指令包括顺控程序指令、基本指令、应用指令、步进梯形图指令、以太网功能内置指令及 PID 指令。顺控程序指令一般由助记符和目标元件组成，助记符是每一条顺控程序指令的符号，表明操作功能；目标元件是被操作的对象。有些顺控程序指令只有助记符，没有目标元件。下面将通过三相异步电动机单向运行的 PLC 控制、水塔水位的 PLC 控制、三相异步电动机正反转循环运行的 PLC 控制、三相异步电动机Y－△减压起动单按钮实现的 PLC 控制 4 个任务介绍 FX5U PLC 顺控程序指令的应用。

任务一　三相异步电动机单向运行的 PLC 控制

一、任务导入

在“电机与电气控制技术”课程中我们已经学习了电动机起停控制电路，本任务我们将学习如何利用 PLC 实现电动机起停控制，学习时应注意两者的异同之处。

当采用 PLC 控制电动机单向运行时，必须将按钮的控制信号送到 PLC 的输入端，经过程序运行，再将 PLC 的输出信号去驱动接触器 KM 线圈通电，电动机才能运行。那么，如何将按钮、接触器等低压电器与 PLC 输入、输出端口连接，如何编写 PLC 控制程序？这需要用到 PLC 内部的编程元件输入继电器 X、输出继电器 Y 以及相关的顺控程序指令。

二、知识准备

（一）认识 PLC

1. PLC 的产生与发展

（1）PLC 的产生　在可编程控制器出现之前，在工业电气控制领域中，继电器控制占主导地位，应用广泛。但是传统的继电器控制存在体积大、可靠性低、查找和排除故障困难等缺点，特别是其接线复杂、不易更改，对生产工艺变化的适应性差。

1968 年美国通用汽车（GM）公司为了适应汽车型号的不断更新、生产工艺不断变化的需要，实现小批量、多品种生产，希望能有一种新型工业控制器，它能做到尽可能减少重新设计和更新电气控制系统及接线，以降低成本，缩短周期。于是就设想将计算机功能强大、灵活、通用性好等优点与继电器控制系统简单易懂、价格便宜等优点结合起来，制成一种通用控制装置，而且这种装置采用面向控制过程、面向问题的“自然语言”进行编程，使不熟悉计算机的电气控制人员也能很快掌握使用。

当时，GM 公司提出以下十项设计标准：

1）编程简单，可在现场修改程序。

2）维护方便，采用模块式结构。

3）可靠性高于继电器控制柜。

4）体积小于继电器控制柜。

5）成本可与继电器控制柜竞争。

6）可将数据直接送入计算机。

7）可直接使用市电交流输入电压。

8）输出采用市电交流电压，能直接驱动电磁阀、交流接触器等。

9）通用性强，扩展方便。

10）能存储程序，存储器容量可以扩展到 4KB。

1969 年，美国数字设备公司（DEC）研制出第一台 PLC PDP-14，并在美国通用汽车自动装配线上试用，获得成功。这种新型的电控装置由于优点多、缺点少，很快就在美国得到了推广应用。1971 年日本从美国引进这项技术并研制出日本第一台 PLC，1973 年德国西门子公司研制出欧洲第一台 PLC，我国 1974 年开始研制，1977 年开始工业应用。

（2）PLC 的发展　经过了几十年的更新发展，PLC 越来越被工业控制领域的企业和专家所认识和接受。在美国、德国、日本等工业发达国家已经成为重要的产业之一。生产厂家不断涌现、品牌不断翻新，产量产值大幅上升，而价格则不断下降，使得 PLC 的应用范围持续扩大，从单机自动化到工厂自动化，从机器人、柔性制造系统到工业局部网络，PLC 正以迅猛的发展势头渗透到工业控制的各个领域。从 1969 年第一台 PLC 问世至今，它的发展大致可以分为以下几个阶段：

1970 ～ 1980 年：PLC 的结构定型阶段。在这一阶段，由于 PLC 刚诞生，各种类型的顺序控制器不断出现（如逻辑电路型、1 位机型、通用计算机型、单板机型等），但迅

速被淘汰。最终以微处理器为核心的现有 PLC 结构形成，获得了市场的认可，得以迅速发展推广。PLC 的原理、结构、软件、硬件趋向统一与成熟，PLC 的应用领域由最初的小范围、有选择使用、逐步向机床、生产线扩展。

1980 ～ 1990 年：PLC 的普及阶段。在这一阶段，PLC 的生产规模日益扩大，价格不断下降，PLC 被迅速普及。各 PLC 生产厂家产品的品种开始系列化，并且形成了 I/O 点型、基本单元加扩展块型、模块化结构型这三种延续至今的基本结构模型。PLC 的应用范围开始向顺序控制的全部领域扩展。如三菱公司本阶段的主要产品有 F、F1、F2 系列小型 PLC 产品，K/A 系列中、大型 PLC 产品等。

1990 ～ 2000 年，PLC 的高性能与小型化阶段。在这一阶段，随着微电子技术的发展，PLC 的功能日益增强，PLC 的 CPU 运算速度大幅度上升、位数不断增加，使得适用于各种特殊控制的功能模块不断被开发，PLC 的应用范围由单一的顺序控制向现场控制拓展。此外，PLC 的体积大幅度缩小，出现了各类微型化 PLC。三菱公司本阶段的主要产品有 FX 系列小型 PLC 产品，AIS/A2US/Q2A 系列中、大型 PLC 系列产品等。

2000 年至今：PLC 的高性能与网络化阶段。在本阶段，为了适应信息技术的发展与工厂自动化的需要，PLC 的各种功能不断进步。一方面，PLC 在继续提高 CPU 运算速度、位数的同时，开发了适用于过程控制、运动控制的特殊功能模块，使 PLC 的应用范围涉及工业自动化的全部领域。与此同时，PLC 的网络与通信功能得到迅速发展，PLC 不仅可以连接传统的编程与输入 / 输出设备，还可以通过各种总线构成网络，为工厂自动化奠定了基础。

国内 PLC 应用市场仍然以国外产品为主，如：西门子 S7–200SMART 系列、S7–1200 系列、S7–1500 系列、S7–300 系列、S7–400 系列；三菱 FX3、iQ–F、iQ–R、iQ–L 系列，L 系列，Q 系列；欧姆龙 CP1、CJ1、CJ2、CS1、C200H 系列等。

国产 PLC 主要为中小型，具有代表性的有：无锡信捷电气股份有限公司生产的小型 XC 系列、XD 系列，中型 XS 系列、XG 系列及薄型 XL 系列；深圳市矩形科技有限公司生产的 N80、N90 及 CMPAC 系列；南大傲拓科技江苏股份有限公司生产的 NJ200 小型 PLC、NJ300 中型 PLC、NJ400 中大型 PLC、NA2000 智能型 PLC 等；深圳市汇川技术股份有限公司生产的 HU 系列小型 PLC（H2U 系列、H3U 系列、H5U 系列），中型 PLC（AM400 系列、AM600 系列）等。这些产品已具备了一定的规模，并在工业产品中获得了应用。

目前，PLC 的发展趋势主要体现在规模化、高性能、多功能、模块智能化、网络化、标准化等几个方面。

1）产品规模向大、小两个方向发展。大型化是指大中型 PLC 向大容量、智能化和网络化发展，使之能与计算机组成集成控制系统，对大规模、复杂系统进行综合性的自动控制。现已有 I/O 点数达 14336 点的超级型 PLC，它使用 32 位微处理器和大容量存储器，多 CPU 并行工作，功能强。小型 PLC 由整体结构向小型模块化结构发展，使配置更加灵活，为了市场需要已经开发了各种简易、经济的超小型微型 PLC，最小配置的 I/O 点数为 8 ～ 16 点，以适应单机或小型自动控制系统的需要。

2）向高性能、高速度、大容量方向发展。PLC 的扫描速度是衡量 PLC 性能的一个重要指标。为了提高 PLC 的处理能力，要求 PLC 具有更好的响应速度和更大的存储容量。目前，有的 PLC 的扫描速度可达每千步程序用时 0.1ms 左右。在存储容量方面，有的 PLC 最高可达几十兆字节。为了扩大存储容量，有的公司已使用了磁泡存储器或硬盘。

3）向模块智能化方向发展。分级控制、分布控制是增强 PLC 控制功能、提高处理速度的一个有效手段。智能模块是以微处理器和存储器为基础的功能部件，它们可独立于主机 CPU 工作，分担主机 CPU 的处理任务，主机 CPU 可随时访问智能模块、修改控制参数，这样有利于提高 PLC 的控制速度和效率，简化设计、编程工作量，提高动作可靠性、实时性，满足复杂的控制要求。为满足各种控制系统的要求，目前已开发出许多功能模块，如高速计数模块、模拟量调节（PID 控制）模块、运动控制（步进、伺服、凸轮控制等）模块、远程 I/O 模块、通信和人机接口模块等。

4）向网络化方向发展。加强 PLC 的联网能力是实现分布式控制、适应工业自动化控制和计算机集成控制系统发展的需要。PLC 的联网与通信主要包括 PLC 与 PLC 之间、PLC 与计算机之间以及 PLC 与远程 I/O 之间的信息交换。随着 PLC 和其他工业控制计算机组网构成大型控制系统以及现场总线的发展，PLC 将向网络化和通信的简便化方向发展。

5）向标准化方向发展。生产过程自动化要求在不断提高，PLC 的能力也在不断增强，过去那种不开放的、各品牌自成一体的结构显然不适合，为提高兼容性，在通信协议、总线结构、编程语言等方面需要一个统一的标准。国际电工委员会为此制定了国际标准 IEC61131。该标准由通用信息、装置要求和试验、程序设计语言、用户指南、通信、功能安全、模糊控制编程、编程语言的执行和应用指南等十部分组成。几乎所有的 PLC 生产厂家都表示支持 IEC61131–3 标准，并向该标准靠拢。

2. PLC 的定义

PLC 是一种工业控制装置。它是在电气控制技术和计算机技术的基础上开发出来的，并逐渐发展成为以微处理器为核心，将自动化技术、计算机技术、通信技术融为一体的新型工业控制装置。

1987 年，IEC 定义 PLC：可编程控制器是一种数字运算操作的电子系统，专为在工业环境下应用而设计。它采用可编程序的存储器，用来在其内部存储执行逻辑运算、顺序控制、定时、计数和算术运算等操作的指令，并通过数字式和模拟式的输入和输出，控制各种类型的机械或生产过程。可编程控制器及其有关外围设备，都应按易于与工业系统联成一个整体，易于扩充其功能的原则设计。

3. PLC 的特点

PLC 技术之所以高速发展，除了工业自动化的客观需要外，主要是因为它具有许多独特的优点。它较好地解决了工业领域中普遍关心的可靠性、安全、灵活、方便、经济等问题。PLC 主要有以下特点：

（1）可靠性高、抗干扰能力强　可靠性高、抗干扰能力强是 PLC 最重要的特点之一。PLC 的平均无故障时间可达几十万个小时，之所以有这么高的可靠性，是由于它采用了一系列的硬件和软件的抗干扰措施。

1）硬件方面。I/O 通道采用光电隔离，有效地抑制了外部干扰源对 PLC 的影响；对供电电源及线路采用多种形式的滤波，从而消除或抑制了高频干扰；对 CPU 等重要部件采用良好的导电、导磁材料进行屏蔽，以减少空间电磁干扰；对有些模块设置了联锁保护、自诊断电路等。

2）软件方面。PLC 采用扫描工作方式，减少了由于外界环境干扰引起的故障；在 PLC 系统程序中设有故障检测和自诊断程序，能对系统硬件电路等故障实现检测和判断；当外界干扰引起故障时，能立即将当前重要信息加以封锁，禁止任何不稳定的读写操作，一旦外界环境正常后，便可恢复到故障发生前的状态，继续原来的工作。

（2）编程简单、使用方便　目前，大多数 PLC 采用的编程语言是梯形图语言，它是一种面向生产、面向用户的编程语言。梯形图与继电器控制电路相似，形象、直观，不需要掌握计算机知识，很容易让广大工程技术人员掌握。当生产流程需要改变时，可以现场改变程序，使用方便、灵活。同时，PLC 的编程器操作和使用也很简单。这也是 PLC 获得普及和推广的主要原因之一。

许多 PLC 还针对具体问题，设计了各种专用编程指令及编程方法，进一步简化了编程。

（3）功能完善、通用性强　现代 PLC 不仅具有逻辑运算、定时、计数、顺序控制等功能，还具有 A/D 和 D/A 转换、数值运算、数据处理、PID 控制、通信联网等许多功能。同时，由于 PLC 产品的系列化、模块化，有品种齐全的各种硬件装置供用户选用，因此可以组成满足各种要求的控制系统。

（4）设计安装简单、维护方便　由于 PLC 用软件代替了传统电气控制系统的硬件，控制柜的设计、安装接线工作量大为减少。PLC 的用户程序大部分可在实验室模拟调试，缩短了应用设计和调试周期。在维修方面，由于 PLC 故障率极低，维修工作量很小，而且 PLC 具有很强的自诊断功能。出现故障时，可根据 PLC 上的指示或编程器上提供的故障信息，迅速查明原因，维修极为方便。

（5）体积小、重量轻、能耗低，易于实现机电一体化　PLC 采用了集成电路，其结构紧凑、体积小、能耗低，是实现机电一体化的理想控制设备。

4. PLC 的应用领域

目前，PLC 已广泛应用冶金、石油、化工、建材、机械制造、电子、汽车、轻工、环保及文化娱乐等各种行业，随着 PLC 性价比的不断提高，其应用领域不断扩大。从应用类型看，PLC 的应用大致可归纳为以下几个方面：

（1）开关量逻辑控制　利用 PLC 最基本的逻辑运算、定时、计数等功能实现逻辑控制，可以取代传统的继电器控制，应用于单机控制、多机群控制、生产自动线控制等，如机床、注塑机、印刷机械、装配生产线、电镀流水线及电梯的控制等。这是 PLC 最基本的应用，也是 PLC 最广泛的应用领域。

（2）运动控制　大多数 PLC 都有拖动步进电动机或伺服电动机的单轴或多轴位置控制模块，这一功能广泛应用于各种机械设备，如对各种机床、装配机械、机器人等进行运动控制。

（3）模拟量过程控制　模拟量过程控制是指对温度、压力、流量等连续变化的模拟量的闭环控制。大、中型 PLC 都具有多路模拟量 I/O 模块和 PID 控制功能，有的小型 PLC 也有模拟量输入 / 输出。所以可实现模拟量控制且具有 PID 控制功能的 PLC 可构成闭环控制，用于过程控制。PLC 的这一功能已广泛应用于锅炉、反应堆、酿酒以及闭环位置控制和速度控制等方面。

（4）现场数据处理　现代 PLC 都具有数学运算、数据传输、转换、排序和查表等功能，可进行数据的采集、分析和处理，同时可通过通信接口将这些数据传输给其他智能装置，如计算机数值控制（Computerized Numerical Control，CNC）设备，进行处理。

（5）通信联网多级控制　PLC 的通信包括 PLC 与 PLC、PLC 与上位计算机、PLC 与其他智能设备（如变频器、触摸屏等）之间的通信，PLC 系统与通用计算机可直接或通过通信处理单元、通信转换单元相连构成网络，以实现信息的交换，并可构成“集中管理、分散控制”的多级分散式控制系统，满足工厂自动化（Factory Automation，FA）系统发展的需要。

5. PLC 的分类

（1）按结构形式分　可分为整体式 PLC 及模块式 PLC 等。

1）整体式 PLC。整体式 PLC 是将电源、CPU、I/O 接口等部件都集中装在一个机箱内，具有结构紧凑、体积小、价格低的特点。小型 PLC 一般采用这种结构。整体式 PLC 由不同 I/O 点数的基本单元（又称主机）和扩展单元组成。基本单元内有 CPU、I/O 接口、与 I/O 扩展单元相连的扩展口、以及与编程器或 EPROM 写入器相连的接口等。扩展单元内只有 I/O 和电源等，没有 CPU。基本单元和扩展单元之间一般用扁平电缆连接。整体式 PLC 一般还可配备特殊功能模块，如模拟量输入 / 输出模块、位置控制模块等，使其功能得以扩展。

整体式 PLC 如图 1-1 所示。

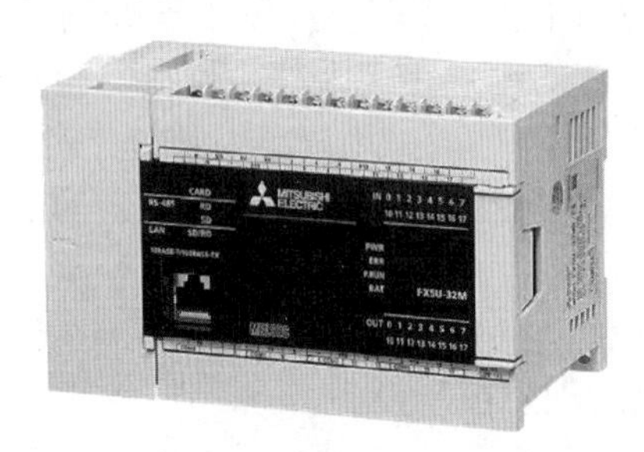

a) 三菱FX5U系列PLC

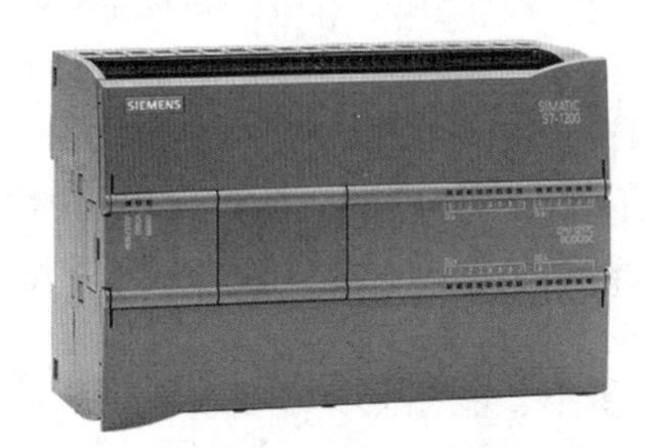

b) 西门子S7-1200系列PLC

图 1-1　整体式 PLC

2）模块式（组合式）PLC。模块式 PLC 是将 PLC 各组成部分分别做成若干个单独的模块，如 CPU 模块、I/O 模块、电源模块（有的含在 CPU 模块中）以及各种功能模块。模块式 PLC 由框架或基板和各种模块组成。模块装在框架或基板的插座上。模块式 PLC 的特点是配置灵活，可根据需要选配不同规模的系统，且装配方便，便于扩展和维修。大、中型 PLC 一般采用模块式（组合式）结构。

模块式 PLC 如图 1-2 所示。

a) 三菱Q系列PLC

b) 西门子S7-1500系列PLC

图 1-2　模块式 PLC

（2）按功能分　可分为低档 PLC、中档 PLC 及高档 PLC。

1）低档 PLC。具有逻辑运算、定时、计数、移位以及自诊断、监控等基本功能，还可有少量模拟量输入 / 输出、算术运算、数据传送和比较、通信等功能，主要用于逻辑控制、顺序控制或少量模拟量控制的单机控制系统。

2）中档 PLC。除具有低档 PLC 的功能外，还具有较强的模拟量输入 / 输出、算术运算、数据传送和比较、数制转换、远程 I/O、子程序调用、通信联网等功能，有些还可增设中断控制、PID 控制等功能，适用于复杂的控制系统。

3）高档 PLC。除具有中档 PLC 的功能外，还增加了带符号算术运算、矩阵运算、位逻辑运算、二次方根运算及其他特殊功能函数的运算、制表及表格传送功能等，具有更强的通信联网功能，可用于大规模过程控制或构成分布式网络控制系统，实现工厂自动化。

（3）按 I/O 点数分　可分为微型 PLC、小型 PLC、中型 PLC 及大型 PLC。

1）微型 PLC。I/O 点数小于 64 点的为超小型或微型 PLC。

2）小型 PLC。I/O 点数为 256 点以下、存储器容量小于 4KB 的为小型 PLC。

3）中型 PLC。I/O 点数为 256 ～ 2048 点之间、存储器容量为 2 ～ 8KB 的为中型 PLC。

4）大型 PLC。I/O 点数为 2048 点以上、存储器容量为 8 ～ 16KB 的为大型 PLC。其中 I/O 点数超过 8192 点的为超大型 PLC。

实际应用中，PLC 功能的强弱一般与其 I/O 点数的多少是相互关联的，即 PLC 的功能越强，其可配置的 I/O 点数越多。因此，通常所说的小型、中型、大型 PLC，除指其 I/O 点数不同外，同时也表示其对应功能的低档、中档、高档。

（二）PLC 的基本组成与工作原理

1. PLC 的硬件组成

PLC 的硬件组成

PLC 的硬件主要由 CPU、存储器、输入 / 输出接口电路、电源、通信接口和扩展接口等部分组成。其中 CPU 是 PLC 的核心，输入 / 输出接口电路是连接现场输入 / 输出设备与 CPU 的接口电路，通信接口用于与编程器、上位计算机等外设连接。

对于整体式 PLC，所有部件都装在同一机壳内，其组成框图如图 1-3 所示；对于模块式 PLC，各部件独立封装成模块，各模块通过总线连接，安装在机架或导轨上，其组成框图如图 1-4 所示，无论哪种结构类型的 PLC，都可根据用户需要进行配置和组合。

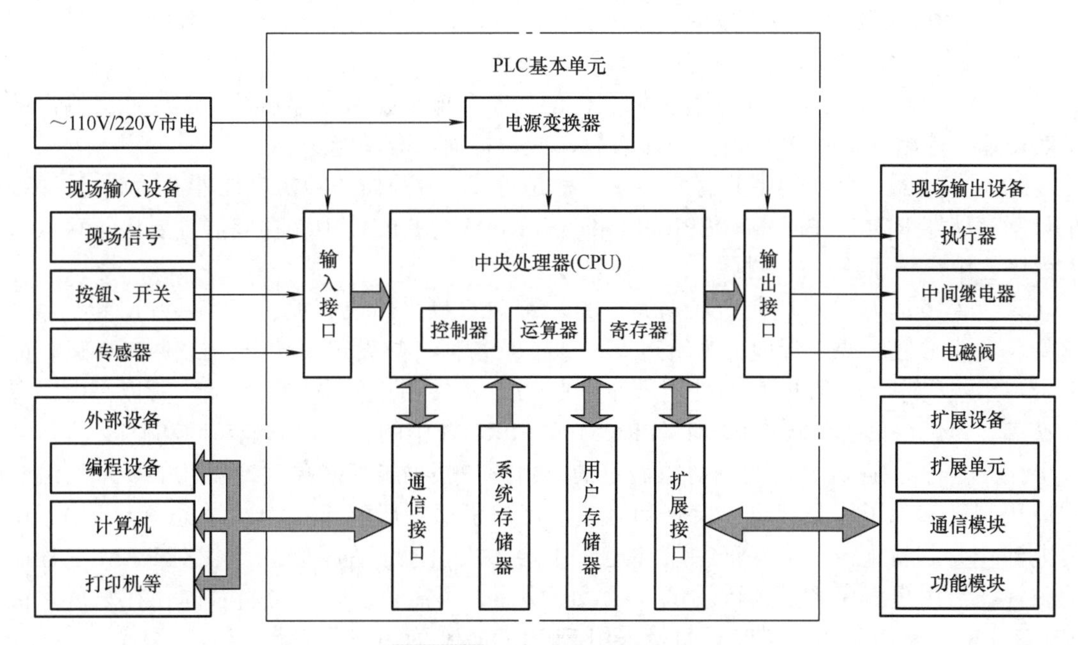

图 1-3　整体式 PLC 组成框图

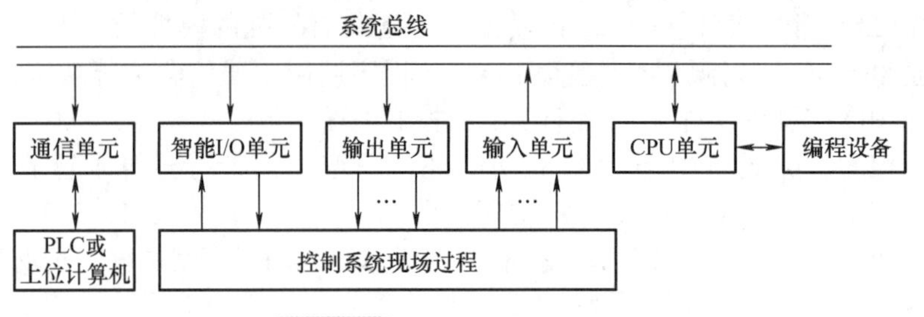

图 1-4 模块式 PLC 组成框图

尽管整体式 PLC 与模块式 PLC 结构不太一样，但各部分的功能是相同的。下面对 PLC 主要部分进行简单介绍。

（1）中央处理器（CPU） CPU 是 PLC 的核心，PLC 中所配置的 CPU 随机型不同而不同。常用 CPU 有三类：通用微处理器、单片微处理器和位片式微处理器。小型 PLC 大多采用 8 位通用微处理器和单片微处理器；中型 PLC 大多采用 16 位通用微处理器或单片微处理器；大型 PLC 大多采用高速位片式微处理器。

目前，小型 PLC 为单 CPU 系统；中、大型 PLC 大多为双 CPU 系统，其中一片为字处理器，一般采用 8 位或 16 位处理器，另一片为位处理器，采用由各厂家设计制造的专用芯片。字处理器为主处理器，用于执行编程器接口功能，监视内部定时器，监视扫描时间，处理字节指令以及对系统总线和位处理器进行控制等。位处理器为从处理器，主要用于处理位操作指令和实现 PLC 编程语言向机器语言的转换。位处理器的采用提高了 PLC 的速度，使 PLC 可以更好地满足实时控制要求。

在 PLC 中 CPU 按系统程序赋予的功能，指挥 PLC 有条不紊地进行工作，归纳起来主要有以下几个方面：

1）接收并存储从编程器输入的用户程序和数据。

2）诊断电源、PLC 内部电路的工作故障和编程中的语法错误等。

3）通过输入接口接收现场的状态和数据，并存入输入映像寄存器或数据寄存器中。

4）从存储器逐条读取用户程序，经过解释后执行。

5）根据执行的结果，更新有关标志位的状态和输出映像寄存器的内容，通过输出单元实现输出控制。有些 PLC 还具有制表打印或数据通信等功能。

（2）存储器 存储器主要有两种：一种是可读 / 写操作的随机存储器 RAM，另一种是只读存储器 ROM、PROM、EPROM 和 EEPROM。在 PLC 中，存储器主要用于存放系统程序、用户程序及工作数据。

系统程序是由 PLC 的制造厂家编写的，和 PLC 硬件组成有关，完成系统诊断、命令解释、功能子程序调用管理、逻辑运算、通信及各种参数设定等功能，提供 PLC 运行的平台。系统程序关系到 PLC 的性能，而且在 PLC 的使用过程中不会变动，所以是由制造厂家直接固化在只读存储器 ROM、PROM 或 EPROM 中的，用户不能访问和修改。

用户程序是随 PLC 的控制对象而定的，由用户根据被控对象生产工艺的要求而编写的应用程序。为了便于读出、检查和修改，用户程序一般存于 CMOS 静态 RAM 中，用锂电池作为后备电源，以保证系统掉电时不会丢失信息，为了防止干扰对 RAM 中程序的破坏，当用户程序经过运行调试，确认正确后，不需要改变，可将其固化在只读存储 EPROM 中，现在也有许多 PLC 直接采用 EEPROM 作为用户存储器。

工作数据是 PLC 运行过程中经常变化、经常存取的一些数据，存放在 RAM 中，以适应随机存取的要求。在 PLC 的工作数据存储器中，设有存放输入输出继电器、辅助继电器、定时器、计数器等逻辑器件状态的存储区，这些器件的状态都是由用户程序的初始设置和运行情况而确定的。根据需要，部分数据在系统掉电时用后备电池维持其现有的状态，这部分在系统掉电时可保存数据的存储区域称为保持数据区。

PLC 产品样本或使用手册中所列存储器的形式及容量是指用户程序存储器，当 PLC 提供的用户程序存储器容量不够用时，许多 PLC 还提供有存储器扩展功能。

（3）输入 / 输出接口　输入 / 输出接口是 PLC 与被控对象（机械设备或生产过程）联系的桥梁。现场信号经输入接口传送给 CPU，CPU 的运算结果、发出的命令经输出接口送到有关设备或现场。输入 / 输出信号分为开关量、模拟量，这里仅对开关量进行介绍。

1）开关量输入接口电路。开关量输入接口是连接外部开关量输入器件的接口，开关量输入器件包括按钮、选择开关、数字拨码开关、行程开关、接近开关、光电开关、继电器触点和传感器等。输入接口的作用是把现场开关量（高、低电平）信号变成 PLC 内部处理的标准信号。

PLC 的输入电源分为 AC 型和 DC 型两种，开关量输入接口按其使用的电源不同，可分为直流输入接口、交流输入接口，一般整体式 PLC 中输入接口都采用直流输入，由基本单元提供输入电源，也可以外接直流电源。直流输入接口电路按输入公共端 S/S 与直流电源的不同连接分为漏型输入接口电路和源型输入接口电路，当输入公共端 S/S 与直流电源 24V 端子连接时为漏型，当输入公共端 S/S 与直流电源 0V 端子连接时为源型。AC 电源型、DC 电源型开关量输入接口电路分别如图 1-5、图 1-6 所示。

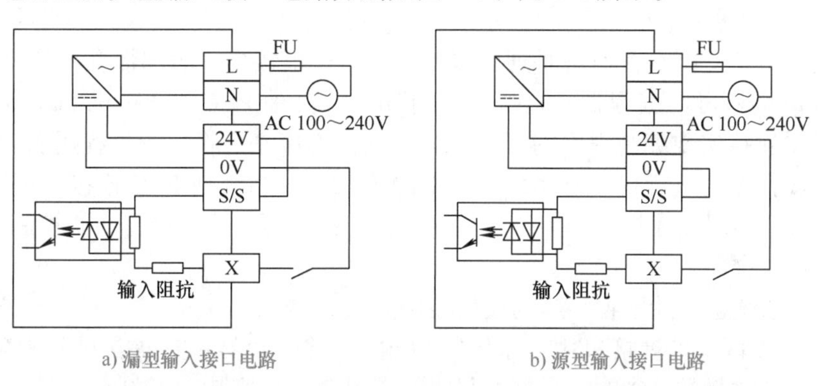

a) 漏型输入接口电路　　b) 源型输入接口电路

图 1-5　AC 电源型开关量输入接口电路

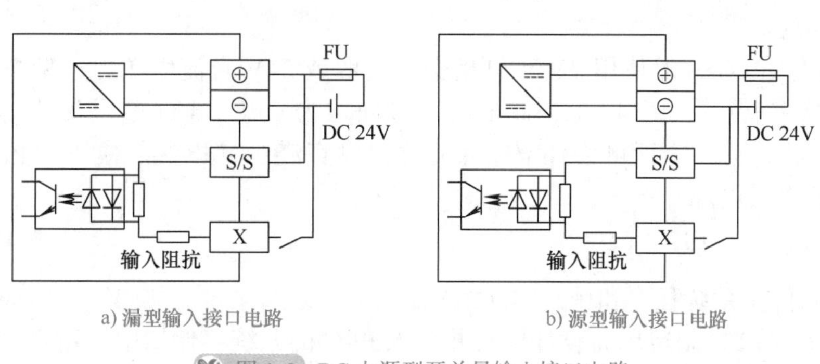

a) 漏型输入接口电路　　b) 源型输入接口电路

图 1-6　DC 电源型开关量输入接口电路

2）开关量输出接口电路。开关量输出接口是 PLC 控制执行机构动作的接口，开关量输出执行机构包括接触器线圈、气动控制阀、电磁铁、指示灯和智能装置等设备。开关量输出接口的作用是将 PLC 内部的标准状态信号转换为现场执行机构所需的开关量信号。

开关量输出接口按输出开关器件不同有两种类型：继电器输出、晶体管输出，其接口电路如图 1-7 所示，图中［COM□］和［+V□］的□中为公共端编号。继电器输出接口可驱动交流或直流负载，但其响应时间长，动作频率低，继电器输出接口电路如图 1-7a 所示；晶体管输出接口电路响应速度快，动作频率高，但只能用于驱动直流负载。

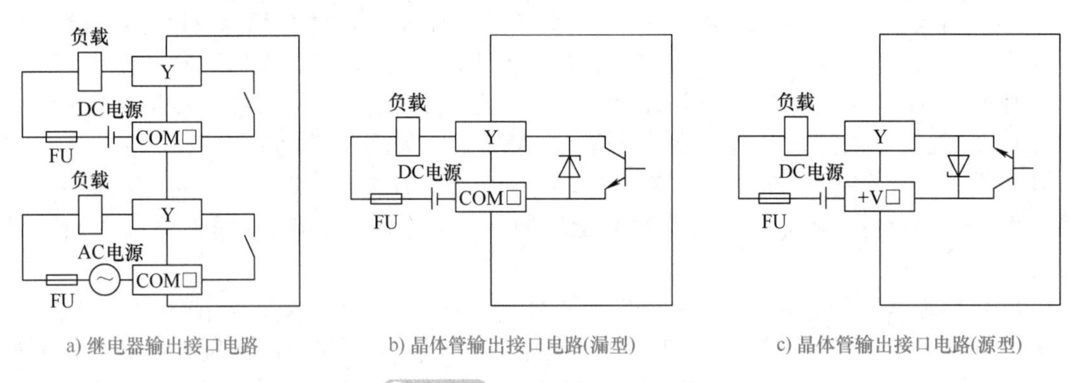

a) 继电器输出接口电路　b) 晶体管输出接口电路(漏型)　c) 晶体管输出接口电路(源型)

图 1-7　开关量输出接口电路

PLC 的 I/O 接口所能接收的输入信号和输出信号的个数称为 PLC 输入 / 输出（I/O）点数。I/O 点数是选择 PLC 的重要依据之一。当 I/O 点数不够时，可通过 PLC 的 I/O 扩展接口对系统进行扩展。

（4）通信接口　PLC 配有各种通信接口，这些通信接口一般都带有通信处理器。PLC 通过这些通信接口可与编程器、监视器、打印机、其他 PLC、计算机等设备实现通信。PLC 与编程器连接实现编制程序的下载；与监视器连接，可将控制过程用图像显示出来；与打印机连接，可将过程信息、系统参数等输出打印；与其他 PLC 连接，可组成多机系统或连成网络，实现更大规模的控制；与计算机连接，可组成多级分布式控制系统，实现控制与管理相结合。

远程 I/O 系统也必须配置相应的通信接口模块。

（5）扩展接口　扩展接口用于系统扩展输入 / 输出点数，这种扩展接口实际为总线形式，可配接开关量的 I/O 单元，也可配置如模拟量、高速脉冲等单元，以及通信适配器等。如 I/O 点离主机较远，可配置一个 I/O 子系统将这些 I/O 点归纳到一起，通过远程 I/O 接口与主机相连。

（6）电源　PLC 一般使用 220V 单相交流电源或 24V 直流电源，小型整体式可编程控制器内部有一个开关稳压电源，此电源一方面可为 CPU、I/O 单元及扩展单元提供直流 5V 工作电源，另一方面可为外部输入元件提供直流 24V 电源。模块式 PLC 通常采用单独的电源模块供电。

2. PLC 的软件组成

PLC 的软件由系统程序和用户程序组成。

系统程序由 PLC 制造厂商设计编写并存入 PLC 的系统存储器中，用户不能直接读写与更改。系统程序相当于 PLC 的操作系统，主要功能是时序

PLC 的软件组成

管理、存储空间分配、系统自检和用户程序编译等。

用户程序是用户根据控制要求，按系统程序允许的编程规则，用厂家提供的编程语言编写的程序。

PLC 编程语言是多种多样的，对于不同生产厂家、不同系列的 PLC 产品采用的编程语言的表达方式也不相同，但基本上可归纳两种类型：一是采用字符表达方式的编程语言，如指令表等；二是采用图形符号表达方式的编程语言，如梯形图等。

1994 年 5 月，国际电工委员会（IEC）公布了可编程控制器标准（IEC1131），其中第 3 部分（IEC1131–3）关于 PLC 的编程语言标准中详细说明了 5 种 PLC 编程语言：梯形图（Ladder Diagram，LD）、指令表（Instruction List，IL）、顺序功能图（Sequential Function Chart，SFC）、功能块图（Function Block Diagram，FBD）及结构化文本（Structured Text，ST）。

（1）梯形图（LD）　梯形图是在触点与线圈构成的回路中通过串联与并联的组合表示由 AND、OR 组成的逻辑运算，记述顺控程序的语言。这种语言采用因果关系来描述事件发生的条件和结果，每个梯级是一个因果关系。在梯级中，描述事件发生的条件表示在左边，描述事件发生的结果表示在右边。梯形图是由继电器 – 接触器控制系统原理图演变而来的，它沿用了继电器 – 接触器控制系统原理图的常开触点、常闭触点、线圈及串并联等术语和符号，比较形象直观。梯形图是目前使用最多的 PLC 编程语言。

表 1-1 给出了继电器 – 接触器控制系统中低压继电器符号和 PLC 软继电器符号对照关系。

表 1-1　继电器 – 接触器控制系统中低压继电器符号和 PLC 软继电器符号对照表

序号	名称	低压继电器符号	PLC 软继电器符号
1	常开触点	─╱─	─┤ ├─
2	常闭触点	─┴╲─	─┤/├─
3	线圈	─[ ]─	─○─

电动机单向运行梯形图如图 1-8 所示。

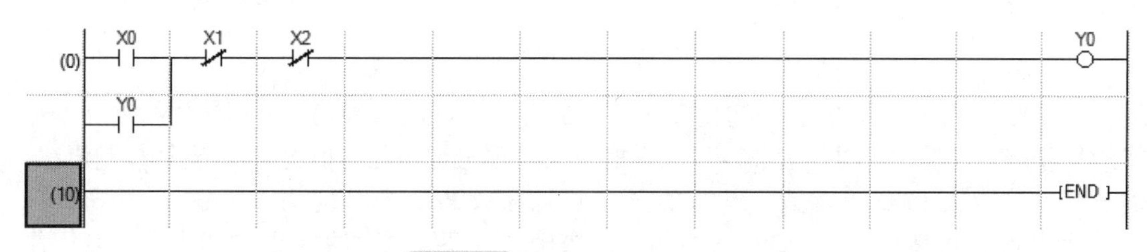

图 1-8　电动机单向运行梯形图

（2）指令表（IL）　PLC 的指令是一种与计算机汇编语言中的指令极其相似的助记符表达式，由指令组成的程序称为指令表。指令表也称为语句表，它由语句表指令根据一定的顺序排列而成。一般情况下，每条指令由助记符（或称为操作码）和操作数（或称为目标元件）两部分组成，也有少数只有助记符而没有操作数的指令，称为无操作数指令。助记符表示要执行的功能，操作数表示操作的地址或一个预先设定的值。指令表和梯形图有严格的对应关系。对指令表不熟的可以先画出梯形图，再转换成指令表。有些简单的手持式编程设备只支持指令表编程，所以把梯形图转换为指令表是 PLC 使用人员应掌握的技能。图 1-8 所示的梯形图对应的指令表见表 1-2。

表 1-2 指令表

程序步数	指令助记符	操作数	程序步数	指令助记符	操作数
0	LD	X0	6	ANI	X2
2	OR	Y0	8	OUT	Y0
4	ANI	X1	10	END	

（3）顺序功能图（SFC） 顺序功能图又称为状态转移图，是一种位于其他编程语言之上的图形语言，它主要用来编制顺序控制程序。顺序功能图提供了一种组织程序的图形方法，在其中可以用其他语言嵌套编程。顺序功能图表示程序的流程，主要由步、有向连线、转移条件和动作组成，如图 1-9 所示。顺序功能图常用来描述开关量控制系统的功能，根据顺序功能图可以很容易地画出顺序控制梯形图程序。

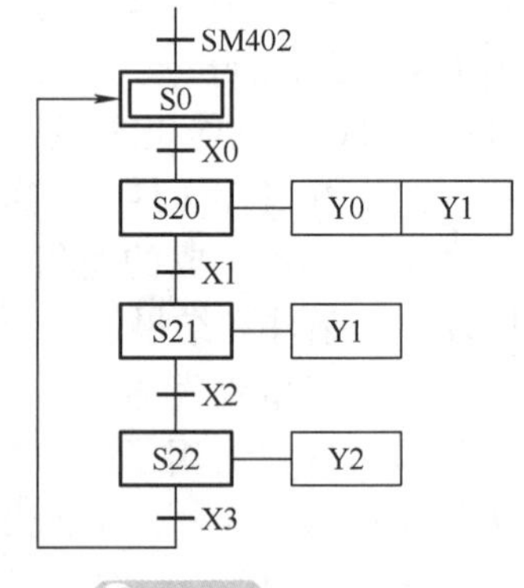

图 1-9 顺序功能图

（4）功能块图（FBD） 功能块图与梯形图、顺序功能图一样，也是一种图形化编程语言，是与数字逻辑电路类似的一种 PLC 编程语言。采用功能块图的形式来表示模块所具有的功能，不同的功能模块具有不同的功能。它基本沿用了半导体逻辑电路的逻辑方块图，有数字电路基础的技术人员很容易上手和掌握。

电动机单向连续运行采用 FBD 语言编写的程序如图 1-10 所示。

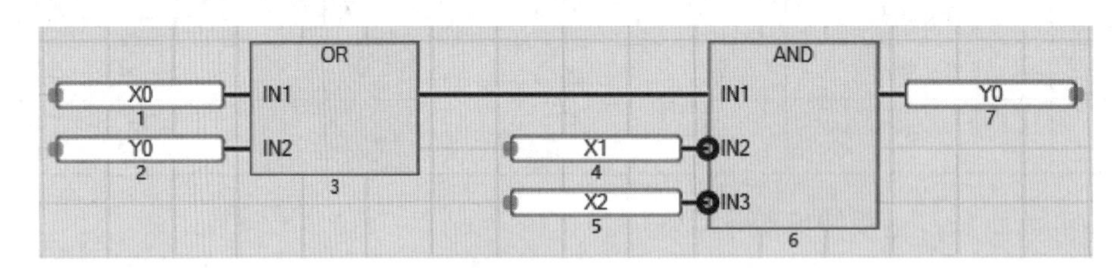

图 1-10 功能块图

（5）结构化文本（ST） 结构化文本语言是具有与 C 语言等相似的语法结构的文本形式的程序语言，适用于对梯形图难以表现的复杂处理进行编程的情况。ST 支持控制语法、运算式、功能块（FB)、函数（FUN)，不仅可以完成 PLC 典型应用（如输入 / 输出、定时、计数等)，还具有循环、选择、数组、高级函数等高级语言的特性。ST 非常适合于复杂的运算、数学函数、数据处理和管理以及过程优化等，是今后 PLC 编程语言的趋势。

ST 语言使用标准编程运算符，例如，用“ :=”表示赋值，用“ AND、XOR、OR”表示逻辑与、异或、或，用“+、–、*、/”表示算术功能加、减、乘、除。ST 语言也使用标准 PASCAL 程序控制操作，如代入语句（<左边>:= <右边>)、选择语句（IF 语句、CASE 语句)、重复语句（FOR 语句、REPEAT 语句、WHILE 语句）等。

电动机单向连续运行采用 ST 编写的程序如图 1-11 所示。

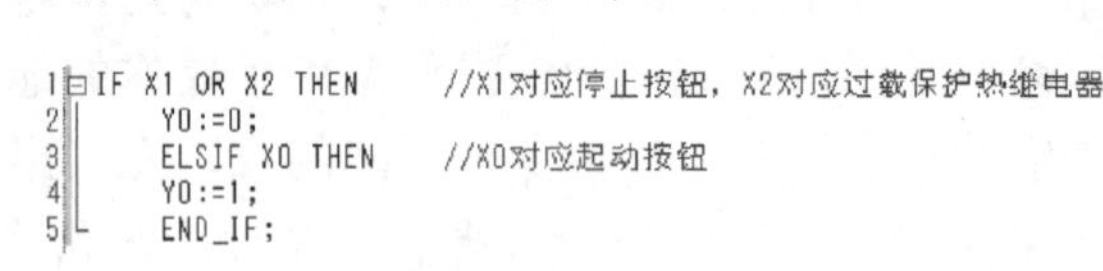

图 1-11 ST 程序

基于 GX Works3 编程环境下，目前 FX5U PLC 可运行梯形图、功能块图、顺序

功能图及结构化文本 4 种编程语言。

3. PLC 的工作原理

PLC 本质是一种工业控制计算机，其功能是从输入设备接收信号，根据用户程序的逻辑运算结果、输出信号去控制外围设备，如图 1-12 所示。输入设备的状态会被 PLC 周期扫描并实时更新到输入映像寄存器中；通过外部编程设备下载到 PLC 存储器中的用户程序将以当前的输入状态为基础进行计算，并将计算结果更新到输出映像寄存器中；输出设备将根据输出映像寄存器中的值进行实时更新，从而控制输出回路的输出状态。

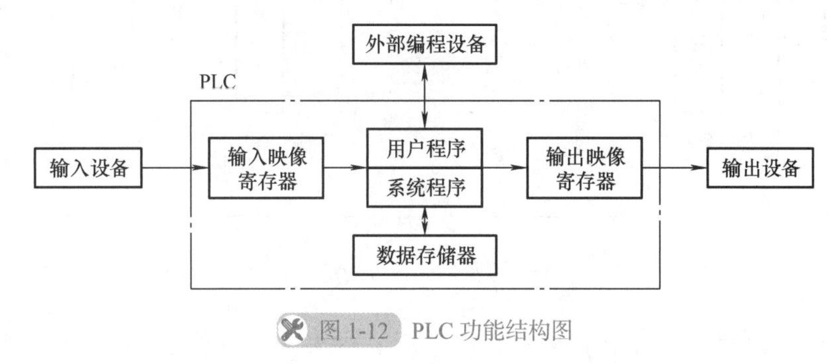

图 1-12　PLC 功能结构图

（1）PLC 的动作状态　FX5U 的 CPU 模块有 3 种动作状态，即 RUN（运行）状态、STOP（停止）状态、PAUSE（暂停）状态。

在 RUN 状态，CPU 按照程序指令顺序重复执行用户程序，并输出运算结果；在 STOP 状态，CPU 中止用户程序的执行，但可将程序和硬件设备信息下载到 CPU 中；PAUSE 状态，CPU 保持输出及软元件存储器的状态不变，中止程序运算的状态。

PLC 控制系统与继电器 – 接触器控制系统在运行方式上有本质的区别。继电器 – 接触器控制系统采用的是“并行运行”的方式，各条支路同时上电，当某一继电器的线圈通电或断电时，该继电器的所有触点都会同时动作。而 PLC 采用“周期循环扫描”的工作方式，即 CPU 是通过逐行扫描并执行用户程序来实现的，当某一逻辑线圈接通或断开时，该线圈的所有触点并不会立即动作，必须等到程序扫描执行到该触点时才会动作，PLC 这种“周期循环扫描”的工作方式又称为“串行运行”的方式。

PLC 每一次扫描所用的时间称为扫描周期。CPU 从第一条指令开始，按顺序逐条地执行用户程序直到用户程序结束，然后返回第一条指令开始新的一轮扫描。PLC 就是这样周而复始地重复上述循环扫描工作的。

（2）PLC 的工作过程　PLC 执行程序的过程分为三个阶段，即输入采样阶段、程序执行阶段、输出刷新阶段，如图 1-13 所示。

1）输入采样阶段。PLC 在输入采样阶段，以扫描工作方式按顺序对所有输入端的输入状态进行采样，并将各输入状态存入内存中对应的输入映像寄存器中，此时输入映像寄存器被刷新。接着进入程序执行阶段，在程序执行阶段或其他阶段，即使输入状态发生变化，输入映像寄存器的内容也不会改变，输入状态的变化只有在下一个扫描周期的输入采样阶段才能被采样到。

2）程序执行阶段。在程序执行阶段，PLC 对程序按顺序进行扫描执行。若程序用梯形图表示，PLC 按先上后下、先左后右的顺序逐点扫描。但遇到程序跳转指令，则根据跳转条件是否满足来决定程序是否跳转。当指令中涉及输入、输出状态时，PLC 从输入映像寄存器和元件映像寄存器中读出，根据用户程序进行运算，运算结果再存入元件映像寄存器中。对于元件映像寄存器来说，其内容会随程序执行的过程而变化。

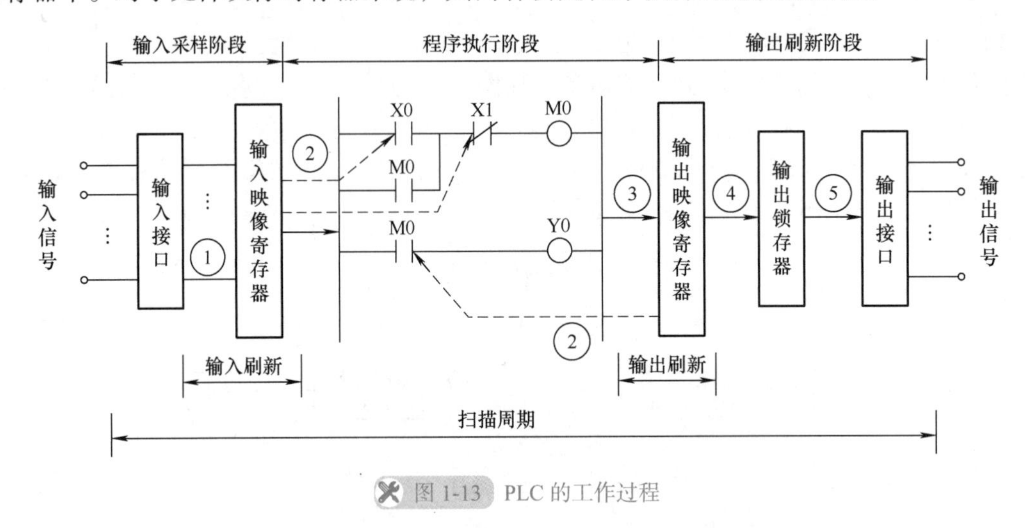

图 1-13 PLC 的工作过程

3）输出刷新阶段。当所有程序执行完毕后，进入输出刷新阶段。在这一阶段，PLC 将输出映像寄存器中所有输出继电器的状态（接通 / 断开）转存到输出锁存器中，并通过一定方式输出，驱动外部负载。

因此，PLC 在一个扫描周期内，只在输入采样阶段对输入状态采样。当 PLC 进入程序执行阶段后输入端将被封锁，直到下一个扫描周期的输入采样阶段才对输入状态进行重新采样。这种方式称为集中采样，即在一个扫描周期内，集中一段时间对输入状态进行采样。

在用户程序中如果对输出结果多次赋值，则最后一次有效。在一个扫描周期内，只在输出刷新阶段才将输出状态从输出映像寄存器中输出，对输出接口进行刷新。在其他阶段里输出状态一直保持在输出映像寄存器中。这种方式称为集中输出。对于小型 PLC，其 I/O 点数较少，用户程序较短，一般采用集中采样、集中输出的工作方式，虽然在一定程度上降低了系统的响应速度，但使 PLC 工作时大多数时间与外部输入 / 输出设备隔离，从根本上提高了系统的抗干扰能力，增强了系统的可靠性。

对于大中型 PLC，其 I/O 点数较多，控制功能强，用户程序较长，为提高系统响应速度，可以采用定期采样、定期输出方式，或中断输入、输出方式以及采用智能 I/O 接口等多种方式。

从上述分析可知，当 PLC 的输入端输入信号发生变化到 PLC 输出端对该输入变化做出反应，需要一段时间，这种现象称为 PLC 输入 / 输出响应滞后。对一般的工业控制，这种滞后是完全允许的。应该注意的是，这种响应滞后不仅是由于 PLC 扫描工作方式造成，更主要是 PLC 输入接口的滤波环节带来的输入延迟，以及输出接口中驱动期间的动作时间带来输出延迟，同时还与程序设计有关。滞后时间是设计 PLC 应用系统时应注意把握的一个参数。

（三）三菱 FX5U PLC 基础

1. FX5U 系列 PLC 的型号

FX5U 系列 PLC 的型号标识于产品的右侧面，其型号表现形式为

FX5U—○○ M □ / □

FX5U 为系列名称。

○○为输入 / 输出的总点数。

M 为 CPU 模块。

□ / □为输入 / 输出方式：R/ES 为 AC 电源，DC24V（漏型 / 源型）输入，继电器输出；T/ES 为 AC 电源，DC24V（漏型 / 源型）输入，晶体管（漏型）输出；T/ESS 为 AC 电源，DC24V（漏型 / 源型）输入，晶体管（源型）输出；R/DS 为 DC 电源，DC24V（漏型 / 源型）输入，继电器输出；T/DS 为 DC 电源，DC24V（漏型 / 源型）输入，晶体管（漏型）输出；T/DSS 为 DC 电源，DC24V（漏型 / 源型）输入，晶体管（源型）输出。

2. FX5U 系列 PLC 系统基本构成

FX5U 系列 PLC 系统硬件一般由 CPU 模块、扩展模块、扩展板、扩展适配器、扩展延长电缆、连接器转换适配器及终端模块构成，如图 1-14 所示。

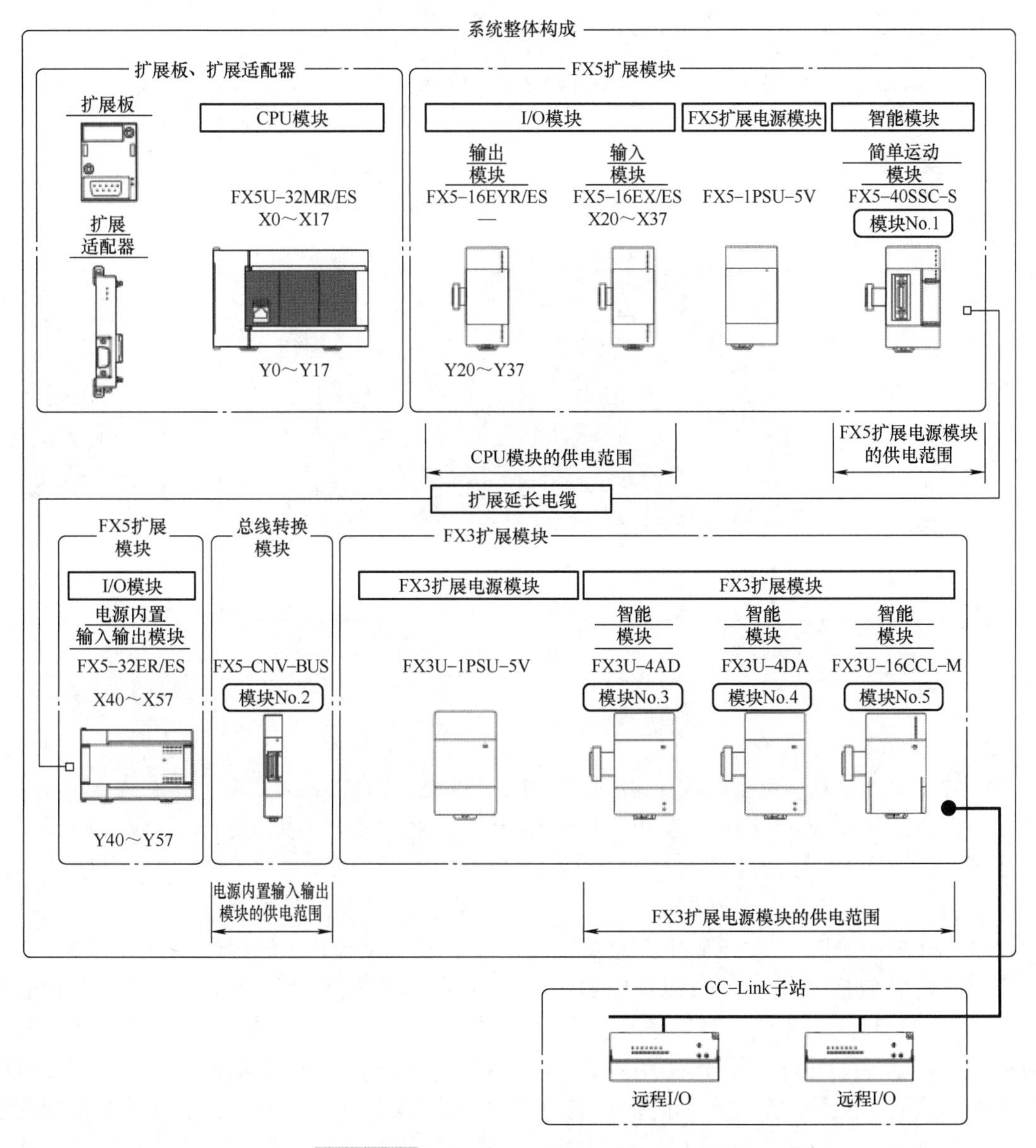

图 1-14　FX5U PLC 系统整体构成示意图

（1）CPU 模块　对于 FX5U PLC，CPU 模块是 PLC 控制系统的基本组成部分，也是一个完整的控制系统，可以完成一定的控制任务。

FX5U CPU 模块有 3 个规格，分别是 32、64、80 点 I/O，输入 / 输出点数的分配见表 1-3，其硬件外观如图 1-15 所示。这些 CPU 模块可以通过扩展 I/O 模块扩展到最多 256 点 I/O。

表 1-3　FX5U CPU 模块规格

AC 电源、DC 输入（DC 电源、DC 输入）			输入点数	输出点数	输入 / 输出总点数
继电器输出	晶体管输出				
FX5U-32MR/ES（FX5U-32MR/DS）	FX5U-32MT/ES（FX5U-32MT/DS）	FX5U-32MT/ESS（FX5U-32MT/DSS）	16	16	32
FX5U-64MR/ES（FX5U-64MR/DS）	FX5U-64MT/ES（FX5U-64MT/DS）	FX5U-64MT/ESS（FX5U-64MT/DSS）	32	32	64
FX5U-80MR/ES（FX5U-80MR/DS）	FX5U-80MT/ES（FX5U-80MT/DS）	FX5U-80MT/ESS（FX5U-80MT/DSS）	40	40	80

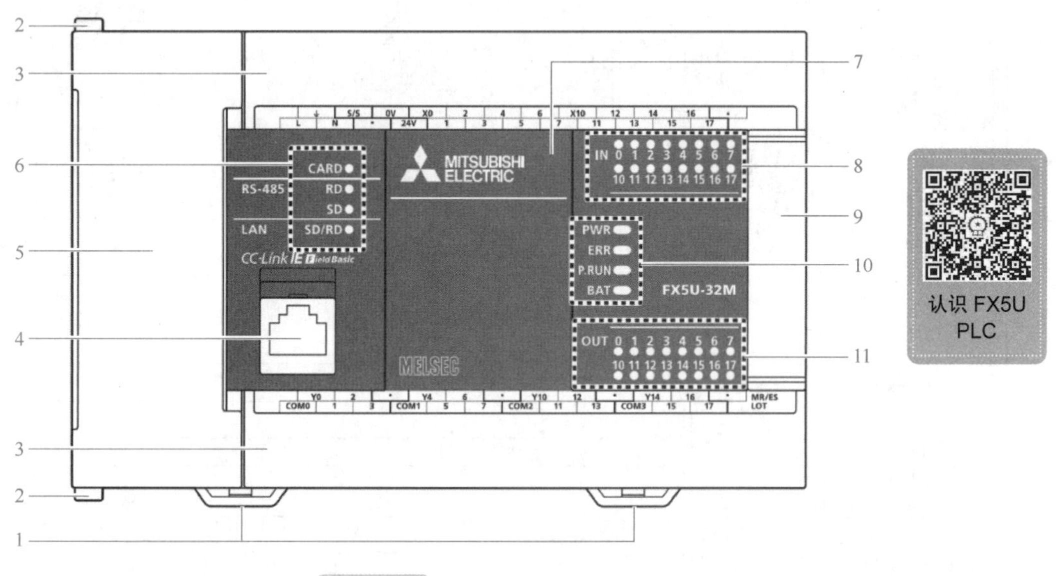

图 1-15　FX5U PLC 正面外观图

图中，1 为导轨安装用卡扣，用于将 CPU 模块安装在 DIN46277（宽度为 35mm）导轨上；2 为扩展适配器连接用卡扣，用于固定扩展适配器；3 为端子排盖板，用于保护端子排，接线时可打开此盖板作业，运行时须关上此盖板；4 为内置以太网通信用连接器，用于连接支持以太网的设备；5 为左上盖板，用于保护盖板下的 SD 存储卡槽、RUN/STOP/RESET 开关、RS-485 通信用端子排、模拟量输入 / 输出端子排等部件；6 为状态指示灯，包括 4 种（① CARD LED：用于显示 SD 存储卡状态。灯亮，可以使用；闪烁，准备中；灯灭，未插卡或可取卡。② RD LED：用于显示内置 RS-485 通信接收数据时的状态。③ SD LED：用于显示内置 RS-485 通信发送数据时的状态。④ SD/RD LED：用于显示内置以太网收 / 发数据时的状态）；7 为连接器盖板，用于保护连接扩展板用的连接器、电池等；8 为输入显示 LED，用于显示输入通道接通时的状态；9 为次段扩展连接

器盖板，用于保护次段扩展连接器，将扩展模块的扩展电缆连接到位于盖板下的次段扩展连接器上；10 为 CPU 状态指示灯，包括 4 种［①PWR LED：显示 CPU 模块的通电状态。灯亮，通电；灯灭，停电或硬件异常。②ERR LED：显示 CPU 模块的错误状态。灯亮，发生错误或硬件异常；闪烁，出厂状态，发生错误中，硬件异常或复位中。灯灭，正常动作中。③P.RUN LED：显示程序的动作状态。灯亮，正常运行中；闪烁，PAUSE 状态、停止中（程序不一致），或运行中写入时（运行中写入时 PAUSE 或 RUN）；灯灭，停止中或发生错误停止中。④BAT LED：显示电池的状态。闪烁，发生电池错误中；灯灭，正常动作中］；11 为输出显示 LED，用于显示输出通道接通时的状态。

FX5U PLC 的 CPU 模块可独立工作，但当 CPU 模块的 I/O 点数不能满足控制要求时，可通过连接扩展单元（独立电源 +I/O）或扩展 I/O 模块来扩展 I/O 点数以满足控制要求；扩展单元、扩展 I/O 模块只能与 CPU 模块配合使用，不能单独构成系统。

（2）扩展模块　扩展模块是用于扩展输入 / 输出和功能的模块，分为 I/O 模块、智能功能模块、扩展电源模块、连接器转换模块和总线转换模块。按连接方式可分为扩展电缆型和扩展连接器型，如图 1-16 所示。

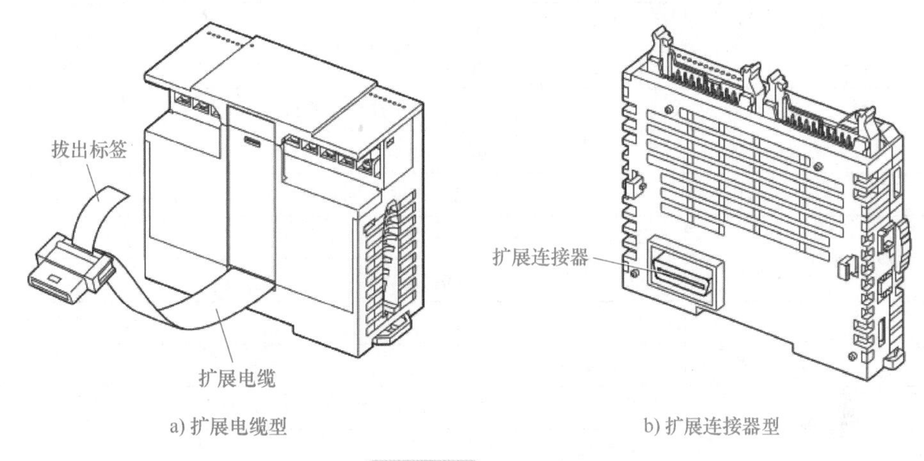

a) 扩展电缆型　　b) 扩展连接器型

图 1-16　扩展模块

扩展模块由电源、内部输入 / 输出电路组成，不能单独使用，必须和 CPU 模块一起使用。

1）I/O 模块。在 CPU 模块 I/O 点数不够时，可采用扩展模块来扩展 I/O 点数。FX5U PLC 的扩展模块包括输入模块、输出模块和输入 / 输出模块。

2）智能功能模块。智能功能模块是拥有简单运动等输入 / 输出功能以外的模块，包括定位模块、网络模块、模拟量模块、高速计数器模块等功能模块。

3）扩展电源模块。扩展电源模块是当 CPU 模块内置电源不够时用以扩展电源。

4）连接器转换模块。连接器转换模块是用于在 FX5U PLC 的系统中连接扩展模块（扩展连接器型）的模块。

5）总线转换模块。总线转换模块是用于在 FX5U PLC 的系统中连接 FX3 扩展模块的模块，占用输入 / 输出 8 点。

（3）扩展板、扩展适配器　扩展板连接在 CPU 模块的正面，用于扩展系统功能。扩展适配器连接在 CPU 模块左侧，用于扩展系统功能。

（4）扩展延长电缆、连接器转换适配器　扩展延长电缆用于 FX5 扩展模块（扩展电缆型）安装在较远的场所；连接目标为扩展电缆型扩展模块的情况下，必须用连接器转换适配器。

连接器转换适配器用于连接扩展延长电缆与扩展电缆型扩展模块。

（5）终端模块　终端模块是用于将连接器形式的输入 / 输出端子转换成端子排的模块。此外，如果使用输入专用或输出专用终端模块（内置元器件），还可以进行 AC 输入信号的获取及继电器 / 晶体管 / 晶闸管输出形式的转换。

上述各模块的产品型号及性能规格可以查阅 MELSEC iQ-F FX5U 用户手册（硬件篇）。

3. FX5U PLC 的输入 / 输出技术指标

FX5U PLC 的输入规格和输出规格分别见表 1-4、表 1-5。

表 1-4　FX5U PLC 的输入规格

<table>
<tr><th colspan="3">项目</th><th colspan="2">规格</th></tr>
<tr><td colspan="2" rowspan="3">输入点数</td><td>FX5U-32M□</td><td colspan="2">16</td></tr>
<tr><td>FX5U-64M□</td><td colspan="2">32</td></tr>
<tr><td>FX5U-80M□</td><td colspan="2">40</td></tr>
<tr><td colspan="3">连接形式</td><td colspan="2">装卸式端子排（M3 螺钉）</td></tr>
<tr><td colspan="3">输入形式</td><td colspan="2">漏型 / 源型</td></tr>
<tr><td colspan="3">输入信号电压</td><td colspan="2">直流，范围为（1-15%）×24V ～（1 +20%）×24V</td></tr>
<tr><td colspan="2" rowspan="2">输入信号电流</td><td>X0 ～ X17</td><td colspan="2">5.3mA/DC 24V</td></tr>
<tr><td>X20 以后</td><td colspan="2">4.0mA/DC 24V</td></tr>
<tr><td colspan="2" rowspan="2">输入阻抗</td><td>X0 ～ X17</td><td colspan="2">4.3kΩ</td></tr>
<tr><td>X20 以后</td><td colspan="2">5.6kΩ</td></tr>
<tr><td colspan="2" rowspan="2">输入 ON 灵敏度电流</td><td>X0 ～ X17</td><td colspan="2">3.5mA 以上</td></tr>
<tr><td>X20 以后</td><td colspan="2">3.0mA 以上</td></tr>
<tr><td colspan="3">输入 OFF 灵敏度电流</td><td colspan="2">1.5mA 以下</td></tr>
<tr><td rowspan="5">输入响应频率</td><td>FX5U-32M□</td><td>X0 ～ X5</td><td colspan="2" rowspan="2">200kHz
读取 50 ～ 200kHz 响应频率的脉冲时，请使用屏蔽线按三菱 FX5U 用户手册（硬件篇）要求接线</td></tr>
<tr><td>FX5U-64M□、
FX5U-80M□</td><td>X0 ～ X7</td></tr>
<tr><td>FX5U-32M□</td><td>X6 ～ X17</td><td colspan="2" rowspan="2">10kHz</td></tr>
<tr><td>FX5U-64M□、
FX5U-80M□</td><td>X10 ～ X17</td></tr>
<tr><td>FX5U-64M□、
FX5U-80M□</td><td>X20 以后</td><td colspan="2">（0.1 ± 0.05）kHz</td></tr>
<tr><td rowspan="2">脉冲波形</td><td colspan="2" rowspan="2">波形</td><td>T_1　T_1</td><td>T_2　T_2</td></tr>
<tr><td>T_1（脉宽）</td><td>T_2（上升沿 / 下降沿时间）</td></tr>
</table>

（续）

项目			规格	
脉冲波形	FX5U-32M □	X0 ~ X5	2.5μs 以上	1.25μs 以下
	FX5U-64M □、FX5U-80M □	X0 ~ X7		
	FX5U-32M □	X6 ~ X17	50μs 以上	25μs 以下
	FX5U-64M □、FX5U-80M □	X10 ~ X17		
输入响应时间（H/W 滤波器延迟）	FX5U-32M □	X0 ~ X5	ON 时：2.5μs 以下 OFF 时：2.5μs 以下	
	FX5U-64M □、FX5U-80M □	X0 ~ X7		
	FX5U-32M □	X6 ~ X17	ON 时：30μs 以下 OFF 时：50μs 以下	
	FX5U-64M □、FX5U-80M □	X10 ~ X17		
	FX5U-64M □、FX5U-80M □	X20 以后	ON 时：50μs 以下 OFF 时：150μs 以下	
输入响应时间（数字式滤波器设定值）			无、10μs、50μs、0.1ms、0.2ms、0.4ms、0.6ms、1ms、5ms、10ms（初始值）、20ms、70ms 在噪声较多的环境中使用时，请对数字式滤波器进行设定	
输入信号形式（输入传感器形式）			无电压触点输入 漏型：集电极开路 NPN 型晶体管 源型：集电极开路 PNP 型晶体管	
输入回路绝缘			光电耦合绝缘	
输入动作显示			输入接通时 LED 灯亮	

表 1-5　FX5U PLC 的输出规格

项目	规格			
	继电器输出		晶体管输出	
输出点数 / 点	FX5U-32MR/ □	16	FX5U-32MT/ □	16
	FX5U-64MR/ □	32	FX5U-64MT/ □	32
	FX5U-80MR/ □	40	FX5U-80MT/ □	40
连接方式	装卸式端子排（M3 螺钉）		装卸式端子排（M3 螺钉）	
输出形式	继电器		FX5U- □ MT/ □ S	晶体管 / 漏型输出
			FX5U- □ MT/ □ SS	晶体管 / 源型输出
外部电源	DC 30V 以下，AC 240V 以下（不符合 CE、UL、cUL 规格时为 AC 250V 以下）		DC 5 ~ 30V	
最大负载	2A/1 点 每个公共端的合计电流如下： 输出 4 点 /1 个公共端，8A 以下 输出 8 点 /1 个公共端，8A 以下		0.5A/1 点 每个公共端的合计电流如下： 输出 4 点 /1 个公共端，0.8A 以下 输出 8 点 /1 个公共端，1.6A 以下	
最小负载	DC 5V 2mA（参考值）		—	
开路漏电流	—		0.1mA 以下 /DC 30V	

（续）

项目	规格			
	继电器输出		晶体管输出	
ON 时压降	—		Y0 ～ Y3	1.0V 以下
			Y4 以后	1.5V 以下
响应时间	OFF → ON	约 10ms	Y0 ～ Y3	2.5μs 以下 /10mA 以上（DC 5 ～ 24V）
	ON → OFF	约 10ms	Y4 以后	0.2ms 以下 /200mA 以上（DC 24V）
回路绝缘	机械隔离		光电耦合绝缘	
输出动作指示	输出接通时 LED 灯亮		输出接通时 LED 灯亮	

4. FX5U PLC 的安装与接线

PLC 适用于大多数工业现场，但它对使用场合、环境温度等也有一定的要求。控制 PLC 的工作环境，可以有效提高它的工作效率和寿命。在安装 PLC 时，要避开下列场所：

1）环境温度超过 0 ～ 50℃的范围。

2）相对湿度超过 85% 或者存在露水凝聚（由温度突变或其他因素所引起）。

3）太阳光直接照射。

4）有腐蚀或易燃的气体，如氯化氢、硫化氢等。

5）有大量铁屑、油烟及粉尘。

6）频繁或连续的振动，振动频率为 10 ～ 55Hz，幅值为 0.5mm（峰 – 峰）。

7）超过 10g/s（重力加速度）的冲击。

（1）PLC 的安装　FX5U CPU 模块的安装方式有在 DIN 导轨上安装和直接安装两种。

1）DIN 导轨上安装。FX5U CPU 模块及相连的扩展设备均可安装在 DIN46277（宽度为 35mm）的 DIN 导轨上，但如果 CPU 模块扩展有扩展板或扩展适配器时，则必须先将它们安装到 CPU 模块上，然后再将 CPU 模块及相连的其他扩展设备逐个安装到 DIN 导轨上。其安装过程如下：

① 推出 CPU 模块上的 DIN 导轨安装用卡扣，如图 1-17 所示 A 处。

② 将 CPU 模块 DIN 导轨安装槽的上侧沟槽，如图 1-18 所示 B 处对准 DIN 导轨后挂上。

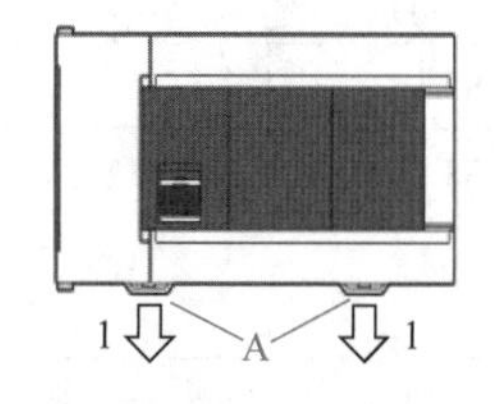

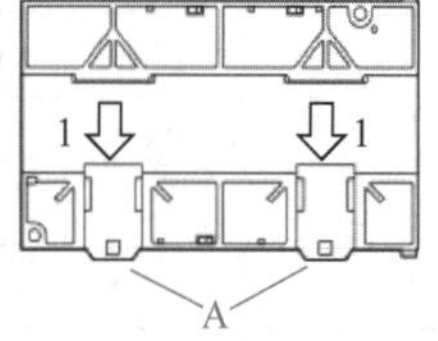

图 1-17　推出 PLC 基本单元上的 DIN 导轨安装用卡扣

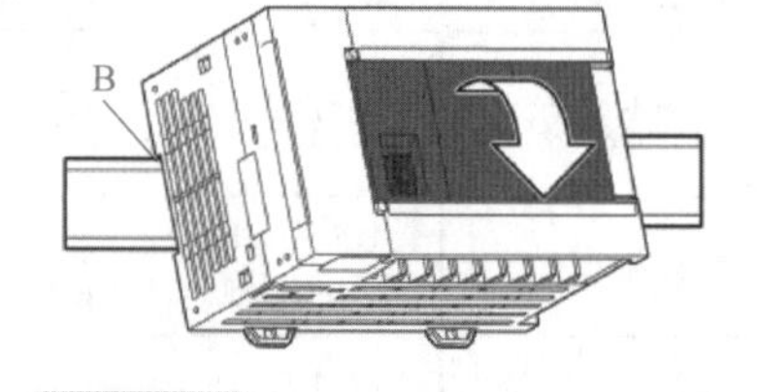

图 1-18　CPU 模块挂上 DIN 导轨

③ 将 CPU 模块压入 DIN 导轨上，在此状态下锁住 DIN 导轨安装用卡扣，如图 1-19 中 C 处所示。所有具有 DIN 导轨安装扣的扩展设备均可按上述步骤安装到 DIN 导轨上。

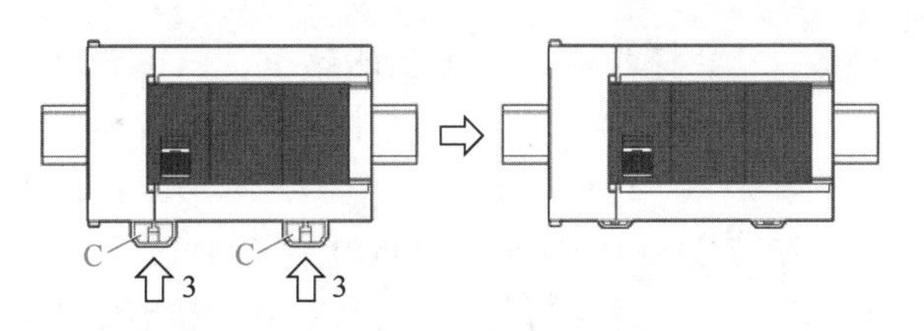

图 1-19　将 CPU 模块安装用卡扣锁在 DIN 导轨上

2）直接安装。首先在安装板上进行安装孔的加工，然后对准孔直接采用 M4 螺钉安装到配电盘面上，螺钉孔的位置和个数因产品型号而异，如图 1-20 所示。当 CPU 模块用螺钉固定安装时，与 CPU 模块相连的各种扩展模块、扩展适配器均可用 M4 螺钉直接固定在底板上。在实际安装时，各种型号的产品之间必须留 2mm 左右的间距距离。

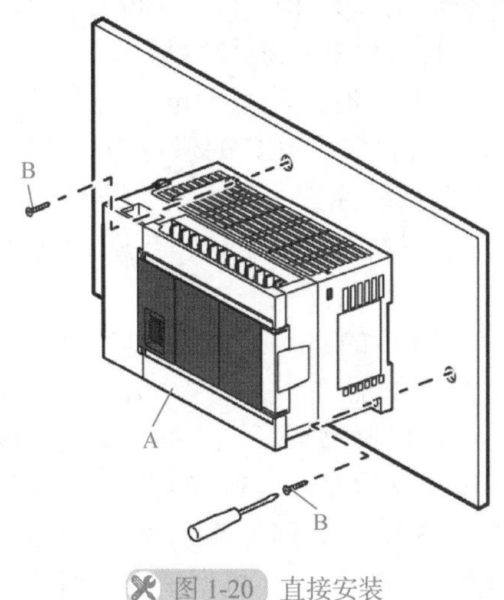

图 1-20　直接安装

（2）PLC 端子排分布与功能　下面以 FX5U-32MR/ES 型 PLC 为代表介绍其端子排分布。该 PLC 是具有 32 点数字量输入 / 输出的基本单元，AC 电源、直流输入，继电器输出型，端子排列如图 1-21 所示。

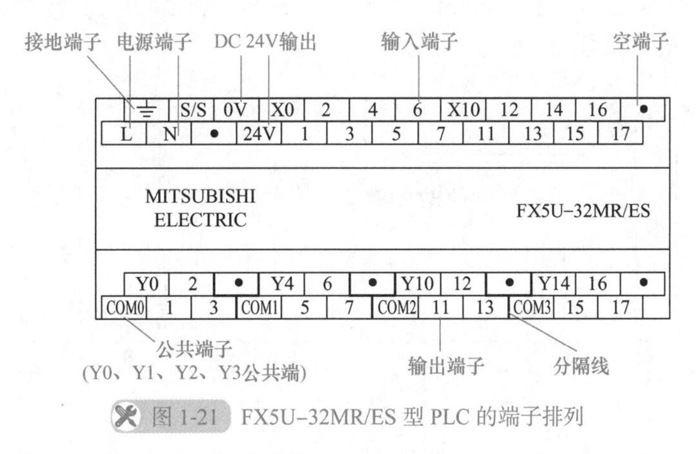

图 1-21　FX5U-32MR/ES 型 PLC 的端子排列

1）电源端子。L、N 端子为交流电源的输入端子，一般直接使用工频交流电（AC 100 ～ 240V）。L 端子接交流电源的相线；N 端子接交流电源的中性线；⏚为接地端子。

2）24V 供电电源端子。PLC 本体上的 24V、0V 端子输出 24V 直流电源，为输入器件和扩展模块供电。注意：不要将外部电源接至此端子，以免损坏设备。

3）输入端子。该 PLC 为 DC 24V 输入，其中 X0 ～ X17 为输入端子，S/S 端子为所有输入端子的公共端。

4）输出端子。Y0 ～ Y17 为输出端子，COM0 ～ COM3 为各组输出信号端子的公共端，其中 COM0 为 Y0、Y1、Y2、Y3 的公共端，COM1 为 Y4、Y5、Y6、Y7 的公共端，相邻组之间用颜色较深的分隔线分开。三菱 FX5U PLC 采用分组输出，每组有一个对应的 COM □，同组输出端子必须使用同一电源。

FX5U 其他型号 PLC 端子排的排列可以查阅三菱 FX5U 用户手册（硬件篇）。

（3）PLC 的接线　这里以 AC 电源漏型 FX5U CPU 模块为例介绍。

1）电源的接线。FX5U PLC 基本单元上有两组电源端子，分别用于 PLC 的电源输入和接口电路所需的直流电源输出。其中 L、N 是 PLC 的电源输入端子，采用工频单相交流电源供电（220V ± 220V × 10%），接线时要分清端子上的“N”端（中性线）和“⏚”端（接地）。PLC 的供电线路要与其他大功率用电设备分开。采用隔离变压器为 PLC 供电，可以减少外界设备对 PLC 的影响。PLC 的供电电源线应单独从机顶进入控制柜中，不能与其他直流信号线、模拟信号线捆在一起走线，以减少其他控制线路对 PLC 的干扰；24V、0V 是 PLC 为输入接口电路提供的直流 24V 电源。FX5U PLC 大多为 AC 电源、DC 输入形式。

2）输入接口器件的接线。PLC 的输入接口连接输入信号，器件主要有开关、按钮及各种传感器。这些都是触点类型的器件。在接入 PLC 时，对于直流输入型 FX5U PLC，其输入端需按图 1-6 a、b 所示接成漏型或源型，再将每个触点的两个端子分别连接一个输入端（X）及输入公共端（0V 或 24V）。PLC 的开关量输入接线端都是螺钉接入方式，每一信号占用一个螺钉。图 1-15 所示上部为输入端子，0V 或 24V 端为公共端，输入公共端在某些 PLC 中是分组隔离的，在 FX5U 机型里是连通的。

这里需注意漏型、源型输入电路的差别：漏型输入［－公共端］是 DC 输入信号电流流出输入（X）端子，而源型输入［＋公共端］是 DC 输入信号电流流入输入（X）端子。

FX5U PLC 与三线传感器之间的接线如图 1-22a 所示，三线传感器由 PLC 的 24V 端子供电，也可由外部电源供电；FX5U PLC 与两线传感器之间的连接如图 1-22b 所示，两线传感器由 PLC 的内部供电。

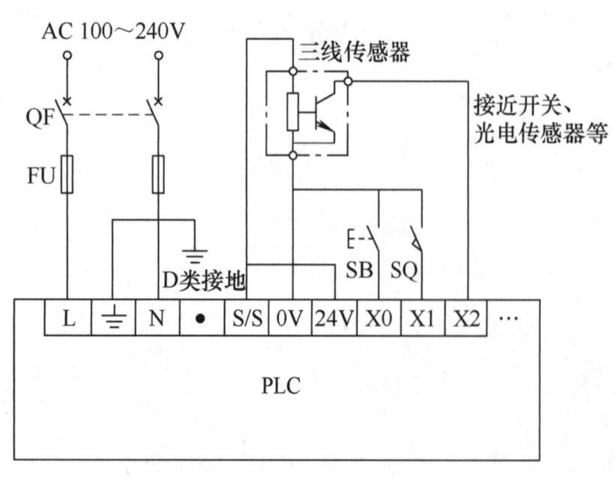

a) 含三线传感器的输入信号连接

b) 含两线传感器的输入信号连接

图 1-22　FX5U CPU 模块输入接口器件接线（漏型）

这里还应注意：对于漏型输入 PLC，连接晶体管输出型传感器时，可以使用集电极开路 NPN 型晶体管；对于源型输入 PLC，连接晶体管输出型传感器时，可以使用集电极开路 PNP 型晶体管。

3）输出接口器件的接线。PLC 的输出接口上连接的器件主要是继电器、接触器、电磁阀的线圈、指示灯等，其接线如图 1-23 所示。这些器件均采用 PLC 机外的专用电源供电，PLC 内部仅是提供一组开关接点。接入时线圈的一端接输出点螺钉，另一端经电源接输出公共端，输出电路的负载电流一般不超过 2A，大电流的执行器件需配装中间继电器，使用中输出电流额定值与负载性质有关。对于 FX5U 系列 CPU 模块，其输出均为每 4、8 点输出为一组，共用一个公共端（COM 端）。输出共用一个公共端时，同一 COM 端输出必须使用同一电压类型和等级，即电压相同、电流类型相同（同为直流或交流）和频率相同。不同组之间可以用不同类型和等级的电压。

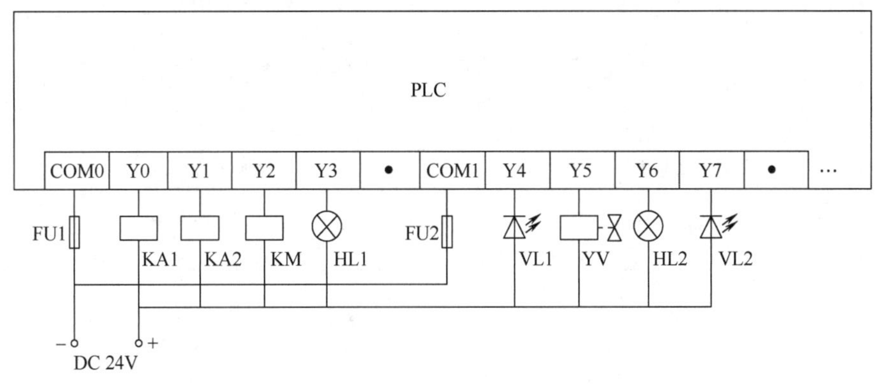

a) 晶体管输出(漏型)

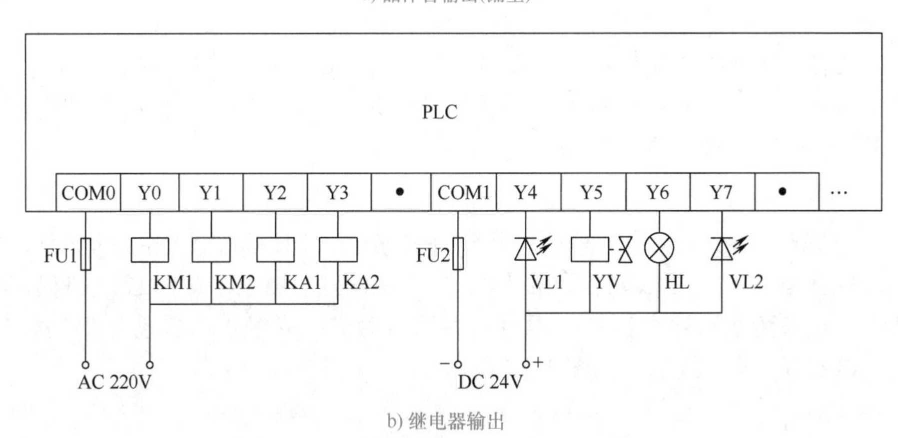

b) 继电器输出

图 1-23　FX5U CPU 模块输出接口器件接线

（四）PLC 的输入、输出继电器（X、Y）

PLC 内部有许多具有不同功能的器件，这些器件通常都是由电子电路和存储器组成的，它们都可以作为指令中的目标元件（或称为操作数），在 PLC 中把这些器件统称为 PLC 的编程软元件。三菱 FX5U PLC 的编程软元件可以分为位元件、字元件和其他三大类。位元件是只有两种状态的开关量元件，而字元件是以字为单位进行数据处理的软元件，其他是指常数（十进制数、十六进制数和实数）、字符串和指针（P/I）等。

这里只介绍位元件中输入继电器和输出继电器，其他的位元件及另外两类编程软元件将在其他各任务中分别介绍。

1. 输入继电器（X）

输入继电器是PLC用来接收外部开关信号的元件。输入继电器是光电隔离的电子继电器，其常开触点和常闭触点在编程中使用次数不限。输入继电器与PLC的输入端子相连，PLC通过输入接口将外部输入信号状态（接通时为“1”，断开时为“0”）读入并存储在输入映像寄存器中。需要注意的是，输入继电器只能由外部信号来驱动，不能用程序或内部指令来驱动，其触点也不能直接输出去驱动执行元件。FX5U系列PLC输入继电器X0的等效电路如图1-24所示。

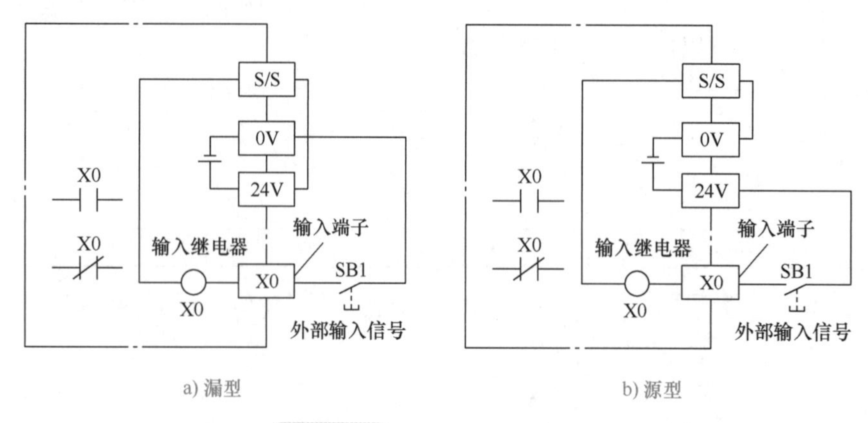

图1-24 输入继电器等效电路

FX5U PLC输入继电器采用八进制进行编号，FX5U PLC基本单元输入继电器的编号是固定的，扩展单元和扩展模块按与基本单元最靠近开始，顺序进行编号。例如，基本单元FX5U-32MR/ES-A的输入继电器编号为X0～X17（16点），如果接有扩展单元或扩展模块，则扩展的输入继电器从X20开始编号。

2. 输出继电器（Y）

输出继电器是将PLC内部信号输出传给外部负载（用户输出设备）的元件。输出继电器的外部输出触点接到PLC的输出端子上。输出继电器线圈由PLC内部程序的指令驱动，其线圈状态传送给输出接口，再由输出接口对应的硬触点来驱动外部负载。FX5U PLC输出继电器Y0的等效电路如图1-25所示。

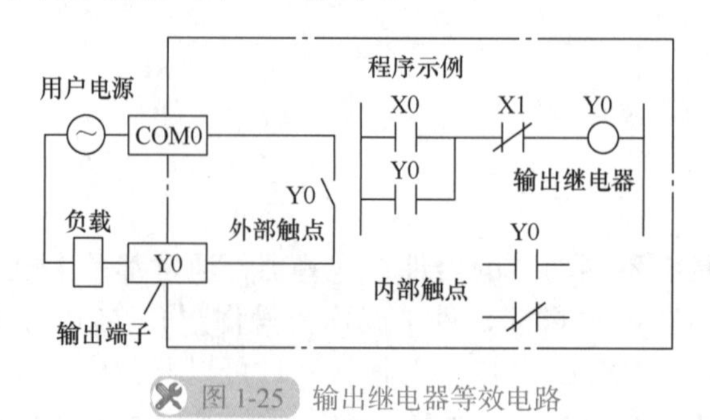

图1-25 输出继电器等效电路

每个输出继电器在输出接口对应端子中都对应唯一一个常开硬触点，但在程序中供编程的输出继电器，不管是常开触点还是常闭触点，都可以无数次使用。

FX5U PLC 的输出继电器也是采用八进制编号，与输入继电器一样，基本单元的输出继电器编号是固定的，扩展单元和扩展模块也是按与基本单元最靠近开始，顺序进行编号。

对于 FX5U PLC，除了输入、输出继电器采用八进制编号外，其他继电器均采用十进制编号。

（五）运算开始、输出线圈及顺控程序结束指令

1. 运算开始、输出线圈及顺控程序结束指令使用要素

运算开始指令（包括 LD、LDI 两条指令）、输出线圈指令（OUT）及顺控程序结束指令（END）的名称、助记符、功能、梯形图表示及 ST 表示等使用要素见表 1-6。

表 1-6　LD、LDI、OUT、END 指令的使用要素

名称	助记符	功能	梯形图表示	FBD/LD 表示	ST 表示	目标元件
取	LD	常开触点逻辑运算开始		FBD/LD 语言与梯形图语言一样，使用触点表述	为代入语句、操作符、控制语句等 在 ST 中可能有 LD、AND、OR 等的无直接适用于触点的指令（符号）的情况 通过代入语句构成的情况下，按下述示例记述 示例 Y0:=（X0 OR X1）AND X2 AND NOT X3; Y1:=NOTX4ORNOTX5;	位元件: X、Y、M、L、S、M、FB、SB、S 字元件 D、W、SD、SW、R、U□\G□的位指定 定时器（T、ST）、计数器（C、LC）的触点
取反	LDI	常闭触点逻辑运算开始				
输出线圈	OUT	将 OUT 指令之前的运算结果输出到指定的软元件中		OUT EN　ENO d	ENO:=OUT（EN，d）;	位元件：Y、M、S、L、SM、F、B、SB 字元件 D、W、SD、SW、R、U□\G□的位指定 定时器（T、ST）、计数器（C、LC）的线圈
顺控程序结束	END	顺控程序结束	END	—	—	无

2. LD、LDI、OUT、END 指令使用说明

1）LD 指令用于将常开触点与左母线相连；LDI 指令用于将常闭触点与左母线相连。另外与后面的 ANB、ORB 指令组合，在电路块或分支起点处也要使用 LD、LDI 指令。

2）LD、LDI 指令在驱动字元件的位指定时，指定的位是按 16 进制数标注的，如 U0\G3 的 b13 位，写成 U0\G3.D。

3）OUT 指令不能驱动 X 元件。

4）OUT 指令可连续使用，且使用不受次数限制。

5）OUT 指令驱动 T、C、ST、LC 时，必须在 OUT 指令后设定常数。

6）在调试程序时，插入END指令，使得程序分段，提高调试速度。

3. 应用举例

LD、LDI、OUT、END指令的应用如图1-26所示。

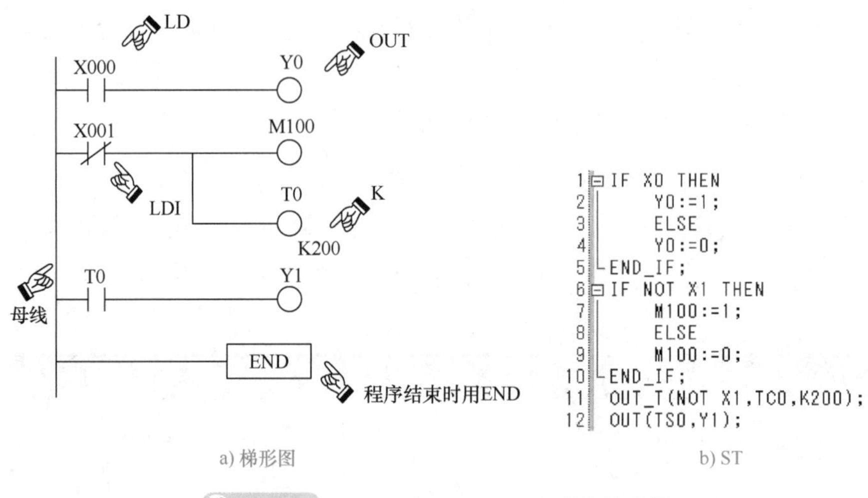

a) 梯形图　　b) ST

图1-26 LD、LDI、OUT、END指令的应用

（六）串联连接、并联连接指令

1. 串联连接指令（AND、ANI）

（1）AND、ANI指令使用要素　AND、ANI指令的名称、助记符、功能、梯形图表示及ST表示等使用要素见表1-7。

表1-7　串联连接、并联连接指令的使用要素

名称	助记符	功能	梯形图表示	FBD/LD表示	ST表示	目标元件
与	AND	常开触点串联连接		FBD/LD语言与梯形图语言一样，使用触点表述	为代入语句、操作符、控制语句等 在ST中可能有LD、AND、OR等的无直接适用于触点的指令（符号）的情况 通过代入语句构成的情况下，按下述示例记述 示例 Y0:=（X0 OR X1）AND X2 AND NOT X3; Y1:=NOT X4 OR NOT X5;	位元件：X、Y、M、L、S、M、FB、SB、S 字元件D、W、SD、SW、R、U□\G□的位指定 定时器（T、ST）、计数器（C、LC）的触点
与非	ANI	常闭触点串联连接				
或	OR	常开触点并联连接				
或非	ORI	常闭触点并联连接				

（2）AND、ANI指令使用说明

1）AND、ANI指令用于单个常开、常闭触点的串联，串联触点的数量不受限制，即该指令可以重复使用。

2）当串联两个或以上的并联触点，则需用后续的ANB指令。

（3）应用举例　AND、ANI指令应用如图1-27所示。对于OUT指令连续使用（中

间没有增加驱动条件）的称为连续输出，图中“OUT M10”指令之后通过 M10 常开触点去驱动 Y1，称为纵接输出。串联和并联指令是用来描述单个触点与别的触点或触点（而不是线圈）组成的电路的连接关系。虽然 M10 的常开触点与 Y1 的线圈组成的串联电路与 M10 的线圈是并联关系，但是 M10 的常开触点与左边的电路是串联关系，所以对 M10 的触点应使用串联指令。如果将“OUT M10”和“AND M10，OUT Y1”位置对调（尽管对输出结果没有影响，但不推荐采用），就必须使用任务三中将要学习的 MPS（运算结果推入）和 MPP（运算结果弹出）指令。

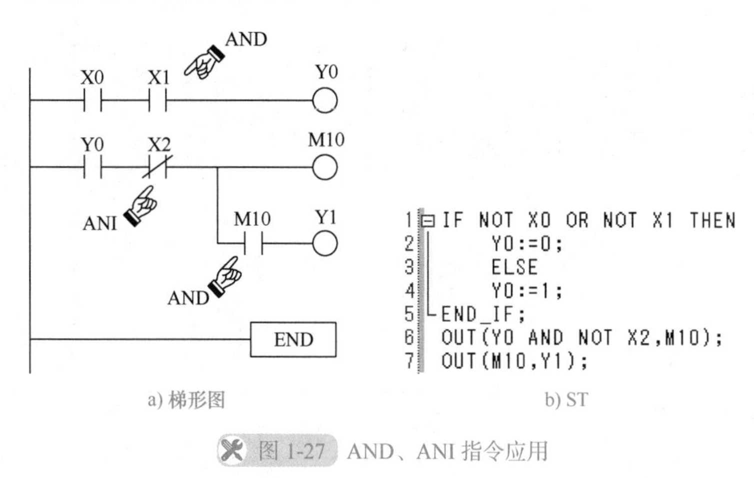

a) 梯形图　　b) ST

图 1-27　AND、ANI 指令应用

2. 并联连接指令（OR、ORI）

（1）OR、ORI 指令使用要素　OR、ORI 指令的名称、助记符、功能、梯形图及 ST 表示等使用要素见表 1-7。

（2）OR、ORI 指令使用说明

1）OR、ORI 指令是从该指令的当前步开始，对前面的 LD 或 LDI 指令并联连接的指令，并联连接的次数没有限制，即 OR、ORI 指令可以重复使用。

2）OR、ORI 指令用于单个触点与前面的电路并联，并联触点的左端接到该指令所在电路块的起始点（LD 或 LDI 点）上，右端与前一条指令对应触点的右端相连，即单个触点并联到它前面已经连接好的电路的两端（两个及以上触点串联连接的电路块并联连接时，要用后续的 ORB 指令）。

（3）应用举例　OR、ORI 指令的应用如图 1-28 所示。

（七）梯形图结构

梯形图是形象化编程语言，它用各种符号组合表示条件，用线圈表示输出结果。梯形图中的符号是对继电器 - 接触器控制电路图中元件图形符号的简化和抽象。学习梯形图语言编程，必须对梯形图结构有一个了解。

图 1-29 为用三菱 GX Works3 编程软件所编制的梯形图。下面对梯形图的各部分组成进行说明。

1. 母线

图 1-29 中，左右两侧的垂直公共线分别称为左母线、右母线。在分析梯形图的逻辑关系时，为了借用继电器 - 接触器控制电路的分析方法，可以假设左右两侧母线之间有

一个左正右负的直流电源电压，母线之间有“能流”从左向右流动（一般右母线不画）。

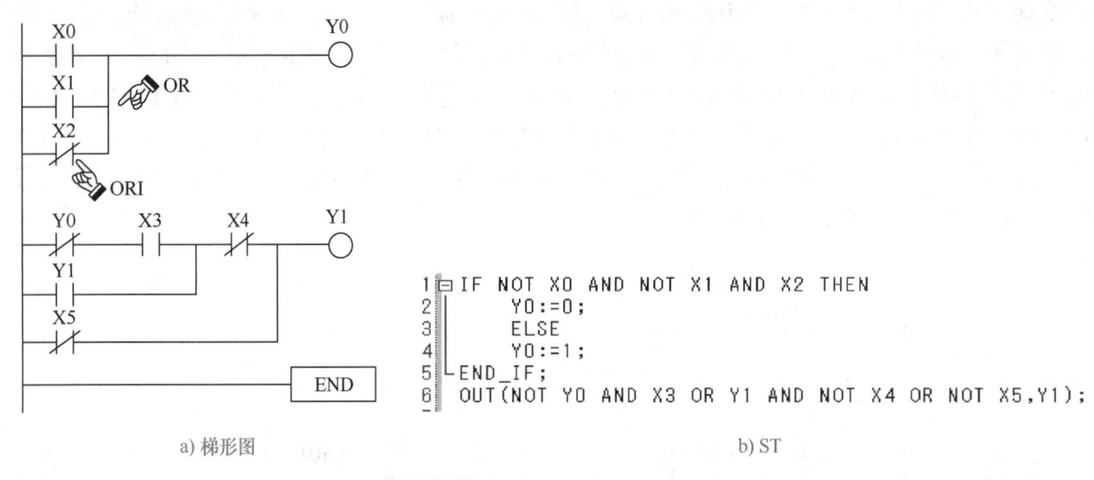

图 1-28 OR、ORI 指令的应用

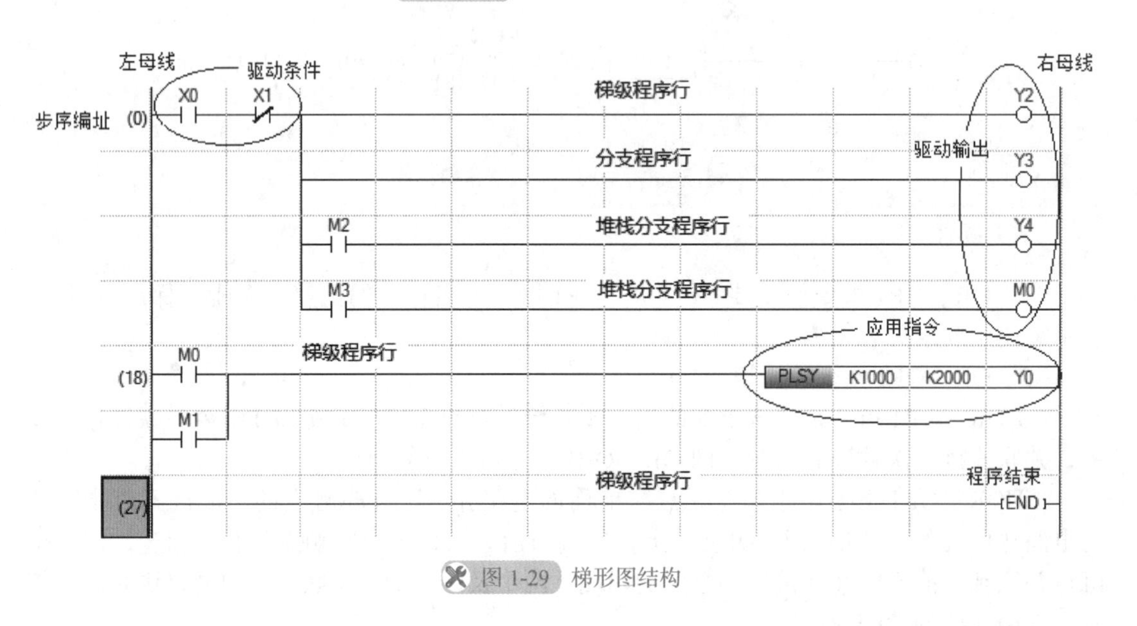

图 1-29 梯形图结构

2. 梯级和分支

梯级又称为逻辑行，它是梯形图的基本组成部分，梯级是指从梯形图的左母线出发，经过驱动条件和驱动输出到达右母线所形成的一个完整的信号流回路。每个梯级至少有一个输出元件或指令，全部梯形图就是由多个梯级从上到下连接而成的。

对每一个梯级来说，其结构就是与左母线相连的驱动条件和与右母线相连的驱动输出所组成。当驱动条件满足时，相应的输出被驱动。

当一个梯级有多个输出时，其余的输出所在的支路称为分支。分支和梯级输出共用一个驱动条件时，为一般分支。如分支上本身还有触点等驱动条件，称为堆栈分支。在堆栈分支后的所有分支均为堆栈分支。梯级本身是一行程序行，一个分支也是一行程序行。

梯形图按梯级从上到下编写，每一梯级从左到右顺序编写。PLC 对梯形图的执行顺序和梯形图的编写顺序是相同的。

3. 步序编址

针对每一个梯级，在左母线左侧有一个数字，这个数字的含义是该梯级的程序步编址的首址。什么是程序步？这是三菱 FX 系列 PLC 用来描述其用户程序存储容量的一个术语。每一步占用一个字（WORD）或 2 字节（B），一条顺控程序指令占用 1 步（或 2 步、3 步、4 步、5 步），步的编址从 0 开始，到 END 结束。用户程序的程序步不能超过 PLC 用户程序容量程序步。

在梯形图上，每一梯级左母线前的数字表示该梯级的程序步首址。图 1-29 中，第 1 个梯级数字为 0，表示该梯级程序占用程序步编号从 0 开始。而第 2 个梯级数字为 18，表示该梯级程序占用程序步编号从 18 开始。由此，也可推算出第 1 梯级程序占用 18 步存储容量。最后，END 指令的梯级数字为 27，表示全部梯形图程序占用 27 步存储容量。

这里需要说明的是，步序编址在编程软件上是自动计算并显示的，不需要用户计算输入。

4. 驱动条件

在梯形图中，驱动条件是指编程位元件的触点逻辑关系组合，仅当这个组合逻辑结果为 1 时，输出元件才能被驱动。对某些指令来说，可以没有驱动条件，这时指令直接被执行。

（八）基本指令编制梯形图的基本规则（一）

1）梯形图按自上而下、从左向右的顺序排列。每一驱动输出或应用指令为一逻辑行。每一逻辑行总是起于左母线，经触点的连接，然后终止于输出或功能指令。注意：*左母线与线圈之间要有触点，而线圈与右母线之间则不能有任何触点。*

2）梯形图中的触点可以任意串联或并联，且使用次数不受限制，但继电器线圈只能并联不能串联。

3）梯形图中除了输入继电器 X 没有线圈只有触点外，其他继电器（触点利用型特殊继电器除外）都既有线圈又有触点。

4）一般情况下，梯形图中同一元件的线圈只能出现一次。

5）在梯形图中，不允许出现 PLC 所驱动的负载（如接触器线圈、电磁阀线圈和指示灯等），只能出现相应的 PLC 输出继电器的线圈。

（九）GX Works3 编程软件使用

1. GX Works3 编程软件简介

GX Works3 编程软件可以在三菱电机自动化（中国）有限公司的官网上免费下载。GX Works3 编程软件能够完成 R 系列、LH 系列、Q 系列、L 系列、NC 系列、FX5 系列的 PLC 的梯形图、FBD、SFC 和 ST 的编辑，该软件能打开使用 GX Works2、GX Developer 软件编写的程序，极大地方便了 PLC 升级换代。

此外，该软件还能将 Excel、Word 等软件编辑的文档，通过复制等简单的操作导入程序中，使得软件的使用和程序编辑变得更加便捷。

GX Works3 是三菱电机自动化有限公司开发的一款针对三菱 PLC 的编程软件，它操作简单，支持梯形图、FBD、SFC 和 ST 等多种程序设计方法，可设定网络参数，可进行程序的线上更改、监控及调试，具有异地读写 PLC 程序等功能。

2. GX Works3 编程软件安装

（1）计算机的软硬件条件　①硬件要求：CPU，建议 Intel Core 2 Duo 2GHz 以上；内存建议 2GB 以上；硬盘，可用空间 10GB 以上；显示器，分辨率 1024×768 像素以上。②操作系统：Windows 7/Windows 10 的 32 位或 64 位操作系统。

GX Works3 编程软件安装前，还需要安装微软 .net Framework 框架程序的运行库；该软件在 GX Works3 软件安装包的 SUPPORT 文件夹下。如已安装，需要在 Windows 操作系统的功能选项中启用该功能。

（2）软件安装　软件下载完成后，首先进行解压，然后在软件安装包的 Disk1 文件夹下找到“setup.exe”运行文件，并右击，在弹出的快捷菜单中选择“以管理员身份运行”命令，单击后安装即可。

3. GX Works3 编程软件的使用

（1）新建工程　GX Works3 编程软件安装完成后，可以从 Windows 开始栏或桌面快捷方式中单击运行 GX Works3 编程软件，其启动界面如图 1-30 所示。

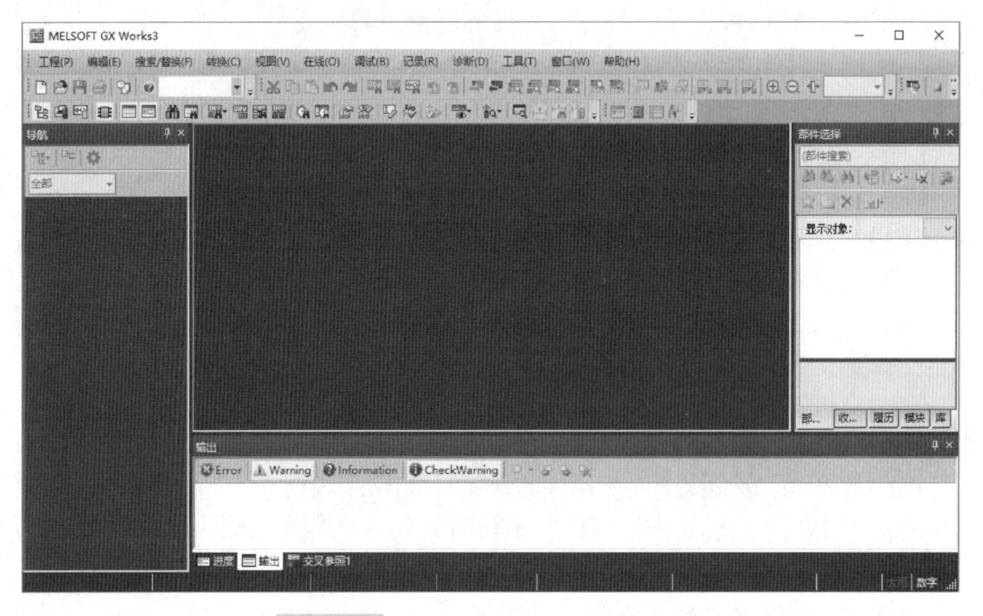

图 1-30　GX Works3 编程软件的启动界面

在打开的启动界面中，选择菜单命令“工程”→“新建”执行，或者单击工具栏中的“新建”图标，弹出如图 1-31 所示的新建工程对话框。在该对话框中，选择：系列为“FX5CPU”，机型为“FX5U”，程序语言为“梯形图”。然后，单击“确定”按钮，会弹出梯形图编辑界面，如图 1-32 所示。

注意：PLC 系列和 PLC 机型两项是必须设置项，且须与所连接的 PLC 一致，否则程序将无法写入 PLC。

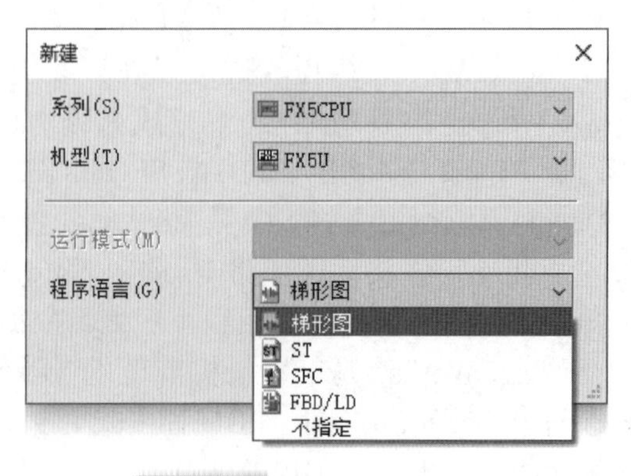

图 1-31　创建新工程对话框

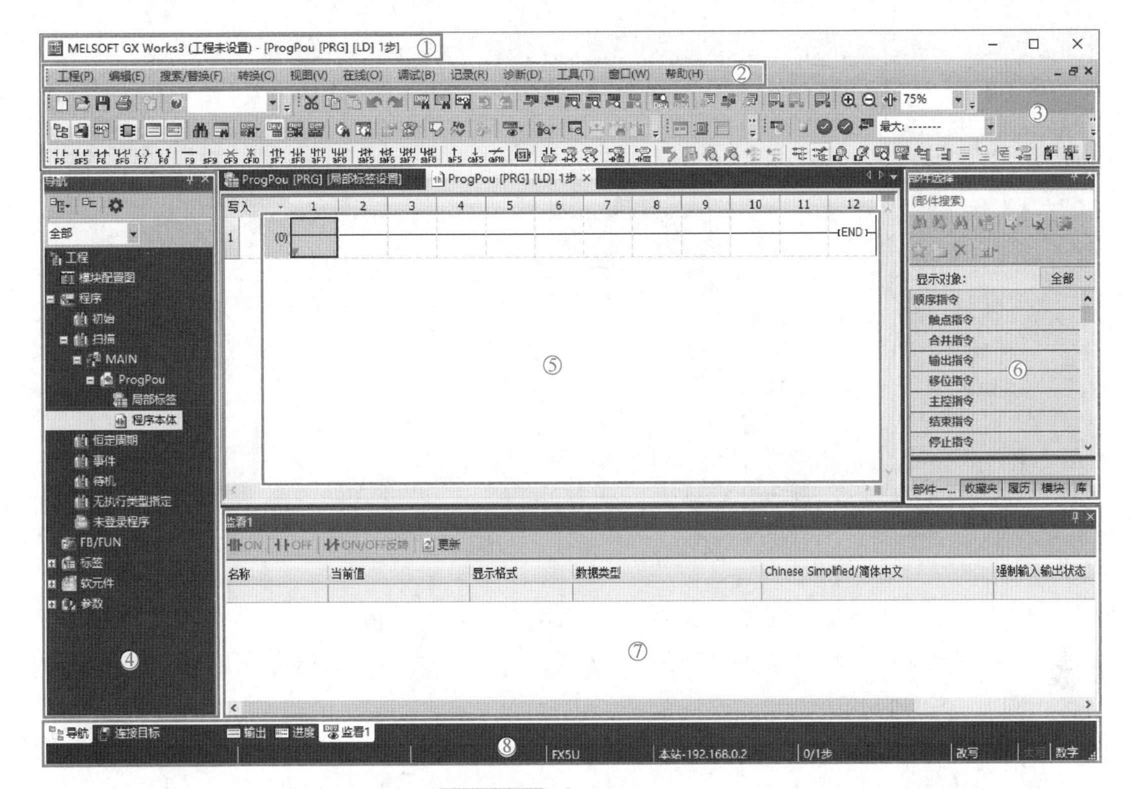

图 1-32　梯形图编辑界面

编辑界面主要由标题栏、菜单栏、工具栏、导航窗口、工作窗口、部件选择窗口、监看窗口及状态栏等构成。界面各组成部分含义如下。

① 标题栏：用于显示项目名称和程序步数。

② 菜单栏：以菜单方式调用编程工作所需的各种命令。

③ 工具栏：提供常用命令的各种快捷图标按钮，便于快速调用。

④ 导航窗口：导航窗口位于最左侧，可自动折叠（隐藏）或悬浮显示；以树状结构形式显示工程内容；通过树状结构可以进行新建数据或显示所编辑画面等操作。

⑤ 工作窗口：进行程序编写、运行状态监视的工作区域。

⑥ 部件选择窗口：该窗口以一览形式显示用于创建程序的指令或 FB 等，可以通过拖拽方式将指令放置到工作窗口进行程序编辑。该窗口也可自动折叠（隐藏）或悬浮显示。

⑦ 监看窗口：从监看窗口可选择性查看程序中的部分软元件或标签，查看运行数据。

⑧ 状态栏：显示当前进度和其他相关信息。

（2）模块配置　在 GX Works3 编程软件中，可以通过模块配置图的方式设置可编程控制器和扩展模块的参数，即按照与系统实际使用相同的硬件，在模块配置图中配置各模块部件（对象）及其参数。通过模块配置图，可以更方便地设置和管理 CPU 的参数和模块参数。

1）创建模块配置图。在图 1-33 中，双击导航窗口“工程”视图上的“模块配置图”选项，可进入“模块配置图”窗口，同时右侧的部件选择窗口显示与所选 CPU 适配的各种模块，用户可以根据实际需要选择输入 / 输出硬件或相关的功能模块实现系统配置，如图 1-33 所示。

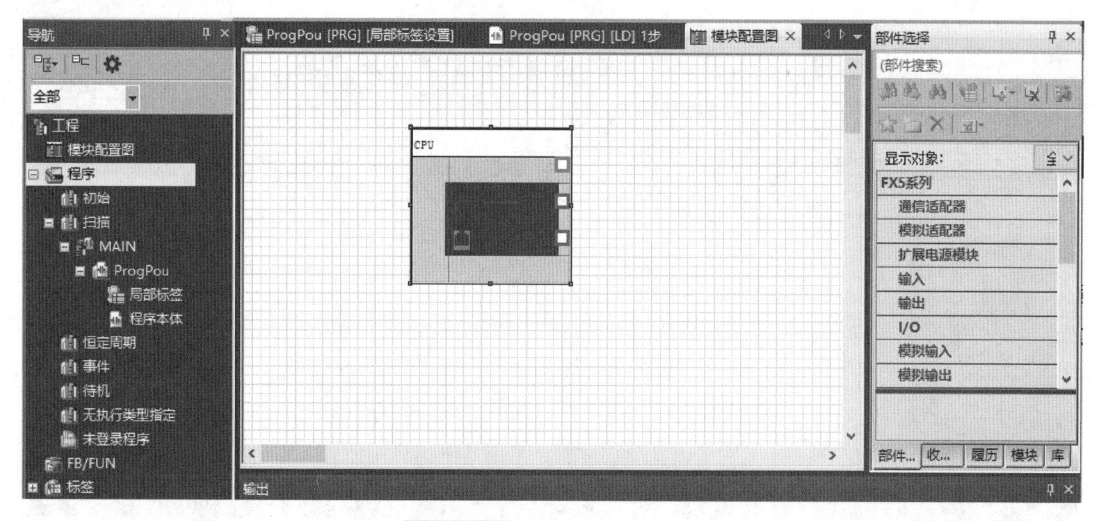

图 1-33 模块配置图的创建

首先选择 CPU 型号。在图 1-33 中，右击配置图中的 CPU 模块，在弹出的快捷菜单中选择“CPU 型号更改”命令，在弹出的“CPU 型号更改”对话框中选择实际的 CPU 型号，如“FX5U–32MR/ES”，其过程如图 1-34 所示。

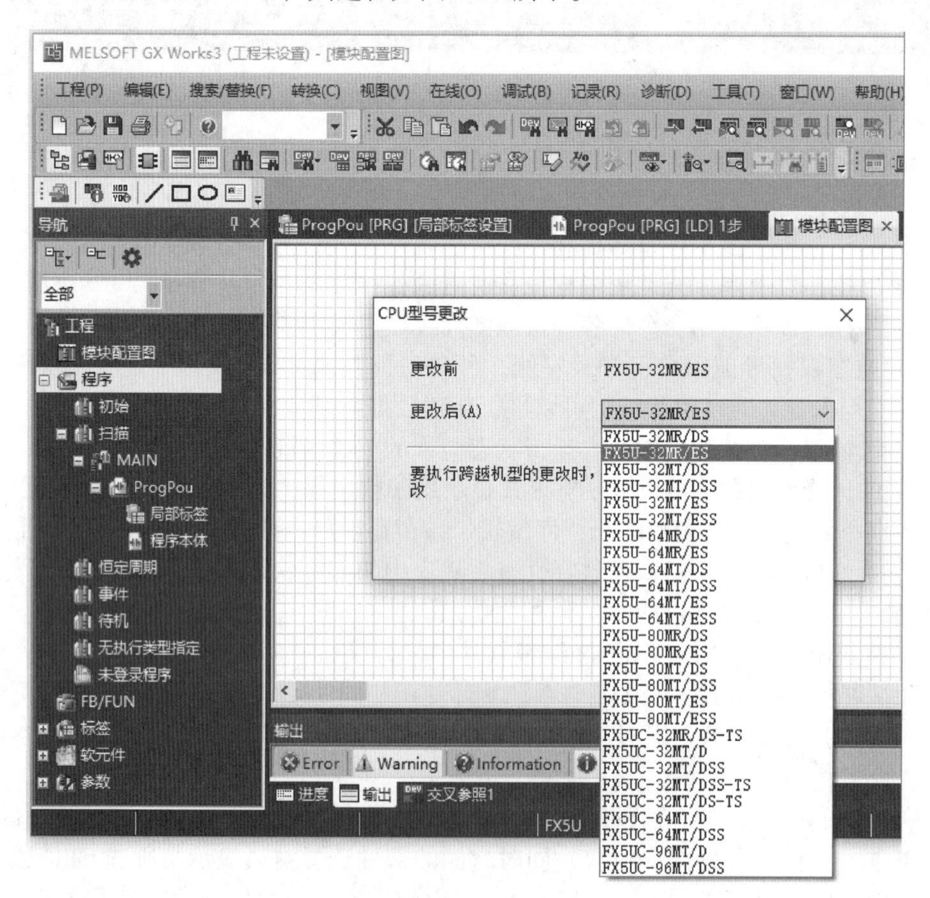

图 1-34 CPU 型号的选择

然后，根据项目实际需要配置扩展模块，如项目中包含 1 个 I/O 8 点 DC24V 输入（源型、漏型 /8 点继电器输出（FX5–16ER/ES）、4 通道模拟适配器（FX5–4DA–ADP），可以从“部件选择”窗口，通过单击所选模块并拖拽到工作窗口 CPU 对应位置处松开鼠标左键，完成模块的配置，如图 1-35 所示。

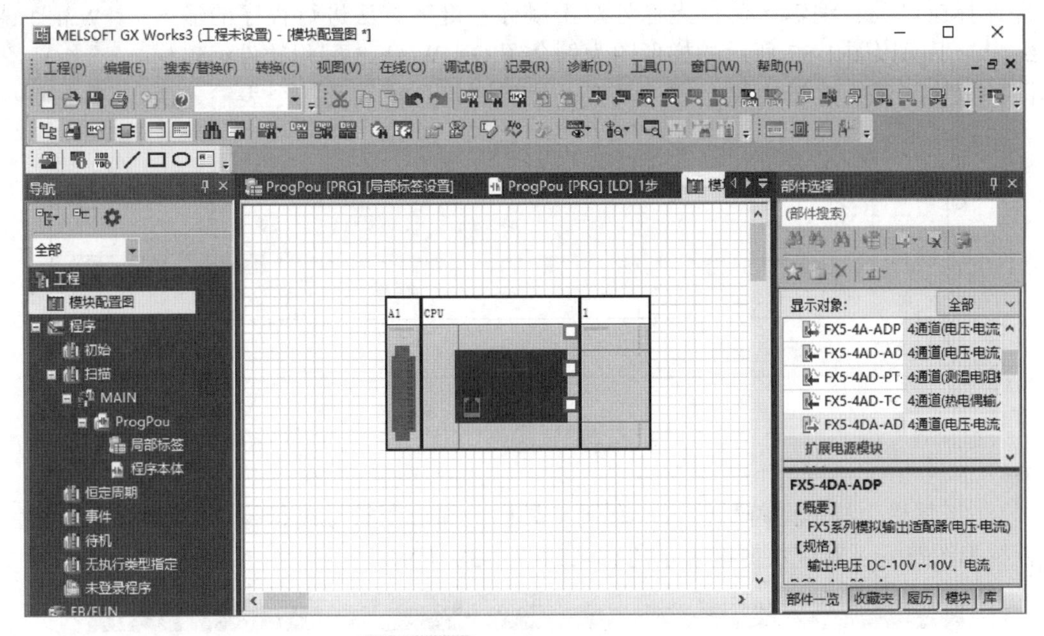

图 1-35　配置 CPU 及其他模块

2）参数设置。模块配置完成后，就可以通过模块配置图设置和管理 CPU 模块及其他模块的参数。参数设置时，首先选择需要编辑参数的模块，单击鼠标右键，在弹出的下拉菜单中，选择“参数”→“配置详细信息窗口”命令，在右侧部件选择窗口下打开的“配置详细信息输入”窗口，单击该窗口中的“详细设置”按钮，这样便可打开模块参数设置窗口，然后进行参数设置和调整。这里以适配器（FX5–4DA–ADP）模块参数为例，其参数配置如图 1-36 所示。

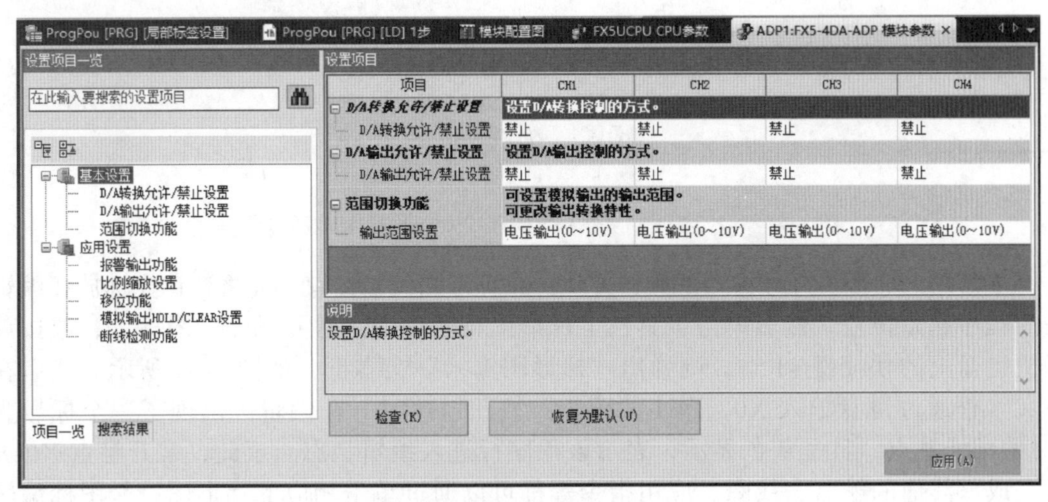

图 1-36　模块参数配置

（3）程序编辑　在 GX Works3 编程软件中，FX5U PLC 可以使用梯形图、功能块图、ST 及 SFC 4 种语言编制程序，这里仅介绍如何使用 GX Works3 编程软件编辑梯形图程序。

梯形图程序可以采用指令表、菜单命令 / 工具栏梯形图符号 / 快捷键、部件选择窗口及在编辑区蓝色光标处双击鼠标左键等方法进行程序的输入和编辑。下面以图 1-37 所示的梯形图为例介绍 GX Works3 编程软件编辑梯形图的操作步骤，这里主要介绍工具栏上梯形图符号输入及指令表输入两种方法。

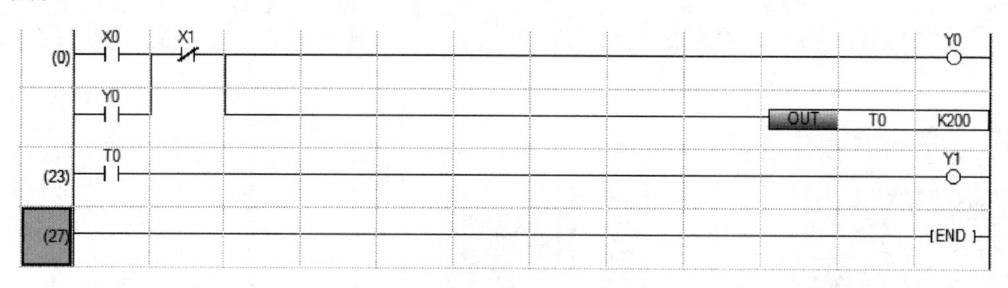

图 1-37　梯形图编辑举例

1）工具栏上梯形图符号输入。利用工具栏上梯形图符号进行梯形图编辑。工具栏上各种梯形图符号及对应快捷键表示的意义如图 1-38 所示。

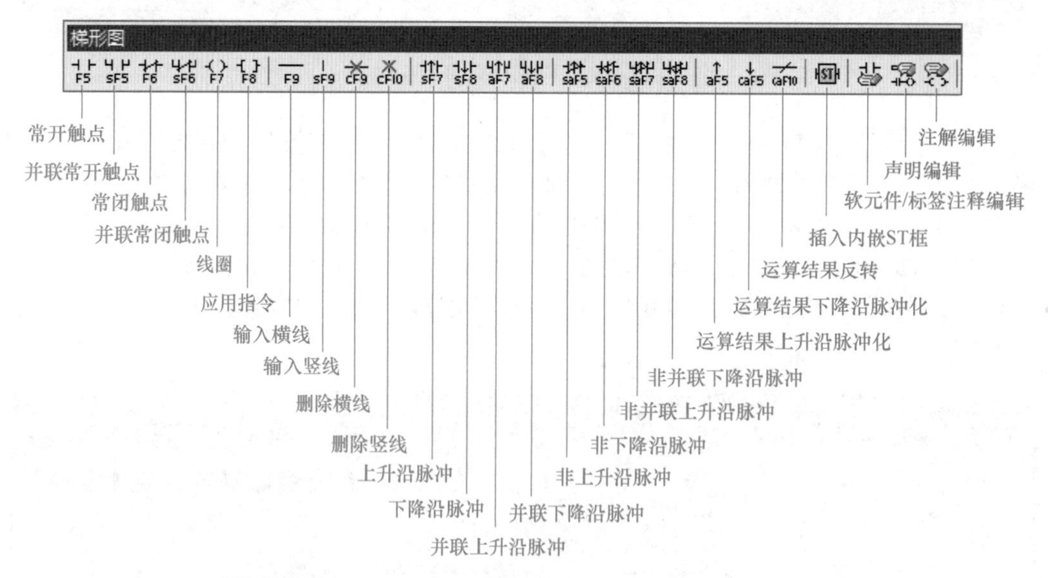

图 1-38　工具栏上各种梯形图符号及对应快捷键表示的意义

工具栏上梯形图符号输入的操作方法：在梯形图编辑窗口，先将蓝色光标放在编辑区的程序起始位置，然后单击工具栏上梯形图符号中的“常开触点”图标，或按计算机键盘上的快捷键 <F5>，则弹出“梯形图输入”文本框，如图 1-39 所示。然后在该文本框通过键盘输入 X0，单击“确定”按钮，这时，在编辑区出现了一个标号为 X0 的常开触点，且呈灰色显示，表示该程序行进入编辑状态。至此，常开触点 X0 编辑完成。其他的触点、线圈、应用指令等都可以通过单击相应的梯形图符号图标编辑完成。

图 1-39　“梯形图输入”文本框

2）指令表输入。在梯形图编辑窗口，将光标放在编辑区的程序起始位置，用键盘输入指令的助记符和目标元件（两者间需用空格分开）。例如在开始输入 X0 常开触点时，通过键盘输入字母“L”后，即弹出“梯形图输入”文本框，并在文本框的下方显示与输入指令相近的指令，如图 1-40 所示。继续输入指令及目标元件“LD X0”，按 <Enter> 键或单击“确定”按钮，常开触点 X0 编辑完成。

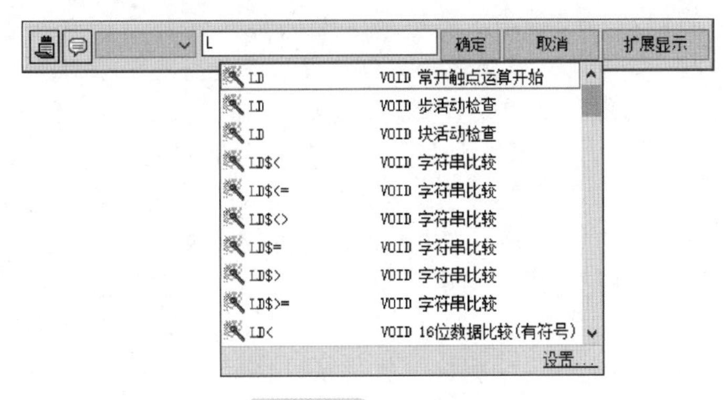

图 1-40　指令表输入

接着用键盘分别输入“ANI X1”“OUT Y0”，再将蓝色方框定位在常开触点 X0 正下方的单元格上，输入“OR Y0”，每条指令编辑完成必须按 <Enter> 键，当光标指向常闭触点 X1 与线圈 Y1 之间的某一单元格时便出现黄色小方框，此时，将光标对准该黄色小方框拖动鼠标左键向下即画出一条竖线（如果再向右拖动鼠标左键便可画出一条横线），然后用键盘输入“OUT T0 K200”按 <Enter> 键，采用同样的方法，编辑常开触点 T0 及线圈 Y1，编辑完成的梯形图如图 1-41 所示。

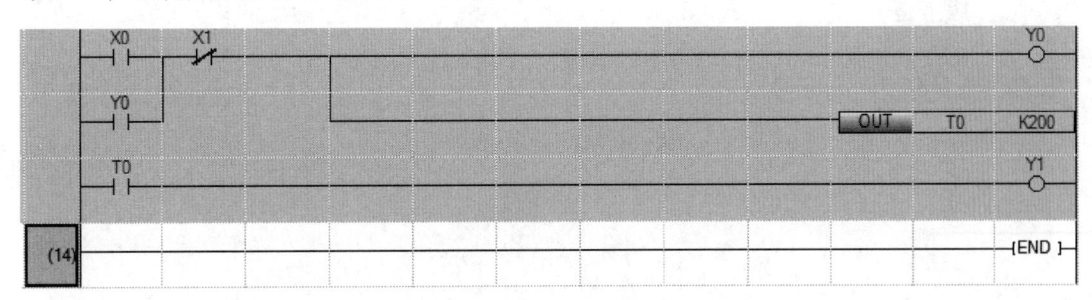

图 1-41　梯形图变换前的界面

3）插入和删除。在梯形图编辑过程中，如果要进行程序的插入或删除，可以按以下的方法进行操作。

① 插入。将光标定位在要插入的位置，然后选择菜单命令“编辑”→“行插入”执行，即可实现逻辑行的插入。

② 删除。首先将光标放在需要删除行的起始位置，用鼠标选择要删除的行，然后选择菜单命令“编辑”→“行删除”执行，即可实现逻辑行的删除。

4）复制和粘贴。首先将光标放在需要复制程序的起始位置，拖动鼠标选中需要复制程序的区域，然后选择菜单命令“编辑”→“复制”执行或单击工具栏上“复制”图标，再将光标放到要粘贴的起始位置，选择菜单命令“编辑”→“粘贴”执行或单击工具栏上“粘贴”图标即可。

5）绘制、删除连线。在梯形图编辑过程中需要连接横线时，单击工具栏上“输入横线”图标，连接竖线时，单击工具栏上“输入竖线”图标；也可以将光标放在需要连线处，当出现黄色小方框时，将光标对准黄色小方框，然后横向或竖向拖动鼠标即可画横线或竖线。删除横线或竖线时，首先将光标放在需要删除的位置，然后单击工具栏上“横线删除”图标或“竖线删除”图标。也可以将光标放在需要删除连线的首端，当出现黄色小方框时，将光标对准黄色小方框，然后沿着需要删除的连线横向或竖向拖动鼠标至连线的末端，即可删除横线或竖线。

6）梯形图修改。在程序编辑过程中，若发现梯形图有错误，可进行修改操作。在梯形图写入模式下，将光标放在需要修改的梯形图处，双击鼠标左键，弹出“梯形图输入”文本框，在该文本框中可进行梯形图符号或目标元件的修改。

（4）梯形图转换　编制完成的梯形图呈灰色显示，此时虽然程序已输入，但若不对其进行转换，则程序是无效的，也不能进行保存、写入和仿真。梯形图通过转换，编辑区的程序由灰色自动变成白色，说明程序变换完成。选择菜单命令“转换”→“转换”执行，如图1-42所示，也可单击工具栏上“转换”图标或按功能键<F4>。转换完成后的程序如图1-43所示。

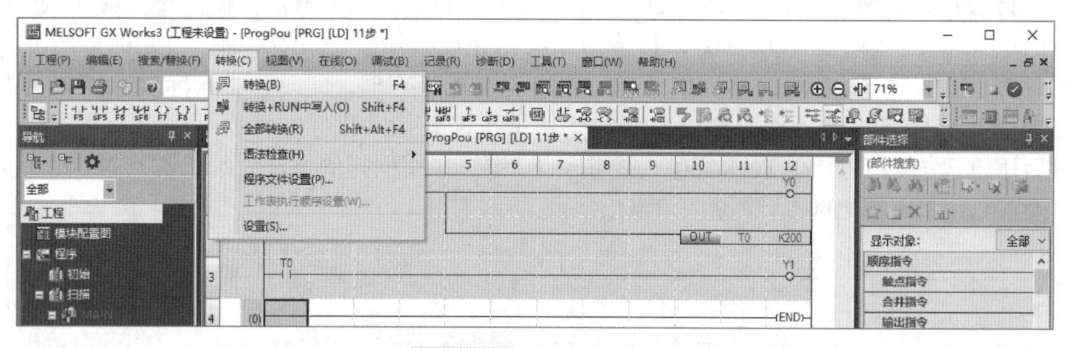

图1-42　程序变换操作

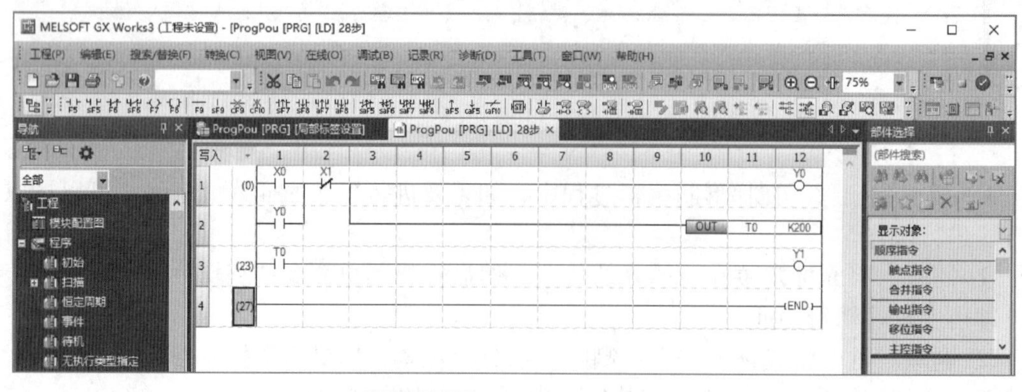

图1-43　转换完成后的程序

若无法转换，则表明梯形图在格式上或语法上有错误，在输出窗口应有显示程序错误的信息。重新修改错误的梯形图，然后重新转换，直到编辑区程序由灰色变成白色。

（5）程序检查　在程序下载至 PLC 之前，首先应进行程序检查，防止程序编程中有错误造成 PLC 无法正常运行。选择菜单栏“工具”→“程序检查”命令执行，弹出“程序检查”对话框，如图 1-44 所示。选择检查内容、检查对象，单击“执行”按钮，即可对已编辑完成的程序进行指令语法、双线圈输出、梯形图、软元件、一致性等方面的检查，如果没有错误，则弹出“程序检查已完成，无错误”提示框，如图 1-45 所示，单击“确定”按钮，关闭提示框，再单击“程序检查”对话框的“关闭”按钮关闭该对话框，程序检查完成。如果存在编写错误，则在编辑区下方的输出窗口给出程序检查的错误信息，修改程序错误后再次进行程序检查，直至检查后无错误。

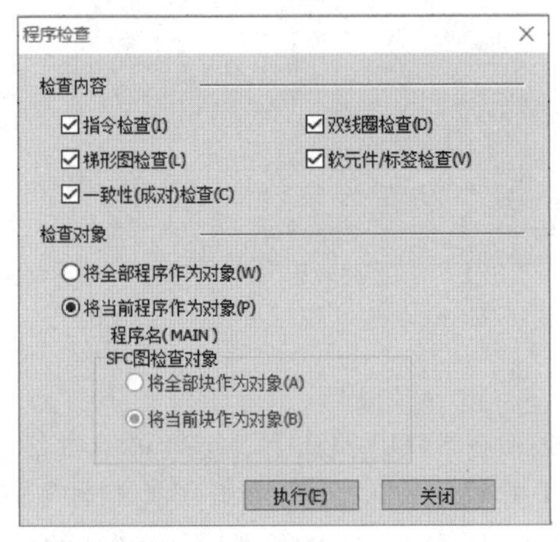

图 1-44　“程序检查”对话框

图 1-45　“程序检查”提示框

（6）程序下载与上传　在完成程序编辑和转换后，便可以将程序写入到 PLC 的 CPU 中，或将 PLC CPU 中的程序读到计算机，一般需进行以下操作：

1）PLC 与计算机的连接。FX5U PLC 与计算机之间是通过网线（带 RJ45 接头）连接实现通信的。连接时将计算机的以太网口与 FX5U PLC 上内置的以太网口用以太网电缆互连，如图 1-46 所示。

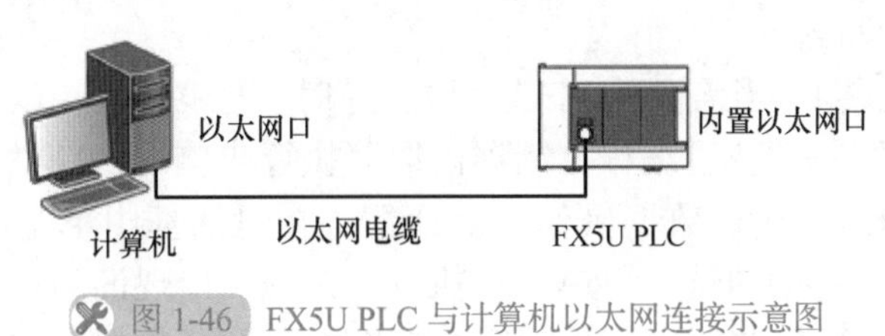

图 1-46　FX5U PLC 与计算机以太网连接示意图

2）连接目标设置。在完成计算机与 PLC 之间的以太网连接后，在图 1-43 中，选择菜单栏“在线”→“当前连接目标”命令执行，弹出“简易连接目标设置”对话框，如图 1-47 所示，在该对话框中单击选中“直接连接设置”单选按钮下的“以太网”单选按钮，适配器及 IP 地址可不直接指定，单击“通信测试”按钮，如果出现“已成功与 FX5U CPU 连接”提示框，则可单击“确定”按钮后退出。

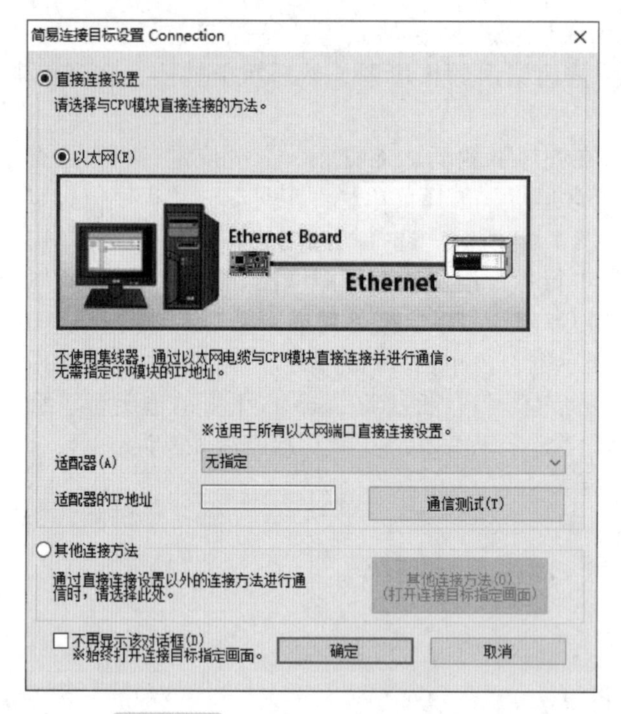

图 1-47 “简易连接目标设置”对话框

3）程序写入 / 读取。

① 程序写入（下载）。在程序写入时，PLC必须在STOP模式下，选择菜单命令“在线”→“写入至可编程控制器”执行，或单击工具栏上“写入至可编程控制器”图标，就可以打开“在线数据操作”对话框，在该对话框中，选择需要写入PLC的内容，其中有参数、全局标签、程序、软元件存储器等。一般情况下，单击“全选”按钮，以便将这些内容全部写入PLC中，如图1-48所示。然后单击“执行”按钮，出现“远程STOP后，是否执行可编程控制器的写入?”提示，单击“是”按钮，出现询问“以下文件已存在，是否覆盖?”信息提示，单击“是”按钮则会弹出表示PLC程序写入进度的“写入至可编程控制器”窗口，如图1-49所示；等一段时间后，PLC程序写入完成，并显示已完成信息提示，单击“确定”按钮，关闭提示框，然后单击该对话框上的“关闭”按钮，完成PLC程序的写入。

② 程序读取（上传）。当需要从PLC读取程序时，也必须将PLC置于STOP模式下，选择菜单命令“在线”→“从可编程控制器读取”执行或单击工具栏上“从可编程控制器读取”图标，便弹出“在线数据操作”对话框，在对话框中单击“全选”按钮，完成参数、全局标签和程序等的勾选，再单击“执行”按钮，出现询问“以下文件已存在，是否覆盖?”信息提示，单击“是”按钮，则会弹出显示PLC数据读取进度的“从可编程控制器读取”窗口，如图1-50所示，等一段时间后，PLC程序读取完成，单击“关闭”按钮，这样就把PLC中的参数、程序等数据读入计算机。

程序的运行与监视

（7）程序的运行与监视　程序下载完成后，便可以通过运行程序，进一步检验程序的合理性，经调试修改，以满足实际控制要求。通过GX Works3编程软件的程序监视和查看功能，可以实现程序的运行监视和在线修改。

在线数据操作

显示(D)　设置(S)　关联功能(U)

写入　读取　校验　删除

参数+程序(F)　全选(A)　示例：CPU内置存储器　SD存储卡　智能功能模块

开闭全部树状结构(T)　全部解除(N)

模块型号/数据名	CPU	SD	智能	详细	标题	更新时间	大小(字节)
工程未设置	☑						
参数	☑						
系统参数/CPU参数	☑					2023-4-3 9:23:16	未计算
模块参数	☑					2023-4-3 9:23:12	未计算
存储卡参数						2023-4-3 9:23:12	未计算
远程口令	☑					2023-4-3 9:23:12	未计算
全局标签	☑						
全局标签设置	☑					2023-4-3 9:23:17	未计算
程序	☑						
MAIN	☑					2023-4-3 9:24:15	未计算
软元件存储器	☑						

存储器容量显示(L)　☐写入前执行存储器容量检查

存储器容量

大小计算(I)

程序存储器　可用空间 63989/64000步

数据存储器　可用空间

程序：1021/1024KB　恢复信息：1021/1024KB　参数：995/1024KB　软元件注释：2034/2048KB

SD存储卡　可用空间 0/0KB

程序：0/0KB　恢复信息：0/0KB　参数：0/0KB　软元件注释：0/0KB

示例：已用容量　增加容量　减少容量　剩余容量为5%以下

执行(E)　关闭

图 1-48 “在线数据操作”对话框

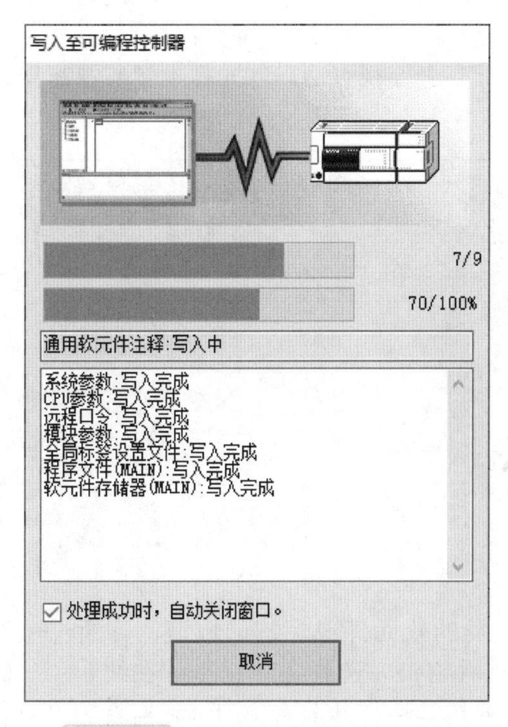

图 1-49 “写入至可编程控制器”窗口

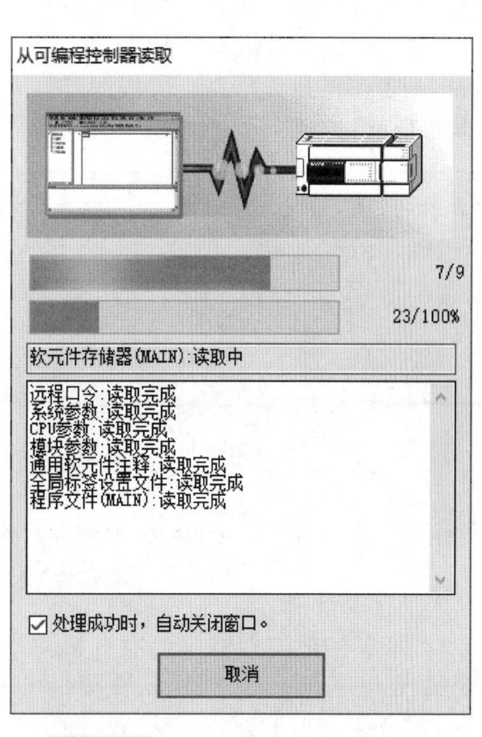

图 1-50 “从可编程控制器读取”窗口

1）程序运行。程序下载完成后，将 CPU 模块的动作状态调至 RUN 模式（CPU 模块的动作状态可通过 PLC 本体左侧盖板下的 RUN/STOP/RESET 开关调整，将此开关拨至 RUN 位置可执行程序，拨至 STOP 位置可停止程序，拨至 RESET 位置并保持 1s 后松开，可以复位 CPU 模块），通过手动调整 PLC 本体的 RUN/STOP/RESET 开关至 RUN 位置，此时 PLC 运行指示灯（RUN）点亮，PLC 进入运行状态。

2）程序监视。PLC 进入运行状态后，选择菜单命令“在线”→“监视”→“监视模式”执行，就可在线监视 PLC 程序的运行状态。在监视模式下，“闭合”的触点、“接通”的线圈显示为深蓝色，定时器的当前值显示在软元件下方，并不断变化，如图 1-51 所示。选择监视（写入模式）时，在监视程序的同时还可以进行程序的在线编辑修改，选择菜单命令“在线”→“监视”→“监视停止”执行，即可停止监视。

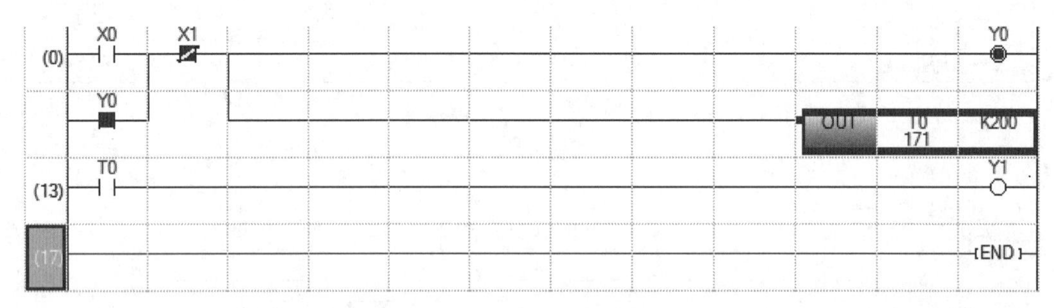

图 1-51 PLC 程序运行的监视状态

在监视模式下，还可以进行软元件和缓冲存储器的批量监视。选择菜单命令“在线”→“监视”→“软元件 / 缓冲存储器批量监视”执行，即可进入监视窗口，应用软元件和缓冲存储器的批量监视时，只能对某一种类的软元件或某个智能模块进行集中监视，设置时可输入需要监视的软元件起始编号、智能模块号及地址和显示格式等。当需要监视多种类型的软元件时，可根据需要同时打开多个监视页面。软元件批量监视窗口如图 1-52 所示。

软元件名	7	6	5	4	3	2	1	0
Y0	0	0	0	0	0	0	1	1
Y10	0	0	0	0	0	0	0	0
Y20	0	0	0	0	0	0	0	0
Y30	0	0	0	0	0	0	0	0
Y40	0	0	0	0	0	0	0	0
Y50	0	0	0	0	0	0	0	0
Y60	0	0	0	0	0	0	0	0
Y70	0	0	0	0	0	0	0	0
Y100	0	0	0	0	0	0	0	0
Y110	0	0	0	0	0	0	0	0
Y120	0	0	0	0	0	0	0	0
Y130	0	0	0	0	0	0	0	0

图 1-52 软元件批量监视窗口

3）监看功能。如需要监看并修改不同种类的软元件或标签的数值，可通过监看功能实现。GX Works3 编程软件提供了 4 个监看窗口。选择菜单命令“在线”→“监看”→“登录至监看窗口”执行，即可根据需要选择性打开监看窗口。在监看窗口“名称”项目下，依次录入需要监看的软元件或标签，并可修改软元件或标签显示格式和数据

类型等参数，设置完成后，即自动更新并显示实际运行情况，如图 1-53 所示。在监看窗口，可通过 ON、OFF 按钮修改程序中选择的位元件状态，可通过“当前值”文本框修改数据软元件或数据标签的当前值。

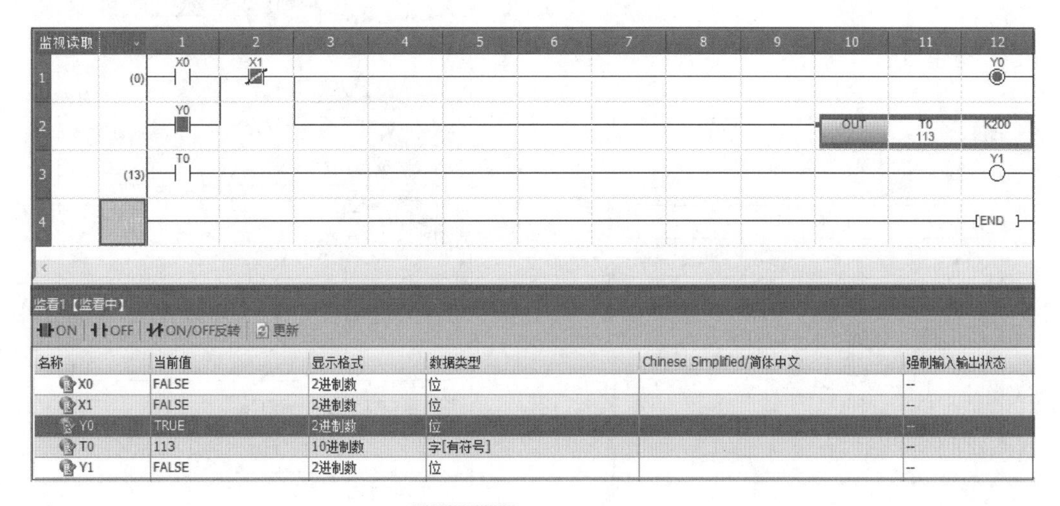

图 1-53　程序监看窗口

在监视状态的梯形图上可以观察到各输入及输出软元件的状态，并可选择菜单命令“在线”→“监视”→“软元件批量”执行，实现对软元件的成批监视。

（8）程序的模拟调试（仿真）　程序的模拟调试是使用计算机上虚拟可编程控制器对程序进行调试，即在不连接真实 PLC 的情况下，进行的虚拟仿真程序运行。GX Works3 编程软件自带了一个仿真软件包 GX Simulator3，该仿真软件可以实现不连接实体 PLC 的仿真模拟调试，即将编辑转换好的程序在计算机上模拟运行，对程序进行不在线的调试，从而大大提高了工程技术人员程序开发的效率。

下面简单介绍 GX Simulator3 仿真软件的使用。

编辑的程序经转换后，选择菜单命令“调试”→“模拟”→“模拟开始”执行，或单击工具栏上的“模拟开始”图标，弹出图 1-54 所示的“GX Simulator3”简图，表示模拟调试已启用。同时，弹出程序写入模拟 PLC 中窗口，并显示写入进度，如图 1-55 所示。写入完成后，GX Simulator3 仿真窗口中 PLC 运行指示灯自动切换为 RUN，此时，程序进入模拟运行状态。在梯形图界面，先选中需要调试的输入元件，然后选择菜单命令“调试”→“当前值更改”，此时，该元件的触点变为深蓝色，即由断开强制为接通状态，得电的线圈也变为深蓝色，处于断开和失电线圈的状态呈白色，可查看程序运行结果。用同样的方法对其他的输入元件进行模拟调试，检验设计的程序是否符合要求。

在对程序模拟测试结束后，可以选择菜单命令“调试”→“模拟”→“模拟停止”执行，或单击工具栏上“停止模拟”图标，退出模拟运行状态。

（9）梯形图注释　梯形图注释即程序描述，主要用于标明程序中梯形图块的功能、软元件和标签、线圈和指令的意义和应用，通过添加注释，使程序更便于阅读和交流。在 GX Works3 编程软件中，梯形图程序注释有软元件 / 标签注释编辑、声明编辑和注解编辑三种，下面以图 1-37 所示的梯形图（顺序起动）为例进行介绍。

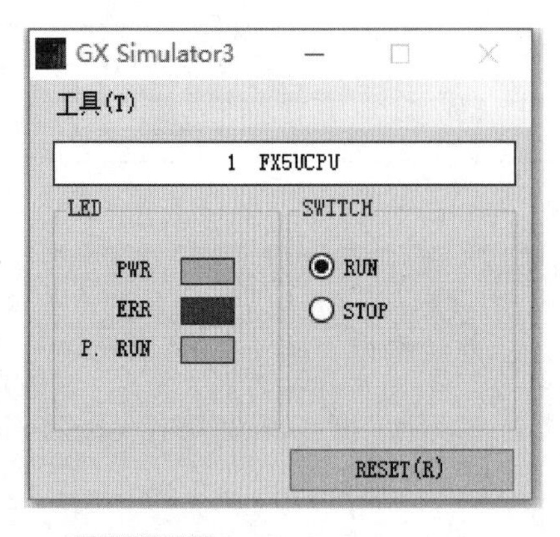

图 1-54 “GX Simulator3”简图

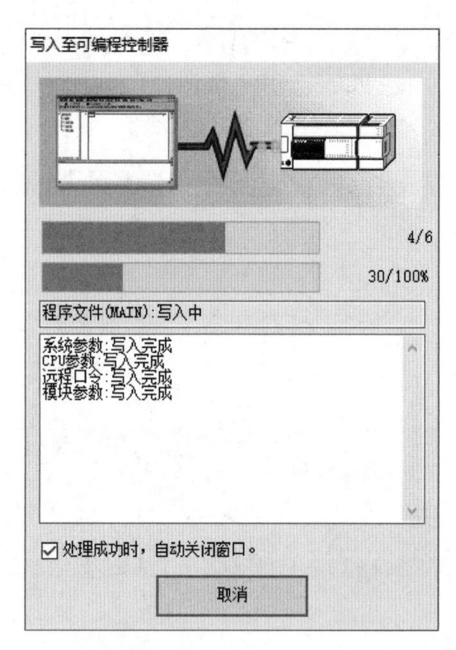

图 1-55 程序写入模拟 PLC 中

1）软元件 / 标签注释编辑。这是对梯形图中的软元件和标签添加注释。操作方法如下：

选择菜单命令“编辑”→“创建文档”→“软元件 / 标签注释编辑”执行，或单击工具栏上“软元件 / 标签注释编辑”图标，此时，梯形图之间的行距拉开。这时，把光标移动到要注释的软元件 X0 单元格处，双击光标或按 <Enter> 键，在弹出的“注释输入”对话框中，输入“起动按钮”（假设 X0 为起动按钮对应的输入信号），如图 1-56 所示，单击“确定”按钮，注释文字出现在 X0 下方，如图 1-57 所示，用同样的方法对 X1 添加注释“停止按钮”。光标移动到哪个软元件处，就可以注释哪个软元件。对一个软元件进行注释后，梯形图中所有这个软元件（常开触点、常闭触点）都会在其下方出现相同的注释内容。

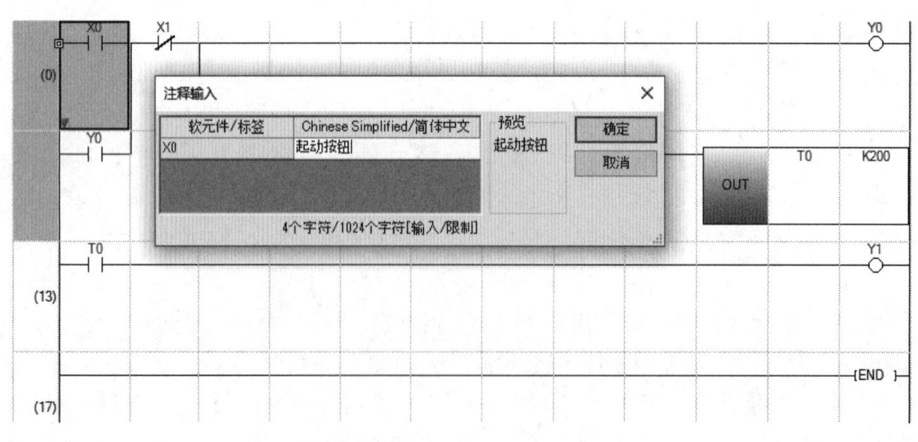

图 1-56 “注释输入”对话框

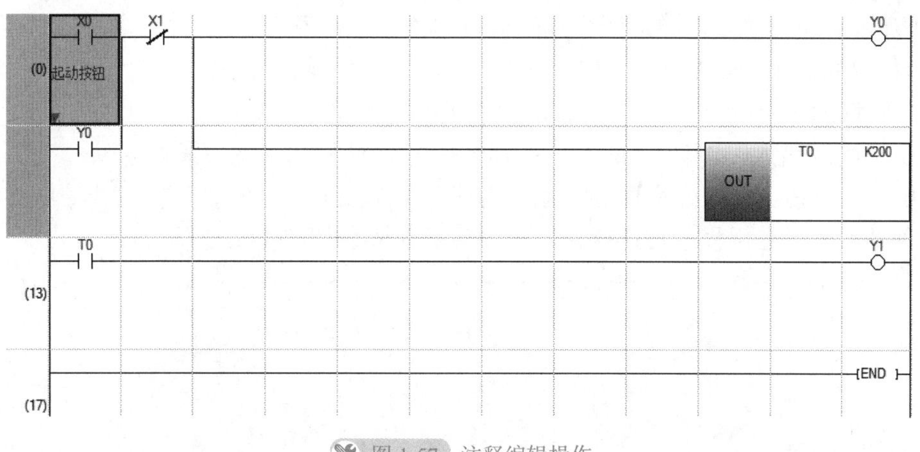

图 1-57　注释编辑操作

2）声明编辑。这是对梯形图中某一行或某一段程序进行说明注释。操作方法如下：

选择菜单命令“编辑”→“创建文档”→“声明编辑”执行，或单击工具栏上“声明编辑”图标，将光标移到第一行 X0 单元格处，双击光标或按 <Enter> 键，弹出的“行间声明输入”对话框如图 1-58 所示，在该对话框中输入“起动 1# 电动机并产生 20s 延时”文字，单击“确定”按钮，这时该文字内容呈灰色显示在首行的左上方，单击工具栏上“转换”图标，程序编译完成，这时，程序说明以蓝色出现在程序行的左上方，如图 1-59 所示。

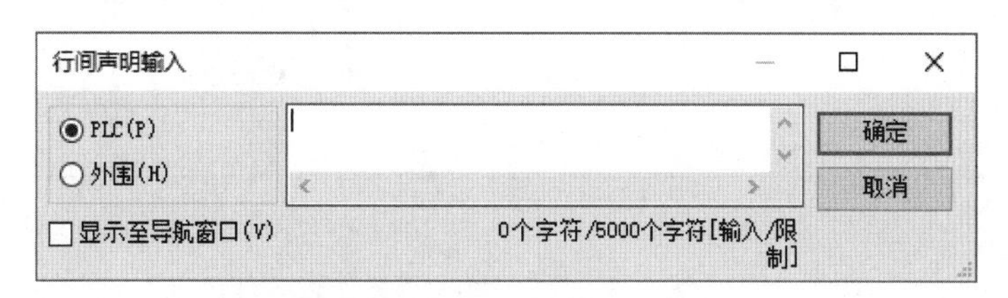

图 1-58　“行间声明输入”对话框

图 1-59　声明编辑操作

3）注解编辑。这是对梯形图中线圈或应用指令进行说明注释。操作方法如下：

选择菜单命令“编辑”→“创建文档”→“注解编辑”执行，或单击工具栏上“注解编辑”图标，将光标放在要注解的线圈 Y0 单元格处，双击光标或按 <Enter> 键，这时，弹出“注解输入”对话框如图 1-60 所示。在对话框内输入“控制 KM1”注解文字，单击“确定”按钮，注解文字即加到相应的线圈的正上方，此时，编辑区线圈所在的程序行呈灰色显示，再进行程序转换操作，程序转换完成，如图 1-61 所示。

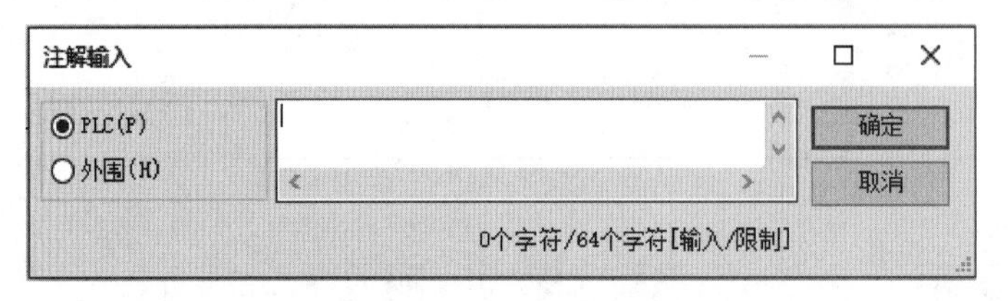

图 1-60 “注解输入”对话框

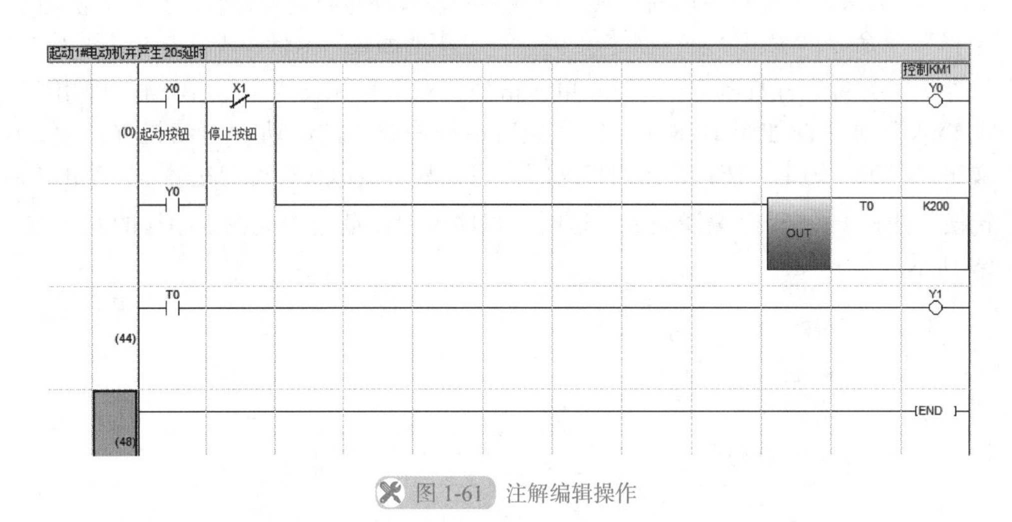

图 1-61 注解编辑操作

按照上述方法完成其他软元件的注释编辑，定时器 T0、输出线圈 Y1 的注解编辑，以及第 2 个逻辑行的声明编辑操作，完成注释后的电动机顺序起动梯形图如图 1-62 所示。

图 1-62 电动机顺序起动梯形图程序注释

以上介绍的声明编辑和注解编辑，也可以选择菜单命令“编辑”→“创建文档”→“声明 / 注解批量编辑”执行，或单击工具栏上“声明 / 注解批量编辑”图标，在弹出的“声明 / 注解批量编辑”对话框中分别选择“行间声明”“注解”标签进行相应的注释，读者可自行练习。

（10）保存、打开工程　当程序编制完后，必须先进行转换，然后选择菜单命令“工程”→“保存”或“另存为”执行，或单击工具栏上“保存”图标，此时系统会弹出“另存为”对话框，如图 1-63 所示。如果新建工程时未设置保存的路径和工程名，选择保存路径和输入工程名后再单击“保存”按钮即可。

图 1-63　“另存为”对话框

当需要打开保存在计算机中的程序时，打开 GX Works3 编程软件，选择菜单命令“工程”→“打开”执行，或单击工具栏上“打开”图标，便弹出“打开”对话框，在查找范围选择框中选择保存的驱动器，工程名选择框选择要打开的工程名，然后单击“打开”按钮即可。

三、任务实施

（一）任务目标

1）学会用三菱 FX5U PLC 顺控程序指令编制电动机起停控制程序。
2）会绘制三相异步电动机单向运行控制的主电路图及 I/O 接线图。
3）掌握 FX5U PLC 安装与 I/O 接线的方法。
4）掌握触点指令和线圈指令的应用。
5）熟练使用 GX Works3 编程软件编辑梯形图，并写入 PLC 进行调试运行。

（二）设备与器材

本任务实施所需设备与器材见表 1-8。

表 1-8 设备与器材

序号	名称	符号	型号规格	数量	备注
1	常用电工工具		十字螺钉旋具、一字螺钉旋具、尖嘴钳、剥线钳等	1 套	表中所列设备、器材的型号规格仅供参考
2	计算机（安装 GX Works3 编程软件）			1 台	
3	三菱 FX5U 可编程控制器	PLC	FX5U–32MR/ES	1 台	
4	三相异步电动机起停控制面板			1 个	
5	三相异步电动机	M	WDJ26，P_N=40W，U_N=380V，I_N=0.2A，n_N=1430r/min，f=50Hz	1 台	
6	以太网通信电缆			1 根	
7	连接导线			若干	

（三）内容与步骤

1. 任务要求

完成三相异步电动机通过按钮实现的起动、停止控制，同时电路要有完善的软件或硬件保护环节，其控制面板如图 1-64 所示。

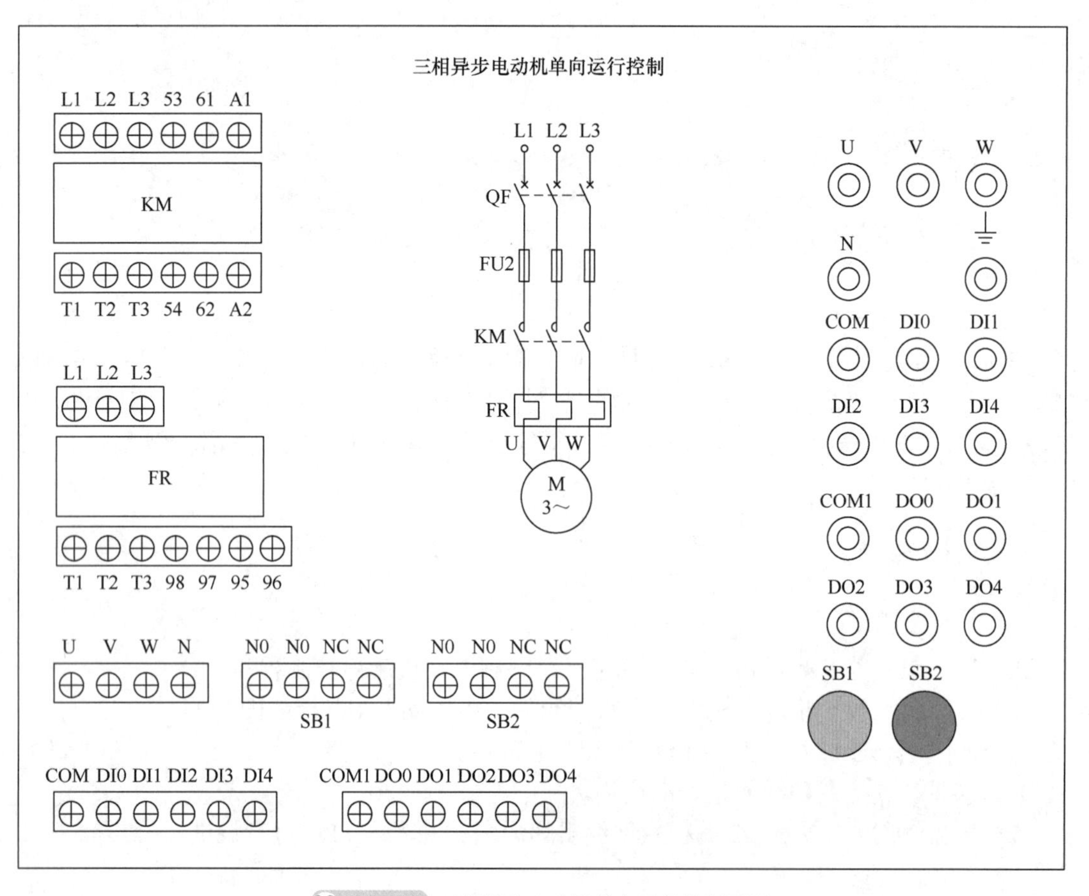

图 1-64 三相异步电动机单向运行控制面板

2. I/O 分配与接线图

I/O 分配见表 1-9。

表 1-9　I/O 分配表

输入			输出		
设备名称	符号	X 元件编号	设备名称	符号	Y 元件编号
起动按钮	SB1	X0	接触器	KM	Y0
停止按钮	SB2	X1			
热继电器	FR	X2			

I/O 接线图如图 1-65 所示。

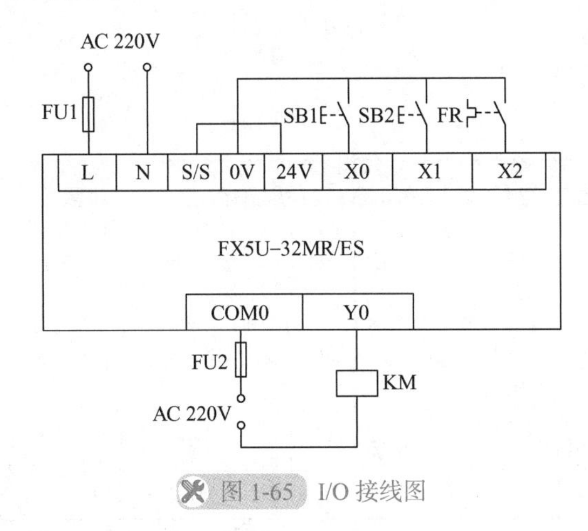

图 1-65　I/O 接线图

3. 编制程序

利用 GX Works3 编程软件，根据控制要求编制梯形图，如图 1-66 所示。

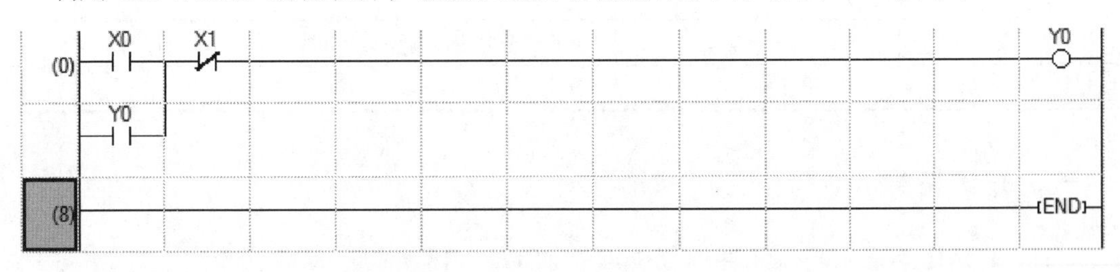

图 1-66　三相异步电动机单向运行控制梯形图

4. 调试运行

将图 1-66 所示的梯形图写入 PLC，调试运行程序。

（1）静态调试　按图 1-65 所示 I/O 接线图正确连接输入设备，并将 PLC 调至 RUN 状态，进行 PLC 的模拟静态调试（按下起动按钮 SB1 时，Y0 亮，运行过程中，按下停止按钮 SB2，Y0 灭，运行过程结束），并通过 GX Works3 编程软件使程序处于监视状态，观察其是否与指示灯一致，否则，检查并修改程序，直至输出指示正确。

（2）动态调试　按图 1-65 所示 I/O 接线图正确连接输出设备，进行系统的空载调试，观察交流接触器能否按控制要求动作（按下起动按钮 SB1 时，KM 动作，运行过程中，按下停止按钮 SB2，KM 返回，运行过程结束），并通过 GX Works3 编程软件使程序处于监视状态，观察其是否与动作一致，否则，检查电路接线或修改程序，直至交流接触器能按控制要求动作；然后连接电动机（电动机按丫联结），进行带载动态调试。

（四）分析与思考

1）本任务三相异步电动机过载保护是如何实现的？如果将热继电器过载保护作为 PLC 的硬件条件，试绘制 I/O 接线图，并编制梯形图程序。

2）在图 1-66 中，如果将 X0 常开触点改为常闭触点，会出现什么情况？若将 Y0 常开触点改为常闭触点又会出现什么现象？

四、任务考核

本任务实施考核见表 1-10。

表 1-10 任务考核表

序号	考核内容	考核要求	评分标准	配分	得分
1	电路及程序设计	（1）能正确分配 I/O，并绘制 I/O 接线图 （2）根据控制要求，正确编制梯形图程序	（1）I/O 分配错或少，每个扣 5 分 （2）I/O 接线图设计不全或有错，每处扣 5 分 （3）三相异步电动机单向连续运行主电路表达不正确或画法不规范，每处扣 5 分 （4）梯形图表达不正确或画法不规范，每处扣 5 分	40 分	
2	安装与连线	根据 I/O 分配，正确连接电路	（1）连线错 1 处，扣 5 分 （2）损坏元器件，每只扣 5 ～ 10 分 （3）损坏连接线，每根扣 5 ～ 10 分	20 分	
3	调试与运行	能熟练使用编程软件编制程序写入 PLC，并按要求调试运行	（1）不会熟练使用编程软件进行梯形图的编辑、修改、转换、写入及监视，每项扣 2 分 （2）不能按照控制要求完成相应的功能，每缺 1 项扣 5 分	20 分	
4	安全操作	确保人身和设备安全	违反安全文明操作规程，扣 10 ～ 20 分	20 分	
5	合计				

五、知识拓展

（一）软元件的设置与软元件的复位指令（SET、RST）

1. SET、RST 指令使用要素

SET、RST 指令的名称、助记符、功能、梯形图表示等使用要素见表 1-11。

2. SET、RST 指令使用说明

软元件的设置与软元件的复位指令及应用

1）SET 指令，强制目标元件置“1”，并具有自保持功能。即一旦目标元件得电，即使驱动条件断开后，目标元件仍维持接通状态。

2）RST 指令，强制目标元件置“0”。

3）对于输出继电器（Y），在同一运算中执行了 SET 指令和 RST 指令的情况下，将输出接近于 END 指令（程序的结束）的指令结果。

表 1-11　SET、RST 指令的使用要素

名称	助记符	功能	梯形图表示	FBD/LD 表示	ST 表示	目标元件
软元件的设置	SET	执行指令变为 ON 时，(d) 中指定的软元件将变为： • 位软元件：将线圈、触点置为 ON • 字软元件的位指定：将指定位置为 1	SET (d)	SET EN ENO d	ENO:=SET（EN，d）;	位元件：Y、M、S、L、SM、F、B、SB 字元件 D、W、SD、SW、R、U□\G□的位指定
软元件的复位	RST	RST 输入变为 ON 时，(d) 中指定的软元件将变为： • 位软元件：将线圈、触点置为 OFF • 定时器、计数器：将当前值置为 0，将线圈、触点置为 OFF • 字软元件的位指定：将指定位置为 0 • 字软元件、模块访问软元件、变址寄存器：将内容置为 0	RST (d)	RST EN ENO d	ENO:=RST（EN，d）;	位元件：Y、M、S、L、SM、F、B、SB 字元件 D、W、SD、SW、R、U□\G□ 的位指定 定时器：T、ST 计数器：C、LC 字元件：D、W、SD、SW、R、U□\G□、Z、LZ

4）对于通过 SET 指令置为 ON 的软元件，可以通过 RST 指令置为 OFF。

5）在实际使用时，尽量不要对同一元件进行 SET 和 OUT 操作。因为这样使用，虽然不是双线圈输出，但如果 OUT 指令的驱动条件断开，SET 指令的操作不具有自保持功能。

6）对于定时器、计数器，在 RST 指令被跳转的程序、子程序和中断程序中执行的情况下，定时器和计数器可能会保持复位后的状态不变，定时器和计数器不动作。

3. 应用举例

SET、RST 指令的应用如图 1-67 所示。

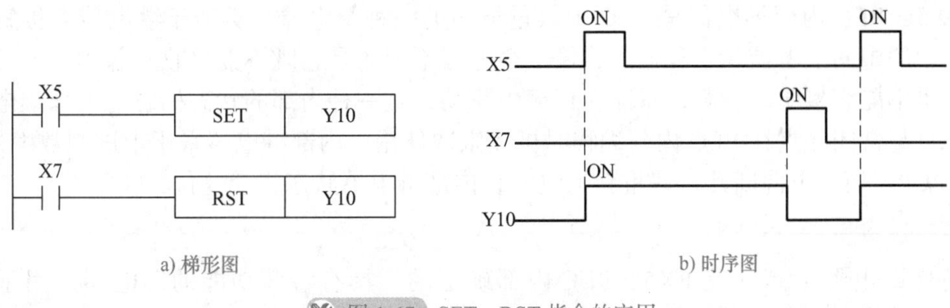

a) 梯形图　　b) 时序图

图 1-67　SET、RST 指令的应用

（二）用软元件的设置与软元件的复位指令实现的三相异步电动机单向运行控制

用软元件的设置与软元件的复位指令实现的三相异步电动机单向运行控制梯形图如图 1-68 所示。

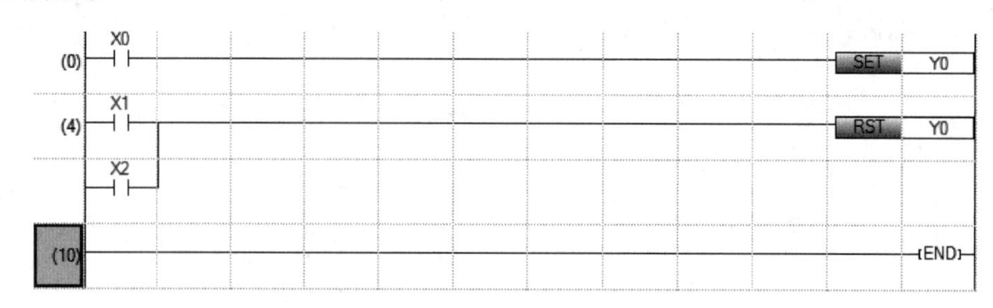

图 1-68 用 SET、RST 指令实现三相异步电动机单向运行控制梯形图

六、任务总结

在本任务中，分别介绍了三菱 FX5U PLC 的 X、Y 两个软继电器的含义及具体用法，GX Works3 编程软件的使用及 LD、AND、OUT、END、SET 等 10 条顺控程序指令的使用要素和应用。在此基础上利用顺控程序指令编制简单的三相异步电动机单向运行控制梯形图，通过 GX Works3 编程软件进行程序的编辑、写入，再进行 I/O 端口连接及调试运行，从而达成会使用编程软件编辑程序并调试运行的目标。

任务二 水塔水位的 PLC 控制

一、任务导入

水塔是日常生活和工农业生产中常见的供给水建筑，其主要功能是储水和供水。为了保证水塔水位运行在允许的范围内，常用液位传感器作为检测元件，监视水塔内液面的变换情况，并将检测的结果传给控制系统，决定控制系统的运行状态。本任务利用三菱 FX5U PLC 对水塔水位进行模拟控制。

二、知识准备

（一）内部继电器（M）与特殊继电器（SM）

1. 内部继电器（M）

FX5U PLC 内部继电器是 PLC 中数量最多的一种继电器，类似于继电器 – 接触器控制系统中的中间继电器，它和输入、输出继电器不同的是它既不能接收外部输入的开关量信号，也不能直接驱动负载，只能在程序中驱动，是一种内部的状态标志。内部继电器的常开触点与常闭触点在 PLC 内部编程时可无限次使用。内部继电器采用十进制数编号。

当 CPU 模块电源断开，并重新上电时，内部继电器状态将会复位（清零）。

2. 特殊继电器（SM）

特殊继电器（SM）是 FX5U PLC 内部确定的、具有特殊功能的继电器，用于存储 PLC 系统状态、控制参数和信息。这类继电器不像内部继电器（M）可用于程序中，但可

作为监控继电器状态反映系统运行情况；或通过设置 ON/OFF 来控制 CPU 模块相应功能。FX5U PLC 部分常用特殊继电器（SM）见表 1-12。

表 1-12　FX5U PLC 部分常用特殊继电器（SM）

编号		功能描述	读取 / 写入（R/W）
SM400	SM8000	运行监视，PLC 运行时为 ON	R
SM401	SM8001	运行监视，PLC 运行时为 OFF	R
SM402	SM8002	初始化脉冲，仅在 PLC 运行开始时 ON 一个扫描周期	R
SM0	SM8004	发生出错，OFF：无出错，ON：有出错	R
SM52	SM8005	PLC 内置电池电压过低时为 ON	
SM409	SM8011	10ms 时钟脉冲，通、断各 5ms	R
SM410	SM8012	100ms 时钟脉冲，通、断各 50ms	R
SM412	SM8013	1s 时钟脉冲，通、断各 0.5s	R
SM413	—	2s 时钟脉冲，通、断各 1s	R
	SM8014	1min 时钟脉冲，通、断各 30s	R
	SM8020	零标志位：加减运算结果为零时置位	R
	SM8021	借位标志位：减运算结果为零时置位	R
SM700	SM8022	进位标志位：加运算有进位或结果溢出时置位	R
	SM8029	指令执行完成标志位：执行完成为 ON	R
	SM8034	为 ON 时禁止全部输出	R/W

注：SM8 □□□为 FX 兼容区域的特殊继电器。

SM 用来表示 PLC 的某些状态，提供时钟脉冲和标志位，设定 PLC 的运行方式或者 PLC 用于步进顺控、禁止中断、计数器的加减设定、模拟量控制、定位控制和通信控制中的各种状态标志等。它可分为触点利用型特殊继电器和驱动线圈型特殊继电器两大类。

（二）数据寄存器（D）与特殊寄存器（SD）

1. 数据寄存器（D）

数据寄存器（D）主要用于存储数据数值，PLC 在进行输入 / 输出处理、模拟量控制、位置控制时，需要许多数据寄存器存储数据和参数。FX 系列 PLC 数据寄存器都是 16 位（单字），可以存放 16 位二进制数。也可用两个编号连续的数据寄存器来存储 32 位数据（双字）。例如，用 D10 和 D11 存储 32 位二进制数，D10 存储低 16 位，D11 存储高 16 位。数据寄存器最高位为正负符号位，0 表示为正数，1 表示为负数。

2. 特殊寄存器（SD）

特殊寄存器用来存放一些特定的数据。例如，PLC 状态信息、时钟数据、错误信息、应用指令数据、变址寄存器当前值等。按照其功能可分为两种，一种是只读存储器，用户只能读取其内容，不能改写其内容，例如可以从 SD8067 中读出错误代码，找出错误原因，从 SD8005 中读出锂电池电压值等；另一种是可以进行读写的特殊存储器，用户可以对其进行读写操作。例如，SD8000 为监视扫描时间数据存储，出厂值为 200ms。如程序运行一个扫描周期大于 200ms 时，可以修改 SD8000 的设定值，使程序扫描时间延长。

未定义的特殊寄存器，用户不能使用。具体可参见FX5用户手册（应用篇）。

（三）字位

字位是字元件（如数据寄存器D）的位指定，可以作为位元件使用，其表达形式为D□.b，其中□是字元件的编号，b是字元件的指定位编号（用16进制数表示）。如置位D100的b15位，可用指令“SET D100.F”表示。通常字位与普通的位元件使用方法相同，但其使用过程中不能进行变址操作。

字位D□.b是一个位元件，在应用上和内部继电器M一样使用，有无数个常开触点、常闭触点，本身也可以作为线圈进行驱动。

FX5U PLC可进行字软元件位指定的字软元件有数据寄存器（D）、链接寄存器（W）、链接特殊寄存器（SW）、特殊寄存器（SD）、模块访问软元件（U□\G□）及文件寄存器（R）。

（四）常数（K、H、E）

常数也可以作为编程元件使用，它在PLC的存储器中占用一定的空间。

K表示十进制常数的符号，主要用于指定定时器和计数器的设定值，也用于指定应用指令中的操作数，如十进制常数314在程序中表示为K314。十进制常数的范围见表1-13。

表1-13　十进制常数范围

指令的自变量数据类型		十进制常数范围
数据容量	数据类型的名称	
16位	字（有符号）	K-32768～K32767
	字（无符号）/位串（16位）	K0～K65535
32位	双字（有符号）	K-2147483648～K2147483647
	双字（无符号）/位串（32位）	K0～K4294967295

H表示十六进制常数的符号，主要用于指定应用指令中的操作数。十六进制常数的指定范围：16位常数的范围为0000～FFFF，32位常数的范围为00000000～FFFFFFFF。例如25用十进制表示为K25，用十六进制则表示为H19。

在程序中指定实数的软元件，以E进行指定，如E1.234。实数的指定范围为：$-2^{128}\leq$软元件$\leq-2^{-126}$、0、$2^{-126}\leq$软元件$\leq2^{128}$（E-3.40282347+38～E-1.17549435-38、0、E1）

（五）定时器

PLC中的定时器主要用于设定和计量时间，它相当于继电器-接触器控制系统中的通电延时型时间继电器。对于FX5U PLC，定时器是计算时间增量的编程软元件，其定时设定值通过指令设置。

定时器中有一个设定值寄存器（一个字长）、一个当前值寄存器（一个字长）和一个用来存储其输出点状态的映像寄存器（占二进制的一位），在梯形图中这三个单元使用同一个元件编号。使用场合不一样，其意义也不同。

定时器延时是从输入端导通的瞬间开始的，定时器的当前值从0开始按设定的时间单位递增，当定时器的当前值达到其设定值时，定时时间到，定时器动作，其常开触点闭合，常闭触点断开。定时器可以提供无数对常开触点、常闭触点。

FX5U PLC 定时器可分为通用定时器和累计定时器两种，有 100ms、10ms 和 1ms 三种分辨率，对应定时器分别为低速定时器、普通定时器和高速定时器。它们可以使用同一软元件，分别通过定时器输出指令 OUT、OUTH 和 OUTHS 来区分。例如，对于通用定时器 T0，使用 OUT 指令驱动时（OUT T0 K □）为低速定时器（100ms），使用 OUTH 指令驱动时（OUTH T0 K □）为普通定时器（10ms），使用 OUTHS 指令驱动时（OUTHS T0 K □）为高速定时器（1ms），其中，“□”为十进制整数；累计定时器的使用方法相同。

定时器设定值可以直接用十进制常数设定，也可以用字软元件间接设定，设定范围为 K0 ～ K32767。不同分辨率下定时器的定时范围也不同，定时器的输出指令使用要素见表 1-14。

表 1-14　定时器输出指令使用要素

名称	助记符	定时范围 /s	梯形图表示	FBD/LD 表示	ST 表示
低速定时器	OUT T	0.1 ～ 3276.7	OUT (d) (Value)	OUT EN ENO d	ENO:=OUT_T（EN, Coil，Value);
低速累计定时器	OUT ST				
普通定时器	OUTH T	0.01 ～ 327.67	OUTH (d) (Value)	OUTH EN ENO Coil Value	ENO:=OUTH（EN, Coil，Value);
累计定时器	OUTH ST				
高速定时器	OUTHS T	0.001 ～ 32.767	OUTHS (d) (Value)	OUTHS EN ENO Coil Value	ENO:=OUTHS（EN, Coil，Value);
高速累计定时器	OUTHS ST				

注：表中（d）为定时器的编号（T 或 ST)，数据类型为位；（Value）为定时器的设定值，只能使用十进制常数，数据类型为无符号 16 位二进制数。

1. 通用定时器（T）

通用定时器是在定时器输入端导通时开始计时，当定时器的当前值达到设定值时，其触点动作，即常开触点闭合、常闭触点断开。通用定时器无断电保持功能，即当输入端驱动条件断开或停电时定时器自动复位（定时器的当前值回零、触点复位）。当输入端驱动条件再次接通时，定时器重新开始计时。

FX5U PLC 在默认情况下，通用定时器有 512 个，对应编号为 T0 ～ T511。

通用定时器的动作过程如图 1-69 所示。当驱动信号 X0 接通时，低速定时器 T0 开始定时（T0 的当前值每隔 100ms 加 1），当 T0 的当前值未达到 20 时，X0 断开，则 T0 的当前值变为 0；当 X0 再次接通时，低速定时器 T0 重新开始计时。图 1-69a 为通用定时器 T0 的梯形图，它在延时过程中，自驱动信号 X0 接通时起，其当前值从 0 开始对 100ms 时钟脉冲进行累积计数，当计数值与设定值 K20 相等时，定时器动作，经过的时间为 20 × 0.1s=2s。当 X0 断开后定时器复位，当前值变为 0，其常开触点断开，如外部电源断电，定时器也将被复位。

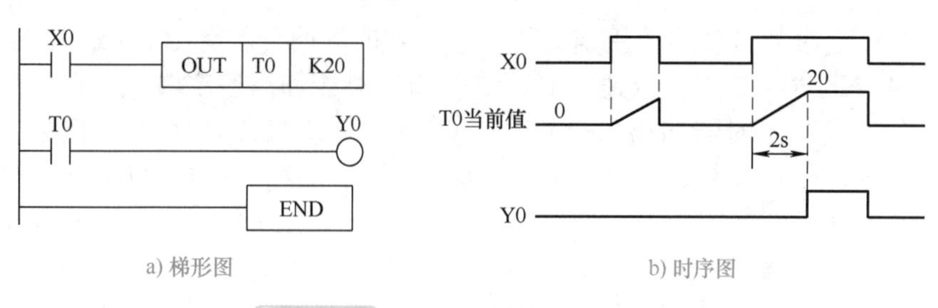

a) 梯形图　　b) 时序图

图 1-69　通用定时器动作过程示意图

2. 累计定时器（ST）

累计定时器又称为断电保持型定时器，可累计计算定时器的导通时间。当累计定时器的输入端导通时，开始计时，其当前值按设定的时间单位递增；当输入端断开时，累计定时器的当前值保持不变，输入端重新接通时，从保持的当前值开始继续计时，当累计的当前值达到设定值时，累计定时器动作，其常开触点闭合，常闭触点断开。

FX5U PLC 在默认情况下，累计定时器有 16 个，对应编号为 ST0 ～ ST15。

由于累计定时器具有断电保持功能，所有累计定时器必须使用复位指令（RST）进行复位，将其当前值和触点复位。

累计定时器 ST0 的动作过程如图 1-70 所示。图 1-70a 为累计定时器 ST0 的梯形图，它在延时过程中，自驱动信号 X0 接通时起，ST0 当前值计数器开始累积 100ms 的时钟脉冲个数。当 X0 经 t_1 后断开，而 ST0 的当前值尚未计数到设定值 K400，累计定时器不会动作，但其计数的当前值保持。当 X0 再次接通，ST0 从保持的当前值开始继续累计，经过 t_2 时间，当前值达到 K400 时，定时器动作。累计的时间为 $t_1+t_2=400\times0.1\text{s}=40\text{s}$。当复位输入 X1 接通时，定时器才被复位，当前值变为 0，触点也随之复位。

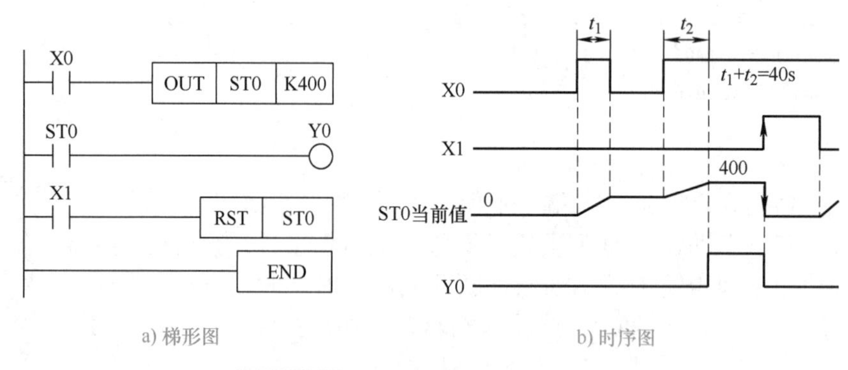

a) 梯形图　　b) 时序图

图 1-70　累计定时器动作过程示意图

（六）梯形图块的串联连接、并联连接指令（ANB、ORB）

在梯形图中当出现两个及以上触点构成的梯形图块进行串、并联时，用前面所讲的取指令和触点串并联指令就不能有效连接。

梯形图块指令就是为了解决这个问题而设置的。梯形图块指令有两条：梯形图块并联连接指令 ORB 和梯形图块串联连接指令 ANB。

什么是梯形图块？梯形图块是指梯形图的梯级出现了分支，而且分支中出现了两个及以上触点相串联和并联的情况，把这个相串联或相并联的回路称为梯形图块。两个及以上触点串联连接称为串联回路块，两个及以上触点并联连接称为并联回路块。

1. ANB、ORB 指令使用要素

ANB、ORB 指令的名称、助记符、功能、梯形图表示等使用要素见表 1-15。

表 1-15　ANB、ORB 指令使用要素

名称	助记符	功能	梯形图表示	FBD/LD 表示	ST 表示	目标元件
梯形图块的串联连接（块与）	ANB	并联回路块的 AND 运算，并作为运算结果		不对应	不对应	无
梯形图块的并联连接（块或）	ORB	串联回路块的 OR 运算，并作为运算结果		不对应	不对应	

2. ANB、ORB 指令使用说明

1）使用 ANB、ORB 指令编程时，当采用分别编程方法时，即写完 2 个电路块指令后使用 ANB 或 ORB 指令，其 ANB、ORB 指令使用次数不受限制。串联回路块分支的起点用 LD、LDI 指令，分支结束要使用 ORB 指令。并联回路块分支的起点用 LD、LDI 指令，分支结束要使用 ANB 指令。

2）当连续使用 ANB、ORB 指令时，即先按顺序将所有的回路块指令写完之后，然后连续用 ANB、ORB 指令，则 ANB、ORB 指令使用次数不能超过 8 次。

3）ANB、ORB 指令的符号不是触点符号，而是连接符号。

4）ORB 指令进行 2 触点以上的回路块的并联连接。仅 1 个触点的并联连接使用 OR 指令、ORI 指令，无需 ORB 指令。

5）应注意 ANB 和 AND、ORB 和 OR 之间的区别，在程序设计时利用设计技巧，能不用 ANB 或 ORB 指令时，尽量不用，这样可以减少指令的条数。

3. 应用举例

ANB、ORB 指令的应用如图 1-71 所示。

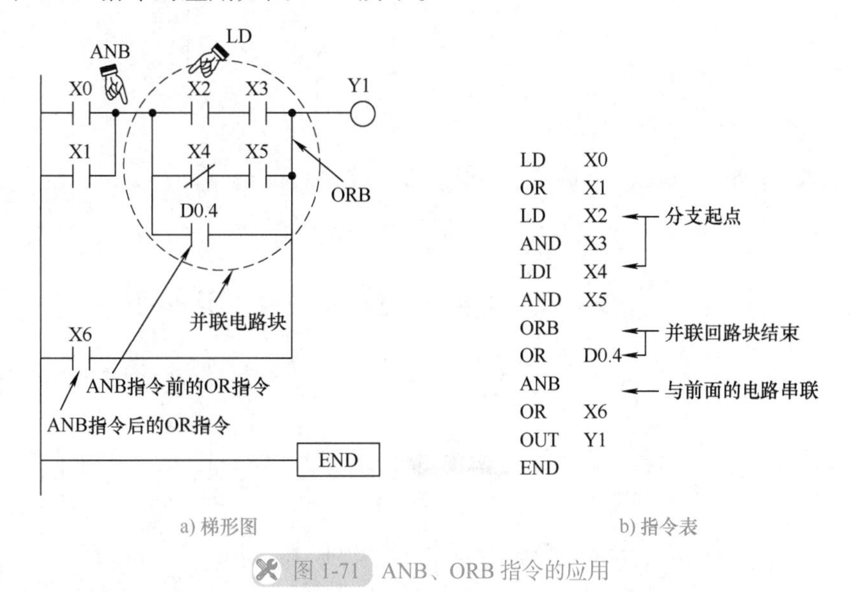

图 1-71　ANB、ORB 指令的应用

（七）闪烁程序（振荡电路）的实现

闪烁程序又称为振荡电路程序，是一种被广泛应用的实用控制程序。它可以控制灯的闪烁频率，也可以控制灯光的通断时间比（也就是占空比）。用两个定时器实现的闪烁程序如图 1-72 a 所示。闪烁程序实际上是一个 T0 和 T1 相互控制的反馈电路，开始时，T0 和 T1 均处于复位状态，当 X0 闭合后，T0 开始延时，2s 延时时间到，T0 动作，其常开触点闭合，使 T1 开始延时，3s 延时时间到，T1 动作，其常闭触点断开使 T0 复位，T0 的常开触点断开使 T1 复位，T1 的常闭触点闭合使 T0 再次延时，如此反复，直到 X0 断开为止。时序图如图 1-72b 所示。

从时序图中可以看出，振荡器的振荡周期 T=t_0+t_1，占空比为 t_1/T。调节周期 T 可以调节闪烁频率，调节占空比可以调节通断时间比。

试试看：请读者用其他方法设计闪烁频率为 1Hz 的振荡电路。

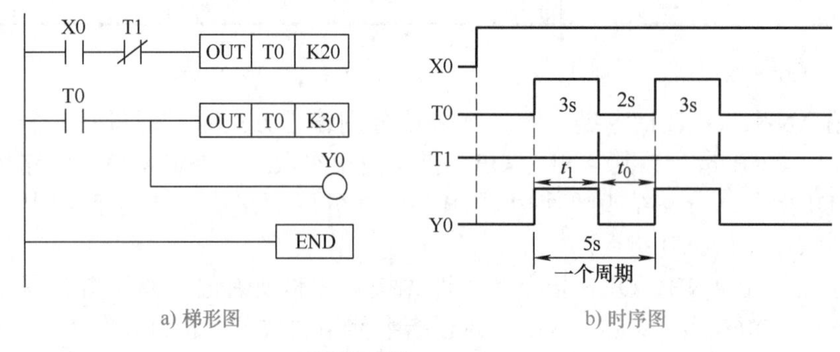

a) 梯形图　　b) 时序图

图 1-72 闪烁控制程序

（八）基本指令编制梯形图的基本规则（二）

1）梯形图中触点应画在水平方向上（主控触点除外），不能画在垂直分支上。对于垂直分支上出现元件触点的梯形图，应根据其逻辑功能做等效变换，如图 1-73 所示。

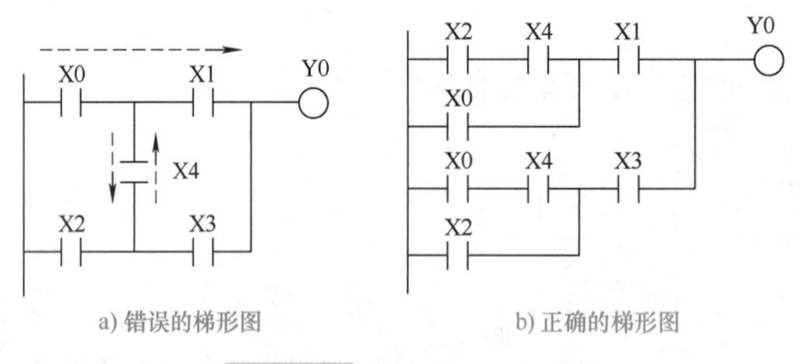

a) 错误的梯形图　　b) 正确的梯形图

图 1-73 梯形图的等效变换

2）在每一逻辑行中，串联触点多的电路块应放在上方，这样可以省去一条 ORB 指令，如图 1-74 所示。

图 1-74 梯形图编程规则说明（一）

3）在每一逻辑行中，并联触点多的电路块应放在该逻辑行的开始处（靠近左母线）。这样编制的程序简洁明了，语句较少，如图 1-75 所示。

图 1-75　梯形图编程规则说明（二）

4）在梯形图中，当多个逻辑行都具有相同的控制条件时，可将这些逻辑行中相同的部分合并，共用同一控制条件，这样可以节省语句的数量，如图 1-76 所示。

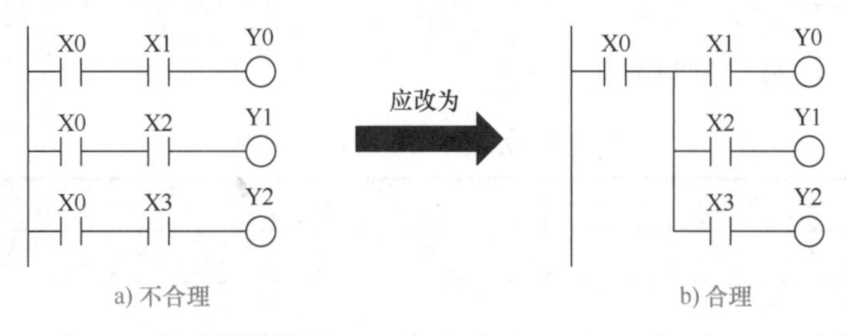

图 1-76　梯形图编程规则说明（三）

5）在设计梯形图时，输入继电器的触点状态最好按输入设备全部为常开进行设计，这样不易出错。

三、任务实施

（一）任务目标

1）掌握通用定时器在程序中的应用，学会闪烁程序的编程方法。
2）学会用三菱 FX5U PLC 的顺控程序指令编制水塔水位控制的程序。
3）会绘制水塔水位控制的 I/O 接线图。
4）掌握 FX5U PLC I/O 接线方法。
5）熟练使用三菱 GX Works3 编程软件编制梯形图，并写入 PLC 进行调试运行。

（二）设备与器材

本任务实施所需设备与器材，见表 1-16。

表 1-16　设备与器材

序号	名称	符号	型号规格	数量	备注
1	常用电工工具		十字螺钉旋具、一字螺钉旋具、尖嘴钳、剥线钳等	1 套	表中所列设备、器材的型号规格仅供参考
2	计算机（安装 GX Works3 编程软件）			1 台	
3	三菱 FX5U 可编程控制器	PLC	FX5U–32MR/ES	1 台	
4	水塔水位模拟控制挂件			1 个	
5	以太网通信电缆			1 根	
6	连接导线			若干	

（三）内容与步骤

1. 任务要求

水塔水位模拟控制面板如图 1-77 所示，当水池水位低于水池低水位界（S4 为 ON）时，阀 Y 打开（Y 为 ON），开始进水，定时器开始计时，5s 后，如果 S4 还不为 OFF，那么阀 Y 上指示灯以 1s 的周期闪烁，表示阀 Y 没有进水，出现故障，S3 为 ON 后，阀 Y 关闭（Y 为 OFF）。当 S4 为 OFF 时，且水塔水位低于水塔低水位界时 S2 为 ON，电动机起动运行驱动水泵抽水。当水塔水位高于水塔高水位界时电动机 M 停止。

面板中 S1 表示水塔水位上限，S2 表示水塔水位下限，S3 表示水池水位上限，S4 表示水池水位下限，均用开关模拟。M 为抽水电动机，Y 为水阀，两者均用发光二极管模拟。

2. I/O 分配与接线图

水塔水位控制 I/O 分配见表 1-17。

表 1-17　水塔水位控制 I/O 分配表

输入			输出		
设备名称	符号	X 元件编号	设备名称	符号	Y 元件编号
水塔水位上限	S1	X0	水池水阀	Y	Y0
水塔水位下限	S2	X1	抽水电动机	M	Y1
水池水位上限	S3	X2			
水池水位下限	S4	X3			

水塔水位控制 I/O 接线图如图 1-78 所示。

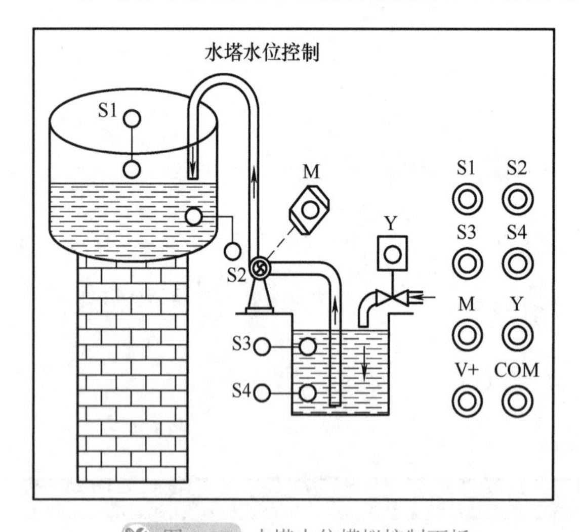

图 1-77　水塔水位模拟控制面板

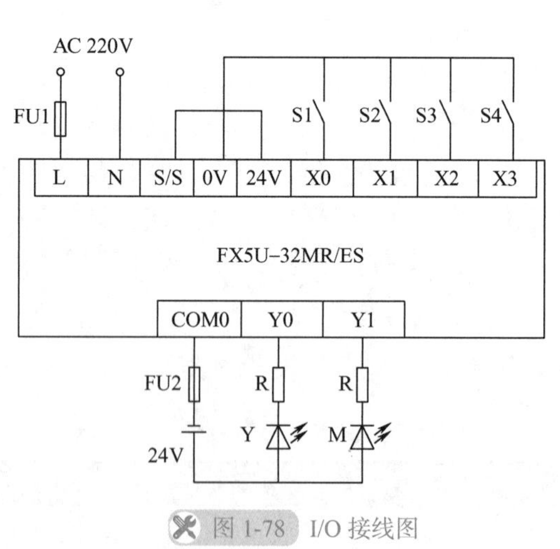

图 1-78　I/O 接线图

3. 编制程序

利用 GX Works3 编程软件，根据控制要求编制梯形图，如图 1-79 所示。

4. 调试运行

将图 1-79 所示的梯形图写入 PLC，调试运行程序。

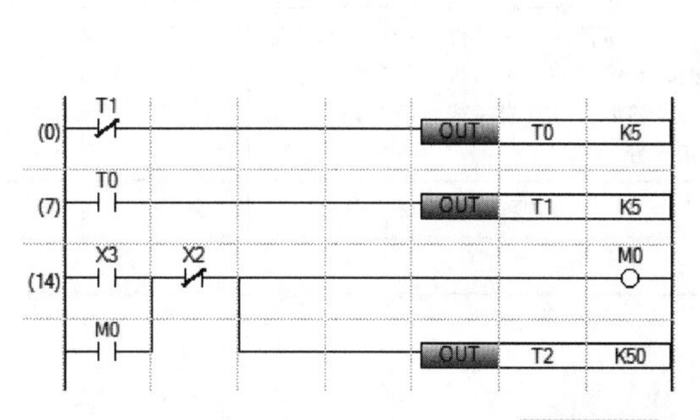

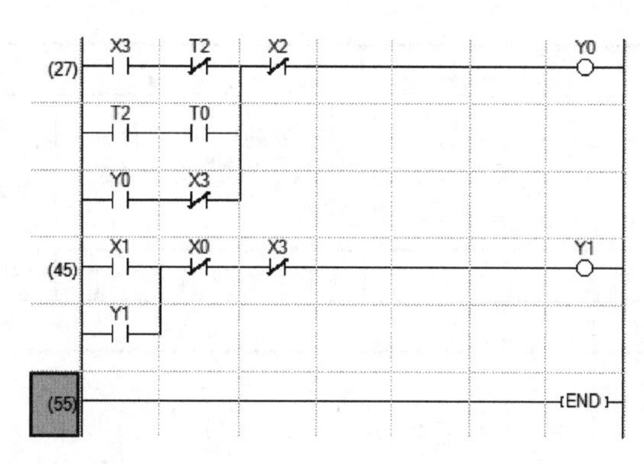

图 1-79　水塔水位控制梯形图

（1）静态调试　按图 1-78 所示 I/O 接线图正确连接输入设备，并将 PLC 调至 RUN 状态，进行 PLC 的模拟静态调试（合上 S4 时，Y0 亮，经过 5s 延时后，如果 S4 还没断开，则 Y0 闪亮，闭合 S3 时，Y0 灭；当 S4 断开，且合上 S2 时，Y1 亮，若闭合 S1，Y1 灭），并通过 GX Works3 编程软件使程序处于监视状态，观察其是否与指示灯一致，否则，检查并修改程序，直至输出指示正确。

（2）动态调试　按图 1-78 所示的 I/O 接线图正确连接输出设备，进行系统的模拟动态调试，观察水阀 Y 和抽水电动机 M 能否按控制要求动作（合上 S4 时，模拟水阀的发光二极管 Y 点亮，经过 5s 延时后，如果 S4 还没断开，则 Y 闪亮，闭合 S3 时，Y 灭；当 S4 断开，且合上 S2 时，模拟抽水电动机 M 的发光二极管点亮，若闭合 S1 时，M 灭），并通过 GX Works3 编程软件使程序处于监视状态，观察其是否与动作一致，否则，检查电路接线或修改程序，直至 Y 和 M 能按控制要求动作。

（四）分析与思考

1）本任务的闪烁程序是如何实现的？如果改用 SM412 或 SM8013 实现，程序应如何编制？

2）图 1-79 梯形图中使用了前面所学过的哪种典型的程序结构？

四、任务考核

本任务实施考核见表 1-18。

表 1-18　任务考核表

序号	考核内容	考核要求	评分标准	配分	得分
1	电路及程序设计	（1）能正确分配 I/O，并绘制 I/O 接线图 （2）根据控制要求，正确编制梯形图程序	（1）I/O 分配错或少，每个扣 5 分 （2）I/O 接线图设计不全或有错，每处扣 5 分 （3）梯形图表达不正确或画法不规范，每处扣 5 分	40 分	
2	安装与连线	根据 I/O 分配，正确连接电路	（1）连线错 1 处，扣 5 分 （2）损坏元器件，每只扣 5 ～ 10 分 （3）损坏连接线，每根扣 5 ～ 10 分	20 分	

（续）

序号	考核内容	考核要求	评分标准	配分	得分
3	调试与运行	能熟练使用编程软件编制程序写入 PLC，并按要求调试运行	（1）不会熟练使用编程软件进行梯形图的编辑、修改、转换、写入及监视，每项扣 2 分 （2）不能按照控制要求完成相应的功能，每缺 1 项扣 5 分	20 分	
4	安全操作	确保人身和设备安全	违反安全文明操作规程，扣 10 ～ 20 分	20 分	
5	合计				

五、知识拓展

（一）定时器的应用

1. 延时闭合、延时断开程序

三菱 FX5U PLC 所提供的定时器，相当于继电器－接触器控制系统的通电延时型时间继电器，若要实现断电延时的功能，则必须通过程序实现。延时闭合、延时断开典型应用程序如图 1-80 所示。图中当 X0 闭合时，定时器 T0 开始延时，延时 10s 时间到，T0 动作，其常开触点闭合，由于 X0 常闭触点断开，T1 线圈断电，其常闭触点闭合，Y0 为 ON 并保持，产生输出；当 X0 断开时，T0 复位，X0 常闭触点闭合，定时器 T1 开始延时，Y0 仍保持输出，T1 延时 5s 时间到，T1 动作，其常闭触点断开，使 Y0 复位。从而实现了在 X0 闭合时，Y0 延时输出，在 X0 断开时，Y0 延时断开的作用。

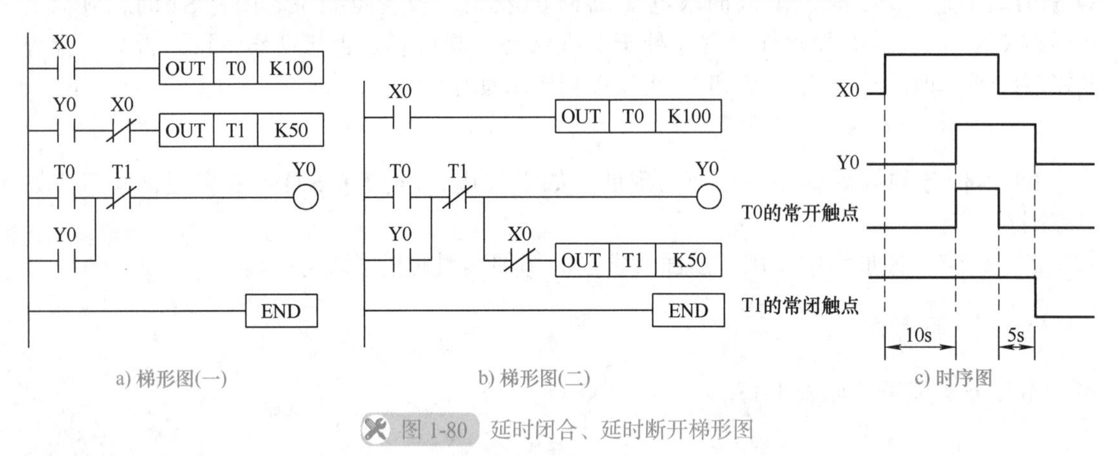

图 1-80 延时闭合、延时断开梯形图

2. 定时器串级使用实现延时时间扩展的程序

FX5U PLC 定时器最长的延时时间为 3276.7s。如果需要更长的延时时间，可以采用多个定时器组合的方法来获得较长的延时时间，这种方法称为定时器的串级使用。

图 1-81 所示为两个定时器串级使用实现延时时间扩展的程序，当 X0 闭合时，T1 得电并开始延时，延时 3000s 时间到，其常开触点闭合又使 T2 得电开始延时，延时 3000s 时间到，其常开触点闭合才使 Y0 为 ON，因此，从 X0 闭合到 Y0 输出总延时 3000s+3000s=6000s。

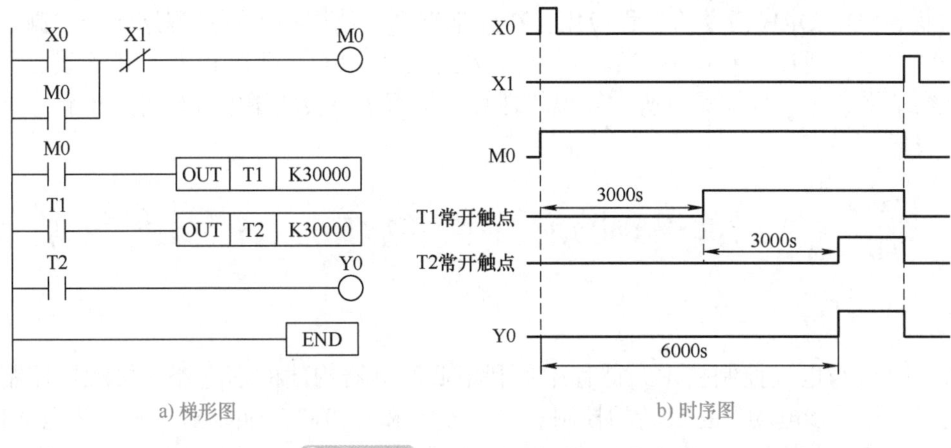

a) 梯形图　　b) 时序图

图 1-81　定时器串级的长延时程序

（二）运算结果取反（INV）

1. INV 指令使用要素

INV 指令的名称、助记符、功能、梯形图表示、FBD/LD 表示等使用要素见表 1-19。

表 1-19　INV 指令的使用要素

名称	助记符	功能	梯形图表示	FBD/LD 表示	ST 表示	目标元件
运算结果取反	INV	对该指令之前的运算结果取反		INV EN ENO	ENO:=INV（EN）;	无

2. INV 指令使用说明

1）INV 指令在梯形图中用一条 45° 的短斜线表示，无目标元件。INV 指令是将该指令所在位置当前逻辑运算结果取反，取反后的结果仍可继续运算。

2）使用 INV 指令，可以在 AND、ANI、ANDP、ANDF 指令位置后编程，也可以在 ANB、ORB 指令回路中编程。但 INV 指令不能在 LD 指令、OR 指令的位置使用。

3. 应用举例

INV 指令的应用如图 1-82 所示。

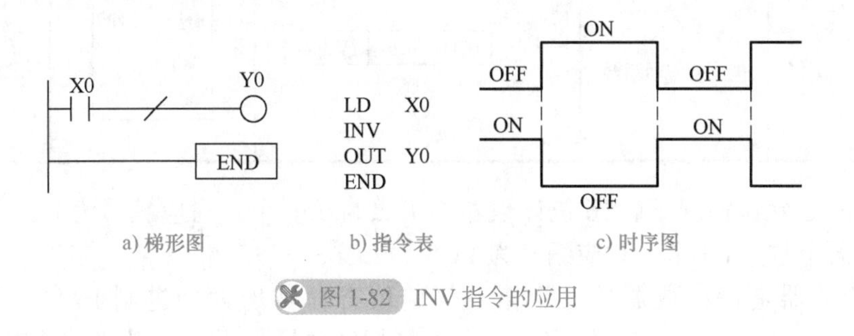

a) 梯形图　　b) 指令表　　c) 时序图

图 1-82　INV 指令的应用

六、任务总结

本任务以水塔水位控制为载体，介绍了内部继电器、数据寄存器、常数、定时器的使用以及 ANB、ORB 指令的编程应用。在此基础上，利用相关顺控程序指令编制水塔水位控制的程序，通过 GX Works3 编程软件将程序写入 PLC、进行 PLC 外部连线、调试运行及观察结果，进一步加深对所学知识的理解，从而达成会使用编程软件编辑程序并调试运行的目标。

任务三　三相异步电动机正反转循环运行的 PLC 控制

一、任务导入

在“电机与电气控制技术”课程中，利用低压电器构建的继电器 - 接触器控制电路可实现对三相异步电动机正反转的控制。本任务要求用 PLC 来实现对三相异步电动机正、反转循环运行的控制，即按下起动按钮，三相异步电动机正转 5s、停 2s，反转 5s、停 2s，如此循环 5 个周期，然后自动停止，运行过程中按下停止按钮电动机立即停止。

要实现上述控制要求，除了使用定时器、利用定时器产生脉冲信号以外，还需要使用堆栈指令、计数器以及其他顺控程序指令。

二、知识准备

（一）计数器及超长计数器

计数器在 PLC 控制中用作计数控制，即用于设定和记录信号接通的次数。当计数器输入端导通（信号由 OFF 变为 ON 的上升沿）时，计数器当前值加 1，当计数器的当前值等于设定值时，计数器触点动作，即其常开触点闭合、常闭触点断开。

三菱 FX5U PLC 的计数器分为将计数值以 16 位保持的计数器（C）和将计数值以 32 位保持的超长计数器（LC）。对应指令分别为 OUT C 和 OUT LC，计数器及超长计数器输出指令使用要素见表 1-20。表中，d（Coil）为计数器元件（C/LC）编号，Value 为计数器设定值，可以直接用十进制常数设定，也可以用字软元件间接设定。

表 1-20　计数器及超长计数器输出指令使用要素

名称	助记符	计数范围	梯形图表示	FBD/LD 表示	ST 表示
计数器	OUT C	0 ~ 65535	OUT (d) (Value)	OUT_C EN ENO Coil Value	ENO:=OUT_C(EN，Coil，Value);
超长计数器	OUT LC	0 ~ 4294967295			

FX5U PLC 默认情况下，16 位计数器的个数为 256 个，对应编号为 C0 ~ C255；32 位超长计数器个数为 64 个，对应编号为 LC0 ~ LC63。

16 位计数器是指计数器的设定值及当前值寄存器均为二进制 16 位，其设定值在 K0 ~ K65535 范围内有效。32 位超长计数器是指计数器的设定值及当前值寄存器均为二进制 32 位，其设定值在 K0 ~ K4294967295 范围内有效。设定值 K0 与 K1 的意义相同，均在第一次计数时，计数器动作。

16 位计数器的应用如图 1-83 所示，X0 为复位信号，当 X0 为 ON 时 C0 复位。X1 是

计数信号，每当 X1 接通一次计数器当前值增加 1（注意 X0 断开，计数器不会复位）。当计数器的当前值达到设定值 10 时，计数器动作，其常开触点闭合，Y0 得电。此时即使输入 X1 再接通，计数器当前值也保持不变。当 X0 再次接通时，执行复位指令，计数器 C0 当前值和对应触点被复位，Y0 失电。

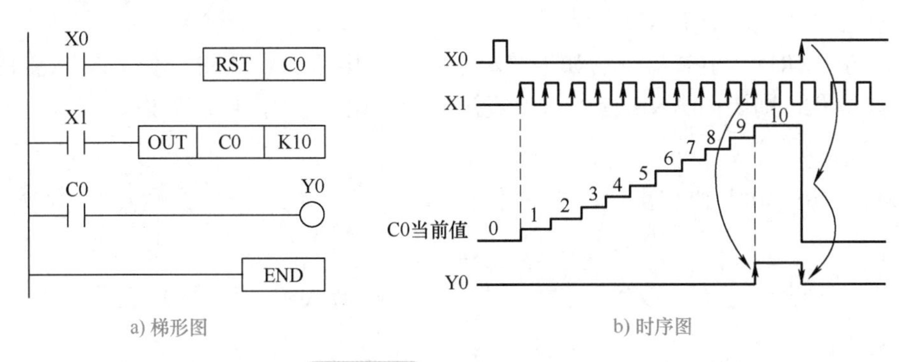

a) 梯形图　　b) 时序图

图 1-83　16 位计数器的应用

计数器没有断电保持功能，当 PLC 断电后计数器被自动复位，恢复供电后计数器将重新开始计数，32 位超长计数器的使用方法与 16 位计数器相同，仅设定值的范围不同。

（二）堆栈指令（MPS、MRD、MPP）

FX5U PLC 内有 16 个存储单元，专门用于存储程序运算的中间结果，称为堆栈存储器。堆栈存储器数据进栈和出栈遵循的原则是先进后出。当梯形图中，一个梯级有一个公共触点，并从该公共触点分出两条或以上支路且每个支路都有自己的触点及输出时，必须用堆栈指令来编写指令表程序。

1. 堆栈指令使用要素

堆栈指令又称为多重输出指令，包括运算结果推入（MPS）、运算结果读取（MRD）和运算结果弹出（MPP）三条指令。堆栈指令的名称、助记符、功能、梯形图表示等使用要素见表 1-21。

表 1-21　堆栈指令使用要素

<table>
<tr><th>名称</th><th>助记符</th><th>功能</th><th>梯形图表示</th><th>FBD/LD 表示</th><th>ST 表示</th><th>目标元件</th></tr>
<tr><td>运算结果推入</td><td>MPS</td><td>将运算结果存入堆栈存储器的第一层，之前存储的数据依次下移一层</td><td rowspan="3">MPS
MRD
MPP</td><td>MPS
EN ENO</td><td>ENO:=MPS(EN);</td><td rowspan="3">无</td></tr>
<tr><td>运算结果读取</td><td>MRD</td><td>读取堆栈第一层的数据且保存，堆栈内的数据不移动</td><td>MRD
EN ENO</td><td>ENO:=MRD(EN);</td></tr>
<tr><td>运算结果弹出</td><td>MPP</td><td>读取堆栈存储器第一层的数据，同时该数据消失，栈内的数据依次上移一层</td><td>MPP
EN ENO</td><td>ENO:=MPP(EN);</td></tr>
</table>

2. 堆栈指令使用说明

1）MPS 指令是将多重电路的公共触点或电路块先存储起来，以便后面的多重支路使用。多重支路的第一个支路前使用 MPS 指令，多重电路的中间支路前使用 MRD 指令，多重支路的最后一个支路前使用 MPP 指令。堆栈指令没有目标元件。MPS、MPP 指令必须成对出现。

2）MPS 指令最多可以连续使用 16 次，中途使用了 MPP 指令的情况下，MPS 指令的使用数将被减 1。

3）MRD 指令可多次使用。

4）MPS、MRD、MPP 指令后如果接单个触点，用 AND、ANI、ANDP、ANDF 指令，若有电路块串联，则要用 ANB 指令；若直接与线圈相连，则用 OUT 指令。

3. 应用举例

堆栈指令的应用分别如图 1-84 和图 1-85 所示。

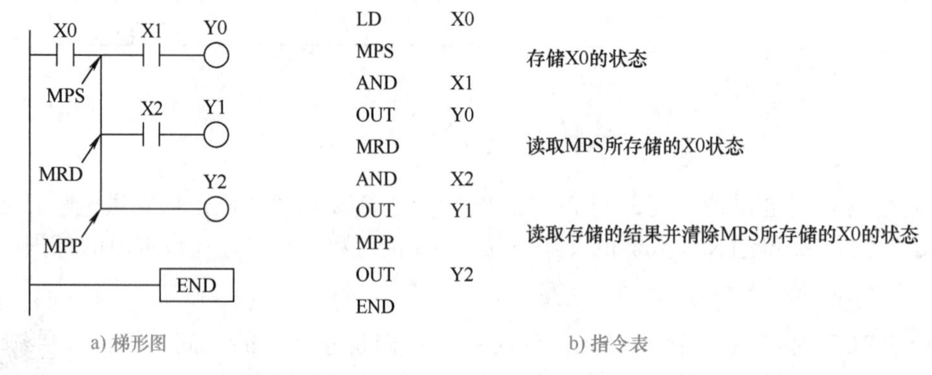

图 1-84 MPS、MRD、MPP 指令的应用（一）

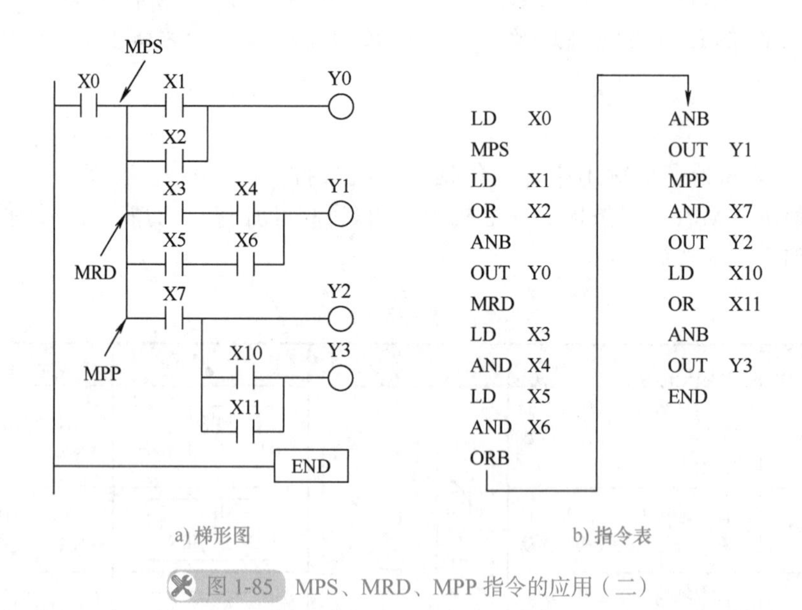

图 1-85 MPS、MRD、MPP 指令的应用（二）

三、任务实施

（一）任务目标

1）掌握定时器、计数器在程序中的应用，学会堆栈指令和主控制指令的编程方法。

2）学会用三菱 FX5U PLC 的顺控程序指令编辑三相异步电动机正反转循环运行控制的程序。

3）会绘制三相异步电动机正反转循环运行控制的 I/O 接线图。

4）掌握 FX5U PLC I/O 接线方法。

5）熟练使用三菱 GX Works3 编程软件编辑梯形图，并写入 PLC 进行调试运行。

（二）设备与器材

本任务实施所需设备与器材，见表 1-22。

表 1-22　设备与器材

序号	名称	符号	型号规格	数量	备注
1	常用电工工具		十字螺钉旋具、一字螺钉旋具、尖嘴钳、剥线钳等	1 套	表中所列设备、器材的型号规格仅供参考
2	计算机（安装 GX Works3 编程软件）			1 台	
3	三菱 FX5U 可编程控制器	PLC	FX5U–32MR/ES	1 台	
4	三相异步电动机正反转循环运行控制面板			1 个	
5	三相异步电动机	M	WDJ26，P_N=40W，U_N=380V，I_N=0.2A，n_N=1430r/min，f=50Hz	1 台	
6	以太网通信电缆			1 根	
7	连接导线			若干	

（三）内容与步骤

1. 任务要求

按下起动按钮 SB1，三相异步电动机先正转 5s，停 2s，再反转 5s，停 2s，如此循环 5 个周期，然后自动停止。运行过程中，若按下停止按钮 SB2，电动机立即停止。实现上述控制，要有必要的保护环节，其控制面板如图 1-86 所示。

2. I/O 分配与接线图

I/O 分配见表 1-23。

表 1-23　I/O 分配表

输入			输出		
设备名称	符号	X 元件编号	设备名称	符号	Y 元件编号
起动按钮	SB1	X0	正转控制交流接触器	KM1	Y0
停止按钮	SB2	X1	反转控制交流接触器	KM2	Y1
热继电器	FR	X2			

I/O 接线图如图 1-87 所示。

3. 编制程序

利用 GX Works3 编程软件，根据控制要求编辑梯形图，如图 1-88 所示。

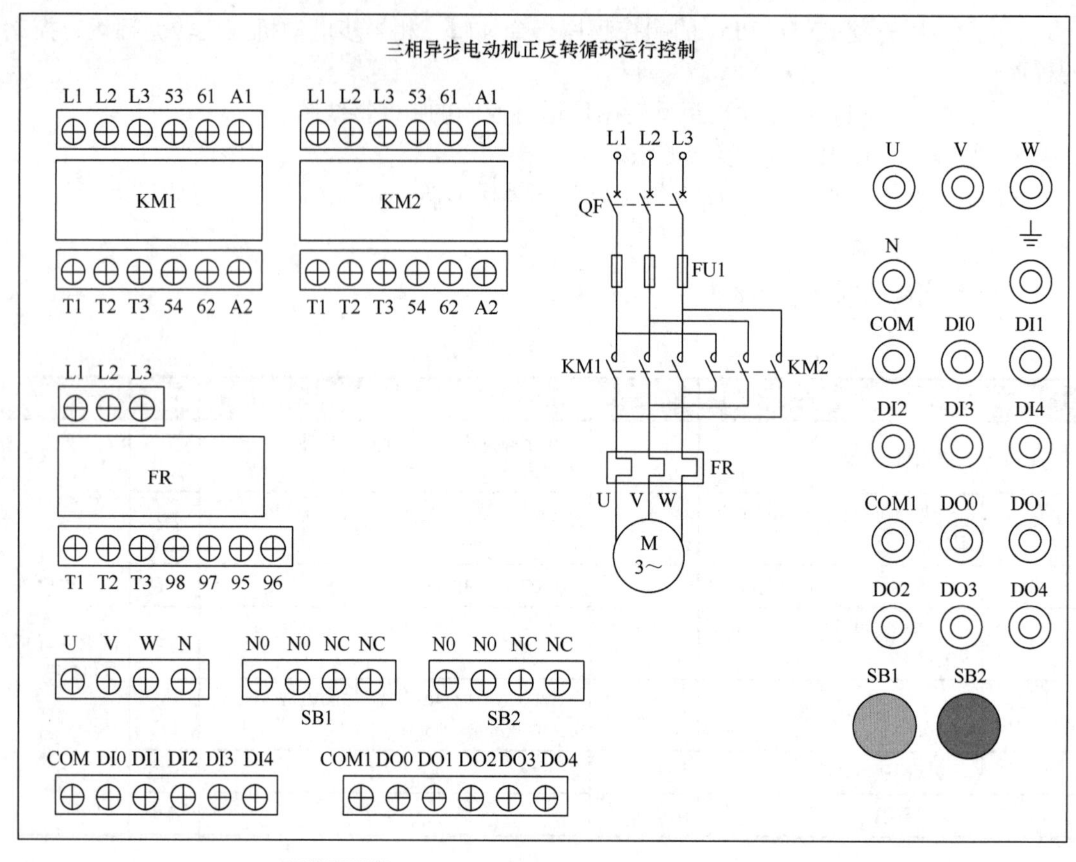

图 1-86 三相异步电动机正反转循环运行控制面板

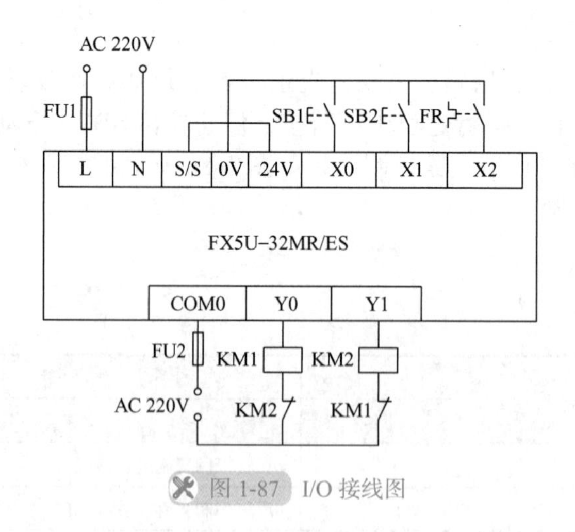

图 1-87 I/O 接线图

4. 调试运行

将图 1-88 所示的梯形图写入 PLC，调试运行程序。

（1）静态调试　按图 1-87 所示 I/O 接线图正确连接输入设备，并将 PLC 调至 RUN 状态，进行 PLC 的模拟静态调试（按下起动按钮 SB1 时，Y0 亮，5s 后，Y0 灭，2s 后，Y1 亮，再过 5s，Y1 灭，等待 2s 后，重新开始循环，完成 5 次循环后，自动停止；运行

过程中，按下停止按钮 SB2 时，运行过程结束)，并通过 GX Works3 编程软件使程序处于监视状态，观察其是否与指示灯一致，否则检查并修改程序，直至输出指示正确。

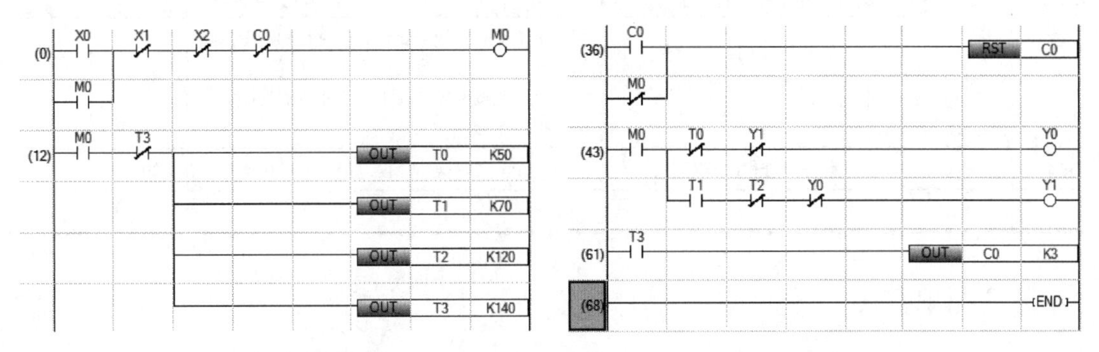

图 1-88　三相异步电动机正反转循环运行控制梯形图

（2）动态调试　按图 1-87 所示的 I/O 接线图正确连接输出设备，进行系统的空载调试，观察交流接触器能否按控制要求动作（按下起动按钮 SB1 时，KM1 动作，5s 后，KM1 复位，2s 后，KM2 动作，再过 5s，KM2 复位，等待 2s 后，重新开始循环，完成 5 次循环后，自动停止；运行过程中，按下停止按钮 SB2 时，运行过程结束)，并通过 GX Works3 编程软件使程序处于监视状态，观察其是否与动作一致，否则检查电路接线或修改程序，直至交流接触器能按控制要求动作；然后连接电动机（电动机星形联结)，进行带载动态调试。

（四）分析与思考

1）本任务如果将热继电器的过载保护作为硬件条件，试绘制 I/O 接线图，并编辑梯形图程序。

2）在本任务中，如果要求电动机运行过程中按下停止按钮或发生过载停机时，待电动机正常后，再次起动时，电动机能自上次循环运行的次数继续循环运行，梯形图程序应如何修改？

3）试用 ST 语言编制本任务控制程序。

四、任务考核

本任务实施考核见表 1-24。

表 1-24　任务考核表

序号	考核内容	考核要求	评分标准	配分	得分
1	电路及程序设计	（1）能正确分配 I/O，并绘制 I/O 接线图 （2）根据控制要求，正确编制梯形图程序	（1）I/O 分配错或少，每个扣 5 分 （2）I/O 接线图设计不全或有错，每处扣 5 分 （3）三相异步电动机正反转运行主电路表达不正确或画法不规范，每处扣 5 分 （4）梯形图表达不正确或画法不规范，每处扣 5 分	40 分	
2	安装与连线	根据 I/O 分配，正确连接电路	（1）连线错 1 处，扣 5 分 （2）损坏元器件，每只扣 5 ~ 10 分 （3）损坏连接线，每根扣 5 ~ 10 分	20 分	

（续）

序号	考核内容	考核要求	评分标准	配分	得分
3	调试与运行	能熟练使用编程软件编制程序写入 PLC，并按要求调试运行	（1）不会熟练使用编程软件进行梯形图的编辑、修改、转换、写入及监视，每项扣 2 分 （2）不能按照控制要求完成相应的功能，每缺 1 项扣 5 分	20 分	
4	安全操作	确保人身和设备安全	违反安全文明操作规程，扣 10 ～ 20 分	20 分	
5	合计				

五、知识拓展

（一）主控制指令（MC、MCR）

1. MC、MCR 指令使用要素

MC、MCR 指令的名称、助记符、功能、梯形图表示等使用要素见表 1-25。

表 1-25 主控制指令使用要素

名称	助记符	功能	梯形图表示	FBD/LD 表示	ST 表示	目标元件
主控	MC	开始主控制	MC (N) (d) (N) (d)	MC EN ENO n d	ENO:=MC（EN，n，d）;	位元件：X、Y、M、L、SM、F、B、SB、S 字元件 D、W、SD、SW、R 的位指定
主控复位	MCR	结束主控制	MCR (N)	MCR EN ENO n	ENO:=MCR（EN，n）;	

2. MC、MCR 指令使用说明

1）被主控制指令驱动的位软元件的常开触点称为主控触点，主控触点在梯形图中与一般触点垂直。主控触点是与左母线相连的常开触点，相当于电气控制电路的总开关。与主控触点相连的触点必须用 LD、LDI 指令。

2）在一个 MC 主控区内若再使用 MC 指令称嵌套，嵌套的级数最多 15 级，编号按 N0 → N1 → N2 →…→ N14 顺序增大，N0 为最外层，N14 为最内层，使用 MCR 指令返回时，则从编号大的嵌套级开始复位，即按 N14 → N13 → N12 →…→ N0 顺序返回。

3）MC 和 MCR 指令必须成对出现，其嵌套层数 N 值应相同。主控制指令区的位软元件不能重复使用。

4）MCR 指令为集中于 1 个位置的嵌套结构时，通过最小号的一个嵌套（N）编号，可以结束所有的主控制。

5）MC 指令驱动条件断开时，在 MC 与 MCR 之间的通用定时器计数值变为 0，线圈、触点均变为 OFF；累计定时器和计数器，线圈变为 OFF，但计数值、触点均保持当前的状态；OUT 指令驱动的元件被强制置为 OFF；SET、RST 指令中的软元件及基本指令、应用指令中的软元件均保持当前的状态。

3. 应用举例

MC、MCR 指令的应用如图 1-89 所示。

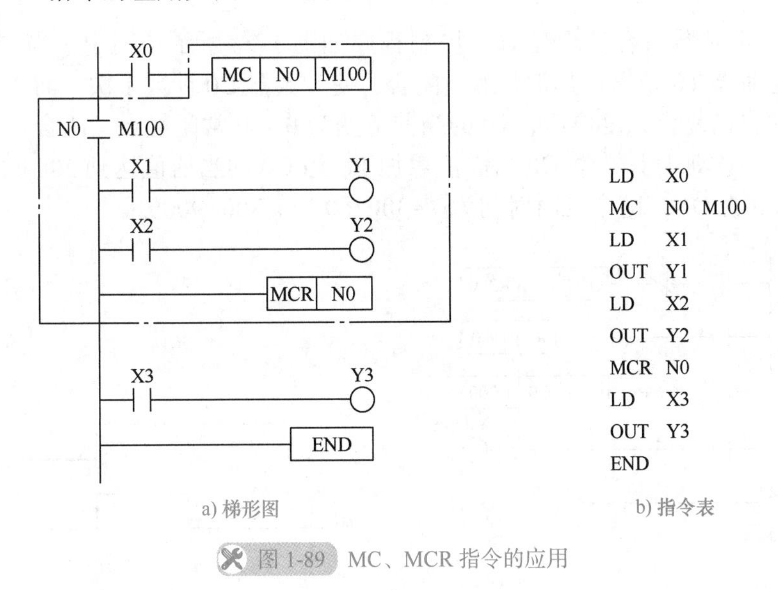

图 1-89 MC、MCR 指令的应用

（二）主控制指令在三相异步电动机正反转控制中的应用

用主控制指令对三相异步电动机实现正反转控制的输入 / 输出接线图如图 1-90 所示，梯形图程序如图 1-91 所示。

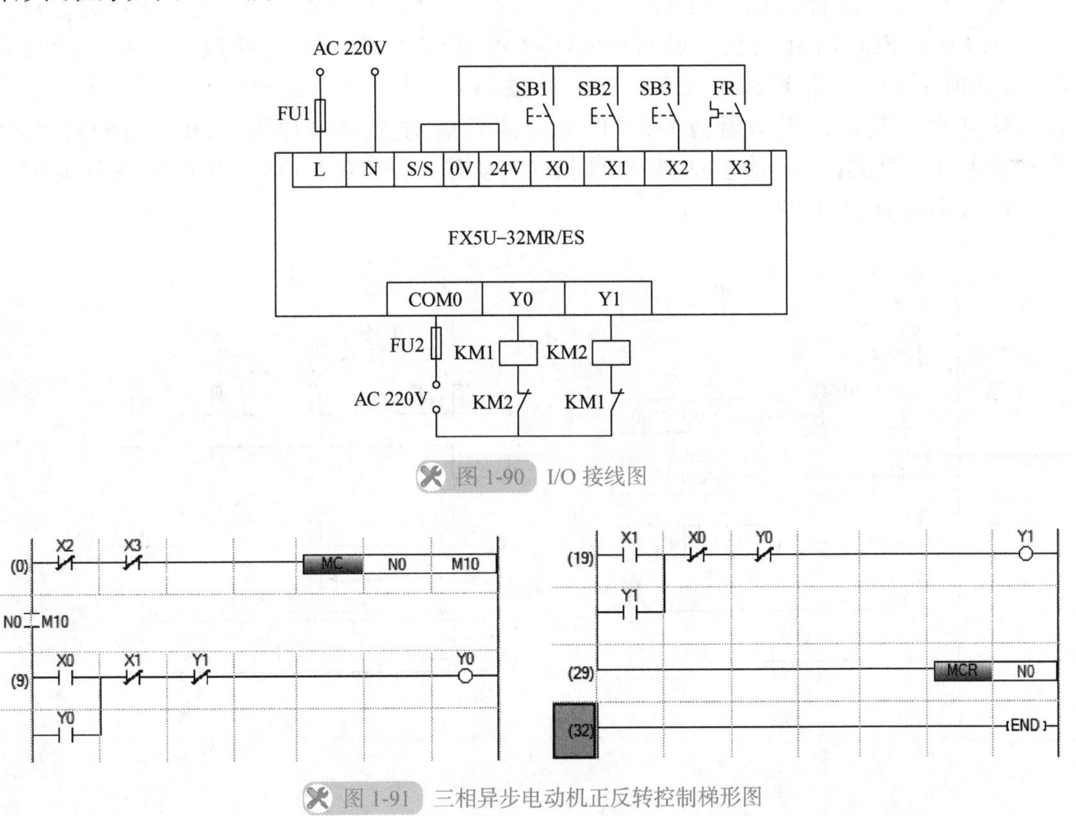

图 1-90 I/O 接线图

图 1-91 三相异步电动机正反转控制梯形图

（三）计数器的应用

1. 计数器与定时器组合实现延时的程序

计数器与定时器组合实现延时的控制程序如图 1-92 所示。图中，当 T0 的延时 30s 时间到时，定时器 T0 动作，其常开触点闭合，使计数器 C0 计数 1 次。而 T0 的常闭触点断开，又使它自己复位，复位后，T0 的当前值变为 0，其常闭触点又闭合，使 T0 又重新开始延时，每一次延时计数器 C0 当前值累加 1，当 C0 的当前值达到 300 时，计数器 C0 动作，才使 Y0 为 ON。整个延时时间为 T=300 × 0.1s × 300=9000s。

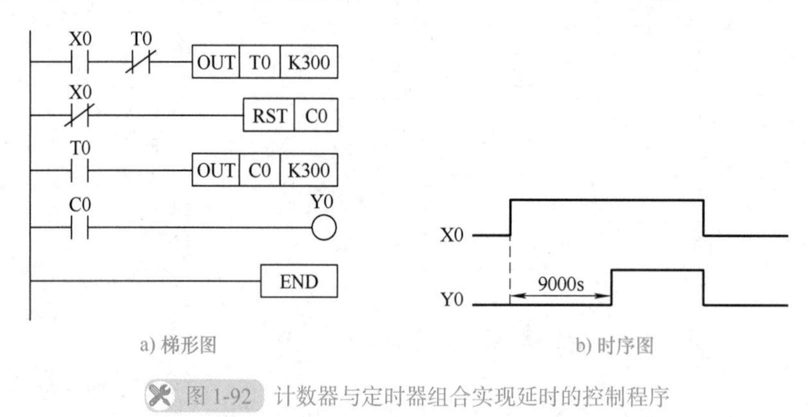

图 1-92 计数器与定时器组合实现延时的控制程序

2. 两个计数器组合实现的延时程序

两个计数器组合实现的延时程序如图 1-93 所示。图中，当闭合起停开关 X0 时，计数器 C0 对 PLC 内部的 0.1s 脉冲 SM410（特殊继电器）进行计数，每 0.1s 计数器 C0 的当前值加 1，直到 500，C0 动作，计数器 C1 计数 1 次，同时 C0 的常开触点闭合，使它自己复位，当前值清零，C0 又重新开始对 SM410 计数，C0 每重新计数 C1 当前值加 1，直到 C1 当前值达到 200 时，C1 动作，使 Y0 为 ON。从而实现延时时间 T=500 × 0.1s × 200=10000s。

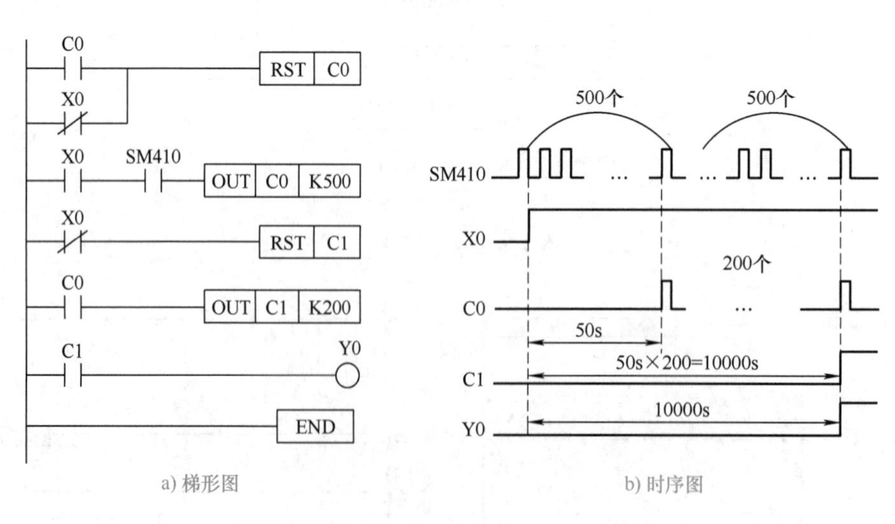

图 1-93 两个计数器组合实现的延时程序

3. 单按钮控制三相异步电动机起停程序

单按钮控制三相异步电动机起停是用一个按钮控制电动机的起动和停止。按一下按钮，电动机起动运行，再按一下，电动机停止，又按一下起动……如此循环。用 PLC 设计的单按钮控制电动机起停程序的方法很多，这里是用计数器实现的控制，梯形图如图 1-94 所示。图中第 1 次按下起停按钮时，X0 常开触点闭合，计时器 C0 当前值计 1 并动作，内部继电器 M0 线圈得电动作，C0 动作后，其常开触点闭合，使 Y0 线圈得电，电动机起动运行，PLC 执行到第二个扫描周期时，X0 虽然仍为 ON，但 M0 的常闭触点断开，使得 C0 不会被复位，由于复位 C0 的条件是 X0 的常开触点和 M0 常闭触点的与，而驱动 M0 线圈的条件是 X0 的常开触点，所以，在 X0 闭合期间及断开后，C0 一直处于动作状态，使电动机处于运行状态，当第 2 次按下起停按钮时，X0 常开触点闭合，M0 常闭触点闭合，C0 的当前值为 1 不变，Y0 常开触点闭合，使得计数器 C0 被复位，C0 常开触点断开，Y0 线圈失电，使电动机停转，以此类推。从而实现了单按钮控制电动机的起停。

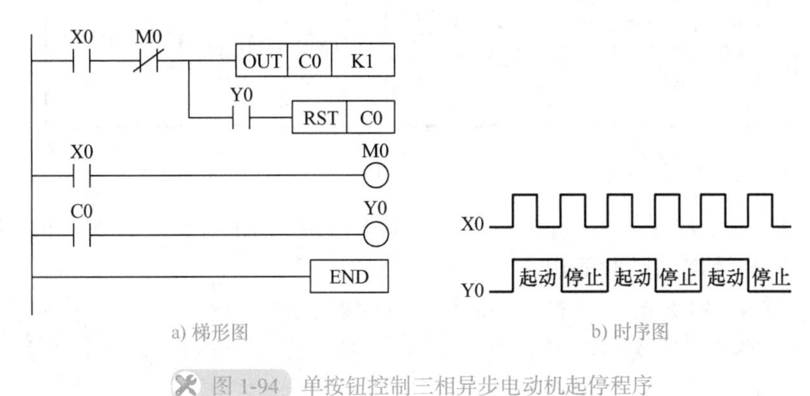

a) 梯形图　　b) 时序图

图 1-94　单按钮控制三相异步电动机起停程序

六、任务总结

本任务以三相异步电动机正反转循环运行的 PLC 控制为载体，介绍了计数器的工作原理及使用、堆栈指令的功能及编程应用。在此基础上编辑三相异步电动机正反转循环运行的 PLC 控制梯形图，通过 GX Works3 编程软件将编辑的梯形图写入 PLC、进行 PLC 外部连线、调试运行及观察结果，进一步加深对所学知识的理解。从而达成会使用编程软件编辑程序并调试运行的目标。

任务四　三相异步电动机Y－△减压起动单按钮实现的 PLC 控制

一、任务导入

在任务一和任务三中，我们学习了用两个按钮控制电动机起动和停止，本任务要求设计只用一个按钮控制三相异步电动机Y－△减压起停的控制程序，即第一次按下按钮，电动机实现从Y联结起动到△联结的正常运行，第二次按下按钮，电动机停止。

分析上述控制要求，我们之前所学的顺控程序指令是不能完成这一要求的，要实现控制要求，必须使用顺控程序指令中的边沿输出指令和梯形图程序设计的转化法。

二、知识准备

（一）边沿输出指令（PLS、PLF）

1. PLS、PLF指令使用要素

边沿输出指令的名称、助记符、功能、梯形图表示等使用要素见表1-26。

表1-26　边沿输出指令使用要素

名称	助记符	功能	梯形图表示	FBD/LD表示	ST表示	目标元件
上升沿输出	PLS	在输入信号上升沿，产生1个扫描周期的脉冲输出	PLS (d)	PLS EN ENO d	ENO:=PLS (EN，d);	位元件:Y、M、L、SM、F、B、SB、S 字元件D、W、SD、SW、U□\G□、R的位指定
下降沿输出	PLF	在输入信号下降沿，产生1个扫描周期的脉冲输出	PLF (d)	PLF EN ENO d	ENO:=PLF (EN，d);	

2. PLS、PLF指令使用说明

1）使用PLS、PLF指令，目标元件仅在执行条件接通时（上升沿）和断开时（下降沿）产生一个扫描周期的脉冲输出。

2）当将PLS、PLF指令通过CJ指令进行跳转，或执行的子程序未通过CALL（P）指令调用时，d中指定的软元件有可能1个扫描周期以上为ON，应加以注意。

3）PLS和PLF指令主要用在程序只执行一次的场合。

3. 应用举例

PLS、PLF指令的应用如图1-95所示。

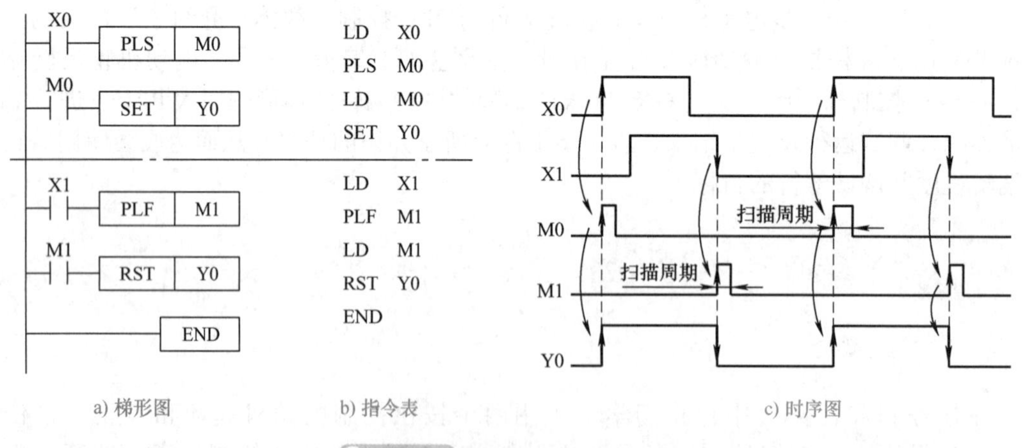

图1-95　PLS、PLF指令的应用

（二）二分频电路程序

所谓二分频，是指输出信号的频率是输入信号频率的二分之一。这可以采用不同的方法实现，其梯形图如图1-96a、b所示。对于图1-96a，当X0上升沿到来时（设为第1

个扫描周期)，M0 线圈为 ON（只接通 1 个扫描周期)，此时 M1 线圈由于 Y0 常开触点断开为 OFF，因此 Y0 线圈由于 M0 常开触点闭合为 ON；下一个扫描周期，M0 线圈为 OFF，虽然 Y0 常开触点闭合，但此时 M0 常开触点已断开，所以 M1 线圈仍为 OFF，Y0 线圈则由于自保持触点闭合而一直为 ON，直到下一次 X0 的上升沿到来时，M1 线圈才为 ON，并把 Y0 线圈断开，从而实现二分频控制。对于图 1-96b 的程序读者可自己分析。二分频电路时序图如图 1-96c 所示。

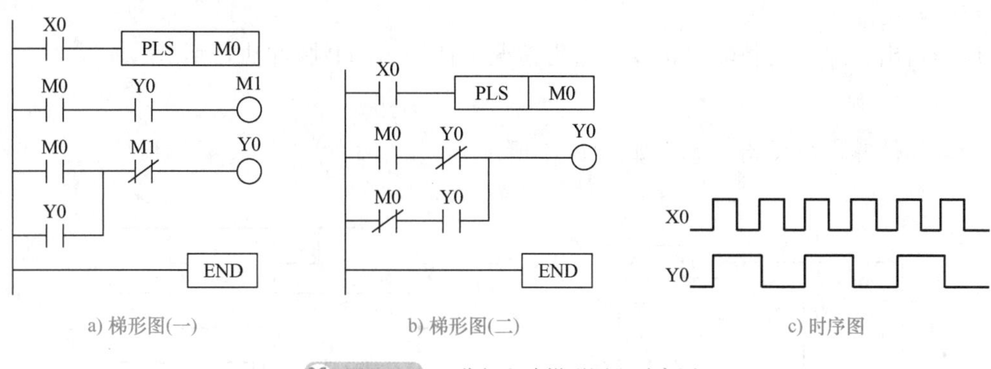

图 1-96　二分频电路梯形图和时序图

对于上述二分频控制程序，当按钮对应 PLC 的输入 X0，负载（如信号灯或控制电动机的交流接触器）对应 PLC 的输出 Y0，则实现的即为单按钮起停的控制。

位软元件输出取反指令及应用

（三）位软元件输出取反指令（FF、ALT（P））

1. FF、ALT（P）指令使用要素

FF、ALT（P）指令的名称、助记符、功能、梯形图表示等使用要素见表 1-27。

表 1-27　位软元件输出取反指令使用要素

名称	助记符	功能	梯形图表示	FBD/LD 表示	ST 表示	目标元件
位软元件输出取反	FF	执行指令 OFF → ON 时，对 d 中指定的软元件状态进行取反	FF (d)	FF EN ENO d	ENO:=FF(EN，d);	位元件：Y、M、L、SM、F、B、SB、S 字元件 D、W、SD、SW、U□\G□、R 的位指定
交替输出	ALT	如果输入变为 ON，对 d 中指定的位软元件取反（连续执行）	ALT (d)	ALT EN ENO d	ENO:=ALT(EN，d);	
	ALTP	指令输入每次由 OFF → ON 变化时，对 d 中指定的位软元件取反（脉冲执行）	ALTP (d)	ALTP EN ENO d	ENO:=ALTP(EN，d);	

2. FF、ALT（P）指令使用说明

1）FF 指令为上升沿执行指令，当输入端接通时，对指令中指定的软元件的当前状态

取反，该指令在输入端信号由 OFF → ON，即上升沿时动作，且只执行一次。

2）ALT 指令为交替输出的连续执行型，当指令输入端接通时，ALT 指令将在导通期间连续执行，即在程序执行的每个扫描周期都会执行该指令，对 d 中指定的软元件的当前状态取反。由于 ALT 指令为连续执行指令，在每个扫描周期都会执行一次，可能会导致输出状态的不确定，使用时需要特别注意。

3）ALTP 指令为交替输出的脉冲执行型，该指令只在输入条件由 OFF → ON 时对 d 中指定的软元件取反一次。

应当指出，对于交替输出指令，通常情况下使用 ALTP 脉冲执行型。

3. 应用举例

位软元件输出取反指令应用如图 1-97 所示。

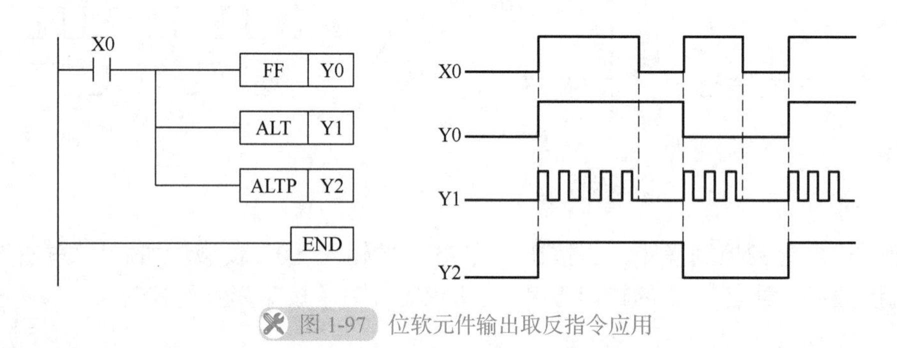

图 1-97 位软元件输出取反指令应用

（四）根据继电器 - 接触器控制电路设计梯形图的方法

1. 基本方法

根据继电器 - 接触器控制电路设计梯形图的方法又称为转化法或移植法。

根据继电器 - 接触器控制电路设计 PLC 梯形图时，关键要抓住它们一一对应关系，即控制功能的对应、逻辑功能的对应，以及继电器硬件元件和 PLC 软元件的对应。

2. 转化法设计的步骤

1）了解和熟悉被控设备的工艺过程和机械动作的情况，根据继电器 - 接触器电路图分析和掌握控制系统的工作原理。

2）确定 PLC 的输入信号和输出信号，画出 PLC 外部 I/O 接线图。

3）建立其他元器件的对应关系。

4）根据对应关系画出 PLC 的梯形图。

3. 注意事项

1）应遵守梯形图语言的语法规定。

2）常闭触点提供的输入信号的处理。在继电器 - 接触器控制电路中使用的常闭触点，如果在转换为梯形图时仍采用常闭触点，使其与继电器 - 接触器控制电路相一致，那么在输入信号接线时就一定要连接该触点的常开触点。

3）外部联锁电路的设定。为了防止外部两个不可能同时动作的接触器等同时动作，除了在 PLC 梯形图中设置软件互锁外，还应在 PLC 外部设置硬件互锁。

4）时间继电器瞬动触点的处理。对于有瞬动触点的时间继电器，可以在梯形图中通用定时器线圈的两端并联内部继电器，该内部继电器的触点可以作为时间继电器的瞬动触点使用。

5）热继电器过载信号的处理。如果热继电器为自动复位型，其触点提供的过载信号就必须通过输入点将信号提供给 PLC；如果热继电器为手动复位型，可以将其常闭触点串联在 PLC 输出回路的交流接触器线圈支路上。

三、任务实施

（一）任务目标

1）学会用三菱 FX5U PLC 的顺控程序指令编辑单按钮控制三相异步电动机Y－△减压起动的梯形图。

2）会绘制单按钮控制三相异步电动机Y－△减压起动的 I/O 接线图及主电路图。

3）掌握 FX5U PLC I/O 接线方法。

4）熟练使用三菱 GX Works3 编程软件编辑梯形图，并写入 PLC 进行调试运行。

（二）设备与器材

本任务实施所需设备与器材，见表 1-28。

表 1-28　设备与器材

序号	名称	符号	型号规格	数量	备注
1	常用电工工具		十字螺钉旋具、一字螺钉旋具、尖嘴钳、剥线钳等	1 套	表中所列设备、器材的型号规格仅供参考
2	计算机（安装 GX Works3 编程软件）			1 台	
3	三菱 FX5U 可编程控制器	PLC	FX5U-32MR/ES	1 台	
4	三相异步电动机Y－△减压起动单按钮控制面板			1 个	
5	三相异步电动机	M	WDJ26，P_N=40W，U_N=380V，I_N=0.2A，n_N=1430r/min，f=50Hz	1 台	
6	以太网通信电缆			1 根	
7	连接导线			若干	

（三）内容与步骤

1. 任务要求

首先根据转化法，将图 1-98 所示三相异步电动机Y－△减压起动控制电路图转换为 PLC 控制梯形图，同时电路要有必备的软件与硬件保护环节，然后再进行三相异步电动机Y－△减压起动单按钮实现的 PLC 控制，其控制面板如图 1-99 所示。

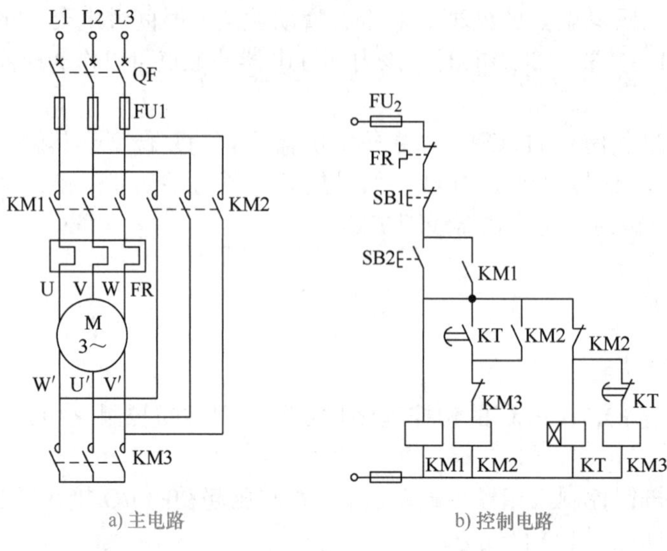

a) 主电路　　b) 控制电路

图 1-98　三相异步电动机Y－△减压起动控制电路

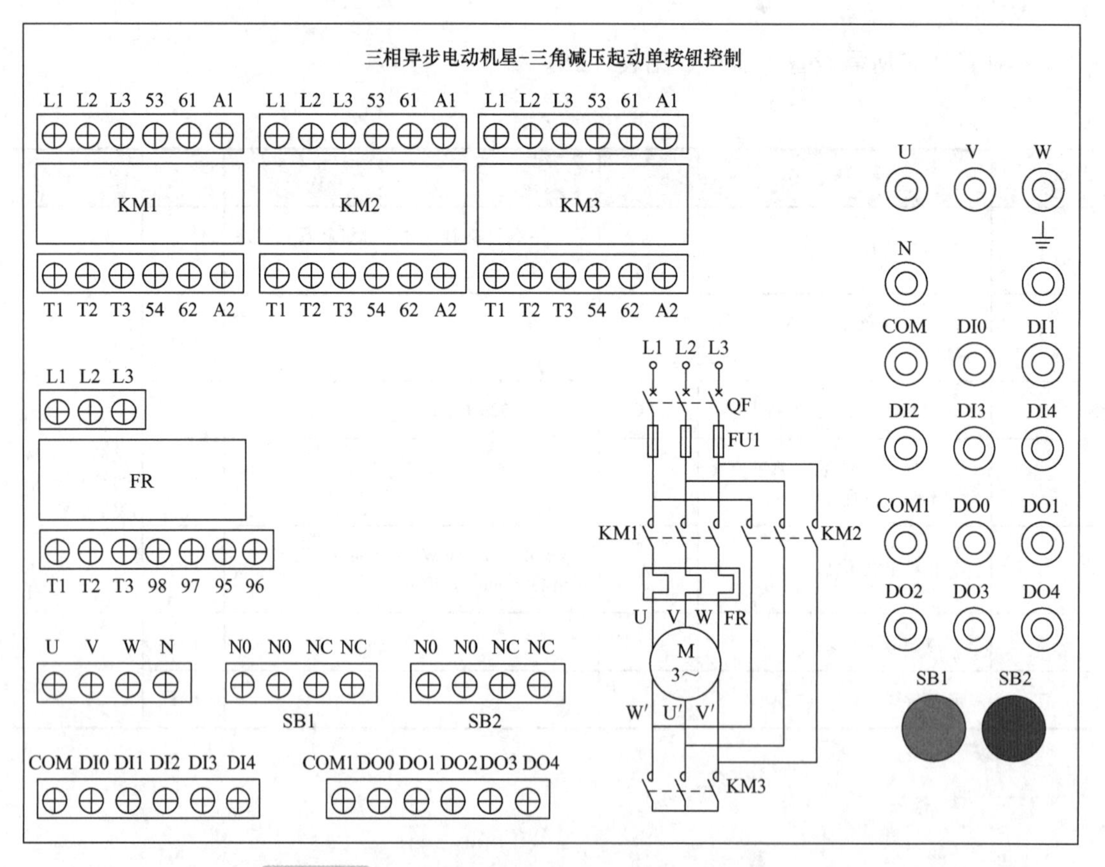

图 1-99　三相异步电动机Y－△减压起动单按钮控制面板

2. I/O 分配与接线图

I/O 分配见表 1-29。

表 1-29　I/O 分配表

输入			输出		
设备名称	符号	X 元件编号	设备名称	符号	Y 元件编号
起停按钮	SB1	X0	控制电源接触器	KM1	Y0
热继电器	FR	X1	△联结接触器	KM2	Y1
			ㄚ联结接触器	KM3	Y2

两种情况下 I/O 接线图如图 1-100、图 1-101 所示。

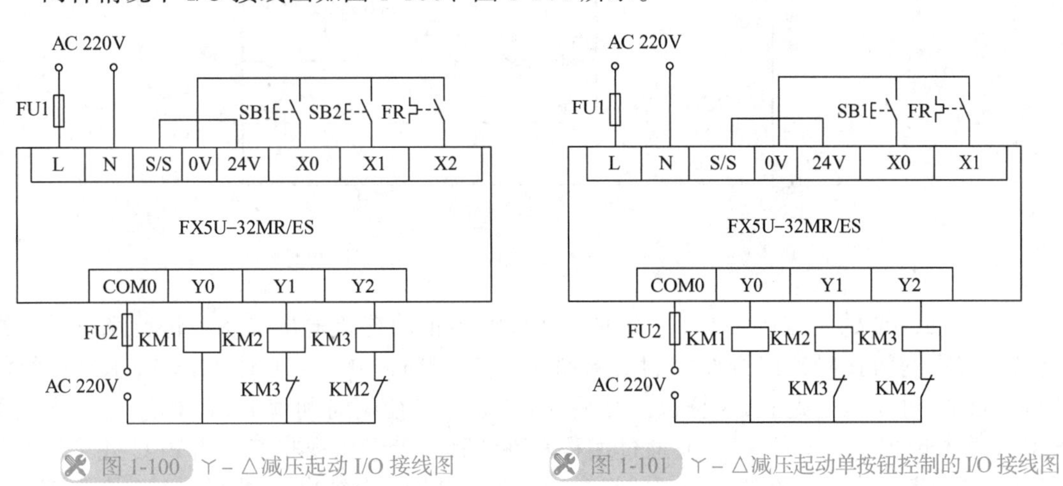

图 1-100　ㄚ－△减压起动 I/O 接线图　　图 1-101　ㄚ－△减压起动单按钮控制的 I/O 接线图

3. 编制程序

转换法编制的三相异步电动机ㄚ－△减压起动控制梯形图如图 1-102 所示。

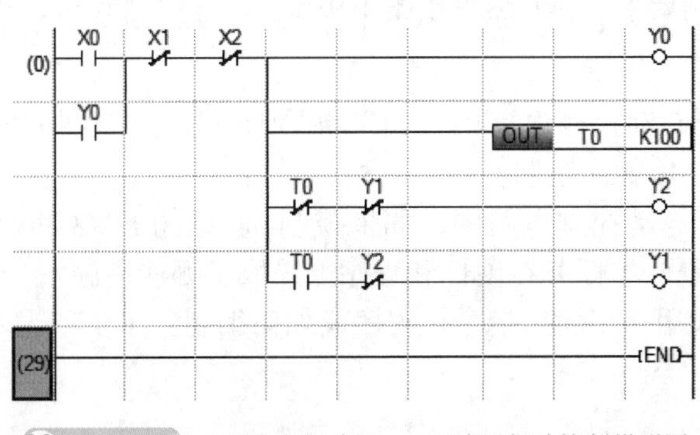

图 1-102　三相异步电动机ㄚ－△减压起动控制梯形图

利用 GX Works3 编程软件，根据单按钮起停程序和三相异步电动机ㄚ－△减压起动程序，编制三相异步电动机ㄚ－△减压起动单按钮控制梯形图，如图 1-103 所示。

4. 调试运行

将图 1-103 所示的梯形图写入 PLC，调试运行程序。

（1）静态调试　按图 1-101 所示的 I/O 接线图正确连接输入设备，并将 PLC 调至 RUN 状态进行 PLC 的模拟静态调试（按下起停按钮 SB1 时，Y0、Y2 亮，延时 10s 时间到，首先 Y2 灭，然后 Y1 亮，任何时间使 FR 动作或第二次按下 SB1，整个过程也立即停止)，并通过 GX Works3 编程软件使程序处于监视状态，观察其是否与指示灯一致，否则，检查并修改程序，直至输出指示正确。

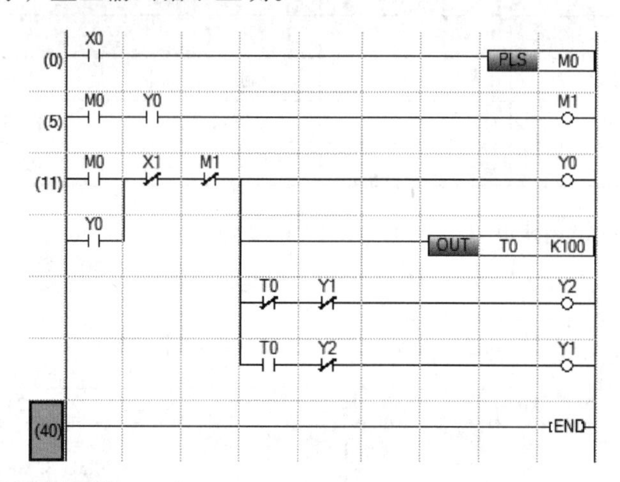

图 1-103　三相异步电动机Y－△减压起动单按钮控制的梯形图

（2）动态调试　按图 1-101 所示的 I/O 接线图正确连接输出设备，进行系统的空载调试，观察交流接触器能否按控制要求动作（按下起停按钮 SB1 时，KM1、KM3 动作，延时 10s 时间到，首先 KM3 复位，然后 KM2 动作，任何时间使 FR 动作或第二次按下 SB1，整个过程也立即停止)，并通过编程软件使程序处于监视状态。当 PLC 处于运行状态时，选择菜单命令“在线”→“监视”→“监视开始（全窗口)”执行，可以全画面监控 PLC 的运行，这时可以观察到定时器的当前值会随着程序的运行而动态变化，得电动作的线圈和闭合的触点会变蓝。观察其是否与动作一致，否则，检查电路接线或修改程序，直至交流接触器能按控制要求动作；然后按图 1-98a 所示连接电动机，进行带负载动态调试。

（四）分析与思考

1）在Y－△减压起动控制电路中，如果将热继电器过载保护作为 PLC 的硬件条件，其 I/O 接线图及梯形图应如何绘制？

2）在Y－△减压起动控制电路中，如果控制Y联结的 KM3 和控制△联结的 KM2 同时得电会出现什么问题？本任务在硬件和程序上采取了哪些措施？

3）本任务中如果用交替输出指令，程序应如何编制？

四、任务考核

本任务实施考核见表 1-30。

表 1-30　任务考核表

序号	考核内容	考核要求	评分标准	配分	得分
1	电路及程序设计	（1）能正确分配 I/O，并绘制 I/O 接线图 （2）根据控制要求，正确编制梯形图程序	（1）I/O 分配错或少，每个扣 5 分 （2）I/O 接线图设计不全或有错，每处扣 5 分 （3）三相异步电动机Y－△减压起动运行主电路表达不正确或画法不规范，每处扣 5 分 （4）梯形图表达不正确或画法不规范，每处扣 5 分	40 分	

（续）

序号	考核内容	考核要求	评分标准	配分	得分
2	安装与连线	根据 I/O 分配，正确连接电路	（1）连线错 1 处，扣 5 分 （2）损坏元器件，每只扣 5 ～ 10 分 （3）损坏连接线，每根扣 5 ～ 10 分	20 分	
3	调试与运行	能熟练使用编程软件编制程序写入 PLC，并按要求调试运行	（1）不会熟练使用编程软件进行梯形图的编辑、修改、转换、写入及监视，每项扣 2 分 （2）不能按照控制要求完成相应的功能，每缺 1 项扣 5 分	20 分	
4	安全操作	确保人身和设备安全	违反安全文明操作规程，扣 10 ～ 20 分	20 分	
5	合计				

五、知识拓展

（一）上升沿脉冲指令（LDP、ANDP、ORP）

上升沿脉冲指令、下降沿脉冲指令及应用

LDP、ANDP、ORP 指令是上升沿脉冲触点指令，仅在指定软元件上升沿时（由 OFF → ON 变化时）接通一个扫描周期，表示方法是在常开触点的中间加一个向上的箭头。

1. LDP、ANDP、ORP 指令使用要素

LDP、ANDP、ORP 指令的名称、助记符、功能、梯形图表示等使用要素见表 1-31。

表 1-31　LDP、ANDP、ORP 指令使用要素

名称	助记符	功能	梯形图表示	FBD/LD 表示	ST 表示	目标元件
取上升沿脉冲	LDP	上升沿脉冲运算开始	(S)	LDP EN　ENO s	ENO:=LDP（EN，s）;	位元件：X、Y、M、L、SM、F、B、SB、S、T、ST、C、LC 字元件 D、W、SD、SW、U□\G□、R 的位指定
与上升沿脉冲	ANDP	上升沿脉冲串联连接	(S)	ANDP EN　ENO s	ENO:=ANDP（EN,s）;	
或上升沿脉冲	ORP	上升沿脉冲并联连接	(S)	ORP EN　ENO s	ENO:=ORP（EN，s）;	

2. LDP、ANDP、ORP 使用说明

1）当（S）中指定的是位元件时，仅在位元件上升沿（OFF → ON）时导通一个扫描周期。

2）当（S）中指定的为字元件的位指定时，仅在该位由 0 → 1 时导通一个扫描周期。

3. 应用举例

LDP、ANDP、ORP 指令的应用如图 1-104 所示。

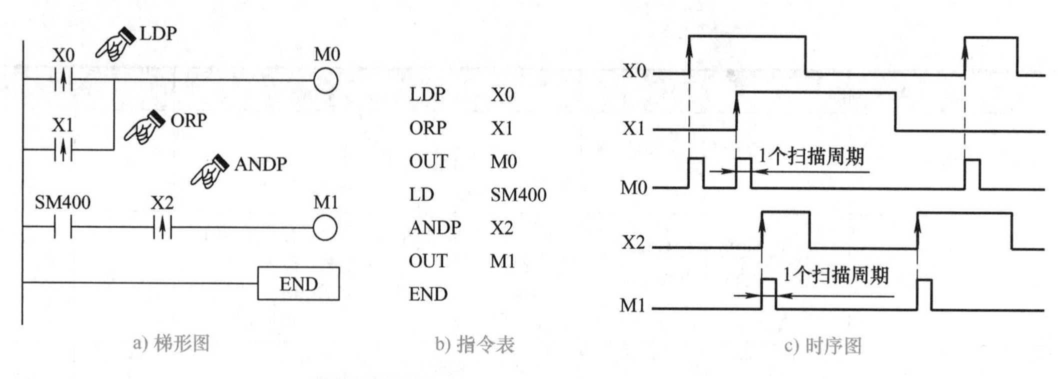

图 1-104 LDP、ANDP、ORP 指令的应用

（二）下降沿脉冲指令（LDF、ANDF、ORF）

LDF、ANDF、ORF 指令是下降沿脉冲触点指令，仅在指定软元件下降沿时（由 ON → OFF 变化时）接通一个扫描周期，表示方法是在常开触点的中间加一个向下的箭头。

1. LDF、ANDF、ORF 指令使用要素

LDF、ANDF、ORF 指令的名称、助记符、功能、梯形图表示等使用要素见表 1-32。

表 1-32 LDF、ANDF、ORF 指令使用要素

名称	助记符	功能	梯形图表示	FBD/LD 表示	ST 表示	目标元件
取下降沿脉冲	LDF	下降沿脉冲运算开始	(S)	LDF EN ENO s	ENO:=LDF（EN, s）;	位元件：X、Y、M、L、SM、F、B、SB、S、T、ST、C、LC 字元件D、W、SD、SW、U□\G□、R的位指定
与下降沿脉冲	ANDF	下降沿脉冲串联连接	(S)	ANDF EN ENO s	ENO:=ANDF（EN, s）;	
或下降沿脉冲	ORF	下降沿脉冲并联连接	(S)	ORF EN ENO s	ENO:=ORF（EN, s）;	

2. LDF、ANDF、ORF 指令使用说明

1）当（S）中指定的是位元件时，仅在位元件下降沿（ON → OFF）时导通一个扫描周期。

2）当（S）中指定的为字元件的位指定时，仅在该位由 1 → 0 时导通一个扫描周期。

3. 应用举例

LDF、ANDF、ORF 指令的应用如图 1-105 所示。

（三）运算结果脉冲化指令（MEP、MEF）

MEP、MEF 是将运算结果脉冲化的指令，不需要带任何操作数（软元件）。MEP 是

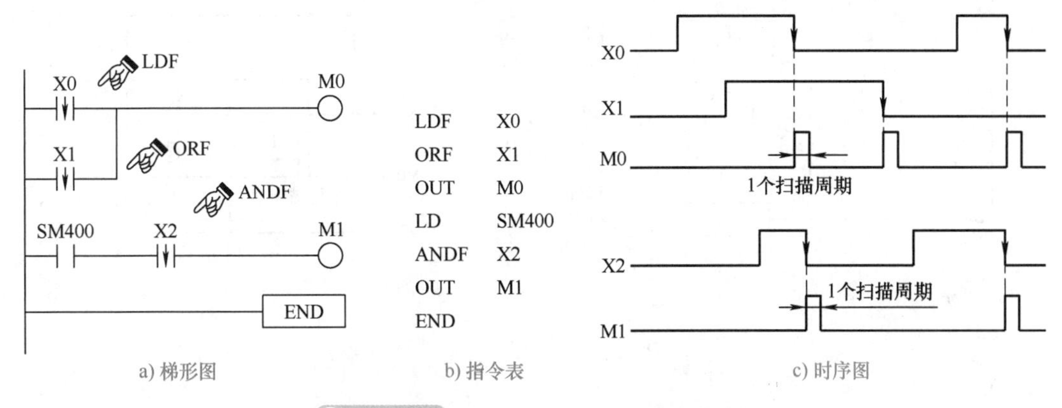

a) 梯形图　　b) 指令表　　c) 时序图

图 1-105　LDF、ANDF、ORF 指令的应用

运算结果上升沿脉冲化指令，即检测到 MEP 指令前的运算结果由 0→1 时，接通一个扫描周期；MEF 是运算结果下降沿脉冲化指令，即检测到 MEF 指令前的运算结果由 1→0 时，接通一个扫描周期。

1. MEP、MEF 指令使用要素

MEP、MEF 指令的名称、助记符、功能、梯形图表示等使用要素见表 1-33。

表 1-33　MEP、MEF 指令使用要素

名称	助记符	功能	梯形图表示	FBD/LD 表示	ST 表示	目标元件
运算结果上升沿脉冲化	MEP	在该指令之前的逻辑运算结果上升沿时，接通一个扫描周期		MEP EN ENO	ENO:=MEP (EN);	无
运算结果下降沿脉冲化	MEF	在该指令之前的逻辑运算结果下降沿时，接通一个扫描周期		MEF EN ENO	ENO:=MEF (EN);	

2. MEP、MEF 指令使用说明

1）应用 MEP、MEF 指令进行脉冲化操作，它前面的逻辑运算条件中，不能出现上升沿和下降沿脉冲指令 LDP、LDF、ANDP、ANDF、ORP、ORF。如果存在，可能会使 MEP、MEF 指令无法正常动作。

2）MEP 指令、MEF 指令是以之前为止的运算结果执行动作，因此应与 AND 指令在同一位置使用。对于 MEP 指令、MEF 指令，不能在 LD 指令、OR 指令的位置使用。

3）对于 MEP 指令、MEF 指令，如果通过子程序及 FOR ～ NEXT 指令等进行变址修饰后的触点的脉冲化，将可能无法正常动作。

3. 应用举例

MEP、MEF 指令的应用如图 1-106 所示。由时序图可以看出，当 X0、X1 为 ON 时，只要 X0、X1 中一个引起运算结果变化，其上升沿或下降沿都会使驱动的输出产生一个扫描周期的导通状态。

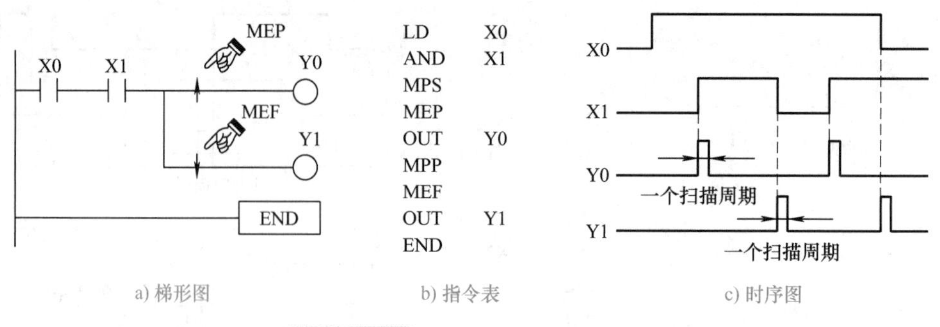

a) 梯形图　　b) 指令表　　c) 时序图

图 1-106 MEP、MEF 指令的应用

六、任务总结

本任务以三相异步电动机Y－△减压起动单按钮控制为载体，介绍了边沿输出指令PLS、PLF的使用要素、由PLS指令实现的二分频电路程序（单按钮起停控制程序）以及利用转化法将三相异步电动机Y－△减压起动继电器控制电路图转换为PLC控制的梯形图程序。在此基础上，利用顺控程序指令编制了三相异步电动机Y－△减压起动单按钮控制的梯形图程序，通过GX Works3编程软件进行程序的编辑、写入、I/O端口连接及调试运行，达成会使用边沿输出指令和边沿脉冲指令编程的目标。

梳理与总结

本项目通过三相异步电动机单向运行的PLC控制、水塔水位的PLC控制、三相异步电动机正反转循环运行的PLC控制、三相异步电动机Y－△减压起动单按钮实现的PLC控制4个任务的学习与实践，达成初步会使用FX5U PLC顺控程序指令编程的目标。

1）PLC的硬件主要由CPU、存储器、输入/输出接口电路、通信接口、扩展接口、电源等组成；软件由系统程序和用户程序组成。

2）PLC的工作方式采用不断循环顺序扫描的工作方式，每一次扫描所用的时间称为扫描周期。其工作过程分为输入采样阶段、程序执行阶段和输出刷新阶段。

3）三菱FX5U PLC的编程位元件有X、Y、M、L、SM、F、B、SB、S、T、ST、C、LC及字元件D、W、SD、SW、U□\G□、R的位指定。其中X、Y以八进制编号，字元件位指定的位编号采用十六进制，其他元件均以十进制编号。各元件的功能和应用应熟练掌握。

4）三菱FX5U PLC定时器均为通电延时型，分为通用型和累计型两种，定时器的动作原理为定时器输入端通电时开始，通过不同的指令设定对100ms、10ms、1ms的时钟脉冲累计计时，当定时器的当前值等于设定值时，定时器动作，其常开触点闭合，常闭触点断开。通用型定时器与累计型定时器的区别在于通用型定时器在延时过程中，当定时器线圈断电时，其当前值立即清零，线圈重新通电时，定时器当前值从零开始累积；而累计型定时器在延时过程中，当线圈断电时，其当前值保持不变，线圈再次接通时，定时器当前值从断电时的值开始继续累计计时。

在使用定时器编程过程中，如果要实现对定时器重新计时或循环计时，要注意对定时器的复位，即对定时器当前值清零。通用定时器线圈断电后重新上电即可；累计定时器

必须通过软元件的复位指令复位定时器，然后定时器线圈重新上电才行。

5）三菱 FX5U PLC 计数器分为通用计数器和超长计数器两种，两者均为 PLC 内部计数器，是 PLC 在执行扫描操作时对 PLC 内部的位元件的信号进行计数，分为 16 位增计数器和 32 位增计数器。计数器在工作过程中，是对驱动的脉冲信号计数，当计数器当前值等于设定值时，计数器动作，其常开触点闭合、常闭触点断开。

在使用计数器编程过程中，要实现对计数器重新计数或循环计数，一定要注意用软元件的复位指令（RST）对计数器复位。

6）FX5U PLC 顺控程序指令有：触点指令、结合指令、输出指令、移位指令、主控制指令、结束指令、停止指令、无处理指令。

复习与提高

一、填空题

1. 按结构形式，PLC 可分为________、________。按 I/O 点数分，PLC 可分为________、________、________。

2. PLC 的存储器按用途可以分为________和________，通常把存放应用软件的存储器称为________存储器。

3. 继电器 – 接触器控制电路工作时，属于________的工作方式；PLC 执行梯形图时采用________的工作方式。

4. PLC 的硬件主要由________、________、________、________、________等五个部分组成。

5. FX5U CPU 模块有________个规格，分别是________、________及________点 I/O。

6. FX5U CPU 模块有 3 种动作状态，分别为________、________及________。

7. 开关量输入接口使用的电源不同，可分为________、________，FX5U PLC 输入接口采用________。

8. 对于 FX5U PLC，开关量输出接口按输出开关器件不同可分为________和________两种类型。

9. PLC 采用的是不间断的________工作方式，每个工作周期包括________、________、和________三个阶段。

10. 国际电工委员会（IEC）制定的工业控制编程语言标准（IEC 61131–3）中，PLC 的编程语言有________种，对于 FX5U PLC，基于 GX Works3 编程软件，可以使用________、________、________和________4 种语言编程运行，其中最常用的语言是________。

11. FX5U–32MR 型 PLC 输入端口采用________隔离，输出端口采用________隔离。

12. FX5U–32MR/ES 型号中，32 为________，M 表示________，R 表示________，ES 表示________。

13. 在 FX5U PLC 的数据结构中，定时器和计数器的设定值 K 为________进制数，输入、输出继电器的地址编号采用________进制数。

14. FX5U PLC 根据其输入端口 S/S 端子与内置电源 24V、0V 之间的不同连接方式，可以分为源型和漏型两种，当为源型连接时，________、________两端连接；当为漏型连接时，________、两端连接。

15. FX5U PLC 定时器分为________、________两种。其设定值可以采用________设定，也可以采用________设定。

16. FX5U PLC 定时器延时是从线圈________时开始计时的，当定时器的当前值等于设定值时，其输出触点________，即常开触点________，常闭触点________。

17. FX5U PLC 通用定时器的________时被复位，复位后其常开触点________，常闭触点________，当前值为________。

18. FX5U PLC 累计定时器在定时过程中，若驱动信号断开，则其当前值________，即累计定时器具有________特性，当驱动信号重新接通时________，直到当前值等于设定值时，累计定时器动作。累计定时器当前值清零及触点复位，必须使用________指令。

19. FX5U PLC内部计数器按计数值的位数分为________、________两种，计数器在计数过程中，复位输入________、计数输入________时，计数器当前值加1，当计数器当前值________设定值时，其常开触点________，常闭触点________，再来计数脉冲时其当前值将________。复位输入到来时，计数器复位，复位后其常开触点________，常闭触点________，当前值为________。

20. FX5U PLC特殊继电器中，________是初始化脉冲，仅在________运行开始时，它接通一个扫描周期。当PLC处于RUN状态时，SM400一直为________。

21. 两个及以上触点串联的回路称为________，当该电路块和其他电路并联连接时，分支的起点一定要使用________或________指令开始，分支结束要使用________指令。

22. 两个及以上触点并联的回路称为________，当该回路块和其他电路串联连接时，分支的起点一定要使用________指令开始，分支结束要使用________指令。

23. 主控触点后所接的触点应使用________指令，回路块开始的分支处常闭触点应使用________指令。

24. 对于FX5U PLC，主控制指令中的MC、MCR指令总是________出现，且在MC、MCR指令区内可以嵌套，但最多只能嵌套________级。

25. FX5U PLC内有________个存储单元，专门用于存储程序运算的中间结果，称为________。堆栈指令又称为________，堆栈指令有________、________和________。

26. 在使用堆栈指令编程时，若MPS、MRD、MPP指令后接单个触点，则采用________，若有电路块串联，则采用________；若直接与线圈相连，则用________。

27. 对于FX5U PLC，顺控程序指令的操作数可以是位元件，也可以是字元件的位指定，当使用字元件的位指定时，位的编号采用________进制数，字元件的位指定D10.A表示的含义是________。

28. 对于FX5U PLC，定时器的分辨率有________、________和________，其对应的定时器分为________、________和________三种，编程时分别通过指令________、________和________设定。

29. 上升沿脉冲指令有________、________、________3条，它们的功能是仅在指定软元件上升沿时（由OFF→ON变化时）________。

30. 若数据寄存器D0值为0，当指令SET D0.7执行后，D0的值等于________。

二、判断题

1. PLC是一种数据运算控制的电子系统，专为在工业环境下应用而设计。它利用可编程序的存储器，通过执行程序，完成简单的逻辑功能。（　）

2. PLC的输出端可直接驱动大容量的电磁铁、电磁阀、电动机等大负载。（　）

3. PLC采用了典型的计算机结构，主要由CPU、RAM、ROM和专门设计的输入输出接口电路等组成。（　）

4. 梯形图是PLC程序的一种，也是控制电路。（　）

5. 梯形图两边的所有母线都是电源线。（　）

6. PLC的顺控程序指令表达式都是由助记符、标识符和参数组成。（　）

7. PLC是以“并行”方式进行工作的。（　）

8. PLC产品技术指标中的存储器是指内部用户存储器的存储容量。（　）

9. FX5U-32MR/ES PLC型号中“32”表示I/O点数，是指能够输入、输出开关量及模拟量总的个数，它是与继电器触点个数相对应。（　）

10. 梯形图中的输入触点和输出线圈即为现场的开关状态，可直接驱动现场执行元件。（　）

11. PLC的输入输出端口都采用光电隔离。（　）

12. 对于FX5U PLC，输入接口都采用直流输入，可以由基本单元提供输入电源，不再需要外接电源。（　）

13. 对于FX5U PLC，按输入电源不同，分为AC电源型和DC电源型两种。（　）

14. LDP 和 LDF 指令用于常开触点与左母线连接，作为一个逻辑行的开始，还可用于分支电路的起点。（ ）

15. OUT 指令是驱动线圈指令，用于驱动 PLC 的各种编程元件。（ ）

16. PLC 的 ANB 或 ORB 指令，在回路块串并联连接编程时可连续使用，且没用次数限制。（ ）

17. FX5U PLC 的所有软元件全部采用十进制编号。（ ）

18. FX5U PLC 的定时器都相当于通电延时型时间继电器，所以 PLC 的控制无法实现断电延时功能。（ ）

19. FX5U PLC 的 SM401 为初始化脉冲特殊继电器，当 PLC 运行时始终处于 OFF 状态。（ ）

20. FX5U PLC 的 OR、ORI 指令用于单个触点的并联，但并联触点的数量不限，这两个触点可连续使用。（ ）

21. 对于 FX5U PLC，PLS、MEP 指令都具有在驱动条件满足的条件下，使目标元件产生一个上升沿脉冲输出。（ ）

22. 对于 FX5U PLC，主控制指令可以嵌套使用，嵌套的级数最多 15 级，所以，主控（MC）指令和主控复位（MCR）指令都应按 N0 → N1 → N2 →…→ N13 → N14 编号。（ ）

23. 对于 FX5U PLC，通用定时器和累计定时器编程时均使用 OUT 指令驱动。（ ）

24. OUT、SET 指令功能的相同点是都能在驱动条件满足的条件下，使目标元件置 1。（ ）

25. PLC 执行“RST C10”指令的结果，只能使 C10 的触点复位，即闭合的触点断开，断开的触点闭合。（ ）

26. 对于 FX5U PLC，编程时计数器的设定值 K0、K1 表示的意义相同。（ ）

27. 在同一输入条件下，FF、ALP 指令驱动输出的结果相同。（ ）

28. 定时器有 100ms、10ms、1ms 三种分辨率，它们可以使用同一软元件，程序中分别通过定时器输出指令 OUT、OUTH 和 OUTHS 来区分。（ ）

三、单项选择题

1. 在 PLC 发展进程中，最先提出关于可编程控制器十项设计标准的是（ ）。

A. 三菱公司　B. 施耐德公司　C. 西门子公司　D. GM 公司

2. 世界上第一台 PLC 诞生于（ ）。

A. 1971　B. 1969　C. 1973　D. 1974

3. FX5U PLC 是（ ）公司研制开发的产品。

A. 西门子　B. 欧姆龙　C. 汇川　D. 三菱

4. FX5U-32MR/ES 的输入点数与输出方式是（ ）。

A. 16 点，继电器输出　B. 16 点，晶体管输出

C. 32 点，晶体管输出　D. 32 点，继电器输出

5. 下列 PLC 的语言中，FX5U PLC 能使用的文本语言是（ ）。

A. 梯形图和顺序功能图　B. 结构化文本

C. 指令表　D. 功能块图 / 梯形图

6. 下列不属于 FX5U PLC 编程语言的是（ ）。

A. LD　B. FBD　C. SCL　D. ST

7. 下列关于梯形图叙述错误的是（ ）。

A. 按自上而下，从左到右的顺序执行

B. 所有继电器既有线圈，又有触点

C. 一般情况下，某个编号的继电器线圈只能出现一次，而继电器触点可以出现无数多次

D. 梯形图中的继电器不是物理继电器，而是软继电器

8. 输入采样阶段，PLC 的 CPU 对各输入端进行扫描，将输入信号送入（ ）。

A. 累加器　B. 数据寄存器　C. 状态寄存器　D. 存储器

9. PLC 将输入信息采入 PLC 内部，执行（ ）后实现逻辑功能，最后输出达到控制要求。

A. 硬件　B. 元件　C. 用户程序　D. 控制部件

10.（　　）是 PLC 的输出信号，控制外部负载，只能用程序指令驱动，外部信号无法驱动。
A. 输入继电器　B. 输出继电器　C. 辅助继电器　D. 状态继电器
11. FX5U PLC 基本单元的输入端口“S/S”端子为（　　）。
A. 输入端口公共端　B. 输入电源公共端　C. 空端子　D. 内置电源 0V 端
12. 下列 PLC 型号中是 FX5U 基本单元继电器输出型的是（　　）。
A. FX5U-32MR　B. FX5-8EX/ES　C. FX5-16EYT/ES　D. FX5U-64MT
13. PLC 的（　　）输出是无触点输出，只能用于控制直流负载。
A. 晶闸管　B. 继电器　C. 晶体管　D. 二极管
14. PLC 的（　　）输出是有触点输出，既可控制交流负载又可控制直流负载。
A. 继电器　B. 晶闸管　C. 二极管　D. 晶体管
15. 使用 GX Works3 编程软件编制好程序后，若需要下载程序，PLC 应处于（　　）状态。
A. 停止　B. 运行　C. 输入　D. 输出
16. 对于晶体管输出型 FX5U PLC 进行硬件接线时，当使用源型接线时，其输出地址的公共端应接在（　　）。
A. 电源相线　B. 电源负极　C. 电源正极　D. 电源中性线
17. FX5U PLC 提供 1000ms 时钟脉冲的特殊继电器是（　　）。
A. SM409　B. SM411　C. SM412　D. SM410
18. 在 PLC 程序设计中，（　　）表达方式与继电器 - 接触器原理图相似。
A. 指令表　B. 顺序功能图　C. 梯形图　D. 功能块图
19. 在编程时，PLC 的内部触点（　　）。
A. 可作为常开触点使用，但只能使用一次
B. 可作为常闭触点使用，但只能使用一次
C. 只能使用一次
D. 可作为常开和常闭触点反复使用，无限制
20. 在 FX5U PLC 顺控程序指令中，下列没有目标元件的指令是（　　）。
A. ANB　B. ANI　C. AND　D. ANDP
21. 在 FX5U PLC 顺控程序指令中，在执行条件满足的条件下产生交替输出的指令是（　　）。
A. ALT　B. FF　C. SET　D. PLS
22. 如果在程序中对输出元件 Y1 多次使用 SET、RST 指令，则 Y1 的状态是由（　　）。
A. 最接近 END 的指令决定　B. 最后执行指令决定
C. 最多使用的指令决定　D. 最少使用的指令决定
23. 当 PLC 执行“OUT T10 K50”指令时（　　）。
A. T10 的常开触点 ON　B. T10 开始计时
C. T10 的常闭触点 OFF　D. T10 准备计时
24. 如果向 PLC 写入程序后，发现 PLC 基本单元的“ERROR”LED 灯闪烁，说明（　　）。
A. 程序语法错误　B. 看门狗定时器错
C. 程序错误　D. PLC 硬件损坏
25. 当 PLC 处于 STOP 模式时，面板上的指示灯（　　）。
A. POWER 灯亮　B. RUN 灯亮　C. ERROR 灯亮　D. BATT 灯亮
26. FX5U PLC 在相同的输入条件驱动下，下列指令执行后其目标元件时序图相同的是（　　）。
A. PLS、FF　B. FF、ALT　C. ALT、PLS　D. ALTP、FF

四、简答题

1. 简述 PLC 的工作过程。
2. FX5U-32MR 型 PLC 最多可接多少个输入信号？接多少个负载？它适用于控制交流还是直流负载？
3. OUT 指令与 SET 指令有何异同？
4. 主控制指令和堆栈指令有何异同？
5. 三菱 FX5U PLC 定时器延时时间最长为多少，可以通过哪些方法扩大定时器的延时范围？
6. FF 指令、ALT 指令及 ALTP 指令各有何功能？在同一驱动条件作用下，它们输出的时序图有何关系？

7. 如何使用 GX Works3 编程软件对 PLC 进行远程操作？

五、梯形图与指令之间的相互转换

1. 写出图 1-107 所示梯形图对应的指令表程序。
2. 写出图 1-108 所示梯形图对应的指令表程序。

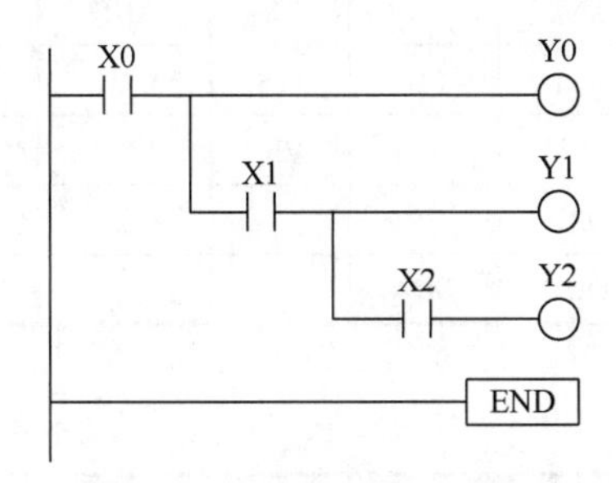

图 1-107　题 5-1 图

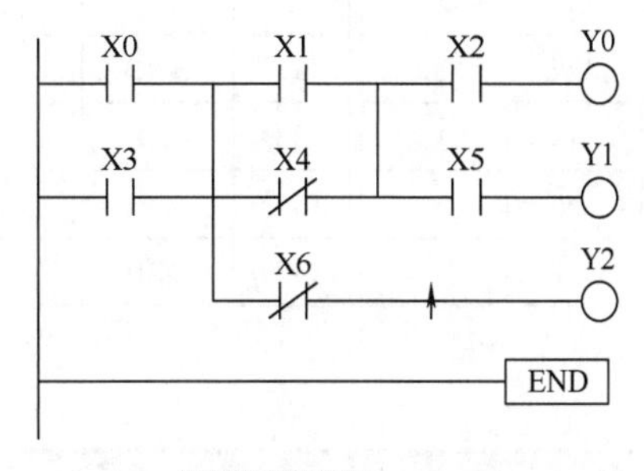

图 1-108　题 5-2 图

3. 写出图 1-109 所示梯形图对应的指令表程序。
4. 写出图 1-110 所示梯形图对应的指令表程序。
5. 写出图 1-111 所示梯形图对应的指令表程序。

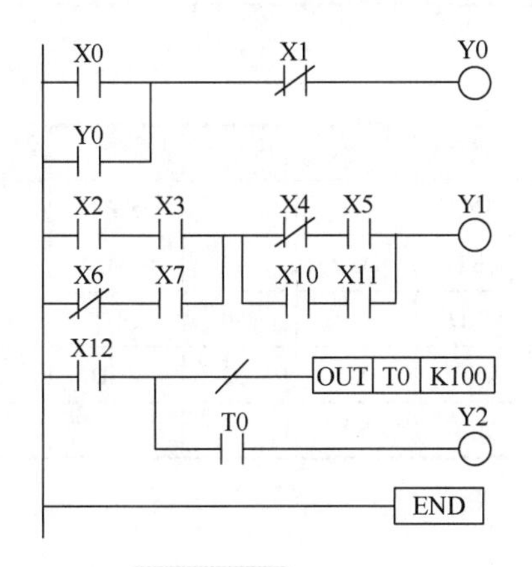

图 1-109　题 5-3 图

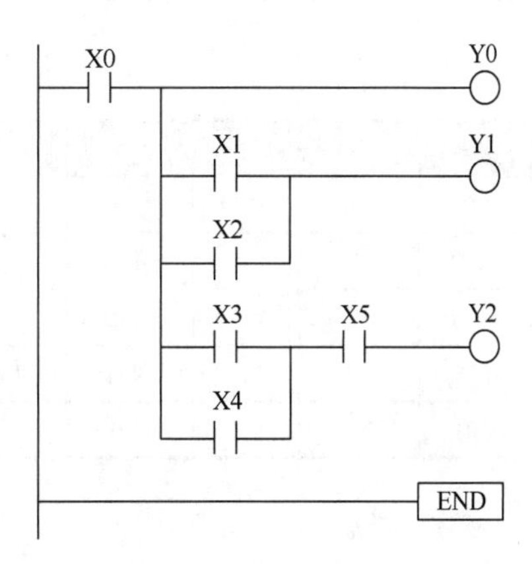

图 1-110　题 5-4 图

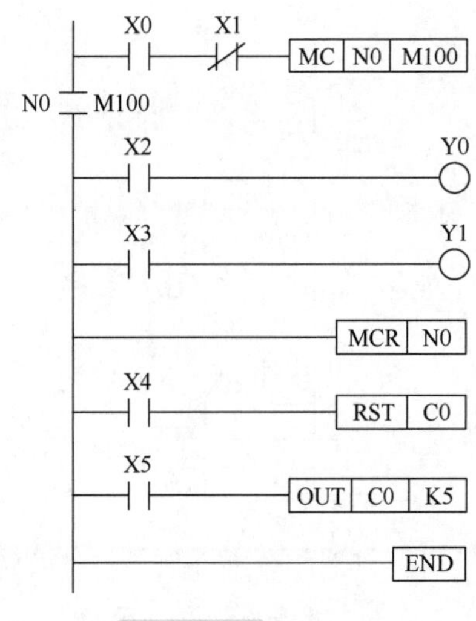

图 1-111　题 5-5 图

6. 画出表1-34、表1-35、表1-36所示的指令表程序对应的梯形图。

表1-34 指令表（一）

序号	助记符	操作数	序号	助记符	操作数	序号	助记符	操作数	序号	助记符	操作数
(0)	LD	X1	(9)	LD	X5	(18)	ANB		(26)	AND	M3
(2)	ANI	X2	(11)	AND	X6	(19)	LD	M1	(28)	OUT	Y1
(4)	LD	X3	(13)	LD	X7	(21)	AND	M2	(30)	END	
(6)	ANI	X4	(15)	ANI	X10	(23)	ORB				
(8)	ORB		(17)	ORB		(24)	OUT	M34			

表1-35 指令表（二）

序号	助记符	操作数	序号	助记符	操作数	序号	助记符	操作数	序号	助记符	操作数
(0)	LD	X2	(6)	MC	N0	(13)	OUT	Y2			K50
(2)	OR	Y2			M0	(15)	LD	X3	(22)	MCR	N0
(4)	ANI	X1	(11)	LDI	T1	(17)	OUT	T1	(25)	END	

表1-36 指令表（三）

序号	助记符	操作数	序号	助记符	操作数	序号	助记符	操作数	序号	助记符	操作数
(0)	LD	X0	(9)	ANB		(16)	ANI	X3	(25)	MPP	
(2)	AND	M0	(10)	MPS		(18)	SET	D2.2	(26)	ANDP	X5
(4)	MPS		(11)	AND	X2	(20)	MRD		(30)	OUT	Y4
(5)	LD	X1	(13)	OUT	M1	(21)	AND	X4	(32)	END	
(7)	ORI	Y2	(15)	MPP		(23)	OUT	Y3			

六、程序设计题

1. 试将图1-112中的继电器－接触器控制的两台电动机顺序起停控制电路转换为PLC控制程序。

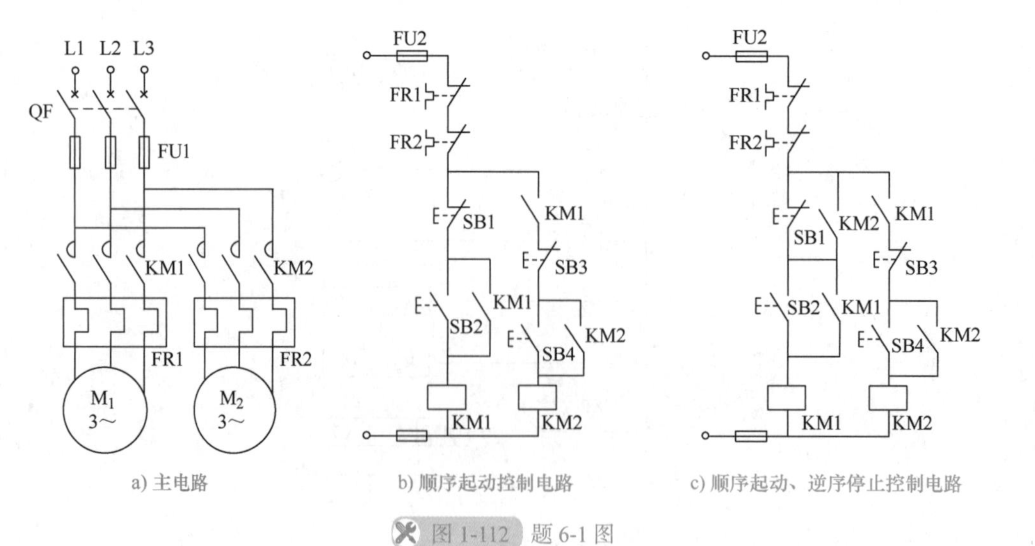

图1-112 题6-1图

2. 试用 SET、RST 指令和边沿输出指令（或运算结果脉冲化指令）设计满足如图 1-113 所示的梯形图。

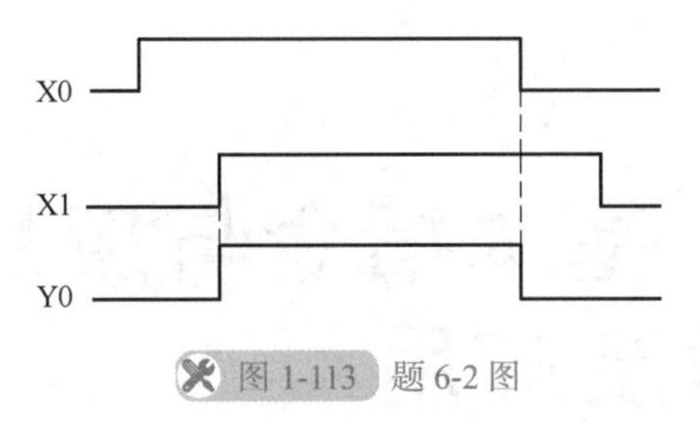

图 1-113 题 6-2 图

3. 试用软元件的设置与软元件的复位指令编制三相异步电动机正反转运行的程序。

4. 试用顺控程序指令编制自动门开关控制的程序，自动门控制示意图如图 1-114 所示。当有人进入红外线检测范围时，开门电动机开始工作，自动门打开，直到门接触到开门限位开关。假如门触动限位开关 7s，没有人进入检测区，则关闭门电动机开始工作，门自动关闭，直到接触到关门限位开关。如果有人进入检测区，立即停止关闭工作。

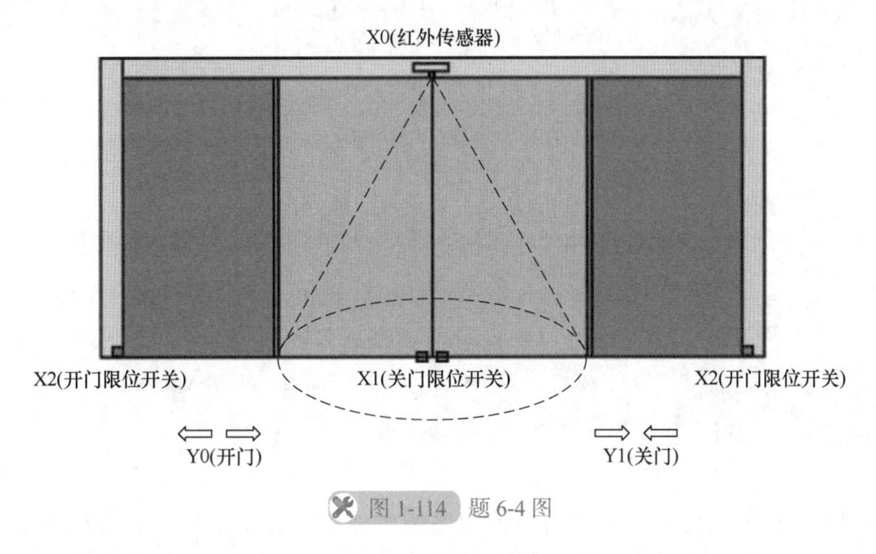

图 1-114 题 6-4 图

5. 设计一个报警控制程序。输入信号 X0 为报警输入，当 X0 为 ON 时，报警信号灯 Y0 闪烁，闪烁频率为 1s（亮、熄灭均为 0.5s）。报警蜂鸣器 Y1 有音响输出。报警响应 X1 为 ON 时，报警灯由闪烁变为常亮且停止音响。按下报警解除按钮 X2，报警灯熄灭。为测试报警灯和报警蜂鸣器的好坏，可用测试按钮 X3 随时测试。

6. 试用 PLC 实现小车往复运行控制，系统启动后小车前进，行驶 20s，停止 5s，再后退 20s，停止 5s，如此往复运行 10 次，循环运行结束后指示灯以 1Hz 的频率闪烁 5 次后熄灭。

7. 用 PLC 实现 1 只按钮控制 3 盏灯亮灭，要求第 1 次按下按钮，第 1 盏灯亮，第 2 次按下按钮，第 2 盏灯亮，第 3 次按下按钮，第 3 盏灯亮，第 4 次按下按钮，第 1、2、3 盏灯同时亮，第 5 次按下按钮，第 1、2、3 盏灯同时熄灭。试画出 I/O 接线图并编制梯形图。

项目二

FX5U PLC 基本指令与应用指令的编程及应用

<table>
<tr><td rowspan="3">教学目标</td><td>知识目标</td><td>1. 熟悉基本指令和应用指令的基本格式
2. 掌握 FX5U PLC 位元件和字元件的使用
3. 掌握常用的基本指令的功能、编程及应用
4. 掌握常用的应用指令的功能、编程及应用</td></tr>
<tr><td>能力目标</td><td>1. 能分析较复杂的 PLC 控制系统
2. 能根据项目控制要求绘制 PLC 的 I/O 接线图，并完成硬件接线
3. 能使用常用的基本指令和应用指令编制较简单的控制程序
4. 能使用 GX Works3 编程软件编辑项目梯形图并写入 PLC，然后进行程序的运行调试</td></tr>
<tr><td>素质目标</td><td>1. 培养学生求真务实、精益求精、追求极致的工匠精神
2. 树立起学生的自信心，培养学生的科学精神、爱岗敬业的良好职业素质，为今后融入社会做好准备
3. 培养学生学以致用的工程意识，增强使命担当、争做大国工匠的信念</td></tr>
<tr><td colspan="2">教学重点</td><td>数据传送、数据比较输出、n 位数据的 n 位移位、子程序调用及从子程序返回指令的编程</td></tr>
<tr><td colspan="2">教学难点</td><td>7 段解码指令，中断禁止、允许中断和中断返回指令及旋转指令的编程</td></tr>
<tr><td colspan="2">参考学时</td><td>20 ～ 30 学时</td></tr>
</table>

FX5U PLC 除了项目一中介绍的顺控程序指令外，还有基本指令和应用指令等。下面将通过流水灯的 PLC 控制、8 站小车随机呼叫的 PLC 控制、自动售货机的 PLC 控制、抢答器的 PLC 控制、跑马灯的 PLC 控制 5 个任务介绍数据传送指令、位移位指令、数据比较指令、算术运算指令、子程序调用、旋转指令等基本指令和应用指令的编程及应用。

任务一 流水灯的 PLC 控制

一、任务导入

日常生活中经常看到广告牌上的各种彩灯在夜晚时灭时亮、有序变化，形成一种绚烂多姿的效果。

本任务将以 8 组灯组成循环点亮的流水灯为例，来分析如何通过 PLC 实现其控制。为此，我们首先来学习基本指令和应用指令的基本知识及应用。

二、知识准备

（一）基本指令、应用指令的表达形式

FX5U PLC 的基本指令、应用指令主要由助记符和操作数两部分组成。基本指令、应用指令的表示形式与顺控程序指令不同，一条顺控程序指令只能完成一个特定操作，而一条基本指令、应用指令却能完成一系列操作，相当于执行一个子程序，所以基本指令、应用指令功能强大，编程更简练。顺控程序指令和梯形图符号之间是相互对应的。而基本指令、应用指令采用梯形图和助记符相结合的形式，意在表达本指令要做什么，但不含表达梯形图符号间相互关系的成分，也就是一个能够实现某一特定功能的子程序。

1. 基本指令、应用指令的助记符

基本指令、应用指令的表达形式如图 2-1 所示。

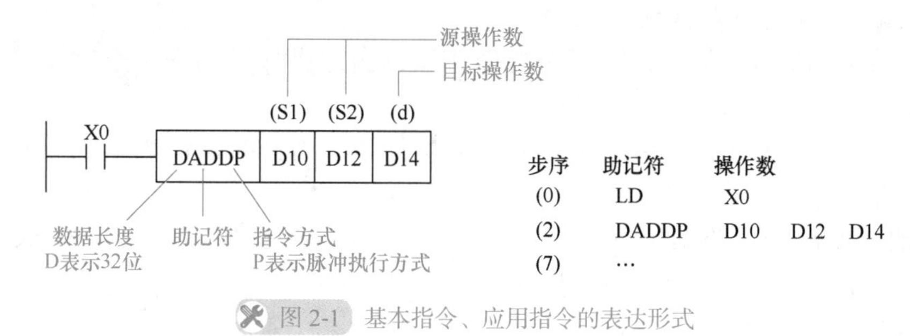

图 2-1　基本指令、应用指令的表达形式

基本指令的助记符（又称为操作码)，表示指令的功能。如：ADD、MOV 等。操作数指明参与操作的对象，可以是位元件、字元件、常数等。

2. 数据长度及执行方式

（1）数据长度　基本指令可处理 16 位数据和 32 位数据，如图 2-2 所示。

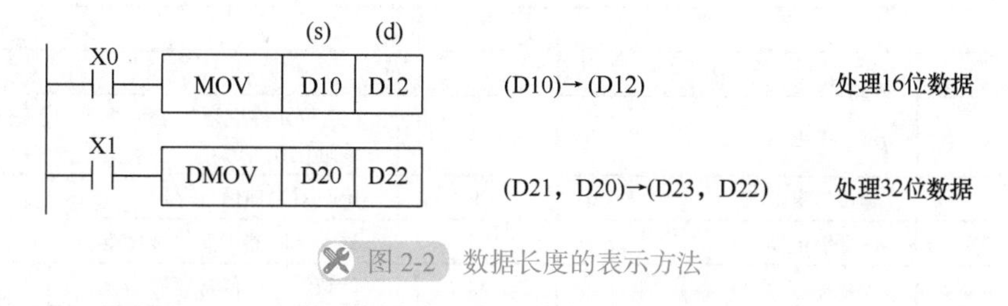

图 2-2　数据长度的表示方法

基本指令、应用指令中用在助记符前面的 D（Double）表示 32 位数据，如 DMOV。32 位数据用元件号相邻的两个 16 位字元件组成，首地址用奇数、偶数均可，但建议首地址统一采用偶数编号。

需要说明的是超长计数器（LC0 ～ LC63）的当前值寄存器不能用作 16 位数据的操作数，只能用作 32 位数据的操作数。

（2）执行方式　基本指令、应用指令执行方式有连续执行方式和脉冲执行方式两种。

连续执行方式：每个扫描周期都重复执行一次。

脉冲执行方式：只在执行信号由 OFF → ON 时执行一次，在指令助记符后加 P（Pulse）。

如图2-3所示，当X0为ON时，第一个逻辑行的指令在每个扫描周期都被重复执行一次。第二个逻辑行中当X1由OFF变为ON时才有效，当PLC扫描到这一行时执行该传送指令。在不需要每个扫描周期都执行时，用脉冲执行方式可缩短程序处理时间。

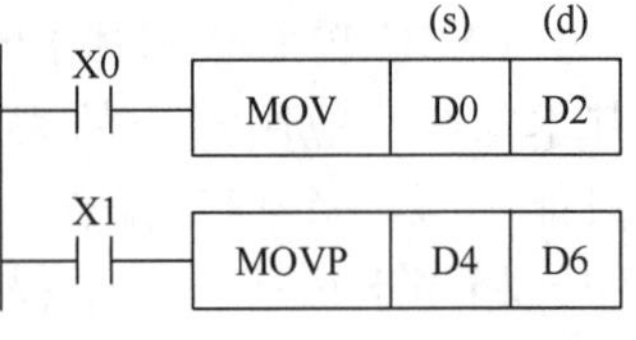

图2-3 执行方式的表示方法

对于上述两条指令，当X0和X1为OFF状态时，两条指令都不执行，目标操作数的内容保持不变，除非另行指定或其他指令使用使目标操作数的内容发生变化。

D和P可同时使用，如DMOVP表示32位数据的脉冲执行方式。另外，有些基本指令，如XCH、INC、DEC等，用连续执行方式时要特别留心。

3. 操作数

操作数按功能分，有源操作数、目标操作数和其他操作数；按组成形式分，有位元件、位元件组合、字元件和常数。

源操作数s。执行指令后数据不变的操作数，当源操作数不止1个时，可用（s1）、（s2）等表示。

目标操作数d。执行指令后数据被刷新的操作数，当目标操作数不止1个时，可用（d1）、（d2）等表示。

其他操作数m、n。补充注释的常数，用K（十进制）和H（十六进制）表示，两个或两个以上时可用m1、m2、n1、n2等表示。

（二）数据表示方法

FX5U PLC提供的数据表示方法分为位元件、字元件及位元件组合等。

1. 位元件和字元件

1）位元件。只处理ON或OFF两种状态的元件称为位元件，FX5U PLC的位元件见表2-1。

表2-1 FX5U PLC位元件、字元件一览表

位元件		字元件	
符号	表示内容	符号	表示内容
X	输入继电器	K4P	4组位元件组合的字元件（P代表位元件组合的首地址位元件）
Y	输出继电器	T	定时器当前值寄存器
M	内部继电器	ST	累计定时器当前值寄存器
L	锁存器	C	计数器当前值寄存器
SM	特殊继电器	D	数据寄存器
F	报警器	W	链接寄存器
B	链接继电器	SD	特殊寄存器
SB	特殊链接继电器	SW	特殊链接寄存器
S	步进继电器	R	扩展寄存器
T、TS、C、LC	定时器、累计定时器、计数器、超长计数器的触点	Z	变址寄存器
（D/W/SD/R）□.b、U□\G□.b	字元件的位指定	U□\G□	模块访问软元件

2）字元件。处理数据的元件称为字元件。一个字元件由16位二进制数组成，如定

时器 T 和计数器 C 的当前值寄存器、数据寄存器 D、位组合元件等。FX5U PLC 的字元件见表 2-1。

需要说明的是，定时器 T、累计定时器 ST 和计数器 C、超长计数器 LC 具有双重性，它们的触点及线圈属于位元件，而它们的当前值寄存器为字元件。

2. 位元件组合

位元件组合是通过多个位元件的组合进行数值处理，是 FX5U PLC 通用的字元件。4 个连续位元件作为一个基本单元进行组合，称为位元件组合，代表 4 位 BCD 码，也表示 1 位十进制数，用 KnP 表示，K 为十进制常数的符号，n 为位元件组合的组数（n=1 ～ 8），P 为位元件组合的起始编号位元件（首地址位元件），一般用 0 编号的元件。通常的表现形式为 KnX0、KnM0、KnS0、KnY0、KnB0 等。

当一个 16 位数据传送到 K1M0、K2M0、K3M0 时，只传送相应的低位，高位数据溢出。

在处理一个 16 位操作数时，参与操作位元件组合由 K1 ～ K4 指定。若仅由 K1 ～ K3 指定，不足部分的高位作 0 处理，这意味着只能处理正数（符号位为 0）。

3. 文件寄存器（R）

文件寄存器（R）是对数据寄存器（D）的扩展，通过电池进行停电保持，FX5U PLC 共有 32768 点文件寄存器（R0 ～ R32767）。文件寄存器（R）是一个 16 位的数据存储器，使用相邻的两个文件寄存器可以组成 32 位数据寄存器。

4. 模块访问软元件（U □ \G □）

模块访问软元件是从 CPU 模块直接访问连接在 CPU 模块上的智能功能模块的缓冲存储器的软元件，指定方法通过 U［智能功能模块的模块编号］\G［缓冲存储器地址］指定，表示为 U □ \G □。如读取 3# 模块 18# 通道缓冲寄存器的值到 D0，可用指令“MOV U3\G18 D0”完成。

5. 变址寄存器（Z、LZ）

变址寄存器用于改变操作数的地址，其作用是存放改变地址的数据。FX5U PLC 变址寄存器默认情况下有 Z0 ～ Z19 共 20 点、超长寄存器 LZ0 ～ LZ1 2 点共 24 字，其中 Z 为 16 位数据长度、LZ 为 32 位数据长度，FX5U/FX5UC CPU 模块可通过参数更改点数。使用编址寄存器后，操作数的实际地址将发生变化，此时，操作数的实际地址 = 当前地址 + 变址寄存器的数据。变址寄存器的使用如图 2-4 所示。

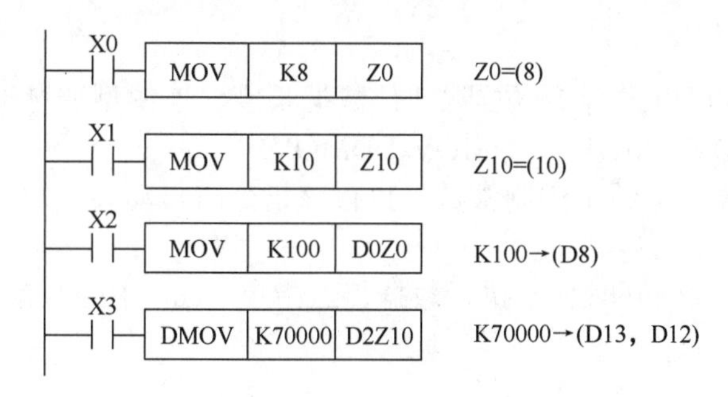

图 2-4　变址寄存器的使用

通过修改变址寄存器的值，可以改变实际的操作数。变址寄存器也可以用来修改常数的值，例如，当 Z0=20 时，K30Z0 相当于常数 50。

（三）数据传送指令

1. 数据传送指令使用要素

数据传送指令的名称、数据长度、助记符、功能、操作数等使用要素见表 2-2。

表 2-2　数据传送指令的使用要素

名称	数据长度	助记符	功能	操作数	
				（s）	（d）
16 位数据传送	16 位	MOV（P）	将（s）中指定的BIN16 位数据传送到（d）中指定的软元件	常数：K，H 位元件组合：KnX，KnY，KnM，KnL，KnF，KnB，KnSB，KnS 字元件：T，ST，C，D，W，SD，SW，R，U□\G□，Z	位元件组合：KnY，KnM，KnL，KnF，KnB，KnSB，KnS 字元件：T，ST，C，D，W，SD，SW，R，U□\G□，Z
32 位数据传送	32 位	DMOV（P）	将（s）中指定的BIN32 位数据传送到（d）中指定的软元件	常数：K，H 位元件组合：KnX，KnY，KnM，KnL，KnF，KnB，KnSB，KnS 字元件：T，ST，C，D，W，SD，SW，R，U□\G□，Z 双字：LC，LZ	位元件组合：KnY，KnM，KnL，KnF，KnB，KnSB，KnS 字元件：T，ST，C，D，W，SD，SW，R，U□\G□，Z 双字：LC，LZ

表中，LC、LZ 只适用于 32 位数据传送指令。

2. 数据传送指令程序表示

数据传送指令的程序表示见表 2-3。

表 2-3　数据传送指令程序表示

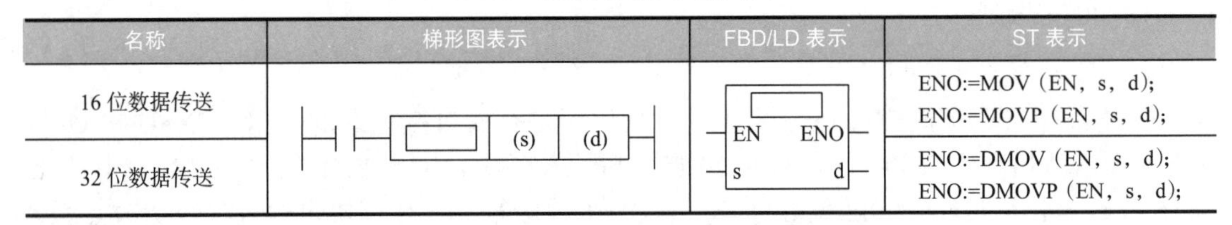

名称	梯形图表示	FBD/LD 表示	ST 表示
16 位数据传送	(s) (d)	EN ENO s d	ENO:=MOV（EN，s，d）; ENO:=MOVP（EN，s，d）;
32 位数据传送			ENO:=DMOV（EN，s，d）; ENO:=DMOVP（EN，s，d）;

表中，梯形图指令框、FBD 指令框中的“□”表示数据传送指令的助记符，16 位数据传送分别是 MOV、MOVP，32 位数据传送分别是 DMOV、DMOVP。

3. 数据传送指令使用说明

1）数据传送指令可以进行 16 位或 32 位数据长度、连续型或脉冲型的操作。对应指令的助记符分别为 MOV、MOVP、DMOV、DMOVP。

2）如果源操作数（s）为十进制常数，执行该指令时自动转换成二进制数后进行数据传送。

3）当指令执行条件断开时，不执行数据传送指令，（d）中的数据保持不变。

4. 数据传送指令的应用

数据传送指令的应用如图 2-5 所示。

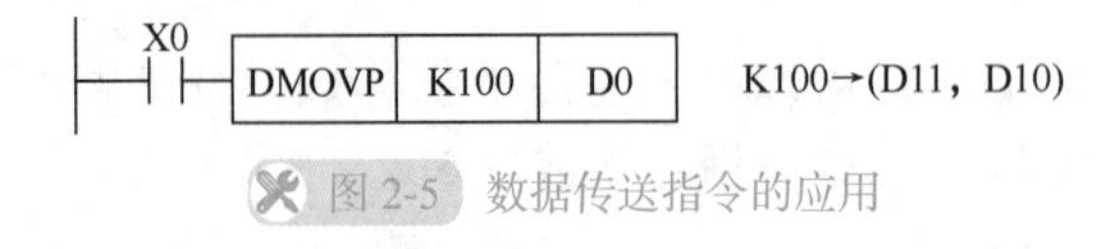

图 2-5　数据传送指令的应用

这是一条 32 位脉冲型数据传送指令，当 X0 由 OFF 变为 ON 时，该指令执行的结果是把 K100 送入（D11，D10）中，即（D11，D10）= K100，十进制常数 100 在执行过程中 PLC 会自动转换成二进制数写入（D11，D10）中。

（四）n 位数据的 n 位移位指令

n 位数据的 n 位右移位指令及应用

1. n 位数据的 n 位移位指令使用要素

n 位数据的 n 位移位指令（SFTR、SFTL）的名称、助记符、功能、操作数等使用要素见表 2-4。

表 2-4　n 位数据的 n 位移位指令使用要素

名称	助记符	功能	操作数			
			（s）	（d）	n1	n2
n 位数据的 n 位右移位	SFTR（P）	将（d）中指定的软元件开始（n1）位的数据向右移位（n2）位。移位后，将（s）开始的（n2）点传送到（d）+（n1–n2）开始的（n2）点中	常数：K①、H① 位元件：X，Y，M，L，F，B，SB，S 字元件 D、W、SD、SW、R 的位指定	位元件：Y，M，L，F，B，SB，S 字元件 D、W、SD、SW、R 的位指定	常数：K，H 位元件组合：KnY，KnM，KnL，KnF，KnB，KnSB，KnS 字元件：T，ST，C，D，W，SD，SW，R，U□\G□，Z	
n 位数据的 n 位左移位	SFTL（P）	将（d）中指定的软元件开始（n1）位的数据向左移位（n2）位。移位后，将（s）开始的（n2）点传送到（d）开始的（n2）点中				

①只能使用 0 或 1。

2. n 位数据的 n 位移位指令程序表示

n 位数据的 n 位移位指令的程序表示见表 2-5。

表 2-5　n 位数据的 n 位移位指令程序表示

名称	梯形图表示	FBD/LD 表示	ST 表示
n 位数据的 n 位右移位	□ (s) (d) (n1) (n2)	□ EN ENO s d n1 n2	ENO:=SFTR（EN，s，n1，n2，d）; ENO:=SFTRP（EN，s，n1，n2，d）;
n 位数据的 n 位左移位			ENO:=SFTL（EN，s，n1，n2，d）; ENO:=SFTLP（EN，s，n1，n2，d）;

表 2-5 中，梯形图、FBD 指令框中的“□”表示 n 位数据的 n 位移位指令的助记符，n 位数据的 n 位右移位分别是 SFTR、SFTRP，n 位数据的 n 位左移位分别是 SFTL、SFTLP。

n 位数据的 n 位左移位指令及应用

3. n 位数据的 n 位移位指令（SFTR、SFTL）使用说明

1）n 位数据的 n 位移位指令（SFTR、SFTL）的源操作数、目标操作数都是位元件，n1 指定目标操作数的长度，n2 指定源操作数的长度，也是移位的位数。

2）n 位数据的 n 位移位指令目标操作数的位元件不能为输入继电器（X 元件）。

3）移位数据的位数据长度n1和右（左）移的位点数n2设置时应满足

0≤n2≤n1≤65335 的条件。

4）对于 n 位数据的 n 位右移位指令，（s）中指定了 K0 的情况下，移位后的（d）+（n1–n2）开始（n2）点的位设置为 0;（s）中指定了 K1 的情况下，移位后的（d)+（n1–n2）开始（n2）点的位设置为 1。

5）对于 n 位数据的 n 位左移位指令，（s）中指定了 K0 的情况下，移位后的（d）开始（n2）点的位设置为 0；（s）中指定了 K1 的情况下，移位后的（d）开始（n2）点的位设置为 1。

4. n 位数据的 n 位移位指令（SFTR、SFTL）的应用

n 位数据的 n 位移位指令的应用如图 2-6 所示。

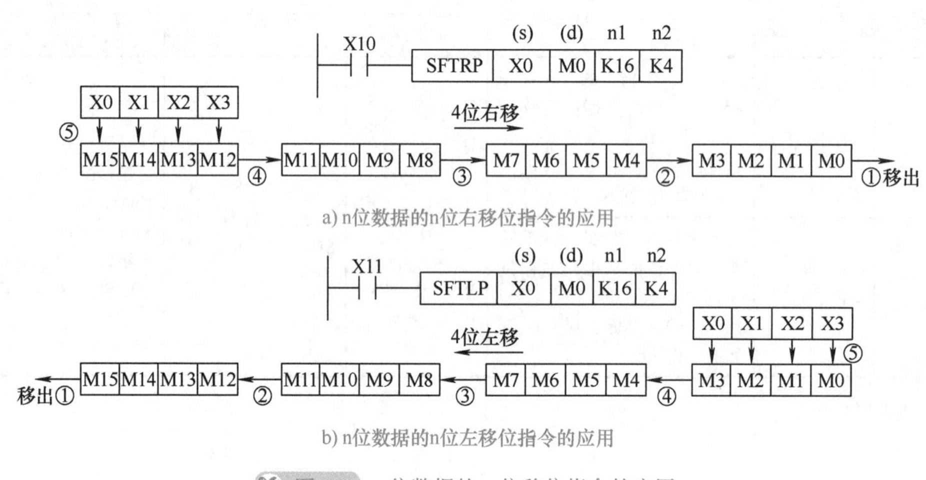

a) n位数据的n位右移位指令的应用

b) n位数据的n位左移位指令的应用

图 2-6 n 位数据的 n 位移位指令的应用

在图 2-6a 中，当 X10 由 OFF→ON 时，右移位指令（4 位 1 组）按以下顺序移位：X3 ～ X0→M15 ～ M12，M15 ～ M12→M11 ～ M8，M11 ～ M8→M7 ～ M4，M7 ～ M4→M3 ～ M0，M3 ～ M0 移出，即从高位移入，低位移出。

在图 2-6b 中，当 X11 由 OFF→ON 时，左移位指令（4 位 1 组）按以下顺序移位：X3 ～ X0→M3 ～ M0，M3 ～ M0→M7 ～ M4，M7 ～ M4→M11 ～ M8，M11 ～ M8→M15 ～ M12，M15 ～ M12 移出，即从低位移入，高位移出。

三、任务实施

（一）任务目标

1）熟练掌握数据传送指令和 n 位数据的 n 位移位指令的编程及应用。
2）会 FX5U PLC I/O 接线。
3）能根据控制要求编写梯形图程序。
4）熟练使用三菱 GX Works3 编程软件编辑梯形图程序，并写入 PLC 进行调试运行。

（二）设备与器材

本任务实施所需的设备与器材见表 2-6。

表 2-6　设备与器材

序号	名称	符号	型号规格	数量	备注
1	常用电工工具		十字螺钉旋具、一字螺钉旋具、尖嘴钳、剥线钳等	1 套	表中所列设备、器材的型号规格仅供参考
2	计算机（安装 GX Works3 编程软件）			1 台	
3	三菱 FX5U 可编程控制器	PLC	FX5U-32MR/ES	1 台	
4	流水灯模拟控制挂件			1 个	
5	以太网通信电缆			1 根	
6	连接导线			若干	

（三）内容与步骤

1. 任务要求

8 组灯 HL1 ～ HL8 组成的流水灯模拟控制面板如图 2-7 所示。按下起动按钮时，流水灯先以正序每隔 1s 依次点亮，即 HL1 → HL1、HL2 → HL1、HL2、HL3 → HL1…，当 8 组灯全亮后，闪亮 3s；然后以反序每隔 1s 依次点亮，即 HL8 → HL8、HL7 → HL8、HL7、HL6 → HL8…，当 HL1 ～ HL8 再亮后，闪亮 3s，重复上述过程。当按下停止按钮时，流水灯立即熄灭。

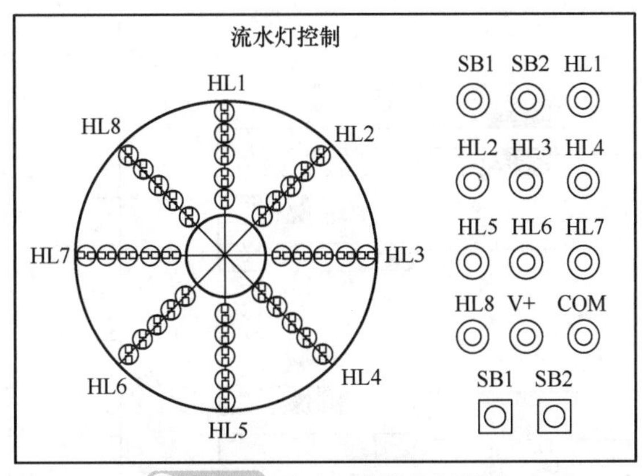

图 2-7　流水灯模拟控制面板

2. I/O 分配与接线图

流水灯控制的 I/O 分配见表 2-7。

表 2-7　流水灯控制 I/O 分配表

输入			输出		
设备名称	符号	X 元件编号	设备名称	符号	Y 元件编号
起动按钮	SB1	X0	流水灯 1	HL1	Y0
停止按钮	SB2	X1	流水灯 2	HL2	Y1
			⋮	⋮	⋮
			流水灯 7	HL7	Y6
			流水灯 8	HL8	Y7

流水灯控制 I/O 接线图，如图 2-8 所示。

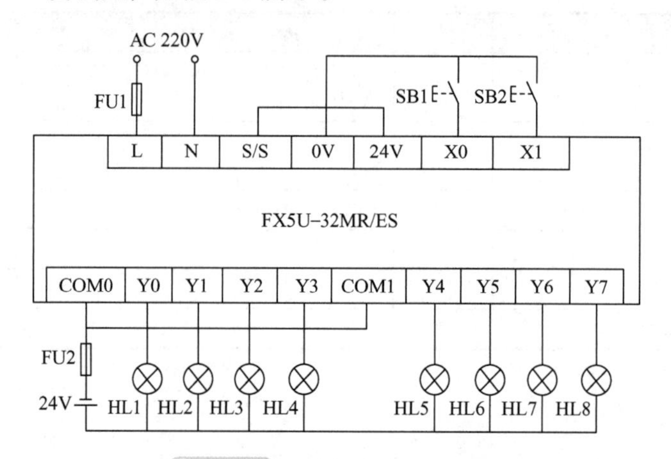

图 2-8 流水灯控制 I/O 接线图

3. 编制程序

利用 GX Works3 编程软件，根据控制要求编写流水灯控制梯形图，如图 2-9 所示。

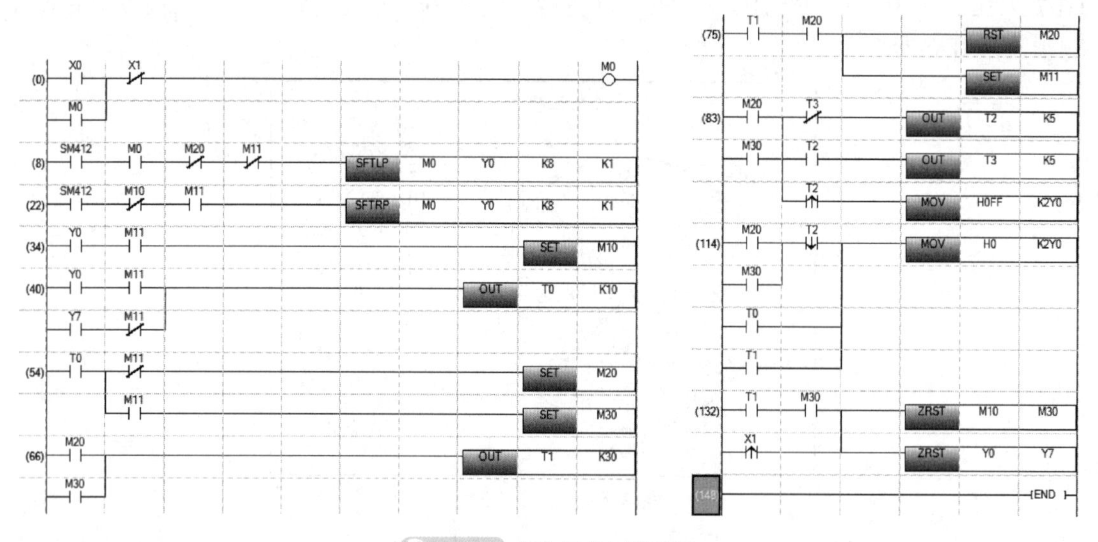

图 2-9 流水灯控制梯形图

4. 调试运行

将图 2-9 所示梯形图写入 PLC，按照图 2-8 进行 PLC 输入 / 输出端接线，并将 PLC 调至 RUN 状态，调试运行程序，观察运行结果。

（四）分析与思考

1）在图 2-9 中，闪亮 3s 是如何实现的，8 组灯在闪亮时亮、灭各多长时间？

2）在图 2-9 中，n 位数据的 n 位左移位、右移位指令的目标操作数 Y0 的位数是通过哪一个操作数指定的？

3）如果本任务改为跑马灯的 PLC 控制，即 8 组灯每隔 1s 轮流点亮，其他条件不变，梯形图应如何编制？

四、任务考核

本任务实施考核见表 2-8。

表 2-8 任务考核表

序号	考核内容	考核要求	评分标准	配分	得分
1	电路及程序设计	（1）能正确分配 I/O，并绘制 I/O 接线图 （2）根据控制要求，正确编制梯形图程序	（1）I/O 分配错或少，每个扣 5 分 （2）I/O 接线图设计不全或有错，每处扣 5 分 （3）梯形图表达不正确或画法不规范，每处扣 5 分	40 分	
2	安装与连线	根据 I/O 分配，正确连接电路	（1）连线错 1 处，扣 5 分 （2）损坏元器件，每只扣 5 ～ 10 分 （3）损坏连接线，每根扣 5 ～ 10 分	20 分	
3	调试与运行	能熟练使用编程软件编制程序写入 PLC，并按要求调试运行	（1）不会熟练使用编程软件进行梯形图的编辑、修改、转换、写入及监视，每项扣 2 分 （2）不能按照控制要求完成相应的功能，每缺 1 项扣 5 分	20 分	
4	安全操作	确保人身和设备安全	违反安全文明操作规程，扣 10 ～ 20 分	20 分	
5	合计				

五、知识拓展

（一）16 位块数据 16 位传送［BMOV（P）］指令

1. BMOV（P）指令使用要素

BMOV（P）指令的名称、数据长度、助记符、功能、操作数等使用要素见表 2-9。

表 2-9 16 位块数据 16 位传送指令使用要素

名称	数据长度	助记符	功能	操作数		
				（s）	（d）	（n）
16 位块数据 16 位传送	16 位	BMOV BMOVP	将（s）中指定的软元件开始的（n）点的 BIN16 位数据批量传送到（d）中指定的软元件	位元件组合：KnX，KnY，KnM，KnL，KnF，KnB，KnSB，KnS 字元件：T、ST、C、D、W、SD、SW、R、U□\G□、LC	位元件组合：KnY，KnM，KnL，KnF，KnB，KnSB，KnS 字元件：T、ST、C、D、W、SD、SW、R、U□\G□、LC	常数：K、H 位元件组合：KnY，KnM，KnL，KnF，KnB，KnSB，KnS 字元件：T、ST、C、D、W、SD、SW、R、U□\G□、Z

2. BMOV（P）指令程序表示

BMOV（P）指令的程序表示见表 2-10。

表 2-10 BMOV（P）指令程序表示

名称	梯形图表示	FBD/LD 表示	ST 表示
连续型 16 位块数据 16 位传送	├┤├─[BMOV (s) (d) (n)]─┤	BMOV：EN、s、n → ENO、d	ENO:=BMOV（EN，s，n，d）;

（续）

名称	梯形图表示	FBD/LD 表示	ST 表示
脉冲型 16 位块数据 16 位传送	BMOVP (s) (d) (n)	BMOVP EN ENO s d n	ENO:=BMOVP（EN，s，n，d）;

3. BMOV（P）指令使用说明

1）将（s）中指定的软元件开始的（n）点的 BIN16 位数据批量传送到（d）中指定的软元件，如图 2-10 所示。

2）软元件编号超出范围时，在允许的范围内进行传送。

3）传送源与传送目标软元件重复的情况下也可进行传送。向软元件编号的小编号方向传送的情况下从（s）开始传送，向软元件编号的大编号方向传送的情况下从（s）+(n)–1 开始传送。

4）（s）、（d）两方均指定了位软元件的位数时，必须将（s）、（d）的位数设置为相同。

5）（s）、（d）中使用模块访问软元件的情况下，只能指定（s）或（d）中的一方，否则会出错。

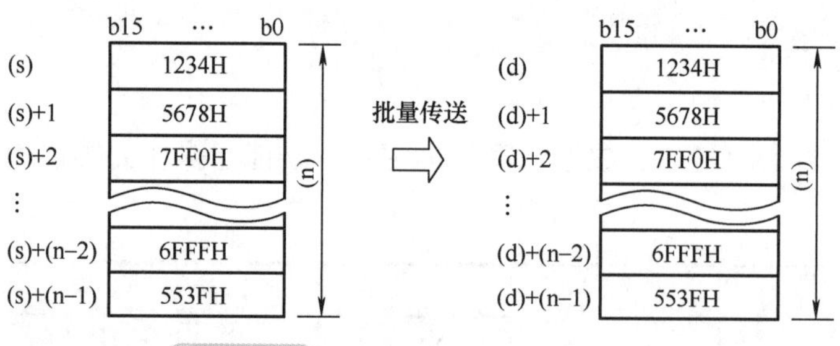

图 2-10 BMOV（P）指令执行的结果

4. BMOV（P）指令的应用

BMOV（P）指令的应用如图 2-11 所示。当 X0 由 OFF → ON 时，执行 16 位块数据 16 位传送指令，分别将 K2X0 → D0，K2X10 → D1 中。

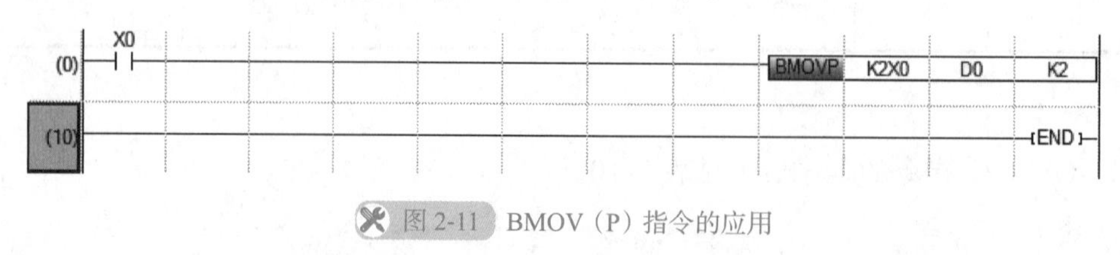

图 2-11 BMOV（P）指令的应用

（二）同一数据块传送［（D）FMOV（P）］指令

同一数据块传送［（D）FMOV（P）］指令，包括同一 16 位数据块传送指令 FMOV/FMOVP 和同一 32 位数据块传送指令 DFMOV/DFMOVP。

1.（D）FMOV（P）指令使用要素

(D)FMOV(P) 指令的名称、数据长度、助记符、功能、操作数等使用要素见表 2-11。

表 2-11 同一数据块传送指令使用要素

名称	数据长度	助记符	功能	操作数 (s)	操作数 (d)	操作数 (n)	操作数描述
同一数据块传送	16 位	FMOV（P）	将与 (s) 中指定的软元件的 BIN16 位数据相同的数据，以 (n) 点传送到 (d) 中指定的软元件中	常数：K、H 位元件组合：KnX，KnY，KnM，KnS，KnF，KnL，KnSM，KnS，KnB，KnSB 字元件：T、ST、C、D、W、SD、SW、R、U□\G□、(LC、LZ)	位元件组合：KnY，KnM，KnS，KnF，KnL，KnSM，KnS，KnB，KnSB 字元件：T、ST、C、D、W、SD、SW、R、U□\G□、(LC)	常数：K、H 位元件组合：KnY，KnM，KnS，KnF，KnL，KnSM，KnS，KnB，KnSB 字元件：T、ST、C、D、W、SD、SW、R、U□\G□、Z	s：传送数据或存储了传送数据的起始软元件 d：传送目标的起始软元件 n：传送数
	32 位	DFMOV（P）	将与 (s) 中指定的软元件的 BIN32 位数据相同的数据，以 (n) 点传送到 (d) 中指定的软元件中				

表中，(LC、LZ)、(LC) 只适用于 32 位的多点传送指令。

2.（D）FMOV（P）指令程序表示

（D）FMOV（P）指令的程序表示见表 2-12。

表 2-12 （D）FMOV（P）指令程序表示

名称	梯形图表示	FBD/LD 表示	ST 表示
同一数据 16 位数据块传送	[□] (s) (d) (n)	□ EN ENO s d n	ENO:=FMOV（EN，s，n，d）; ENO:=FMOVP（EN，s，n，d）;
同一数据 32 位数据块传送			ENO:=DFMOV（EN，s，n，d）; ENO:=DFMOVP（EN，s，n，d）;

表中，梯形图及 FBD 指令框的“□”为多点传送指令的助记符，16 位数据的分别为 FMOV、FMOVP，32 位数据的分别为 DFMOV、DFMOVP。

3.（D）FMOV（P）指令使用说明

1）将与（s）中指定的软元件的 BIN16 位（或 32 位）数据相同的数据，以（n）点传送到（d）中指定的软元件中，如图 2-12 所示。

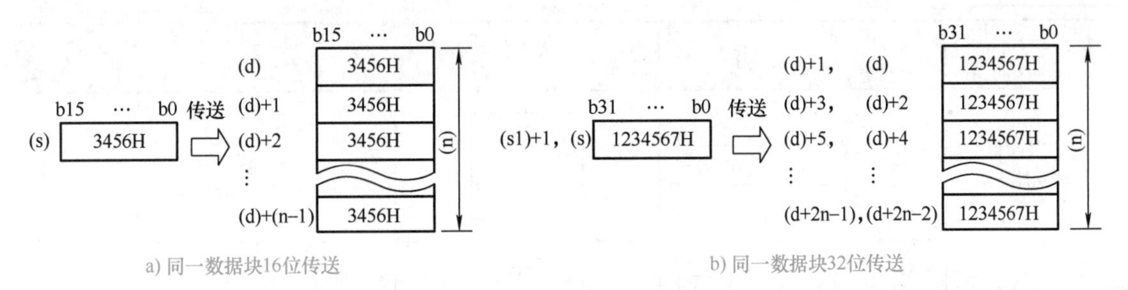

a) 同一数据块16位传送　　b) 同一数据块32位传送

图 2-12 （D）FMOV（P）指令执行的结果

2）(n) 中指定的个数超出软元件编号范围时，在允许的范围内进行传送。

3）为传送源（s）指定常数（K）时，将自动转换为 BIN。

4）（n）中指定的值为 0 时，不会发生运算出错，而是变为无处理。

4.（D）FMOV（P）指令的应用

（D）FMOV（P）指令的应用如图 2-13 所示。当 X0 由 OFF → ON 时，FMOVP 指令执行的结果，将 K150 分别传送给 D10 和 D11 中，DFMOVP 指令执行的结果，将 32 位数据 K40000 分别传送给（D23 D22）和（D21 D20）中。

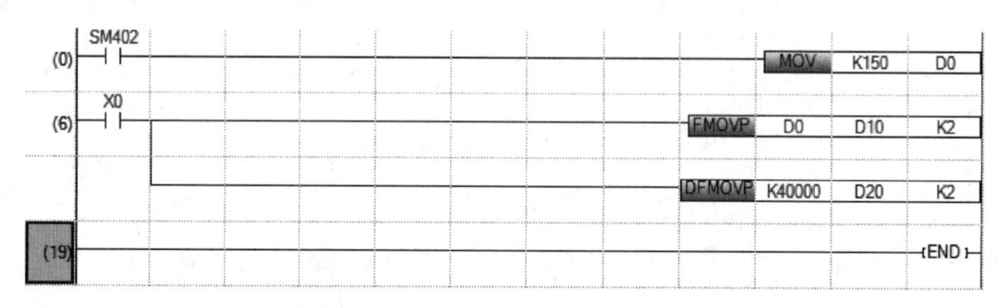

图 2-13 （D）FMOV（P）指令的应用

（三）位软元件移位［SFT（P）］指令

1. SFT（P）指令使用要素

SFT（P）指令的名称、助记符、功能、操作数等使用要素见表 2-13。

表 2-13 位软元件移位指令使用要素

名称	助记符	功能	操作数
			（d）
位软元件移位	SFT SFTP	•位软元件的情况下： 将（d）中指定的软元件的前一个软元件的 ON/OFF 状态移位到（d）中指定的软元件中 •字软元件的位指定的情况下： 将（d）中指定位的前一个位的 1/0 状态移位到（d）中指定的位中	位元件：X、Y、M、L、SM、F、B、SB、S 字元件 D、W、SD、SW 的位指定

2. SFT（P）指令程序表示

SFT（P）指令的程序表示见表 2-14。

表 2-14 SFT（P）指令程序表示

名称	梯形图表示	FBD/LD 表示	ST 表示
连续型位软元件移位	SFT (d)	SFT EN ENO d	ENO:=SFT（EN，d）;
脉冲型位软元件移位	SFTP (d)	SFTP EN ENO d	ENO:=SFTP（EN，d）;

3. SFT（P）指令使用说明

1）位软元件的情况下：将（d）中指定的软元件的前一个软元件的 ON/OFF 状态移位到（d）中指定的软元件中，（d）中指定的软元件的前一个软元件将变为 OFF。

2）字软元件的位指定的情况下：将（d）中指定位的前一个位的 1/0 状态移位到（d）中指定的位中，（d）中指定位的前一个位变为 0。

4. SFT（P）指令的应用

1）位软元件的情况下，通过 SFTP 指令指定了 M11 的情况下，执行 SFTP 指令时将 M10 的 ON/OFF 移位到 M11 中，将 M10 置为 OFF，如图 2-14a 所示。

① 对于移位的起始的软元件应通过 SET 指令置为 ON。

② 连续使用 SFTP 指令的情况下，应创建从软元件编号的大编号开始的程序。

2）字软元件的位指定的情况下，通过 SFTP 指令指定了 D0.5［D0 的位 5（b5）］的情况下，执行 SFTP 指令时将 D0 的 b4 的 1/0 移位到 b5 中，将 b4 置为 0，如图 2-14b 所示。

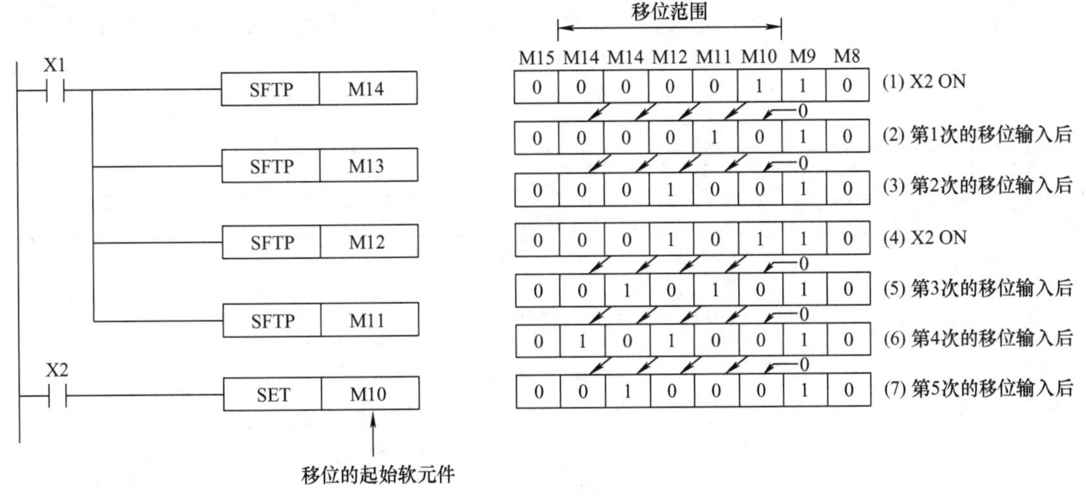

a) 位软元件情况下的应用

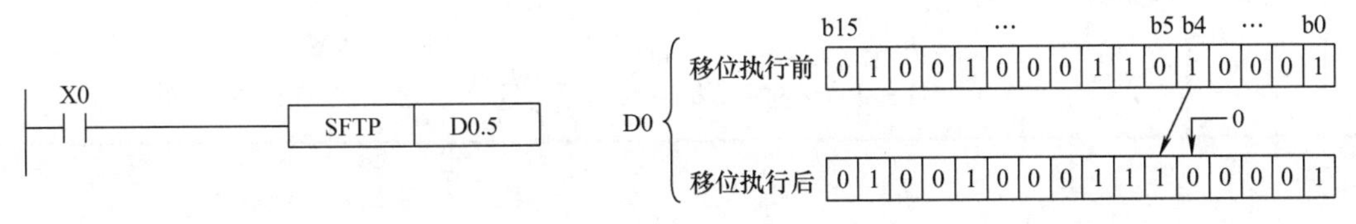

b) 字软元件的位指定的情况下的应用

图 2-14 SFT（P）指令的应用

六、任务总结

本任务介绍了基本指令、应用指令的基本知识，以及数据传送指令、n 位数据的 n 位移位指令的功能及应用；然后以流水灯的 PLC 控制为载体，围绕其程序设计分析、程序写入、输入 / 输出接线、调试及运行开展任务实施，针对性很强，目标明确，达成会使用基本指令编制控制程序及调试运行的目标。

任务二 8站小车随机呼叫的PLC控制

一、任务导入

在工业生产自动化程度较高的生产线上，经常会遇到一台送料车在生产线上根据各工位请求，前往相应的呼叫点进行装卸料的情况。

本任务以8站装料小车呼叫为例，围绕控制系统的实现来介绍相关的基本指令及程序设计方法。

二、知识准备

（一）数据比较输出（CMP）指令

1. 数据比较输出指令使用要素

数据比较输出指令的名称、数据长度、功能、操作数等使用要素见表2-15。

表2-15　数据比较输出指令使用要素

<table>
<tr><th rowspan="2">名称</th><th rowspan="2">数据长度</th><th rowspan="2">助记符</th><th rowspan="2">功能</th><th colspan="3">操作数</th></tr>
<tr><th>（s1）</th><th>（s2）</th><th>（d）</th></tr>
<tr><td rowspan="2">数据比较输出</td><td>16位</td><td>CMP（P）（_U）</td><td>比较（s1）中指定的软元件的BIN16位数据与（s2）中指定的软元件的BIN16位数据，根据结果（小于、一致、大于），(d)、(d) +1、(d) +2中的一项将变为ON</td><td colspan="2">常数：K，H
位元件组合：KnX，KnY，KnM，KnS，KnF，KnL，KnSM，KnS，KnB，KnSB
字元件：T，ST，C，D，W，SD，SW，R，U□\G□，Z</td><td rowspan="2">位元件：Y，M，S，F，L，B，SB，SM
字元件D、W、SD、SW、R的位指定</td></tr>
<tr><td>32位</td><td>DCMP（P）（_U）</td><td>比较（s1）中指定的软元件的BIN32位数据与（s2）中指定的软元件的BIN32位数据，根据结果（小于、一致、大于），(d)、(d) +1、(d) +2中的一项将变为ON</td><td colspan="2">常数：K，H
位元件组合：KnX，KnY，KnM，KnS，KnF，KnL，KnSM，KnS，KnB，KnSB
字元件：T，ST，C，D，W，SD，SW，R，U□\G□，Z
双字：LC，LZ</td></tr>
</table>

2. 数据比较输出指令程序表示

数据比较输出指令的程序表示见表2-16。

表2-16　数据比较输出指令程序表示

<table>
<tr><th>名称</th><th>梯形图表示</th><th>FBD/LD表示</th><th>ST表示</th></tr>
<tr><td>16位数据比较输出</td><td rowspan="2">[□] (s1) (s2) (d)</td><td rowspan="2">[□]
EN ENO
s1 d
s2</td><td>ENO:=CMP (EN，s1，s2，d);
ENO:=CMP_U (EN，s1，s2，d);
ENO:=CMPP (EN，s1，s2，d);
ENO:=CMPP_U (EN，s1，s2，d);</td></tr>
<tr><td>32位数据比较输出</td><td>ENO:=DCMP (EN，s1，s2，d);
ENO:=DCMP_U (EN，s1，s2，d);
ENO:=DCMPP (EN，s1，s2，d);
ENO:=DCMPP_U (EN,s1,s2,d);</td></tr>
</table>

表 2-16 中，梯形图、FBD 指令框中的“□”表示数据比较指令的助记符，16 位数据比较输出分别是 CMP、CMP_U、CMPP、CMPP_U，32 位数据比较输出分别是 DCMP、DCMP_U、DCMPP、DCMPP_U。

3. 数据比较输出指令使用说明

1）该指令是将源操作数（s1）和（s2）中的二进制代数值进行比较，结果控制目标操作数（d）～（d）+2 中的一个为 ON。

2）(d) 由 3 个位软元件组成，(d) 中给出的为首地址元件，其他两个为后面的相邻元件。

3）当执行条件由 ON → OFF 时，CMP 指令将不执行，但（d）中位元件的状态保持不变，如果要去除比较结果，需要用软元件的复位指令 RST 才能清除。

4）该指令可以进行 16/32 位数据处理和连续 / 脉冲执行方式。

5）指令中指定的操作数不全、元件超出范围或软元件地址不对时，程序出错。

4. 数据比较输出指令的应用

数据比较输出指令的应用如图 2-15 所示。

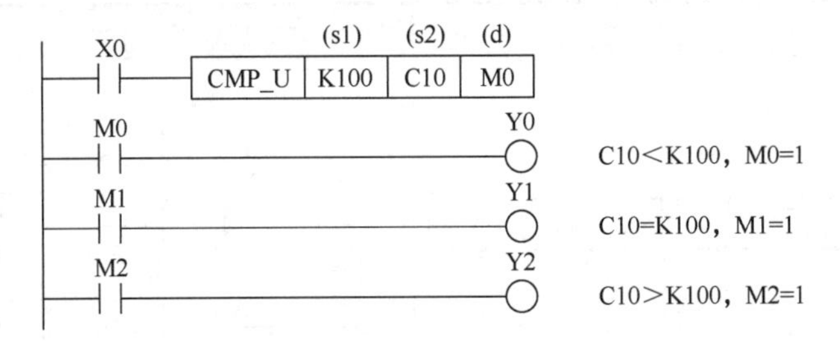

图 2-15　数据比较输出指令的应用

图 2-15 所示的是 16 位无符号连续型数据比较输出指令，当 X0 为 ON 时，每一扫描周期均执行一次比较，当计数器 C10 的当前值小于十进制常数 100（即 s1>s2）时，M0 闭合，Y0 为 ON；当计数器 C10 的当前值等于十进制常数 100（即 s1 ＝ s2）时，M1 闭合，Y1 为 ON；当计数器 C10 的当前值大于十进制常数 100（即 s1<s2）时，M2 闭合，Y2 为 ON。当 X0 为 OFF 时，不执行 CMP 指令，M0、M1、M2 的状态保持不变。

（二）数据带宽比较（ZCP）指令

1. 数据带宽比较指令使用要素

ZCP 指令的名称、数据长度、助记符、功能、操作数等使用要素见表 2-17。

表 2-17　数据带宽比较指令使用要素

名称	数据长度	助记符	功能	操作数			
				（s1）	（s2）	（s3）	（d）
数据带宽比较	16 位	ZCP（P）（_U）	将（s1）中指定的软元件的 BIN16 位数据及（s2）中指定的软元件的 BIN16 位数据的值（带宽），与比较源（s3）中指定的软元件的 BIN16 位数据进行比较，根据结果（下、区域内、上），将（d）、（d）+1、（d）+2 中的一项变为 ON	常数：K，H 位元件组合：KnX，KnY，KnM，KnS，KnF，KnL，KnSM，KnS，KnB，KnSB 字元件：T，ST，C，D，W，SD，SW，R，U□\G□，Z			位元件：Y，M，S，F，L，B，SB，SM 字元件：D，W，SD，SW，R 的位指定

（续）

名称	数据长度	助记符	功能	操作数			
				（s1）	（s2）	（s3）	（d）
数据带宽比较	32 位	DZCP（P）（_U）	将（s1）中指定的软元件的BIN32位数据及（s2）中指定的软元件的BIN32位数据的值（带宽），与比较源（s3）中指定的软元件的BIN32位数据进行比较，根据结果（下、区域内、上），将（d）、（d）+1、（d）+2中的一项变为ON	常数：K，H 位元件组合：KnX，KnY，KnM，KnS，KnF，KnL，KnSM，KnS，KnB，KnSB 字元件：T，ST，C，D，W，SD，SW，R，U□\G□，Z 双字：LC，LZ			位元件：Y，M，S，F，L，L，B，SB，SM 字元件：D，W，SD，SW，R的位指定

2. 数据带宽比较指令程序表示

数据带宽比较指令的程序表示见表 2-18

表 2-18　数据带宽比较指令程序表示

名称	梯形图表示	FBD/LD 表示	ST 表示
16 位数据带宽比较	├┤├─[□ (s1) (s2) (s3) (d)]─┤	EN ENO；s1 d；s2；s3	ENO:=ZCP (EN，s1，s2，s3，d); ENO:=ZCP_U (EN，s1，s2，s3，d); ENO:=ZCPP (EN，s1，s2，s3，d); ENO:=ZCPP_U (EN，s1，s2，s3，d);
32 位数据带宽比较			ENO:=DZCP (EN，s1，s2，s3，d); ENO:=DZCP_U (EN，s1，s2，s3，d); ENO:=DZCPP (EN，s1，s2，s3，d); ENO:=DZCPP_U(EN，s1，s2，s3，d);

表中，梯形图、FBD 指令框中的“□”表示数据带宽比较指令的助记符，16 位数据区间比较分别是 ZCP、ZCP_U、ZCPP、ZCPP_U，32 位数据带宽比较分别是 DZCP、DZCP_U、DZCPP、DZCPP_U。

3. 数据带宽比较指令使用说明

1）ZCP 指令是将源操作数（s3）的数据和两个源操作数（s1）和（s2）的数据（带宽）进行比较，结果送到（d）中，（d）占用 3 个位软元件，（d）中为三个相邻元件首地址的元件。

2）ZCP 指令为二进制代数比较，并且（s1）<（s2），如果（s1）>（s2），则把（s1）视为（s2）处理。

3）当执行条件由 ON → OFF 时，不执行 ZCP 指令，但（d）中元件的状态保持不变，若要去除比较结果，需要用软元件的复位指令才能清除。

4）该指令可以进行 16/32 位数据处理和连续 / 脉冲执行方式。

4. 数据带宽比较指令的应用

数据带宽比较指令的应用，如图 2-16 所示。

图 2-16 所示的是 16 位脉冲型无符号数据带宽比较指令，当 X10 由 OFF 变为 ON 时，执行一次数据带宽比较，当计数器 C30 的当前值小于十进制常数 100（即 s3<s1）时，M3 闭合，Y0 为 ON；当计数器 C30 的当前值大于或等于十进制常数 100，且小于或等于十进制常数 120（即 s1≤s3≤s2）时，M4 闭合，Y1 为 ON；当计数器 C30 的当前值大于

十进制常数 120（即 s3>s2）时，M5 闭合，Y2 为 ON。当 X10 为 OFF 时，不执行 ZCP 指令，但 M3、M4、M5 的状态保持不变。

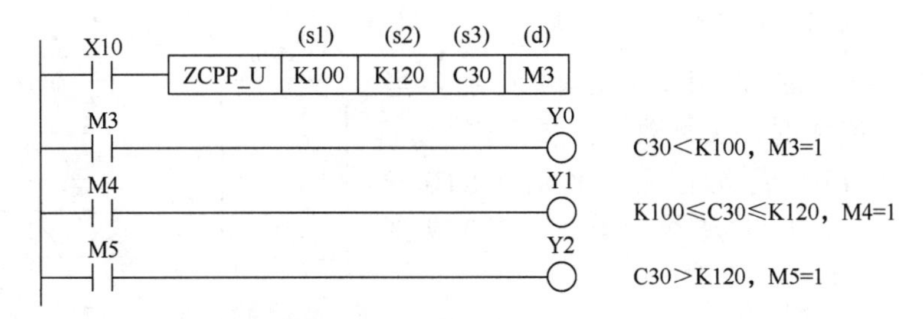

图 2-16　数据带宽比较指令的应用

（三）数据批量复位［ZRST（P）］指令

1. ZRST（P）指令使用要素

ZRST（P）指令的名称、数据长度、助记符、功能、操作数等使用要素见表 2-19。

表 2-19　ZRST（P）指令使用要素

名称	数据长度	助记符	功能	操作数	
				（d1）	（d2）
数据批量复位	16 位	ZRST ZRSTP	在相同类型的（d1）与（d2）中指定的软元件之间进行批量复位	位元件：Y，M，L，F，B，SB，S 字元件：T，ST，C，D，W，SD，SW，R，U□\G□，Z，LZ，LC	

2. ZRST（P）指令程序表示

ZRST（P）指令的程序表示见表 2-20。

表 2-20　ZRST（P）指令程序表示

名称	梯形图表示	FBD/LD 表示	ST 表示
连续型数据批量复位	ZRST (d1) (d2)	ZRST EN ENO d1 d2	ENO:=ZRST（EN，d1，d2）;
脉冲型数据批量复位	ZRSTP (d1) (d2)	ZRSTP EN ENO d1 d2	ENO:=ZRSTP（EN，d1，d2）;

3. ZRST（P）指令使用说明

1）目标操作数（d1）和（d2）指定的元件为同类软元件，（d1）指定的元件编号应小于或等于（d2）指定的元件编号。若（d1）元件编号 >（d2）元件编号，则只有（d1）指定的元件被复位。

2）单个位元件和字元件可以用 RST 指令复位。

3）ZRST（P）指令为 16 位指令，可为（d1）、（d2）指定超长计数器（LC）与超长变址寄存器（LZ），即可在（d1）、（d2）中指定 32 位软元件。但不允许混合指定，即不能在（d1）中指定 16 位计数器，而在（d2）中指定 32 位超长计数器。

4. ZRST（P）指令的应用

ZRST（P）指令的应用如图 2-17 所示。当 SM402 由 OFF→ON 时，执行数据批量复位指令。位元件 M500～M599 成批复位，字元件 ST0～ST10 成批复位，超长计数器 LC0～LC20 成批复位。

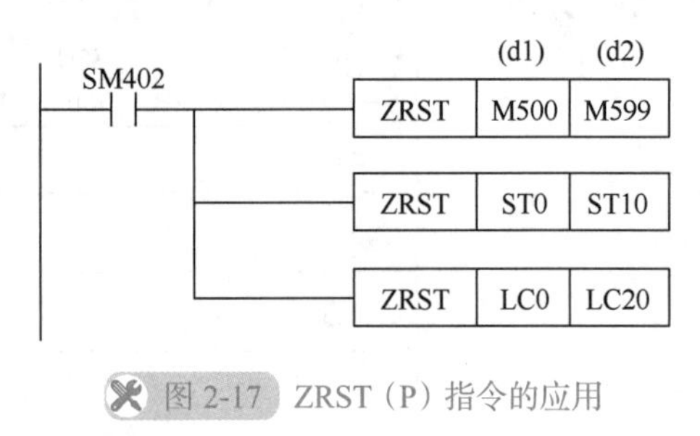

图 2-17 ZRST（P）指令的应用

三、任务实施

（一）任务目标

1）熟练掌握数据比较输出指令和数据批量复位指令在程序中的应用。

2）根据控制要求编制梯形图程序。

3）会 FX5U PLC I/O 接线。

4）熟练使用三菱 GX Works3 编程软件编制梯形图程序，并写入 PLC 进行调试运行。

（二）设备与器材

本任务实施所需设备与器材，见表 2-21。

表 2-21 设备与器材

序号	名称	符号	型号规格	数量	备注
1	常用电工工具		十字螺钉旋具、一字螺钉旋具、尖嘴钳、剥线钳等	1 套	表中所列设备、器材的型号规格仅供参考
2	计算机（安装 GX Works3 编程软件）			1 台	
3	三菱 FX5U 可编程控制器	PLC	FX5U-32MR/ES	1 台	
4	三菱 FX5 数字量输入输出扩展模块		FX5-16ER/ES	1 块	
5	8 站随机呼叫模拟控制挂件			1 个	
6	以太网通信电缆			1 根	
7	连接导线			若干	

（三）内容与步骤

1. 任务要求

某车间生产线上有 8 个工作台，送料车往返于工作台之间送料，其模拟控制面板如图 2-18 所示。每个工作台设有一个限位开关（SQ）和一个呼叫按钮（SB）。

具体控制要求如下：

1）按下起动按钮系统起动，送料车开始应能停留在 8 个工作台中任意一个限位开关的位置上。

2）设送料车现暂停于 m 号工作台（SQm 为 ON）处，这时 n 号工作台呼叫（SBn 为 ON），当 m>n 时，送料车左行，直至 SQn 动作，到位停车。即送料车所停位置 SQ 的编号大于呼叫按钮 SB 的编号时，送料车往左行运行至呼叫位置后停止。

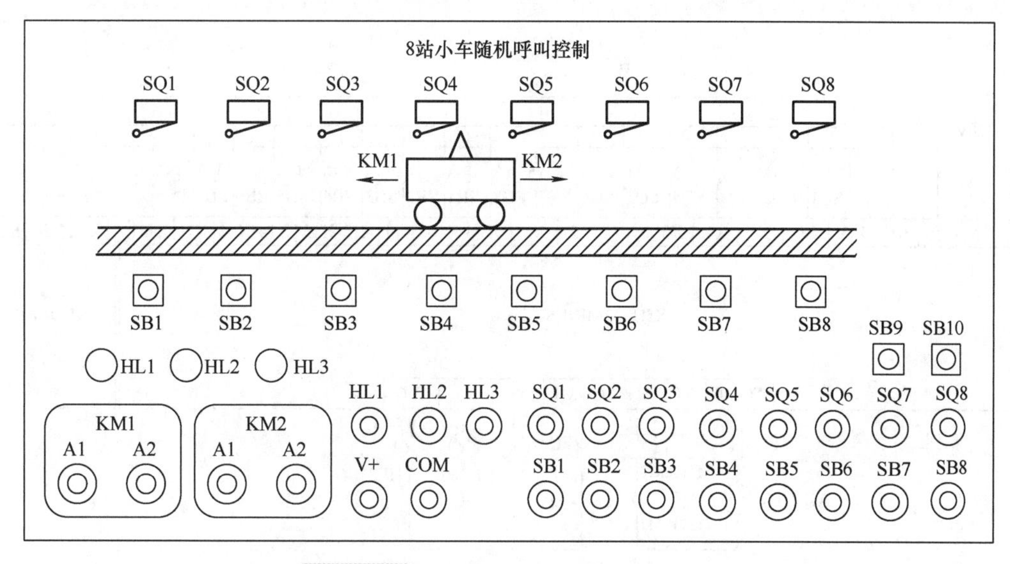

图 2-18　8 站小车随机呼叫模拟控制面板

3）当 m<n 时，送料车右行，直至 SQn 动作，到位停车。

4）当 m＝n，即小车所停位置编号等于呼叫号时，送料车原位不动。

5）小车运行时呼叫无效。

6）具有左行、右行指示，原点不动指示。

7）运行过程中，当按下停止按钮，运料车运行至呼叫工位后系统停止。

2. I/O 分配与接线图

8 站小车随机呼叫 I/O 分配见表 2-22。

表 2-22　8 站小车随机呼叫 I/O 分配表

输入			输出		
设备名称	符号	输入元件编号	设备名称	符号	输出元件编号
1 #限位开关	SQ1	X0	小车左行控制接触器	KM1	Y0
2 #限位开关	SQ2	X1	小车右行控制接触器	KM2	Y1
⋮	⋮	⋮	小车左行指示	HL1	Y4
8 #限位开关	SQ8	X7	小车右行指示	HL2	Y5
1 #呼叫按钮	SB1	X10	小车原位指示	HL3	Y6
2 #呼叫按钮	SB2	X11			
⋮	⋮	⋮			
8 #呼叫按钮	SB8	X17			
起动按钮	SB9	X20			
停止按钮	SB10	X21			

I/O 接线图如图 2-19 所示。

3. 编制程序

利用 GX Works3 编程软件，根据控制要求编写梯形图程序，如图 2-20 所示。

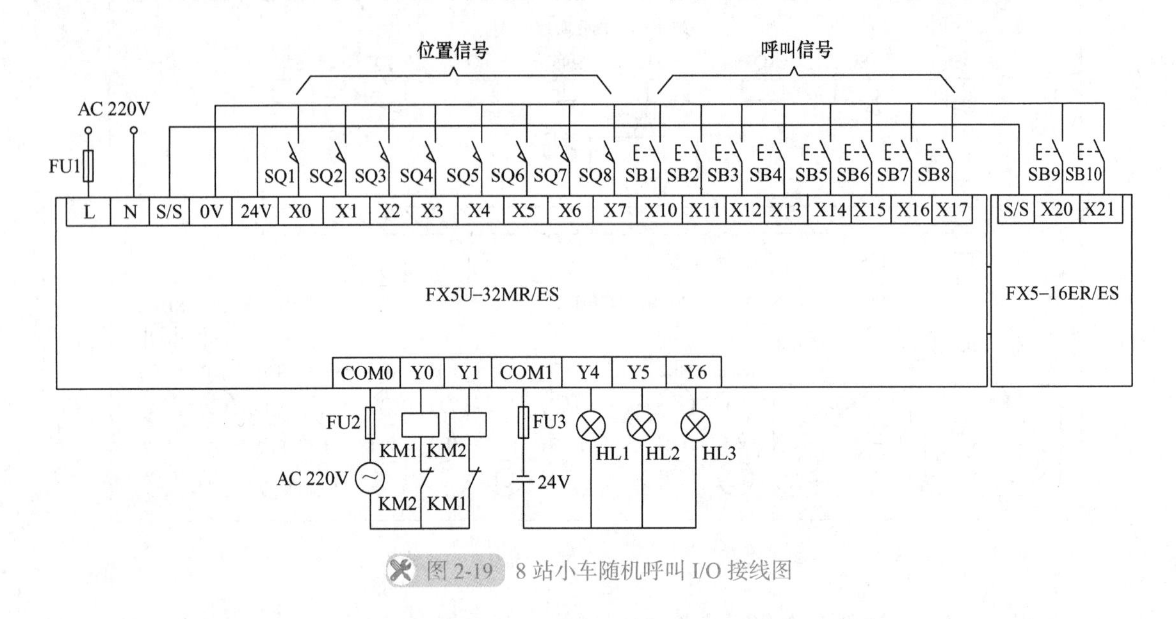

图 2-19 8站小车随机呼叫I/O接线图

4. 调试运行

将图2-20所示梯形图程序写入PLC，按照图2-19进行PLC输入/输出端接线，并将PLC调至RUN状态，调试运行程序，观察运行结果。

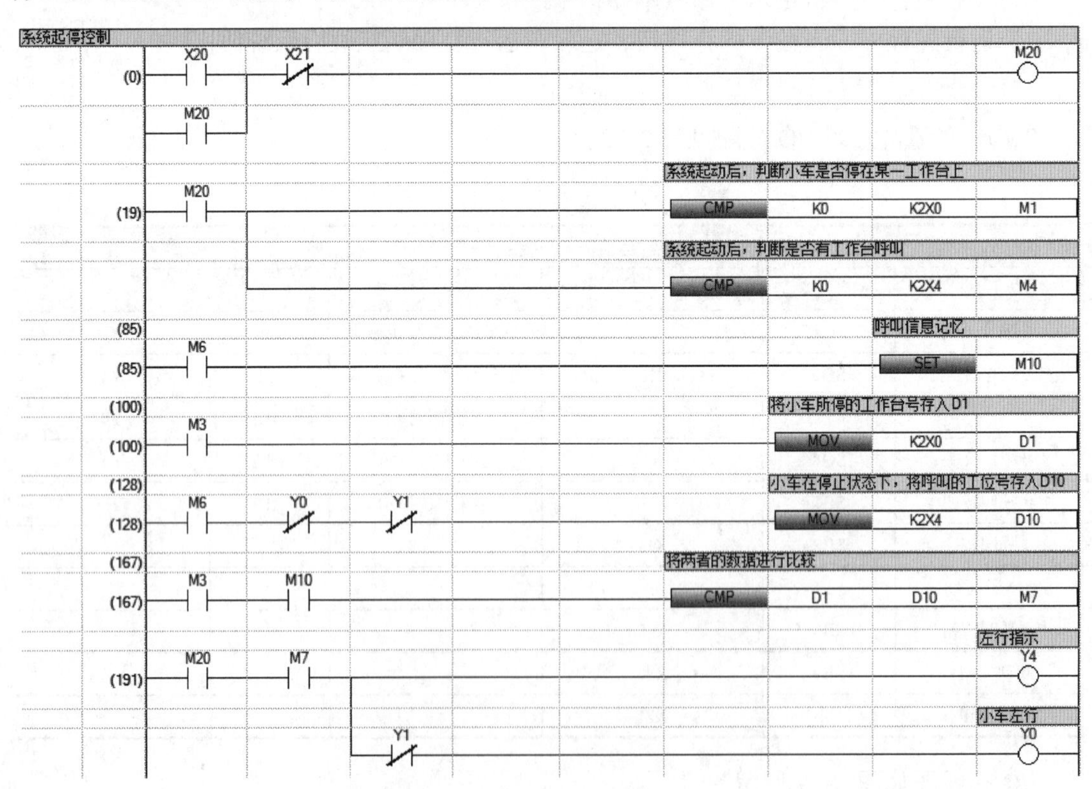

图 2-20 8站小车随机呼叫控制梯形图

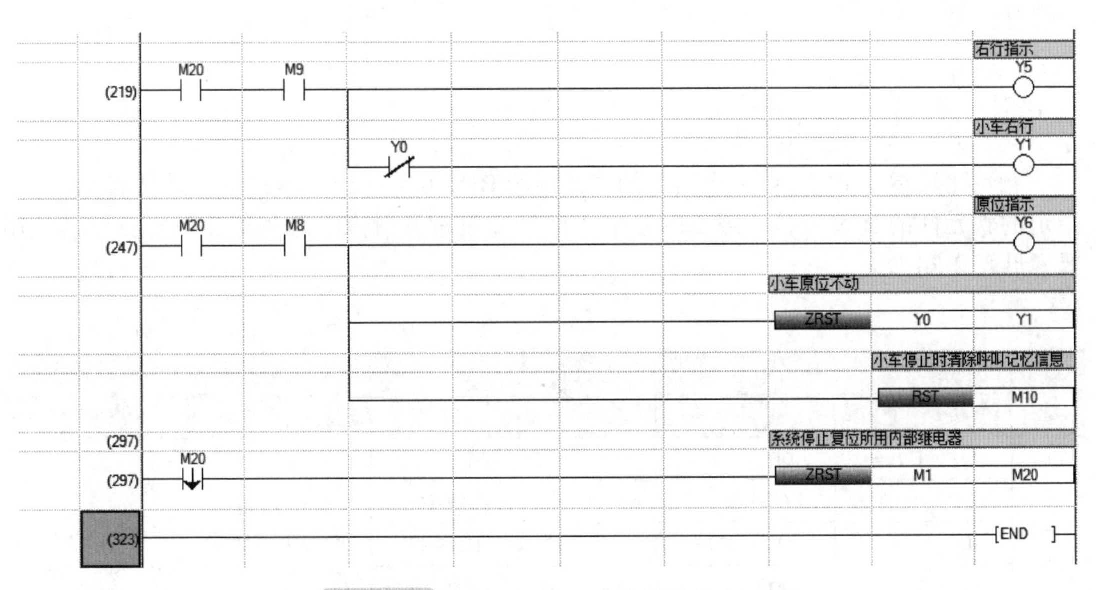

图 2-20　8 站小车随机呼叫控制梯形图（续）

（四）分析与思考

1）本任务程序中小车呼叫前停止在某一工作台以及有某一工作台呼叫是如何实现的？

2）如果用顺控程序指令编制梯形图，程序应如何编制？

3）本任务程序是否响应小车运行中的呼叫，如不响应，是如何实现的？

四、任务考核

本任务实施考核见表 2-23。

表 2-23　任务考核表

序号	考核内容	考核要求	评分标准	配分	得分
1	电路及程序设计	（1）能正确分配 I/O，并绘制 I/O 接线图 （2）根据控制要求，正确编制梯形图程序	（1）I/O 分配错或少，每个扣 5 分 （2）I/O 接线图设计不全或有错，每处扣 5 分 （3）梯形图表达不正确或画法不规范，每处扣 5 分	40 分	
2	安装与连线	根据 I/O 分配，正确连接电路	（1）连线错 1 处，扣 5 分 （2）损坏元器件，每只扣 5 ～ 10 分 （3）损坏连接线，每根扣 5 ～ 10 分	20 分	
3	调试与运行	能熟练使用编程软件编制程序写入 PLC，并按要求调试运行	（1）不会熟练使用编程软件进行梯形图的编辑、修改、转换、写入及监视，每项扣 2 分 （2）不能按照控制要求完成相应的功能，每缺 1 项扣 5 分	20 分	
4	安全操作	确保人身和设备安全	违反安全文明操作规程，扣 10 ～ 20 分	20 分	
5	合计				

五、知识拓展

（一）触点比较指令

1. 触点比较指令使用要素

触点比较指令是将（s1）中指定的软元件的 BIN16 位（或 BIN32 位）数据与（s2）中指定的软元件的 BIN16 位（或 BIN32 位）数据通过常开触点处理进行比较运算，其使用要素见表 2-24。

表 2-24　触点比较指令使用要素

名称	指令助记符		功能	操作数	
	16 位	32 位		（s1）	（s2）
取触点比较	LD（_U）=	LDD（_U）=	（s1）=（s2）时起始触点接通	常数：K，H 位元件组合：KnX，KnY，KnM，KnS，KnF，KnL，KnSM，KnS，KnB，KnSB 字元件：T，C，D，R，U□\G□，Z 双字：LC，LZ	
	LD（_U）>	LDD（_U）>	（s1）>（s2）时起始触点接通		
	LD（_U）<	LDD（_U）<	（s1）<（s2）时起始触点接通		
	LD（_U）<>	LDD（_U）<>	（s1）≠（s2）时起始触点接通		
	LD（_U）<=	LDD（_U）<=	（s1）≤（s2）时起始触点接通		
	LD（_U）>=	LDD（_U）=	（s1）≥（s2）时起始触点接通		
与触点比较	AND（_U）=	ANDD（_U）=	（s1）=（s2）时串联触点接通	常数：K，H 位元件组合：KnX，KnY，KnM，KnS，KnF，KnL，KnSM，KnS，KnB，KnSB 字元件：T，C，D，R，U□\G□，Z 双字：LC，LZ	
	AND（_U）>	ANDD（_U）>	（s1）>（s2）时串联触点接通		
	AND（_U）<	ANDD（_U）<	（s1）<（s2）时串联触点接通		
	AND（_U）<>	ANDD（_U）<>	（s1）≠（s2）时串联触点接通		
	AND（_U）<=	ANDD（_U）<=	（s1）≤（s2）时串联触点接通		
	AND（_U）>=	ANDD（_U）>=	（s1）≥（s2）时串联触点接通		
或触点比较	OR（_U）=	ORD（_U）=	（s1）=（s2）时并联触点接通	常数：K，H 位元件组合：KnX，KnY，KnM，KnS，KnF，KnL，KnSM，KnS，KnB，KnSB 字元件：T，C，D，R，U□\G□，Z 双字：LC，LZ	
	OR（_U）>	ORD（_U）>	（s1）>（s2）时并联触点接通		
	OR（_U）<	ORD（_U）<	（s1）<（s2）时并联触点接通		
	OR（_U）<>	ORD（_U）<>	（s1）≠（s2）时并联触点接通		
	OR（_U）<=	ORD（_U）<=	（s1）≤（s2）时并联触点接通		
	OR（_U）>=	ORD（_U）>=	（s1）≥（s2）时并联触点接通		

注：表中双字元件 LC、LZ 只适用于 32 位数据长度的指令。

2. 触点比较指令程序表示

触点比较指令的程序表示见表 2-25。

表 2-25　触点比较指令程序表示

名称		梯形图表示	FBD/LD 表示	ST 表示
取触点比较	16 位	□ (s1) (s2)	LD□ EN ENO s1 s2	不对应
	32 位			

（续）

名称		梯形图表示	FBD/LD 表示	ST 表示
与触点比较	16 位	□ (s1) (s2)	AND□ EN ENO s1 s2	不对应
	32 位			
或触点比较	16 位	□ (s1) (s2)	OR□ EN ENO s1 s2	不对应
	32 位			

表中，16 位梯形图框中“□”输入 =（_U）、<>（_U）、>（_U）、<=（_U）、<（_U）、>=（_U），32 位梯形图框中“□”输入 D=（_U）、D<>（_U）、D>（_U）、D<=（_U）、D<（_U）、D>=（_U）；16 位 FBD 框中“□”输入 _EQ（_U）、_NE（_U）、_GT（_U）、_LE（_U）、_LT（_U）、_GE（_U），32 位 FBD 框中“□”输入 D_EQ（_U）、D_NE（_U）、D_GT（_U）、D_LE（_U）、D_LT（_U）、D_GE（_U）。

3. 触点比较指令使用说明

1）触点比较指令 LD=、LDD= ～ OR> ＝、ORD> ＝（共 36 条）用于将两个源操作数（s1）、（s2）的数据进行比较，根据比较结果决定触点的通断。

2）（s1）、（s2）数据的最高位为 1 时，将被视为 BIN 值的负数，进行比较运算（无符号运算除外）。

3）取触点比较指令和顺控程序指令取指令类似，用于和左母线连接或用于分支中的第一个触点。

4）与触点比较指令和顺控程序指令与指令类似，用于和前面的触点组或单触点串联。

5）或触点比较指令和顺控程序指令或指令类似，用于和前面的触点组或单触点并联。

6）对于 32 位触点比较指令，通过 32 位数据处理指令（LDD= 等），指定 32 位计数器（LC）的比较。如果指定了 16 位数据处理指令（LD= 等），则会发生程序出错或运算出错。软元件变址（LZ）亦相同。

4. 触点比较指令的应用

触点比较指令的应用如图 2-21 所示。

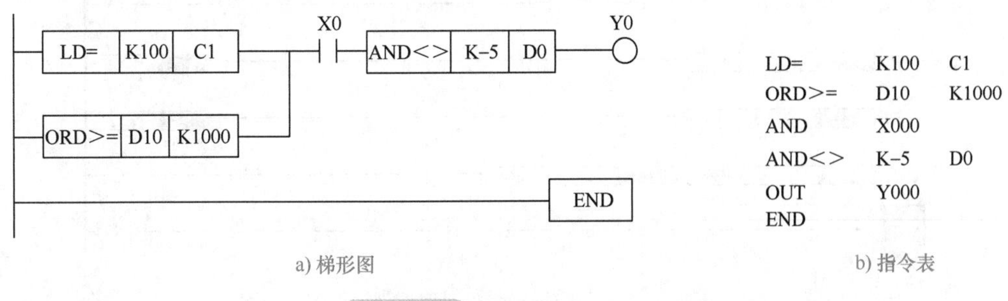

图 2-21　触点比较指令的应用

在图 2-21 中，当 C1 的当前值等于 100 时该触点闭合，当 D0 的数值不等于 –5 时该触点闭合，当（D11，D10）的数值大于或等于 K1000 时该触点闭合。此时，在 X0 由 OFF 变为 ON 时，Y0 产生输出。

（二）用触点比较指令实现简易定时报时器控制

1. 控制要求

应用计数器与触点比较指令，构成 24h 可设定定时时间的控制器，15min 为一设定单位，共 96 个时间单位。

控制器的控制要求：早上 6：30，电铃（Y0）每秒响 1 次，6 次后自动停止；9：00 ～ 17：00，起动住宅报警系统（Y1）；晚上 18：00 开园内照明（Y2）；晚上 22：00 关园内照明（Y2）。

2. I/O 分配

简易定时报时器控制 I/O 分配见表 2-26。

表 2-26　简易定时报时器控制 I/O 分配表

输入			输出		
设备名称	符号	X 元件编号	设备名称	符号	Y 元件编号
起停开关	S1	X0	电铃	HA	Y0
15min 快速调整开关	S2	X1	住宅报警	HC	Y1
格数调整开关	S3	X2	园内照明	HL	Y2

3. 编制程序

根据控制要求编制梯形图程序，如图 2-22 所示。

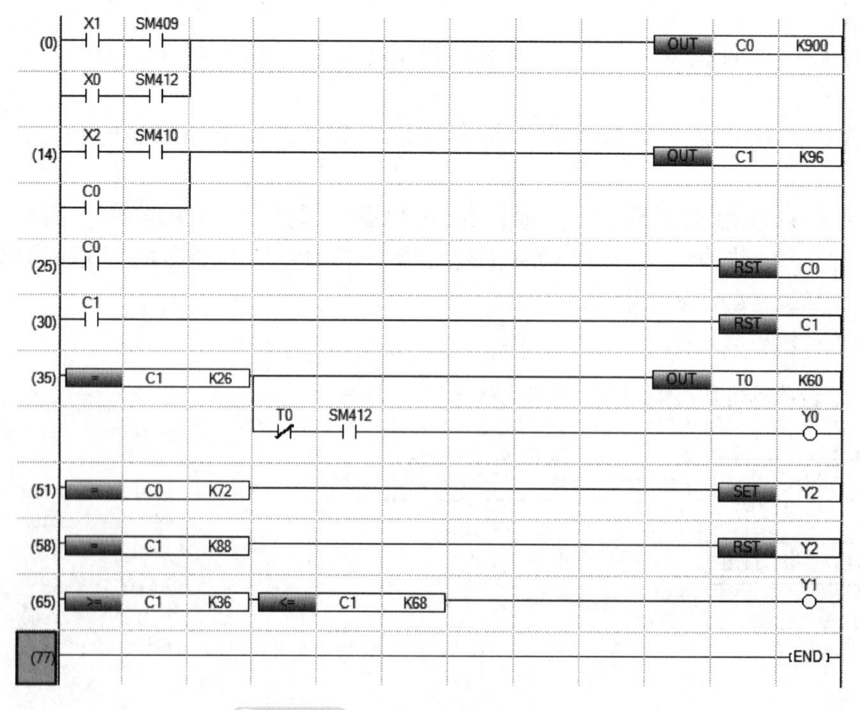

图 2-22　简易定时报时器控制梯形图

（三）字软元件的位设置［BSET（P）］指令

字软元件的位设置指令及应用

1. 字软元件的位设置指令使用要素

BSET（P）指令的名称、数据长度、助记符、功能、操作数等使用要素见表 2-27。

表 2-27　BSET（P）指令使用要素

名称	数据长度	助记符	功能	操作数	
				（d）	（n）
字软元件的位设置	16 位	BSET	对（d）中指定的字软元件的第（n）位进行设置（1）	位元件组合：KnY，KnM，KnS，KnF，KnL，KnSM，KnS，KnB，KnSB 字元件：T，C，D，R，U□\G□，Z	常数：K，H 位元件组合：KnY，KnM，KnS，KnF，KnL，KnSM，KnS，KnB，KnSB 字元件：T，C，D，R，U□\G□，Z
		BSETP			

2. BSET（P）指令程序表示

BSET（P）指令的程序表示见表 2-28。

表 2-28　BSET（P）指令程序表示

名称	梯形图表示	FBD/LD 表示	ST 表示
字软元件的位设置	BSET (d) (n)	BSET: EN ENO, n d	ENO:=BSET（EN，n，d）;
	BSETP (d) (n)	BSETP: EN ENO, n d	ENO:=BSETP（EN，n，d）;

3. BSET（P）指令使用说明

1）目标操作数（d）为进行位设置的起始软元件，数据类型为有符号 BIN16 位。

2）操作数（n）为进行位设置的位数，范围为 0 ～ 15，数据类型为无符号 BIN16 位。在 n 超过了 15 的情况下，以低位 4 位的数据执行。

4. BSET（P）指令的应用

BSET（P）指令的应用如图 2-23 所示。当 X0 由 OFF → ON 时，执行字软元件的位设置指令，若指令执行前 K2Y0、D0 均为 0，则指令执行后，使得 K2Y0 中的 Y2 为 1，D0 中的 b11 位为 1。

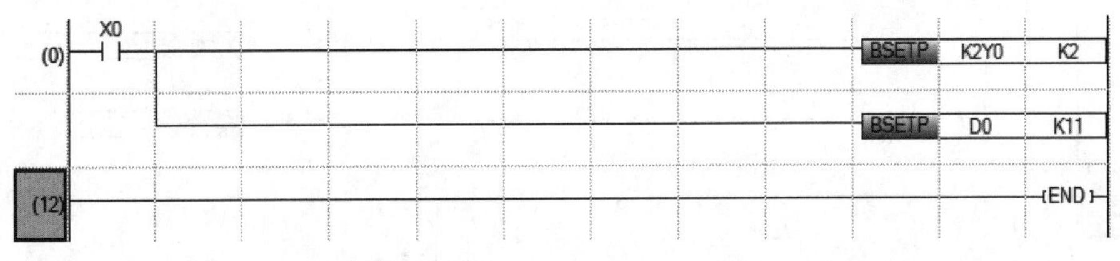

图 2-23　BSET（P）指令的应用

（四）字软元件的位复位［BRST（P）］指令

1. BRST（P）指令使用要素

BRST（P）指令的名称、数据长度、助记符、功能、操作数等使用要素见表 2-29。

表 2-29　BRST（P）指令使用要素

名称	数据长度	助记符	功能	操作数	
				（d）	（n）
字软元件的位复位	16 位	BRST BRSTP	对（d）中指定的字软元件的第（n）位进行复位（0）	位元件组合：KnY，KnM，KnS，KnF，KnL，KnSM，KnS，KnB，KnSB 字元件：T，C，D，R，U□\G□，Z	常数：K，H 位元件组合：KnY，KnM，KnS，KnF，KnL，KnSM，KnS，KnB，KnSB 字元件：T，C，D，R，U□\G□，Z

2. BRST（P）指令程序表示

BRST（P）指令的程序表示见表 2-30。

表 2-30　BRST（P）指令程序表示

名称	梯形图表示	FBD/LD 表示	ST 表示
字软元件的位复位	BRST (d) (n)	BRST: EN ENO, n d	ENO:=BRST（EN，n，d）;
	BRSTP (d) (n)	BRSTP: EN ENO, n d	ENO:=BRSTP（EN，n，d）;

3. BRST（P）指令使用说明

1）目标操作数（d）为进行位复位的起始软元件，数据类型为有符号 BIN16 位。

2）操作数（n）为进行位复位的位数，范围为 0～15，数据类型为无符号 BIN16 位。在 n 超过了 15 的情况下，以低位 4 位的数据执行。

4. BRST（P）指令的应用

BRST（P）指令的应用如图 2-24 所示。当 X1 由 OFF→ON 时，执行字软元件的位复位指令，若指令执行前 K2Y0 中 Y2 为 1、D0 中 D0.B 为 1，则指令执行后，使得 K2Y0 中的 Y2 为 0，D0 中的 D0.B 位为 0。

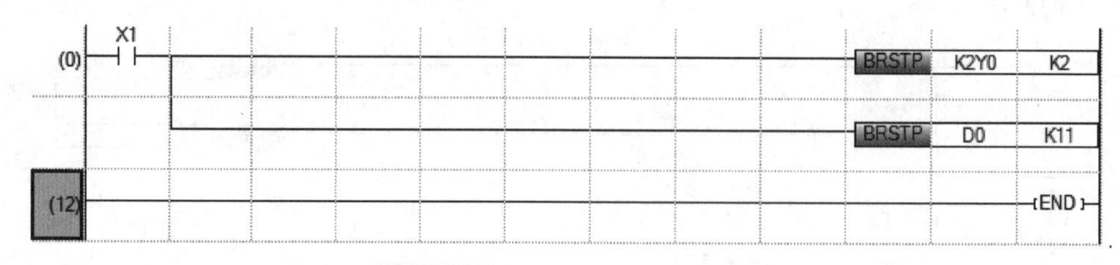

图 2-24　BRST（P）指令的应用

六、任务总结

本任务介绍了数据比较输出指令、数据带宽比较指令和数据批量复位指令的功能及应用，以 8 站小车呼叫的 PLC 控制为载体，围绕其程序设计分析、程序编制、程序写入、输入 / 输出接线、调试及运行开展任务实施，达成会使用基本指令编制控制程序及调试运行的目标。

任务三　自动售货机的 PLC 控制

一、任务导入

自动售货机是能根据投入的钱币自动付货的机器。自动售货机是商业自动化的常用设备，它不受时间、地点的限制，能节省人力、方便交易，是一种全新的商业零售形式，又被称为 24 小时营业的微型超市。自动售货机可分为三种：饮料自动售货机、食品自动售货机及综合自动售货机。

本任务通过饮料自动售货机控制的实现，来学习相关算术运算指令和数据转换指令的功能、程序的设计分析和调试运行。

二、知识准备

（一）加法运算与减法运算指令（ADD、SUB）

1. 加法运算与减法运算指令使用要素

ADD、SUB 指令的名称、数据长度、助记符、功能、操作数等使用要素见表 2-31。

表 2-31　加法运算与减法运算指令使用要素

名称	数据长度	助记符	功能	操作数			操作数描述
				（s1）	（s2）	（d）	
加法运算	16 位	ADD（P）（_U）	将（s1）与（s2）中指定的BIN16位或BIN32位数据进行加法运算，并将结果存储到（d）中指定的软元件中	常数：K，H 位元件组合：KnX，KnY，KnM，KnS，KnF，KnL，KnSM，KnS，KnB，KnSB 字元件：T，C，D，R，U□\G□，Z 双字：LC，LZ		位元件组合：KnY，KnM，KnS，KnF，KnL，KnSM，KnS，KnB，KnSB 字元件：T，C，D，R，U□\G□，Z 双字：LC，LZ	s1：加法（减法）运算数据或存储了加法（减法）运算数据的软元件
	32 位	DADD（P）（_U）					
减法运算	16 位	SUB（P）（_U）	将（s1）与（s2）中指定的BIN16位或BIN32位数据进行减法运算，并将结果存储到（d）中指定的软元件中				s2：加法（减法）运算数据或存储了加法（减法）运算数据的软元件
	32 位	DSUB（P）（_U）					d：存储运算结果的软元件

表中，LC、LZ 仅适用于 32 位指令。

2. 加法运算与减法运算指令程序表示

加法运算与减法运算指令的程序表示见表 2-32。

表 2-32 加法运算与减法运算指令程序表示

名称	梯形图表示	FBD/LD 表示	ST 表示
加法运算	(s1) (s2) (d)	EN ENO s1 d s2	ENO:=ADDP (EN, s1, s2, d);
			ENO:=ADD_U (EN, s1, s2, d);
			ENO:=ADDP_U (EN, s1, s2, d);
			ENO:=DADD (EN, s1, s2, d);
			ENO:=DADDP (EN, s1, s2, d);
			ENO:=DADD_U (EN, s1, s2, d);
			ENO:=DADDP_U (EN,s1,s2,d);
减法运算	(s1) (s2) (d)	EN ENO s1 d s2	ENO:=SUBP (EN, s1, s2, d);
			ENO:=SUB_U (EN, s1, s2, d);
			ENO:=SUBP_U (EN, s1, s2, d);
			ENO:=DSUB (EN, s1, s2, d);
			ENO:=DSUBP (EN, s1, s2, d);
			ENO:=DSUB_U (EN, s1, s2, d);
			ENO:=DSUBP_U (EN,s1,s2,d);

表中，梯形图和 FBD 中“□”16 位加法运算指令输入 ADDP、ADD_U、ADDP_U，32 位加法运算指令输入 DADD、DADDP、DADD_U、DADDP_U；16 位减法运算指令输入 SUBP、SUB_U、SUBP_U，32 位减法运算指令输入 DSUB、DSUBP、DSUB_U、DSUBP_U。

3. 加法运算与减法运算指令使用说明

1）有符号的加法、减法运算的操作数每个数据的最高位作为符号位（0 为正，1 为负），运算是二进制代数运算。

2）进行二进制加减运算时，可以进行 16/32 位数据处理。s1、s2 的数据范围，有符号运算为 -32768 ～ 32767（16 位运算）、-2147483648 ～ 2147483647（32 位运算）；无符号运算为 0 ～ 65535（16 位运算）、0 ～ 4294967295（32 位运算）。

3）如果运算结果为 0，则零标志位 SM8020 动作（ON），如果运算结果小于设置数据范围的下限 -32768（16 位运算）或 -2147483648（32 位运算）时，则借位标志位 SM8021 动作（ON），如果运算结果超过设置数据范围的上限 32767（16 位运算）或 2147483647（32 位运算）时，则进位标志位 SM700（或 SM8022）动作（ON）。在 32 位运算中，被指定的字元件是低 16 位元件，下一个连续编号的字元件为高 16 位元件。

4）该指令可以进行连续 / 脉冲执行方式。

4. 加法运算与减法运算指令的应用

加法运算与减法运算指令的应用如图 2-25 所示。当 X0 由 OFF 变为 ON 时，执行 16 位加法运算（D0）+（D2）→（D4）。

当 X1 为 ON 时，每一扫描周期都执行一次 32 位减法运算（D11，D10）-（D13，D12）→（D15，D14）。

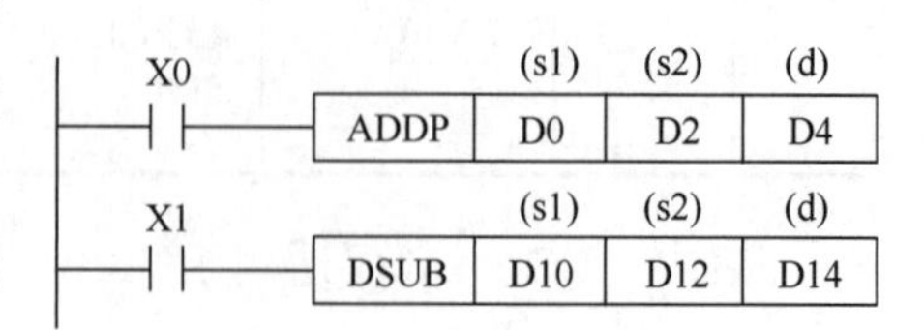

图 2-25 加法运算与减法运算指令的应用

（二）7 段解码指令［SEGD（P）］

7 段解码指令及应用

1. 7 段解码指令使用要素

SEGD（P）指令的名称、数据长度、助记符、功能、操作数等使用要素见表 2-33。

表 2-33　7 段解码指令使用要素

名称	数据长度	助记符	功能	操作数		操作数描述
				（s）	（d）	
7 段解码	16 位	SEGD（P）	将（s）的低位 4 位（1 位数）的 0～F（16 进制数）解码为 7 段显示用数据后，存储到（d）的低位 8 位中。软元件（d）的输出开始的低位 8 位被占用，高位 8 位不变化	常数：K、H 位元件组合：KnX，KnY，KnM，KnS，KnF，KnL，KnSM，KnB，KnSB 字元件：T、ST、C、D、W、SD、SW、R、U□\G□、Z	位元件组合：KnY，KnM，KnS，KnF，KnL，KnSM，KnB，KnSB 字元件：T、ST、C、D、W、SD、SW、R、U□\G□、Z	（s）：进行解码的起始软元件 （d）：存储 7 段显示用数据的起始软元件

2. 7 段解码指令程序表示

7 段解码指令的程序表示见表 2-34。

表 2-34　7 段解码指令程序表示

名称	梯形图表示	FBD/LD 表示	ST 表示
7 段解码	SEGD (s) (d)	SEGD：EN ENO s d	ENO:=SEGD（EN，s，d）;
	SEGDP (s) (d)	SEGDP：EN ENO s d	ENO:=SEGDP（EN，s，d）;

3. 7 段解码指令使用说明

1）源操作数（s）的数据类型为有符号 BIN16 位，取值范围为 −32768～32767。目标操作数（d）的数据类型为有符号 BIN16 位。

2）SEGD 指令是对 4 位二进制数解码，若源操作数大于 4 位，则只对最低 4 位解码。

3）SEGD 指令的解码范围为一位十六进制数字 0～9、A、b、C、d、E、F。

4. 7 段解码指令的应用

7 段解码指令的应用如图 2-26 所示。当 X0 由 OFF → ON 时，对十进制常数 8 执行 7 段解码指令，并将解码 H7F 存入输出位元件组合 K2Y0，即输出继电器 Y7～Y0 的位状态为 01111111。

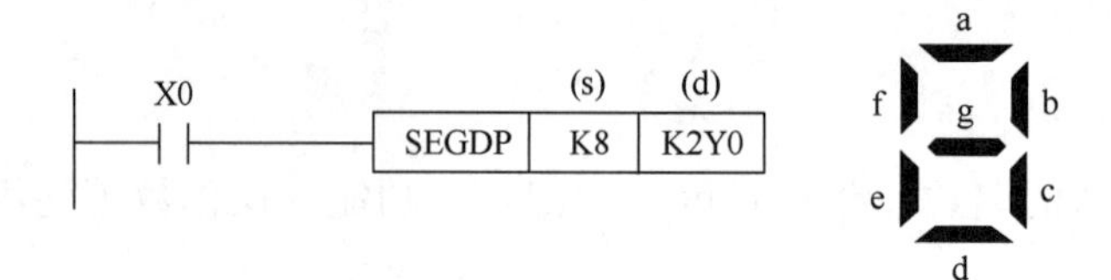

图2-26 7段解码指令的应用

（三）数据转换指令（BCD、BIN）

1. BCD、BIN指令使用要素

BCD、BIN指令的名称、数据长度、助记符、功能、操作数等使用要素见表2-35。

表2-35 BCD、BIN指令使用要素

<table>
<tr><th rowspan="2">名称</th><th rowspan="2">数据长度</th><th rowspan="2">助记符</th><th rowspan="2">功能</th><th colspan="2">操作数</th><th rowspan="2">操作数描述</th></tr>
<tr><th>（s）</th><th>（d）</th></tr>
<tr><td>BIN数据→BCD4位数转换</td><td>16位</td><td>BCD（P）</td><td>将（s）中指定的软元件的BIN16位数据（0～9999）转换为BCD4位数据后，存储到（d）中指定的软元件中</td><td rowspan="4">常数：K、H
位元件组合：KnX，KnY，KnM，KnS，KnF，KnL，KnSM，KnB，KnSB
字元件：T、ST、C、D、W、SD、SW、R、U□\G□、Z
双字元件：LC、LZ</td><td rowspan="4">位元件组合：KnY，KnM，KnS，KnF，KnL，KnSM，KnB，KnSB
字元件：T、ST、C、D、W、SD、SW、R、U□\G□、Z
双字元件：LC、LZ</td><td rowspan="2">s：BIN数据或存储了BIN数据的起始软元件
d：存储BCD数据的起始软元件</td></tr>
<tr><td>BIN数据→BCD8位数转换</td><td>32位</td><td>DBCD（P）</td><td>将（s）中指定的软元件的BIN32位数据（0～99999999）转换为BCD8位数据后，存储到（d）中指定的软元件中</td></tr>
<tr><td>BCD4位数→BIN数据转换</td><td>16位</td><td>BIN（P）</td><td>将（s）中指定的软元件的BCD4位数据（0～9999）转换为BIN16位数据后，存储到（d）中指定的软元件中</td><td rowspan="2">s：BCD数据或存储了BIN数据的起始软元件
d：存储BIN数据的起始软元件</td></tr>
<tr><td>BCD8位数→BIN数据转换</td><td>32位</td><td>DBIN（P）</td><td>将（s）中指定的软元件的BCD8位数据（0～99999999）转换为BIN32位数据后，存储到（d）中指定的软元件中</td></tr>
</table>

2. 数据转换指令程序表示

数据转换指令的程序表示见表2-36。

表2-36 数据转换指令程序表示

<table>
<tr><th>名称</th><th>梯形图表示</th><th>FBD/LD表示</th><th>ST表示</th></tr>
<tr><td rowspan="2">BIN数据→BCD4位数转换</td><td rowspan="4">(s) (d)</td><td rowspan="4">EN ENO
s d</td><td>ENO:=BCD（EN，s，d）;</td></tr>
<tr><td>ENO:=BCDP（EN，s，d）;</td></tr>
<tr><td rowspan="2">BIN数据→BCD8位数转换</td><td>ENO:=DBCD（EN，s，d）;</td></tr>
<tr><td>ENO:=DBCDP（EN，s，d）;</td></tr>
</table>

（续）

名称	梯形图表示	FBD/LD 表示	ST 表示
BCD4 位数→BIN 数据转换	(s) (d)	EN ENO s d	ENO:=BIN（EN，s，d）;
			ENO:=BINP（EN，s，d）;
BCD8 位数→BIN 数据转换			ENO:=DBIN（EN，s，d）;
			ENO:=DBINP（EN，s，d）;

表中，梯形图和 FBD 中的“□”对于 BIN 数据→BCD4 位数转换分别为 BCD、BCDP，BIN 数据→BCD8 位数转换分别为 DBCD、DBCDP；对于 BCD4 位数→BIN 数据转换分别为 BIN、BINP，BCD8 位数→BIN 数据转换分别为 DBIN、DBINP。

3. BCD、BIN 指令使用说明

1）BCD 变换指令是将源操作数（s）的数据转换成 8421BCD 码存入目标操作数（d）中。在目标操作数中每 4 位表示 1 位十进制数，从低位到高位分别表示个位、十位、百位、千位、…，16 位数表示的范围为 0 ～ 9999，32 位数表示的范围为 0 ～ 99999999。

2）BCD 变换指令常用于将 PLC 中的二进制数变换成 BCD 码输出驱动 LED 显示器。

3）BIN 指令是将源操作数（s）中的 BCD 码转换成二进制数存入目标操作数（d）中。如果源操作数不是 BCD 码就会出错。它常用于将 BCD 数字开关的设定值输入到 PLC 中。

在 PLC 中，参加运算和存储的数据无论是以十进制数形式输入还是以十六进制数形式输入，都是以二进制数的形式存在。如果直接使用 SEGD 指令对数据进行解码，则会出错。例如，十进制数 21 的二进制数形式为 0001 0101，对高 4 位应用 SEGD 指令编码，则得到“1”的 7 段显示码；对低 4 位应用 SEGD 指令编码，则得到“5”的 7 段显示码，显示的数码“15”是十六进制数，而不是十进制数 21。显然，要想显示“21”，就要先将二进制数 0001 0101 转换成反映十进制进位关系（即逢十进一）的 0010 0001，然后对高 4 位“2”和低 4 位“1”分别用 SEGD 指令编出 7 段显示码。

这种用二进制形式反映十进制进位关系的代码称为 BCD 码，它是用 4 位二进制数来表示 1 位十进制数。

8421BCD 码从低位起每 4 位为一组，高位不足 4 位补 0，每组表示 1 位十进制数。

4. BCD、BIN 指令的应用

BCD、BIN 指令的应用如图 2-27 所示。当 X0 为 ON 时，BCD 指令执行，将数据寄存器 D10 中数据转换成 8421BCD 码，存入输出位元件组合 K2Y0 中。

当 X1 由 OFF → ON 时，BIN 指令执行，将输入位元件组合 K2X0 中的 BCD 码转换成二进制数，送入数据寄存器 D12 中。

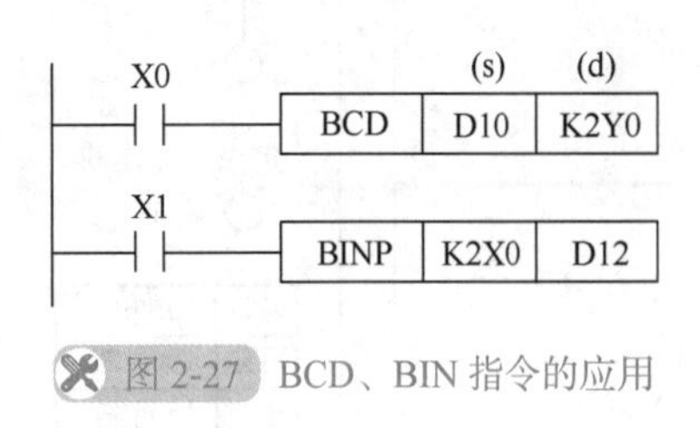

图 2-27　BCD、BIN 指令的应用

三、任务实施

（一）任务目标

1）熟练掌握加法运算、减法运算指令，数据转换及 7 段解码指令在程序中的应用。

2）会 FX5U PLC I/O 接线。

3）根据控制要求编写梯形图程序。

4）熟练使用三菱 GX Works3 编程软件编辑梯形图程序，并写入 PLC 进行调试运行。

（二）设备与器材

本任务所需设备与器材，见表 2-37。

表 2-37　设备与器材

序号	名称	符号	型号规格	数量	备注
1	常用电工工具		十字螺钉旋具、一字螺钉旋具、尖嘴钳、剥线钳等	1套	表中所列设备、器材的型号规格仅供参考
2	计算机（安装 GX Works3 编程软件）			1台	
3	三菱 FX5U 可编程控制器	PLC	FX5U-32MR/ES	1台	
4	三菱 FX5 数字量输出模块		FX5-8EYR/ES	1块	
5	自动售货机模拟控制挂件			1个	
6	以太网通信电缆			1根	
7	连接导线			若干	

（三）内容与步骤

1. 任务要求

自动售货机模拟控制面板如图 2-28 所示。图中 M1、M2、M3 三个投币按钮表示投入自动售货机的人民币面值，货币采用 LED 7 段数码管显示（例如：按下 M1 则显示 1），自动售货机里有可乐（10 元 / 瓶）和咖啡（15 元 / 瓶）两种饮料，当币值显示大于或等于这两种饮料的价格时，发光二极管 C 或 D 会点亮，表明可以购买饮料；按下可乐按钮或

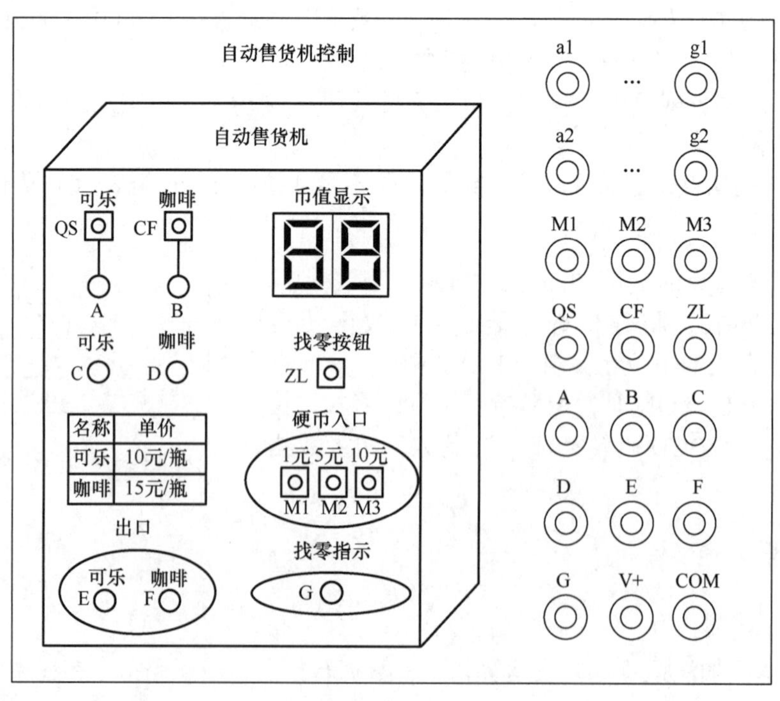

图 2-28　自动售货机模拟控制面板

咖啡按钮表明购买饮料，此时与之对应的发光二极管 A 或 B 闪亮，表示已经购买了可乐或咖啡，同时出口延时 3s 发光二极管 E 或 F 点亮，表明饮料已从售货机取出；按下找零按钮 ZL 表示找零，此时显示器清零，找零出口发光二极管 G 点亮，表明退币，1s 后系统复位。

2. I/O 分配与接线图

自动售货机控制 I/O 分配见表 2-38。

表 2-38 自动售货机控制 I/O 分配表

输入			输出		
设备名称	符号	X 元件编号	设备名称	符号	Y 元件编号
1 元投币按钮	M1	X0	可乐指示	C	Y1
5 元投币按钮	M2	X1	咖啡指示	D	Y2
10 元投币按钮	M3	X2	购买到可乐	A	Y3
可乐选择按钮	QS	X3	购买到咖啡	B	Y4
咖啡选择按钮	CF	X4	可乐出口	E	Y5
找零按钮	ZL	X5	咖啡出口	F	Y6
			找零指示	G	Y7
			显示余额十位	a1 ～ g1	Y10 ～ Y16
			显示余额个位	a2 ～ g2	Y20 ～ Y26

自动售货机控制 I/O 接线如图 2-29 所示。

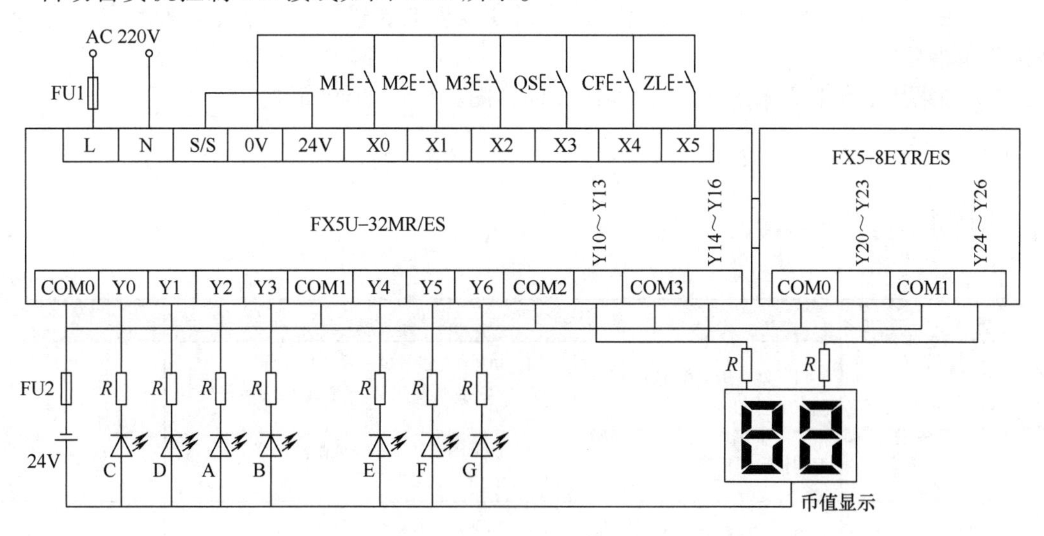

图 2-29 自动售货机控制 I/O 接线图

3. 编制程序

利用 GX Works3 编程软件，根据控制要求编写梯形图程序，如图 2-30 所示。

4. 调试运行

将图 2-30 所示梯形图程序写入 PLC，按照图 2-29 进行 PLC 输入、输出端接线，并将 PLC 调至 RUN 状态，调试运行程序，观察运行结果。

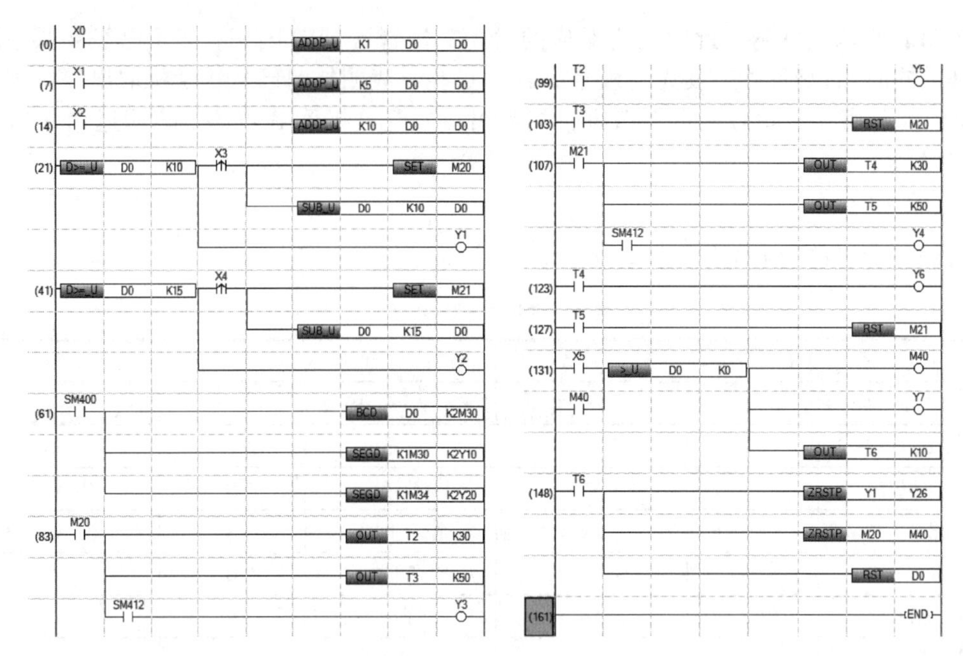

图 2-30 自动售货机控制梯形图

（四）分析与思考

1）在图 2-30 中，投币、购买可乐及购买咖啡对应的加法运算指令、减法运算指令为什么使用的均为脉冲执行方式，如果不使用脉冲执行方式，还可以如何实现？

2）在图 2-30 中，币值显示是通过什么指令实现的，显示十位、个位驱动的指令分别是哪两条指令？

3）如果用数据比较输出指令，本任务梯形图程序应如何编制？

四、任务考核

本任务实施考核见表 2-39。

表 2-39 任务考核表

序号	考核内容	考核要求	评分标准	配分	得分
1	电路及程序设计	（1）能正确分配 I/O，并绘制 I/O 接线图 （2）根据控制要求，正确编制梯形图程序	（1）I/O 分配错或少，每个扣 5 分 （2）I/O 接线图设计不全或有错，每处扣 5 分 （3）梯形图表达不正确或画法不规范，每处扣 5 分	40 分	
2	安装与连线	根据 I/O 分配，正确连接电路	（1）连线错 1 处，扣 5 分 （2）损坏元器件，每只扣 5 ～ 10 分 （3）损坏连接线，每根扣 5 ～ 10 分	20 分	
3	调试与运行	能熟练使用编程软件编制程序写入 PLC，并按要求调试运行	（1）不会熟练使用编程软件进行梯形图的编辑、修改、转换、写入及监视，每项扣 2 分 （2）不能按照控制要求完成相应的功能，每缺 1 项扣 5 分	20 分	
4	安全操作	确保人身和设备安全	违反安全文明操作规程，扣 10 ～ 20 分	20 分	
5	合计				

五、知识拓展

（一）乘法运算与除法运算指令（MUL、DIV）

1. MUL、DIV 指令使用要素

MUL、DIV 指令的名称、数据长度、助记符、功能、操作数等使用要素见表 2-40。

表 2-40　MUL、DIV 指令使用要素

名称	数据长度	助记符	功能	操作数			操作数描述
				（s1）	（s2）	（d）	
乘法运算	16 位	MUL（P）（_U）	将（s1）中指定的 BIN16 位或 32 位数据与（s2）中指定的 BIN16 位或 32 位数据进行乘法运算，并将运算结果存储到（d）中指定的软元件	常数：K，H 位元件组合：KnX，KnY，KnM，KnS，KnF，KnL，KnSM，KnB，KnSB 字元件：T，C，D，R，U□\G□，Z 双字元件：LC，LZ		位元件组合：KnY，KnM，KnS，KnF，KnL，KnSM，KnB，KnSB 字元件：T，C，D，R，U□\G□，Z① 双字元件：LC，LZ①	s1：乘法运算数据或存储了乘法运算数据的软元件 s2：乘法运算数据或存储了乘法运算数据的软元件 d：存储运算结果的起始软元件
	32 位	DMUL（P）（_U）					
除法运算	16 位	DIV（P）（_U）	将（s1）中指定的 BIN16 位或 32 位数据与（s2）中指定的 BIN16 位或 32 位数据进行除法运算，并将结果存储到（d）中指定的软元件中	常数：K，H 位元件组合：KnX，KnY，KnM，KnS，KnF，KnL，KnSM，KnB，KnSB 字元件：T，C，D，R，U□\G□，Z 双字元件：LC，LZ		位元件组合：KnY，KnM，KnS，KnF，KnL，KnSM，KnB，KnSB 字元件：T，C，D，R，U□\G□，Z① 双字元件：LC，LZ①	s1：被除数据或存储了被除数据的软元件 s2：除数数据或存储了除数数据的软元件 d：存储运算结果的起始软元件（商、余数）
	32 位	DDIV（P）（_U）					

① 不适用 32 位乘法、除法运算指令。

2. 乘法运算与除法运算指令程序表示

乘法运算与除法运算指令的程序表示见表 2-41。

表 2-41　乘法运算与除法运算指令程序表示

名称	梯形图表示	FBD/LD* 表示	ST* 表示
乘法运算	[□] (s1) (s2) (d)	EN ENO s1 d s2	ENO:=MULP（EN，s1，s2，d）; ENO:= MUL_U（EN，s1，s2，d）; ENO:= MULP_U（EN，s1，s2，d）; ENO:=DMUL（EN，s1，s2，d）; ENO:=DMULP（EN，s1，s2，d）; ENO:=DMUL_U（EN，s1，s2，d）; ENO:=DMULP_U（EN，s1，s2，d）;

（续）

名称	梯形图表示	FBD/LD* 表示	ST* 表示
除法运算	(s1) (s2) (d)	EN ENO s1 d s2	ENO:=DIVP（EN，s1，s2，d）;
			ENO:= DIV_U（EN，s1，s2，d）;
			ENO:= DIVP_U（EN，s1，s2，d）;
			ENO:=DDIV（EN，s1，s2，d）;
			ENO:=DDIVP（EN，s1，s2，d）;
			ENO:=DDIV_U（EN，s1，s2，d）;
			ENO:=DDIVP_U（EN，s1，s2，d）;

表中，* 表示 MUL、DIV 指令不支持 ST 语言、FBD/LD 语言，应使用通用功能的 MUL、DIV。梯形图和 FBD 中“□”16 位乘法运算指令输入 MULP、MUL_U、MULP_U，32 位乘法运算指令输入 DMUL、DMULP、DMUL_U、DMULP_U；16 位除法运算指令输入 DIVP、DIV_U、DIVP_U，32 位除法运算指令输入 DDIV、DDIVP、DDIV_U、DDIVP_U。

3. MUL、DIV 指令使用说明

1）在乘法运算中，如果目标操作数的位数小于运算结果的位数，只能保存结果的低位。

2）在有符号的乘法和除法指令中，操作数中的数据均为有符号的二进制数，最高位为符号位（0 为正数，1 为负数）。

3）使用乘法和除法指令时，如果运算结果为“0”，则零标志位 SM8304 为 1。

4）在使用有符号的除法指令运算时，如果运算结果超过 32767（16 位运算）或者 2147483647（32 位运算），则进位标志位 SM700 和 SM8306 为 1。

5）在乘法指令中，当目标元件为位元件时，其组合只能进行 K1 ～ K8 的指定，在 16 位运算中，可以将乘积用 32 个位元件表示，如指定为 K4 时，只能取得乘积运算的低 16 位。但在应用 32 位运算时，乘积为 64 位，若指定为 K8，则只能得到低 32 位的结果，而不能得到高 32 位的结果。如果要想得到全部结果，则可利用传送指令，分别将高 32 位和低 32 位送至位元件中。

6）在使用除法指令时，当目标操作数（d）通过位数指定功能指定位软元件时，无法得出余数。

7）变址寄存器 Z、超长变址寄存器 LZ 不能作为 32 位乘法和除法指令的目标操作数，而变址寄存器 Z 可以作为 16 位乘法和除法指令的目标操作数使用。

4. MUL、DIV 指令的应用

MUL、DIV 指令的应用如图 2-31 所示。

在图 2-31a 中，当 X0 为 ON 时，数据寄存器 D0 中的数据乘以数据寄存器 D2 中的数据，乘积送入（D5，D4）组成的双字元件中。当 X1 由 OFF → ON 时，32 位数据（D11，D10）乘以 32 位（D13，D12），乘积送入 64 位（D17，D16，D15，D14）中。

在图 2-31b 中，当 X0 为 ON 时，数据寄存器 D0 中的数据除以数据寄存器 D2 中的数据，商送入（D4）中，余数送入（D5）中。当 X1 由 OFF → ON 时，32 位数据（D11，D10）除以 32 位（D13，D12），商送入 32 位（D15，D14）中，余数送入 32 位（D17，D16）中。

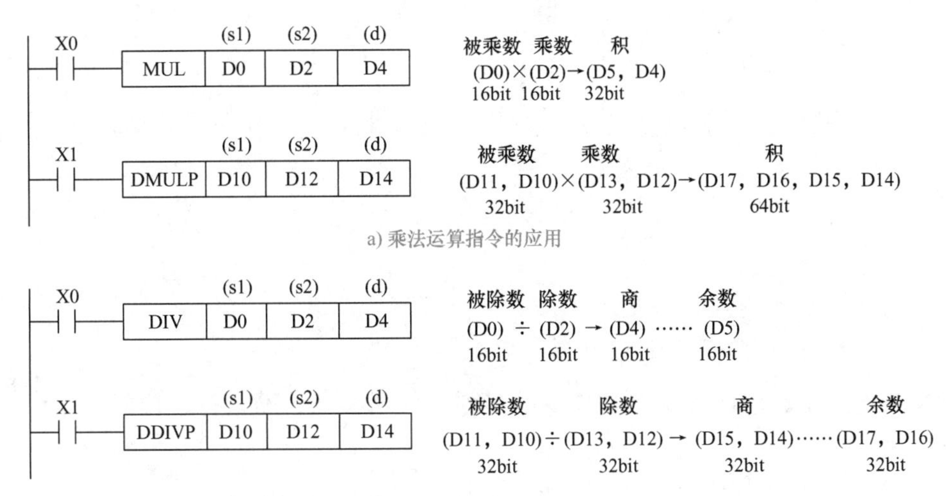

a) 乘法运算指令的应用

b) 除法运算指令的应用

图 2-31　乘法运算与除法运算指令的应用

（二）使用乘法运算与除法运算指令实现的 8 盏灯循环点亮控制

1. 控制要求

用乘法运算、除法运算指令实现 8 盏灯的移位点亮循环。有一组灯共 8 盏，连接于 PLC 的输出 Y0 ～ Y7，要求：

当 X0=ON 时，灯正序每隔 1s 单个移位，等第 8 盏亮 1s 后，接着灯反序每隔 1s 单个移位，并不断循环；当 X1=ON 时，立即停止。

2. 编制程序

用乘法运算指令和除法运算指令实现的 8 盏灯循环点亮控制梯形图程序如图 2-32 所示。

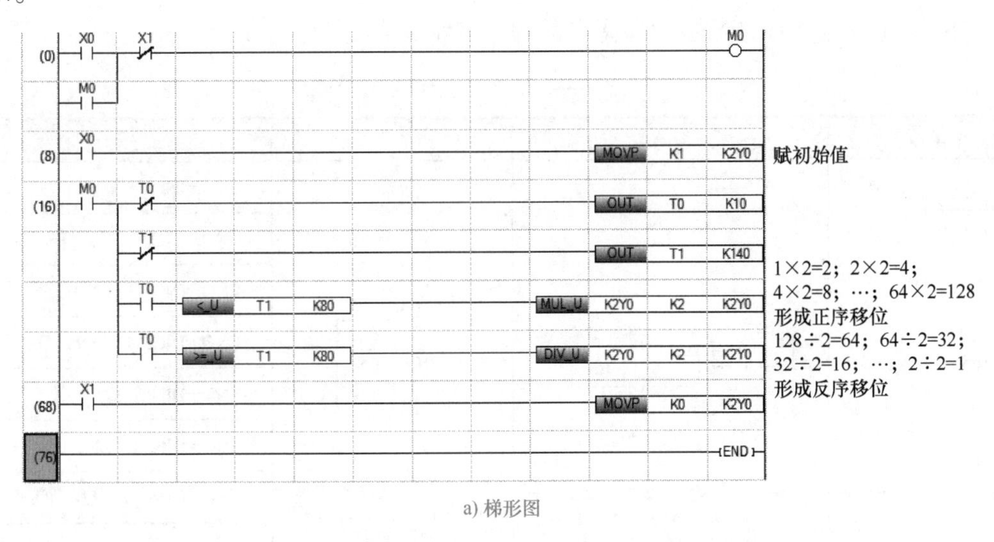

a) 梯形图

图 2-32　8 盏灯循环点亮控制梯形图

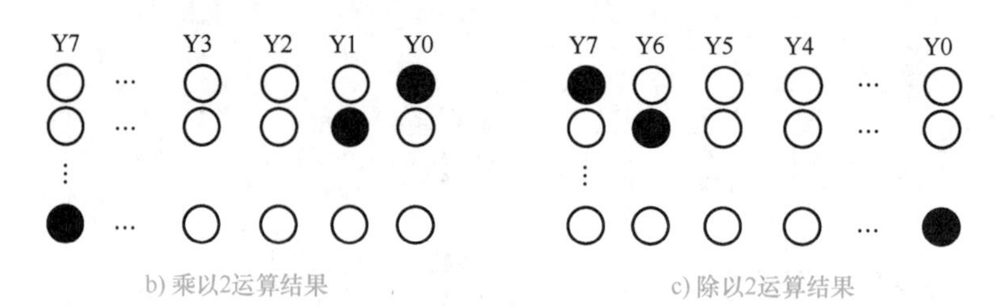

图 2-32 8 盏灯循环点亮控制梯形图（续）

（三）BIN 数据递增与 BIN 数据递减指令

1. BIN 数据递增、BIN 数据递减指令使用要素

BIN 数据递增、BIN 数据递减指令的名称、数据长度、助记符、功能、操作数等使用要素见表 2-42。

表 2-42 BIN 数据递增、BIN 数据递减指令使用要素

名称	数据长度	助记符	功能	操作数	操作数描述
				（d）	
BIN 数据递增	16 位	INC（P)(_U)	对（d）中指定的软元件（BIN16 位数据）进行 +1	位元件组合：KnY，KnM，KnS，KnF，KnL，KnSM，KnB，KnSB 字元件：T，C，D，R，U□\G□，Z 双字[①]：LC，LZ	进行 +1 的软元件（32 位时为起始软元件）
	32 位	DINC（P)(_U)	对（d）中指定的软元件（BIN32 位数据）进行 +1		
BIN 数据递减	16 位	DEC（P)(_U)	对（d）中指定的软元件（BIN16 位数据）进行 −1		进行 −1 的软元件（32 位时为起始软元件）
	32 位	DDEC（P)(_U)	对（d）中指定的软元件（BIN32 位数据）进行 −1		

① 只适用于 BIN32 位数据递增、BIN32 位数据递减指令。

2. BIN 数据递增、BIN 数据递减指令程序表示

BIN 数据递增、BIN 数据递减指令的程序表示见表 2-43。

表 2-43 BIN 数据递增、BIN 数据递减指令程序表示

名称	梯形图表示	FBD/LD 表示	ST 表示
BIN 数据递增	(d)	EN ENO d	ENO:=INC（EN，d); ENO:=INCP（EN，d); ENO:=INC_U（EN，d); ENO:=INCP_U（EN，d); ENO:=DINC（EN，d); ENO:=DINCP（EN，d); ENO:=DINC_U（EN，d); ENO:=DINCP_U（EN，d);

（续）

名称	梯形图表示	FBD/LD 表示	ST 表示
BIN 数据递减	(d)	EN ENO d	ENO:=DEC（EN，d）;
			ENO:= DECP（EN，d）;
			ENO:= DEC_U（EN，d）;
			ENO:= DECP_U（EN，d）;
			ENO:=DDEC（EN，d）;
			ENO:=DDECP（EN，d）;
			ENO:=DDEC_U（EN，d）;
			ENO:=DDECP_U（EN，d）;

表中，梯形图和 FBD 中“ ▭ ”16 位 BIN 数据递增指令输入 INC、INCP、INC_U、INCP_U，32 位 BIN 数据递增指令输入 DINC、DINCP、DINC_U、DINCP_U；16 位递减指令输入 DEC、DECP、DEC_U、DECP_U，32 位递减指令输入 DDEC、DDECP、DDEC_U、DDECP_U。

3. BIN 数据递增、BIN 数据递减指令使用说明

1）BIN 数据递增、BIN 数据递减指令可以采用连续 / 脉冲执行方式，实际应用中要采用脉冲执行方式。

2）BIN 数据递增、BIN 数据递减指令可以进行 16/32 位运算，并且为二进制运算。

3）BIN 数据递增指令在 16 位（或 32 位）运算中，有符号情况下，当 32767（或 2147483647）再加 1，则变成 –32768（或 –2147483648），无符号情况下，当 65535（或 4294967295）再加 1，则变成 0；BIN 数据递减指令在 16 位（或 32 位）运算中，有符号情况下，当 –32768（或 –2147483648）再减 1，则变成 32767（或 2147483647），无符号情况下，当 0 再减 1，则变成 65535（或 4294967295）。

4）BIN 数据递增、BIN 数据递减的运算结果不影响标志位，也就是说这两条指令的标志（零标志、借位标志、进位标志）不动作。

4. BIN 数据递增、BIN 数据递减指令的应用

BIN 数据递增、BIN 数据递减指令的应用如图 2-33 所示。当 X0 由 OFF 变为 ON 时，执行二进制加 1 指令，将数据寄存器 D10 中的二进制数加 1，结果仍存于 D10 中。当 X1 由 OFF 变为 ON 时，执行二进制减 1 指令，将数据寄存器（D13，D12）中的二进制数减 1，结果仍存于（D13，D12）中。

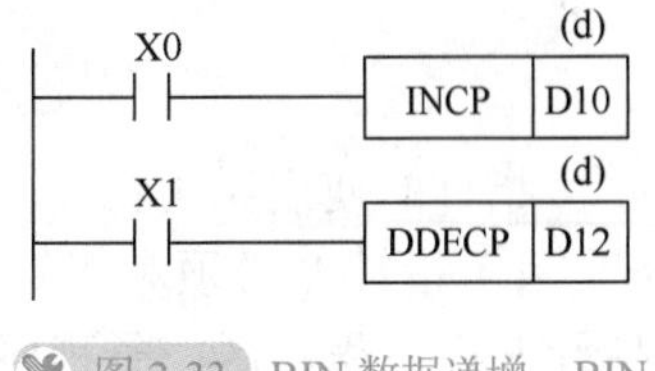

图 2-33　BIN 数据递增、BIN 数据递减指令的应用

六、任务总结

本任务介绍了算术运算、数据转换和 7 段解码等基本指令的功能及应用。以自动售货机为载体，围绕其程序设计分析、程序编制、程序写入、输入 / 输出接线、调试及运行开展任务实施。达成会使用基本指令编制控制程序及调试运行的目标。

任务四 抢答器的 PLC 控制

一、任务导入

在知识竞赛或智力比赛等场合，经常会使用快速抢答器。抢答器的设计方法与采用的元器件有很多种，可以采用数字电子技术学过的各种门电路芯片与组合逻辑电路芯片搭建电路完成，也可以利用单片机为控制核心组成系统实现，还可以用 PLC 控制完成。在这里仅介绍利用 PLC 作为控制设备来实现抢答器的控制。

二、知识准备

（一）指针（P）

PLC 在执行程序过程中，当某条件满足时，需要跳过一段不需要执行的程序，或者调用一个子程序，或者执行制定的中断程序，此时需要用一操作标记来标明所操作的程序段，这一操作标记称为指针。

在 FX5U PLC 中，指针是指针分支指令（CJ 指令）及子程序调用指令（CALL 指令等）中使用的软元件，分为全局指针和标签分配用指针。全局指针是可从正在执行的所有程序中调用子程序的指针，标签分配用指针是分配给标签使用的指针。全局指针的指针编号由工程工具自动决定，因此，用户无法指定要分配的指针编号。指针编号均采用十进制数分配。

FX5U PLC 的全局指针编号为 P0 ～ P2047，共 2048 点。标签分配用指针编号为 P0 ～ P2047，共 2048 点。指针的使用如图 2-34 所示。

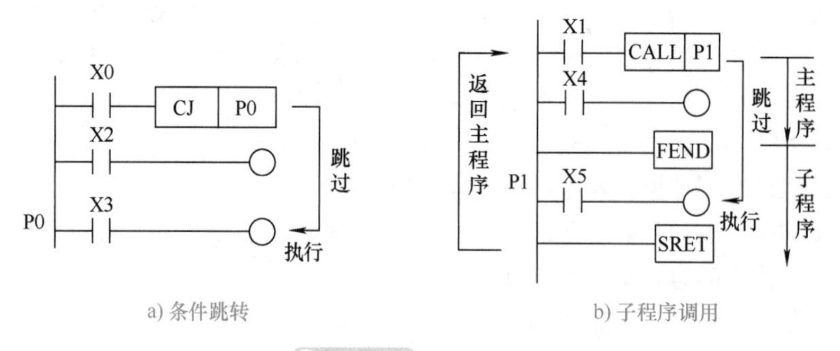

图 2-34 指针的使用

指针的使用说明：

1）指针 P 必须和指针分支指令 CJ 或子程序调用指令 CALL 组合使用。条件跳转时指针 P 在主程序区，子程序调用时指针在副程序区。

2）在编程软件 GX Works3 上输入梯形图时，指针的输入方法：找到需跳转的程序或调用的子程序首行，将光标移到该行左母线外侧，直接输入指针标号即可。

（二）程序分支指令［CJ（P）、GOEND］

程序分支指令包括指针分支指令和跳转至 END 指令两条。

1. 程序分支指令使用要素

程序分支指令的名称、助记符、功能、操作数等使用要素见表 2-44。

表 2-44　程序分支指令使用要素

名称	助记符	功能	操作数	梯形图表示	FBD/LD 表示	ST 表示
			(d)			
指针分支	CJ（P）	执行指令为 ON 时，执行指定的指针编号的程序，执行命令为 OFF 时，执行下一步的程序	Pn（n=0 ～ 2047）	CJ(P) Pn	不对应	不对应
跳转至 END	GOEND	跳转至同一程序文件内的 FEND 或 END 指令	无	GOEND	不对应	不对应

2. 程序分支指令的使用说明

1）程序分支指令的执行，可缩短程序的运算时间。程序分支指令将跳过部分程序不执行（不扫描），因此，可以缩短程序的扫描周期。

2）两条或多条程序分支指令可以使用同一标号的指针，但必须注意：标号不能重复，如果使用了重复标号，则程序出错。

3）指针分支指令可以往前面跳转。指针分支指令除了可以往后跳转外，也可以往指针分支指令前面的指针跳转，但必须注意：指针分支指令后的 END 指令将有可能无法扫描，因此会引起警戒时钟出错。

4）跳转至 END 指令，不需要标记指针。

5）如果累计型定时器和计数器的 RST 指令在跳转程序之内，即使跳转程序生效，RST 指令仍然有效。

6）跳转区域的软元件状态变化。

① 位元件 Y、M、L、F、B、SB、M、S 的状态将保持跳转前状态不变。

② 定时器、计数器停止工作，当前值保持不变，等停止跳转后执行跳转区域程序时，定时器、计数器按跳转前的当前值继续计时和计数。

3. 程序分支指令的应用

程序分支指令的应用如图 2-35 所示。当 X1 为 ON 时，每一扫描周期，PLC 都将跳转到标号为 P0 处程序执行，当 X1 为 OFF 时，不执行跳转，PLC 按顺序逐行扫描程序执行。在执行跳转和不执行跳转条件下，当 X3 为 ON 时，跳转至 END，否则，执行 GOEND 指令后的程序至程序结束 END 处。

（三）用程序分支指令实现三相异步电动机手动 / 自动选择控制

1. 控制要求

某台三相异步电动机具有手动 / 自动两种操作方式。SA 是操作方式选择开关，当 SA 断开时，选择手动操作方式；当 SA 闭合时，选择自动操作方式，两种操作方式如下：

1）手动操作方式：按起动按钮 SB1，电动机起动运行；按停止按钮 SB2，电动机停止。

2）自动操作方式：按起动按钮 SB1，电动机连续运行 1min 后，自动停机，若按停止按钮 SB2，电动机立即停机。

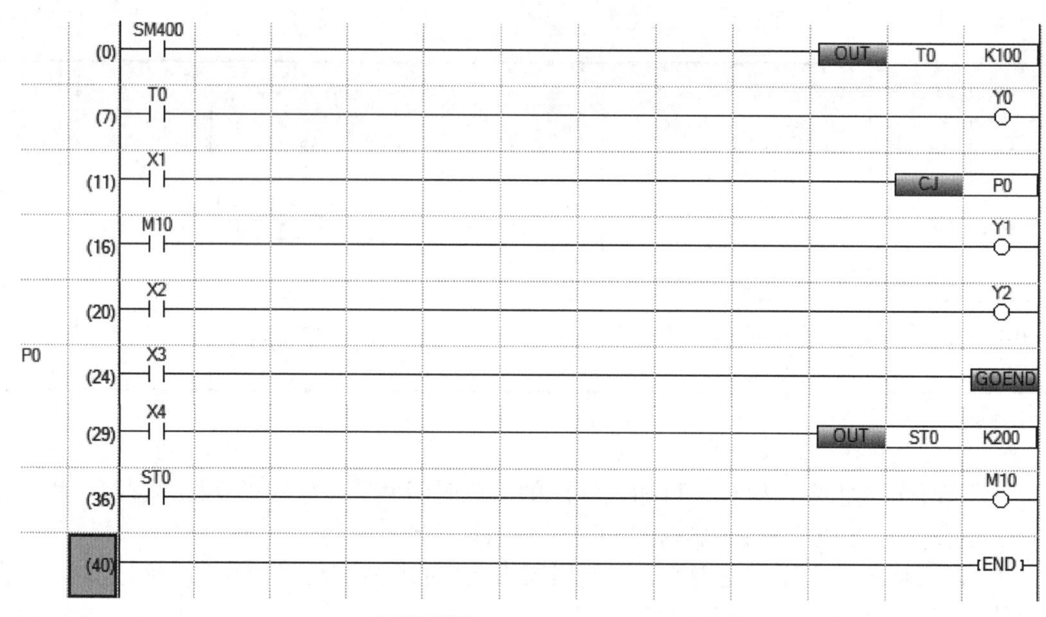

图 2-35 程序分支指令的应用

2. I/O 分配

确定三相异步电动机手动 / 自动控制输入、输出并进行 I/O 分配，见表 2-45。

表 2-45 三相异步电动机手动 / 自动控制 I/O 分配表

输入			输出		
设备名称	符号	X 元件编号	设备名称	符号	Y 元件编号
起动按钮	SB1	X0	交流接触器	KM	Y0
停止按钮	SB2	X1			
选择开关	SA	X2			

3. 编制程序

三相异步电动机手动 / 自动选择控制梯形图如图 2-36 所示。

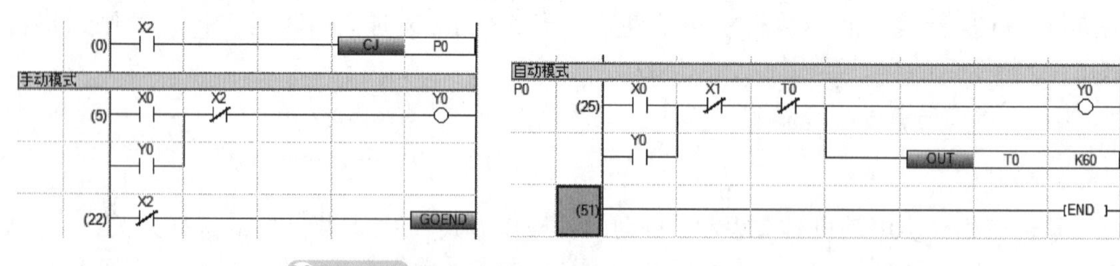

图 2-36 三相异步电动机手动 / 自动选择控制梯形图

（四）子程序调用和从子程序返回指令

1. 子程序调用和从子程序返回指令使用要素

子程序调用和从子程序返回指令的名称、助记符、功能、操作数等使用要素见表 2-46。

表 2-46　子程序调用和从子程序返回指令使用要素

名称	助记符	功能	操作数 (d)	梯形图表示	FBD/LD 表示	ST 表示
子程序调用	CALL（P）	当执行条件满足时，CALL 指令将调用指针标号处的子程序执行	Pn n=0 ～ 2047	CALL(P) Pn	不对应	不对应
	XCALL	执行条件成立时，通过 Pn 指定的子程序 CALL 执行 ON；执行条件 ON → OFF 时，子程序执行 OFF	Pn n=0 ～ 2047	XCALL Pn	不对应	不对应
从子程序返回	RET/SRET	表示子程序的结束，执行 RET 指令时，将返回至调用了子程序的 CALL（P）指令、XCALL 指令的下一步处，返回主程序	无	RET(SRET)	不对应	不对应

2. 子程序调用和从子程序返回指令使用说明

1）子程序调用和从子程序返回指令应用如图 2-37 所示。使用 CALL 指令，必须对应 RET（SRET）指令，当 CALL 指令执行条件 X10 为 ON 时，指令使主程序跳到指令指定的标号 Pn 处执行子程序，子程序结束，执行 RET（SRET）指令后返回主程序。

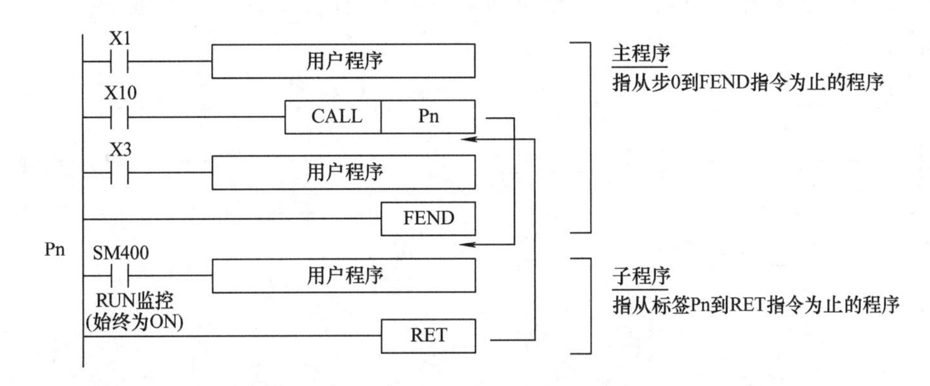

图 2-37　子程序调用和从子程序返回指令应用

2）使用子程序调用指令时，应将子程序放在主程序结束指令 FEND 之后，同时子程序也必须用从子程序返回指令 RET（SRET）作为结束指令。

3）各子程序用指针 P0 ～ P2047 表示。程序分支指令（CJ）用过的指针标号，子程序调用指令不能再用。不同位置的 CALL（P）(XCALL）指令可以调用同一指针的子程序，但指针的标号不能重复标记，即同一指针标号只能出现一次。

4）CALL（P）（XCALL）指令可以嵌套使用，且最多可达 16 层，即在子程序内调用的子程序指令最多允许使用 15 次。嵌套的 16 层指的是 CALL（P）指令、XCALL 指令嵌套层数的合计值。子程序调用指令程序嵌套结构如图 2-38 所示。

5）CALL（P）指令子程序内使用的软元件。

① 子程序内应使用程序用定时器（在 CPU 参数中将定时器的程序定时器使用有无设

置为使用）。该定时器在执行线圈指令或END指令时计时。到达定时器设置值时，在执行线圈指令或END指令时输出触点动作。一般的定时器仅在执行线圈指令时计时，因此如果在只有一定条件下执行线圈指令的子程序内使用，将不计时。

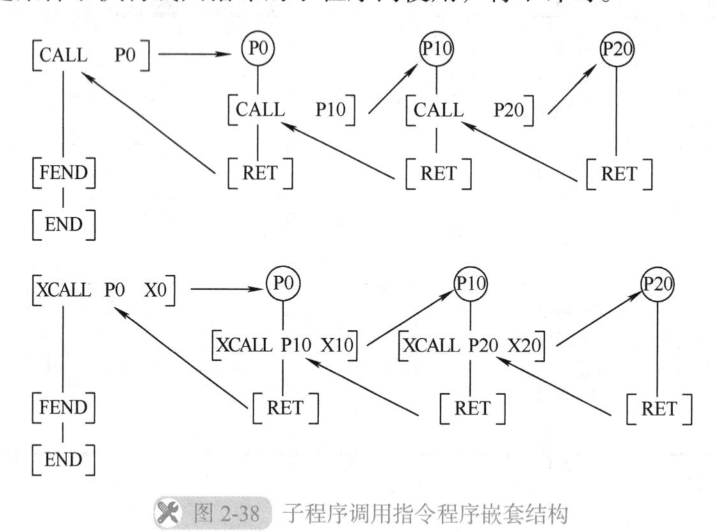

图2-38 子程序调用指令程序嵌套结构

② 软元件状态。子程序在调用时，其中各软元件的状态受程序执行的控制。当调用结束，其软元件则保持最后一次调用的状态不变，如果这些软元件的状态没有受到其他程序的控制，则会长期保持不变，哪怕是驱动条件发生变化，软元件状态也不会改变，程序示例如图2-39所示。

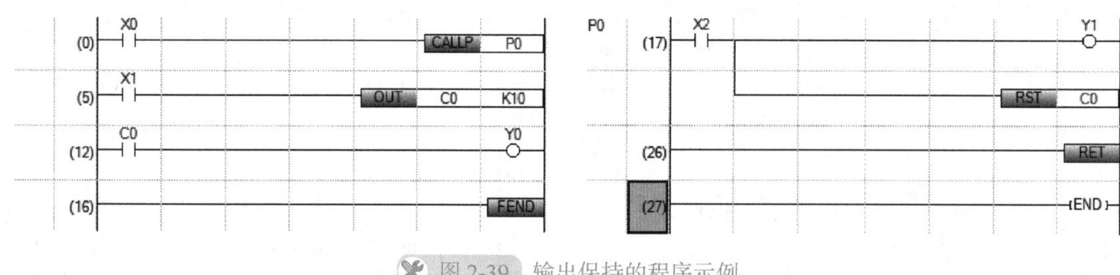

图2-39 输出保持的程序示例

子程序内（中断程序内也同样）置为ON的软元件在程序结束后也将保持。而如果对定时器、计数器执行RST指令，定时器和计数器的复位状态也被保持，因此，这些软元件应在子程序结束后的主程序中复位，或在子程序中进行复位，或用于OFF执行的顺控程序编程，程序示例如图2-40所示。

如果在子程序内使用1ms累计定时器，当其到达设置值后，执行最先的线圈指令时（执行子程序时）输出触点动作，需要注意。

6）XCALL指令是进行子程序的执行及非执行处理的指令。

① 子程序执行时，根据各线圈指令的条件触点的ON/OFF状态进行运算。

② 子程序非执行处理时，进行与将各线圈指令的条件触点置为OFF状态时相同的处理。

非执行处理后的各线圈指令的运算结果与条件触点的ON/OFF无关，其情况见表2-47。

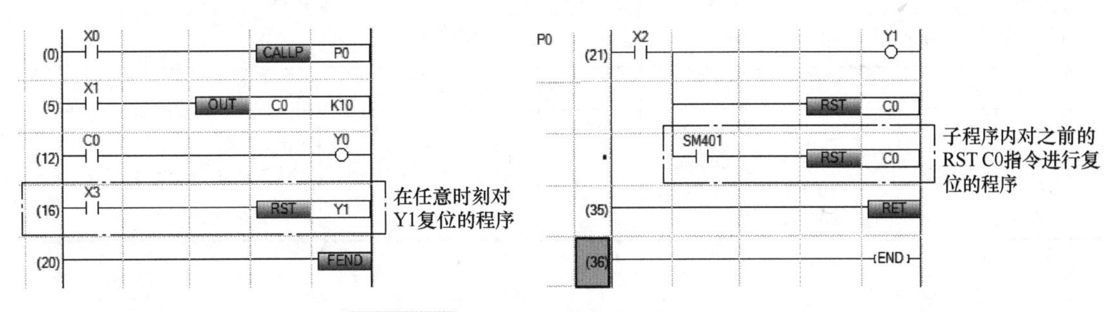

图 2-40　对保持的输出进行复位程序示例

表 2-47　XCALL 指令调用的子程序非执行处理后的各线圈指令的运算结果

运算中使用的软元件	运算结果（软元件的状态）
1ms 定时器、10ms 定时器、100ms 定时器	变为 0
1ms 累计定时器、10ms 累计定时器、100ms 累计定时器、计数器	保持当前的状态
OUT 指令中的软元件	变为强制 OFF
SET 指令、RST 指令中的软元件、SFT（P）指令中的软元件、基本 / 应用指令中的软元件	保持当前的状态
PLS 指令、脉冲化指令（□ P）	变为与条件触点 OFF 相同的处理

3. CALL、RET 指令的应用

CALL、RET 指令的应用如图 2-41 所示。当 X0 为 ON 时，CALL 指令使主程序跳到 P10 处执行子程序，当执行 RET 指令时，返回到主程序，执行 CALL 的下一步，一直执行到主程序结束指令 FEND。

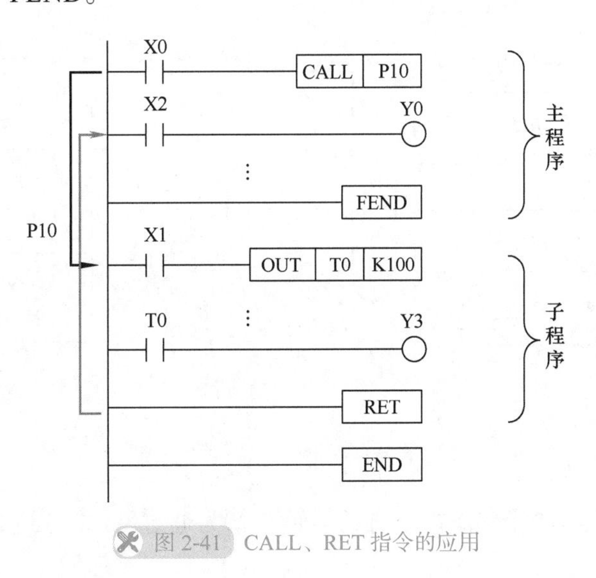

图 2-41　CALL、RET 指令的应用

（五）主程序结束指令（FEND）

1. FEND 指令使用要素

FEND 指令的名称、助记符、功能、操作数等使用要素见表 2-48。

表 2-48　主程序结束指令使用要素

名称	助记符	功能	操作数	梯形图表示	FBD/LD 表示	ST 表示
主程序结束	FEND	通过CJ指令等将顺控程序进行运算分支，以及将主程序与子程序、中断程序分开时使用	无	FEND	不对应	不对应

2. FEND 指令使用说明

1）如果执行 FEND 指令，将在执行输出处理、输入处理、看门狗定时器的刷新后，返回至 0 步的程序。

2）在使用该指令时应注意，子程序或中断子程序必须写在 FEND 指令与 END 指令之间。

3）在有跳转指令的程序中，用 FEND 作为主程序和跳转程序的结束。

4）在子程序调用指令（CALL）中，子程序应放在 FEND 之后且用 RET 返回指令。

5）当主程序中有多个 FEND 指令时，副程序区的子程序和中断服务程序块必须写在最后一个 FEND 指令和 END 指令之间。

6）FEND 指令不能出现在 FOR…NEXT 循环程序中，也不能出现 MC…MCR 之间，否则程序会出错。

3. FEND 指令的应用

FEND 指令的应用如图 2-42 所示。

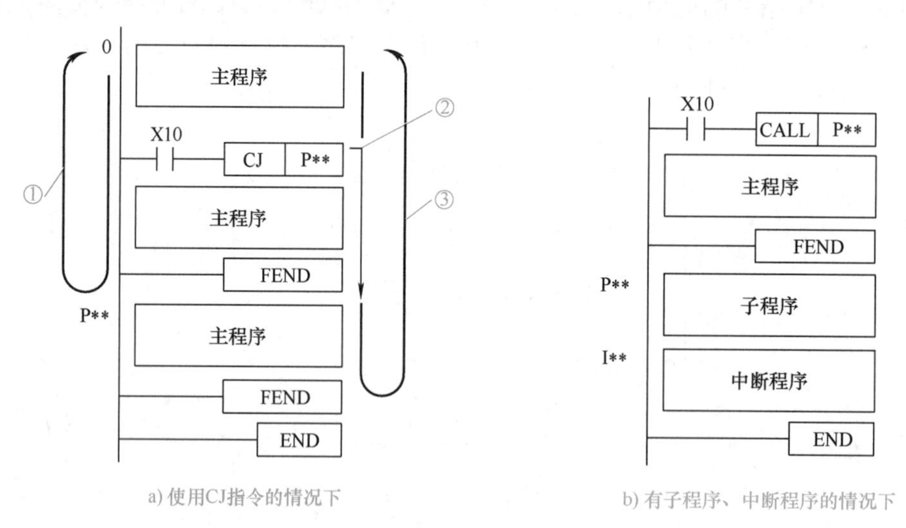

a) 使用CJ指令的情况下　　b) 有子程序、中断程序的情况下

图 2-42　FEND 指令的应用

图 2-42 中，①为不执行 CJ 指令时的运算；②为通过 CJ 指令进行跳转；③为执行了 CJ 指令时的运算。

三、任务实施

（一）任务目标

1）熟练掌握指针、子程序调用、从子程序返回及主程序结束指令在程序中的应用。

2）会 FX5U PLC I/O 接线。

3）能根据控制要求编写梯形图程序。

4）熟练使用三菱 GX Works3 编程软件编制梯形图程序，并写入 PLC 进行调试运行。

（二）设备与器材

本任务所需设备与器材，见表 2-49。

表 2-49　设备与器材

序号	名称	符号	型号规格	数量	备注
1	常用电工工具		十字螺钉旋具、一字螺钉旋具、尖嘴钳、剥线钳等	1 套	表中所列设备、器材的型号规格仅供参考
2	计算机（安装 GX Works3 编程软件）			1 台	
3	三菱 FX5U 可编程控制器	PLC	FX5U-32MR/ES	1 台	
4	抢答器模拟控制挂件			1 个	
5	以太网通信电缆			1 根	
6	连接导线			若干	

（三）内容与步骤

1. 任务要求

某知识竞赛抢答器模拟控制面板如图 2-43 所示，有三支参赛队伍，分别为儿童队（1 号队）、学生队（2 号队）、成人队（3 号队），其中儿童队 2 人，成人队 2 人，学生队 1 人，主持人 1 人。在儿童队、学生队、成人队桌面上分别安装指示灯 HL1、HL2、HL3，抢答按钮 SB11、SB12、SB21、SB31、SB32，主持人桌面上安装允许抢答指示灯 HL0 和抢答开始按钮 SB0、复位按钮 SB1。具体控制要求如下：

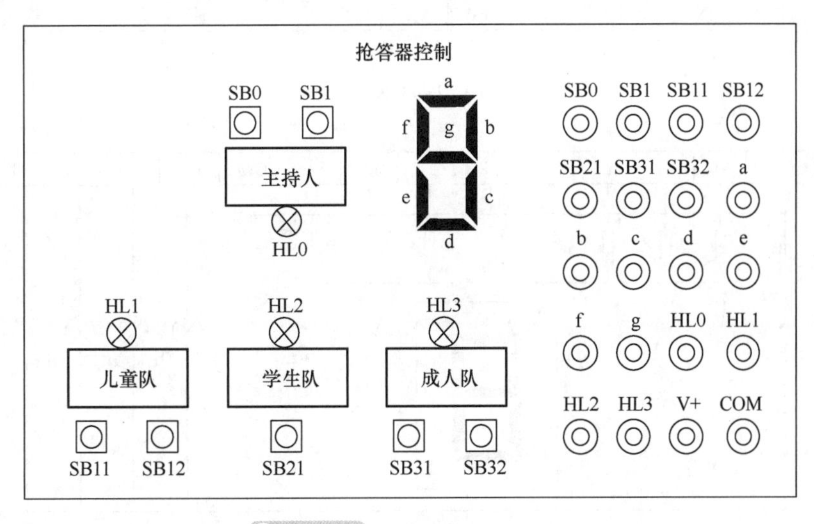

图 2-43　抢答器模拟控制面板

1）当主持人按下开始抢答按钮 SB0 时，允许抢答指示灯 HL0 亮，表示抢答开始，此时参赛队方可按下抢答按钮进行抢答，否则抢答无效。

2）为了公平，要求儿童队只需 1 人按下按钮，其对应的指示灯亮，即可进行抢答，而成人队需要两人同时按下两个抢答按钮对应的指示灯才亮，方可进行抢答。

3）当 1 个问题回答完毕后，主持人按下复位按钮 SB1，系统复位。

4）某队抢答成功时，LED 数码管显示抢答队的编号并联锁，其他队抢答无效。

5）当抢答开始后，时间超过 30s 仍无人抢答，此时允许抢答指示灯 HL0 以 1s 周期闪烁，提示抢答时间已过，此题作废。

2. I/O 分配与接线图

抢答器 I/O 分配见表 2-50。

表 2-50　抢答器 I/O 分配表

输入			输出		
设备名称	符号	X 元件编号	设备名称	符号	Y 元件编号
抢答开始按钮	SB0	X0	7 段显示数码管	a ~ g	Y0 ~ Y6
复位按钮	SB1	X1	允许抢答指示灯	HL0	Y10
儿童队抢答按钮 1	SB11	X2	儿童队指示灯	HL1	Y11
儿童队抢答按钮 2	SB12	X3	学生队指示灯	HL2	Y12
学生队抢答按钮	SB21	X4	成人队指示灯	HL3	Y13
成人队抢答按钮 1	SB31	X5			
成人队抢答按钮 2	SB32	X6			

抢答器 I/O 端口接线图如图 2-44 所示。

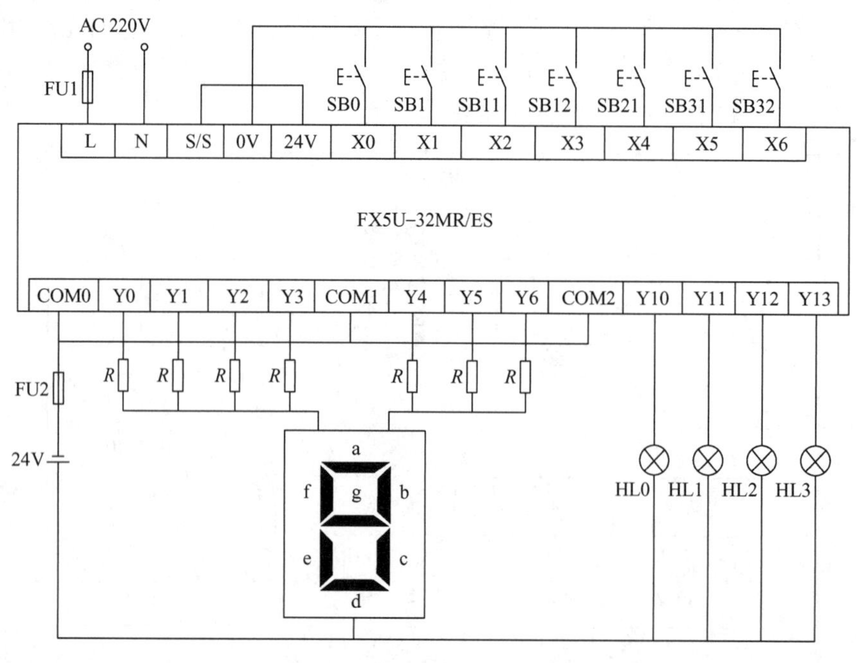

图 2-44　抢答器 I/O 接线图

3. 编制程序

利用 GX Works3 编程软件，根据控制要求编写梯形图程序，如图 2-45 所示。

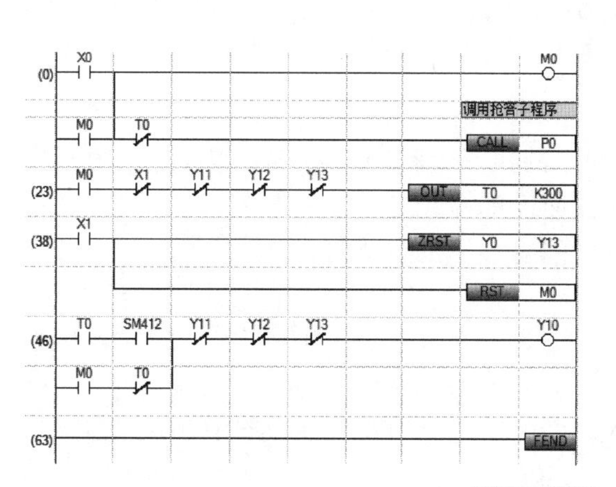

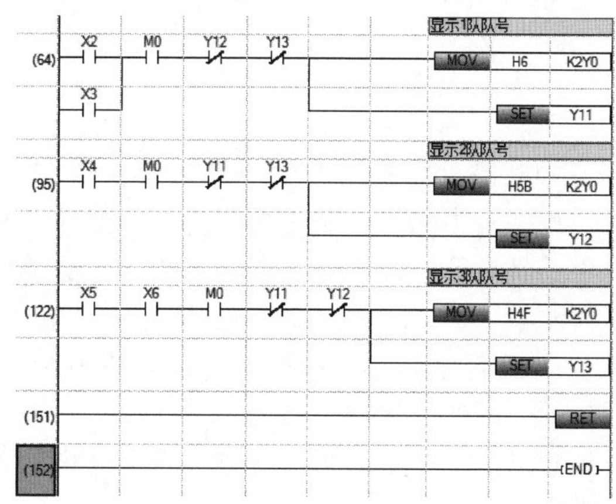

图 2-45　抢答器梯形图

4. 调试运行

将图 2-45 所示梯形图程序写入 PLC，按照图 2-44 进行 PLC 输入、输出端接线，并将 PLC 调至 RUN 状态，调试运行程序，观察运行结果。

（四）分析与思考

1）试分析抢答器梯形图程序中，抢答成功队队号显示的编程思路。

2）本控制程序中，抢答开始后无人抢答，要求 HL0 以 1s 周期闪烁。如果用两个定时器实现闪烁控制，程序应如何修改？

3）图 2-44 中，7 段数码管采用的是哪一种接线方式？

4）若抢答队的队号显示采用 7 段解码指令编程，图 2-45 所示的梯形图应如何修改？

四、任务考核

本任务实施考核见表 2-51。

表 2-51　任务考核表

序号	考核内容	考核要求	评分标准	配分	得分
1	电路及程序设计	（1）能正确分配 I/O，并绘制 I/O 接线图 （2）根据控制要求，正确编制梯形图程序	（1）I/O 分配错或少，每个扣 5 分 （2）I/O 接线图设计不全或有错，每处扣 5 分 （3）梯形图表达不正确或画法不规范，每处扣 5 分	40 分	
2	安装与连线	根据 I/O 分配，正确连接电路	（1）连线错 1 处，扣 5 分 （2）损坏元器件，每只扣 5 ～ 10 分 （3）损坏连接线，每根扣 5 ～ 10 分	20 分	
3	调试与运行	能熟练使用编程软件编制程序写入 PLC，并按要求调试运行	（1）不会熟练使用编程软件进行梯形图的编辑、修改、转换、写入及监视，每项扣 2 分 （2）不能按照控制要求完成相应的功能，每缺 1 项扣 5 分	20 分	
4	安全操作	确保人身和设备安全	违反安全文明操作规程，扣 10 ～ 20 分	20 分	
5	合计				

五、知识拓展

（一）中断指针（I）

中断是计算机特有的工作方式，指在主程序的执行过程中，中断主程序，去执行中断子程序，中断子程序是为某些特定的控制功能而设定的。与子程序不同，中断是为随机发生的且必须立即响应的事件安排的，其响应时间应小于机器周期。引发中断的信号称为中断源。

中断指针用来指明某一中断源的中断程序入口，分为输入中断用指针、定时器中断用指针、高速计数器中断用指针。

FX5U PLC 中断事件可分为四类，即输入中断、定时器中断、计数器中断和来自模块的中断。

1. 输入中断

外部输入中断通常是用来引入发生频率高于机器扫描周期的外部控制信号，或者用于处理那些需要快速响应的信号。FX3U PLC 的输入中断的信号与每个输入端子都已经固定，FX5U PLC 的每个输入端（如 X0）的输入中断没有进行定义，可以定义为 4 种类型：中断（上升沿）、中断（下降沿）、中断（上升沿 + 下降沿）和中断（上升沿）+ 脉冲捕捉。要使用输入中断，需要进行定义，否则系统默认为“一般输入”。

输入中断的编号为 I0 ～ I15，但最多可使用 8 个。

输入端修改为输入中断的方法如下。

首先打开 GX Works3 编程软件，进入编程界面，在导航窗口，依次选择“参数”→“FX5U CPU”→“模块参数”→“高速 I/O”，双击“高速 I/O”，弹出“设置项目一览”界面，如图 2-46 所示。在该界面双击设置项目栏“通用 / 中断 / 脉冲捕捉”项目的 < 详细设置 >，打开“通用 / 中断 / 脉冲捕捉”项目设置对话框，如图 2-47 所示。

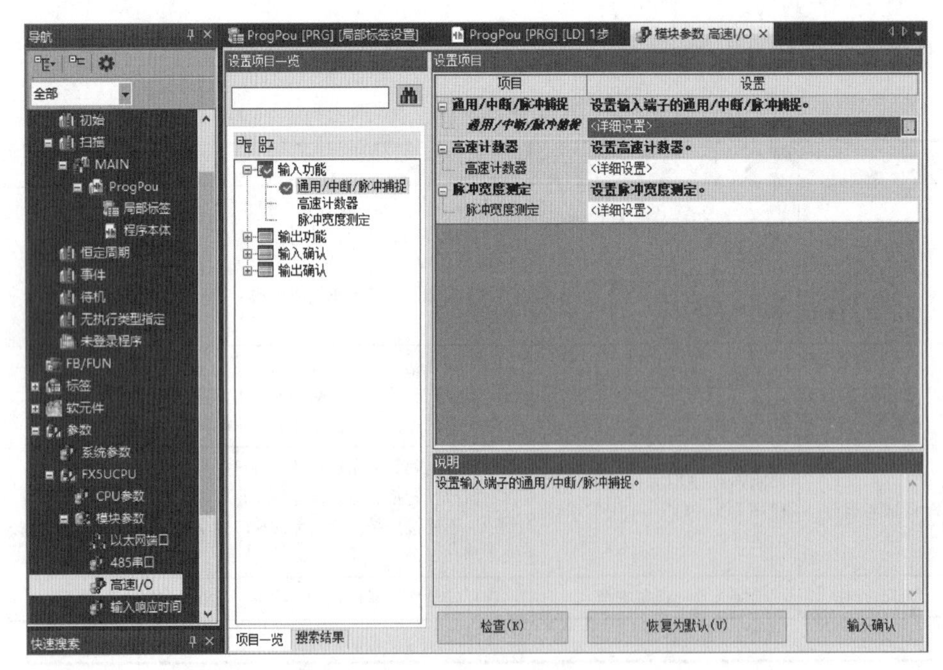

图 2-46 模块参数→高速 I/O→“设置项目一览”界面

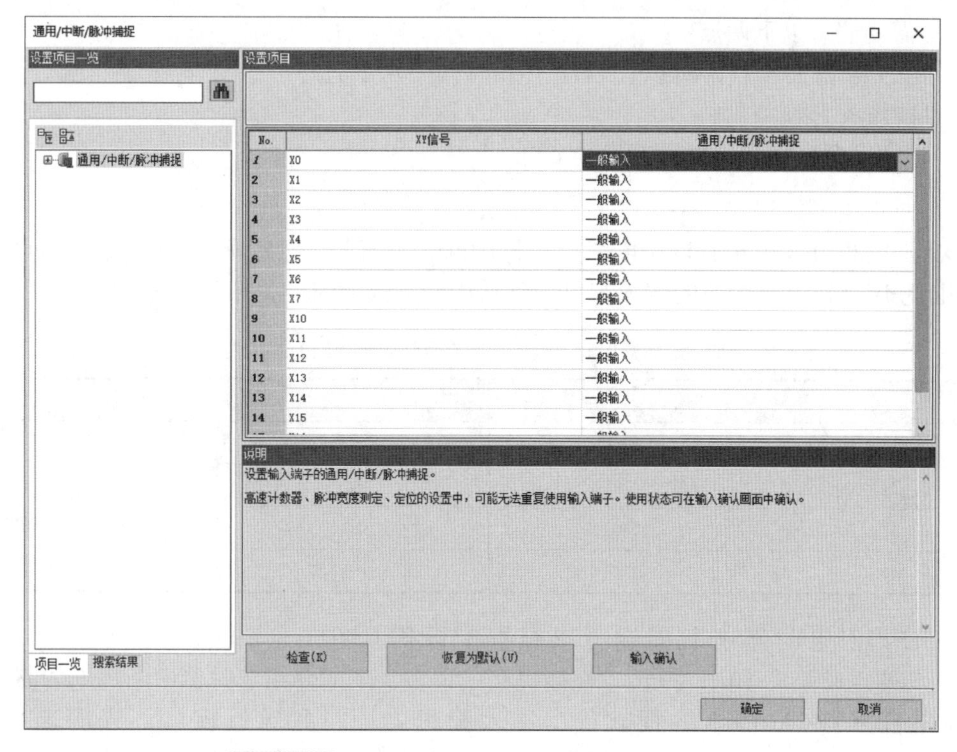

图 2-47 “通用 / 中断 / 脉冲捕捉”项目设置对话框

在图 2-47 中，双击“ X0”右边的“一般输入”，在展开的选项中选择“中断（上升沿)”，这时 X0 的定义设置为“中断（上升沿)”，然后单击“输入确定”按钮和“确定”按钮。

再在图 2-46 界面，双击导航窗口“模块参数”选项下的“输入响应时间”，弹出“设置项目一览”界面，如图 2-48 所示，选择“ X0”，将响应时间修改为小于 1ms，这里选择修改为“0.2ms”，单击“应用”按钮即可。修改响应时间非常重要，不可遗漏。否则，无法正常运行。

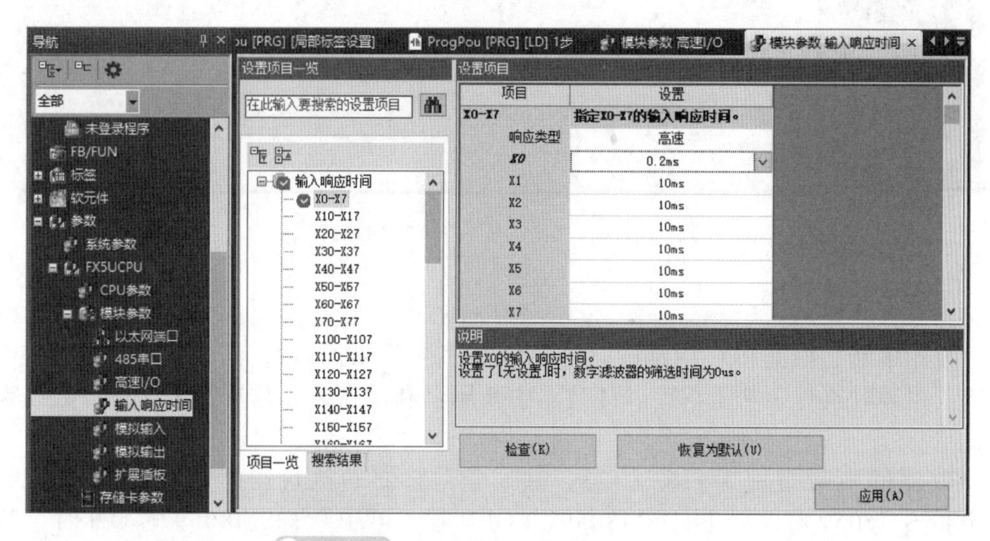

图 2-48 设置外部输入中断 I/O 的响应时间

这里需要注意以下两点：

1）由于修改了参数，所以在程序下载时，一定要选中“参数 + 程序”或“全选”，否则，参数修改无效。

2）程序下载完成后，要重新启动 CPU。

2. 定时器中断

FX5U PLC 有 4 个定时器中断，定时器中断就是每隔一段时间（1 ～ 6000ms），执行一次中断程序，定时器中断的输入编号与默认中断周期的对应关系见表 2-52。

表 2-52　定时器中断的输入编号与默认中断周期的对应关系

序号	输入编号	默认中断周期 /ms	备注
1	I28	50	中断周期可以根据实际需要在 1 ～ 6000ms 之间修改
2	I29	40	
3	I30	20	
4	I31	10	

FX5U PLC 定时器中断周期可以根据实际需要在 1 ～ 6000ms 之间修改，相比 FX3UPLC 的定时范围 10 ～ 99ms，性能提高了很多，下面介绍定时器中断周期的修改。

首先打开 GX Works3 编程软件，进入编程界面，在导航窗口，依次选择“参数”→“FX5U CPU”→“CPU 参数”，双击“CPU 参数”，弹出“设置项目一览”界面，如图 2-49 所示。在该图中，选择“中断设置”→“恒定周期间隔设置”→“I28”，将默认的“50ms”修改为“1000ms”，单击“应用”按钮即可。

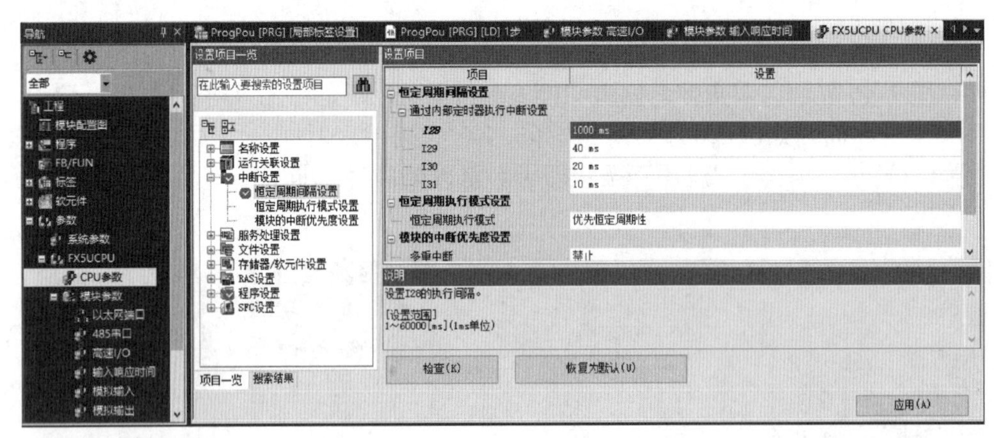

图 2-49　修改定时器中断 I28 的周期

3. 计数器中断

计数器中断是根据 PLC 内部的高速计数器对外部脉冲计数，当前计数值与设定值进行比较，相等时执行中断子程序。计数器中断用于利用高速计数器优先处理计数结果的控制。

计数器的中断指针为 I16 ～ I23，共 8 个，它们的执行与否会受到 PLC 内部特殊继电器 SM8059 状态控制（SM8059 为 OFF 时，可中断；SM8059 为 ON 时，禁止中断）。

（二）中断禁止、允许中断和中断返回指令

1. DI、EI、IRET 指令使用要素

CPU 模块通常为中断禁止状态。允许中断指令可使 CPU 模块变为中断允许状态（EI 指令），之后再次变为禁止（DI 指令）。中断返回指令是 CPU 在执行完中断子程序后，返回主程序的指令。中断禁止、允许中断和中断返回指令的名称、助记符、功能、操作数等使用要素见表 2-53。

表 2-53　DI、EI、IRET 指令使用要素

名称	助记符	功能	操作数	梯形图表示	FBD/LD 表示	ST 表示
中断禁止	DI	即使发生中断程序的启动原因，在执行 EI 指令之前也禁止中断程序的执行	无	DI	DI EN ENO	ENO:=DI（EN）;
允许中断	EI	解除执行 DI 指令时的中断禁止状态，使通过 IMASK 指令置为允许的中断指针编号的中断程序和恒定周期执行类型程序置为允许执行状态	无	EI	EI EN ENO	ENO:=EI（EN）;
中断返回	IRET	主程序处理时如果发生中断（输入、定时器），跳转至中断（I）程序后，通过 IRET 指令返回至主程序	无	IRET	不对应	不对应

2. DI、EI、IRET 指令使用说明

1）跳转至中断程序的方法有两种，见表 2-54。

表 2-54　跳转至中断程序的方法

序号	功能	中断编号	内容
1	输入（包含计数器）的中断	I0 ～ I23	CPU 模块的内置功能（输入中断、高速比较一致中断）中使用的中断指针
2	内部定时器中断	I28 ～ I31	通过内部定时器在固定周期中断中使用的中断指针

2）DI 指令以后发生的（中断）请求在执行 EI 指令后进行处理。

3）电源投入时或进行了 CPU 模块复位的情况下，将变为执行了 DI 指令后的状态。

4）中断程序内的定时器应使用程序用定时器。

5）DI…EI 指令之间即使发生中断原因，在 DI…EI 指令之间的处理结束之前，中断程序将等待。

6）在主控制中有 EI 指令、DI 指令时与 MC 指令的执行、非执行无关，执行 EI 指令、DI 指令。

3. DI、EI、IRET 指令的应用

DI、EI、IRET 指令的应用如图 2-50 所示。图中输入中断指针 I0、定时器中断指针 I28 的设置如前面所述。当 X1 为 ON，X2 为 OFF 时，允许中断指令 EI 执行，禁止中断

指令 DI 无效，输入中断标号 I0 对应的中断程序允许执行，每当 X0 接收到一次上升沿中断请求信号时，就执行输入中断子程序一次，置位 Y1，中断子程序执行完成后返回主程序；每 1s 执行 1 次定时器中断，D0 的值自动加 1，在 D0 的值小于 10 时，Y0 以 1Hz 的频率闪烁，当 D0 值达到 10 以后，Y0 一直等于 1，直到 X1 为 OFF，X2 为 ON，中断子程序被禁止执行。

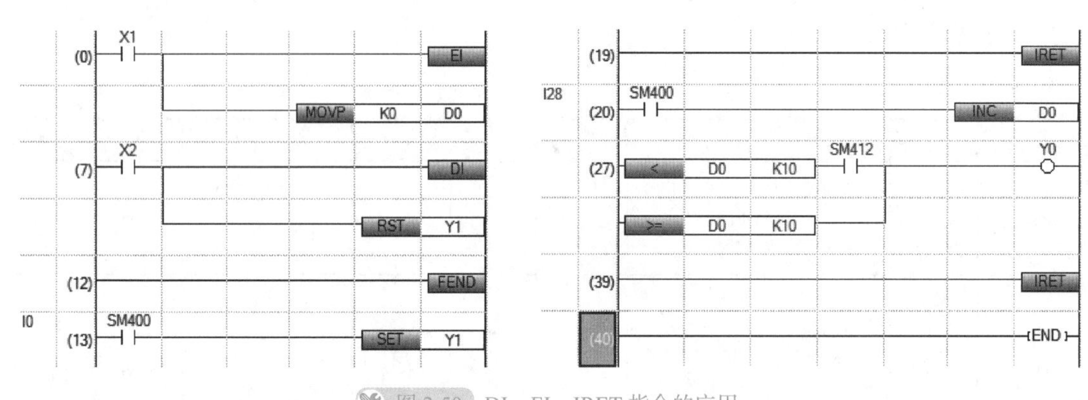

图 2-50 DI、EI、IRET 指令的应用

六、任务总结

本任务介绍了指针、主程序结束指令、子程序调用和子程序返回指令的功能及应用，以抢答器的 PLC 控制为载体，围绕其程序设计分析、程序编制、程序写入、I/O 接线、调试及运行开展任务实施。达成会使用应用指令编制控制程序及调试运行的目标。

任务五 跑马灯的 PLC 控制

一、任务导入

本项目任务一中介绍的流水灯控制是指点亮灯的状态从起点开始，一直往前延伸点亮，点亮的状态是连续的。跑马灯是指点亮灯的状态，随着时间的变化，点亮的状态是一直向前移动的，所以将这种点亮状态称为跑马灯。

本任务通过跑马灯控制的实现，来学习相关应用指令的功能、编程及调试运行。

二、知识准备

不带进位的旋转指令（ROR、ROL）

1. 不带进位的旋转指令（ROR、ROL）使用要素

不带进位的旋转指令（ROR、ROL）的名称、数据长度、助记符、功能、操作数等使用要素见表 2-55。

2. 不带进位的旋转指令程序表示

不带进位的旋转指令的程序表示见表 2-56。

表 2-55　不带进位的旋转指令使用要素

名称	数据长度	助记符	功能	操作数		操作数描述
				(d)	n	
右旋转	16/32 位	ROR（P） DROR（P）	将（d）中指定的软元件的 16 位（或 32 位）数据，在不包含进位标志的状况下进行 n 位右旋，最后移出那一位的数值同时进入进位标志位	位元件组合：KnY，KnM，KnS，KnF，KnL，KnSM，KnB，KnSB 字元件：T、ST、C、D、W、SD、SW、R、U□\G□、Z	常数：K、H 位元件组合：KnY，KnM，KnS，KnF，KnL，KnSM，KnB，KnSB 字元件：T、ST、C、D、W、SD、SW、R、U□\G□、Z	（d）：旋转的软元件起始编号 数据类型：有符号 BIN16 位或 32 位 （n）：旋转的次数（范围：0 ～ 15 或 0 ～ 31） 数据类型：无符号 BIN16 位或 32 位
左旋转	16/32 位	ROL（P） DROL（P）	将（d）中指定的软元件的 16 位（或 32 位）数据，在不包含进位标志的状况下进行 n 位左旋，最后移出那一位的数值同时进入进位标志位			

表 2-56　不带进位的旋转指令程序表示

名称	梯形图表示	FBD/LD 表示 *	ST 表示 *
不带进位的右旋转	─┤├─[□ (d) (n)]─	□ EN ENO d n	ENO:=RORP（EN，n，d）; ENO:=DRORP（EN，n，d）;
不带进位的左旋转			ENO:=ROLP（EN，n，d）; ENO:=DROLP（EN，n，d）;

表中 * 表示 ROR、DROR、ROL、DROL 指令不支持 FBD/LD、ST，应使用通用功能的 ROR、ROL。梯形图和 FBD 中“□”，16 位不带进位的右旋指令输入 RORP，32 位不带进位的右旋指令输入 DRORP；16 位不带进位的左旋指令输入 ROLP，32 位不带进位的左旋指令输入 DROLP。

3. 不带进位的旋转指令（ROR、ROL）使用说明

1）对于连续执行方式，在每个扫描周期都会进行一次循环移位动作，因此旋转指令在使用时，最好使用脉冲执行方式。

2）n 的位数应小于或等于不带进位旋转指令的数据位数，即 0 ～ 15（或 0 ～ 31）。

3）不带进位的右旋转和左旋转指令在执行过程中，每次从（d）移出的低位（或高位）数据循环进入（d）的高位（或低位）。最后移出（d）的那一位数据同时存入进位标志位 SM700（SM8022）中。

4）（d）中指定了位软元件组合的情况下，以位数 n 指定的软元件范围进行移位；但移位位数 n 大于（d）中指定的位元件的位数，则实际移位的位数将变为 n ÷（d 中位元件组合指定的点数）的余数。例如，（n）=15，（位元件组合中指定的点数）=12 位时，15 ÷ 12=1 余 3，因此进行 3 位移位。

5）对于 16 位数据，若 n 中指定了 16 以上的值，则以（n ÷ 16）的余数进行移位，例如 n=20，则 20 ÷ 16 的商为 1 余数为 4，因此进行 4 位移位；对于 32 位数据，若 n 中指定了 32 以上的值，则以（n ÷ 32）的余数进行移位，例如 n=34，则 34 ÷ 32 的商为 1 余数为 2，因此进行 2 位移位。

4. 不带进位的旋转指令（ROR、ROL）的应用

不带进位的旋转指令（ROR、ROL）的应用如图 2-51 所示。

在图 2-51a 中，若旋转前 K3M0 中存储的数据等于 K255，进位标志位 SM700（SM8022）=0，当 X0 由 OFF 变为 ON 时，不带进位的 16 位右旋转指令 ROR 执行一次，K3M0 中的数据向右循环移 3 位，即从高位移向低位，从低位移出的数据（1 1 1）再循环进入高位，最后从最低位移出的 1 存入进位标志位 SM700（SM8022）中，此时 K3M0 中的数据变为 K3615。

在图 2-51b 中，若旋转前 D0 中存储的数据等于 K–256，进位标志位 SM700（SM8022）=0，当 X1 由 OFF 变为 ON 时，不带进位的 16 位左旋转指令 ROL 执行一次，D0 中的数据向左循环移 3 位，即从低位移向高位，从高位移出的数据（1 1 1）再循环进入低位，最后从最高位移出的 1 存入进位标志位 SM700（SM8022）中，此时 D0 的数据变为 K–2041。

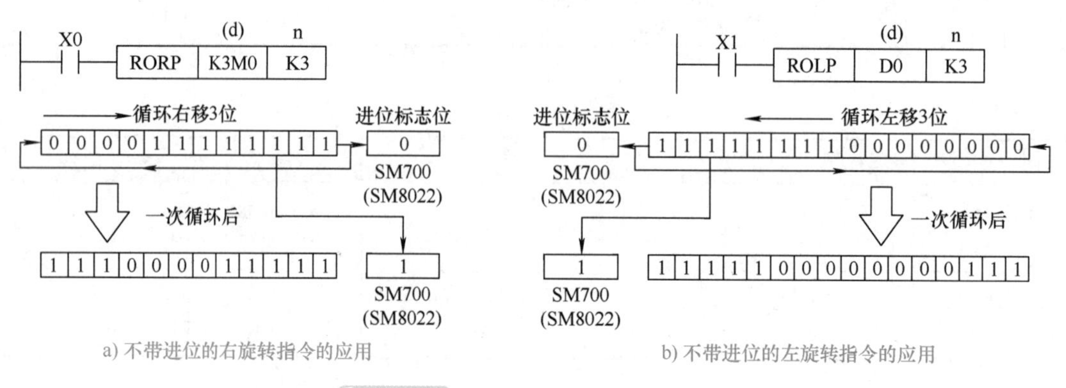

a) 不带进位的右旋转指令的应用　　b) 不带进位的左旋转指令的应用

图 2-51 不带进位的旋转指令的应用

三、任务实施

（一）任务目标

1）熟练掌握不带进位的旋转指令的编程及应用。

2）会 FX5U PLC I/O 接线。

3）根据任务控制要求编写梯形图程序。

4）熟练使用三菱 GX Works3 编程软件编辑梯形图程序，并写入 PLC 进行调试运行。

（二）设备与器材

本任务所需设备与器材，见表 2-57。

表 2-57　设备与器材

序号	名称	符号	型号规格	数量	备注
1	常用电工工具		十字螺钉旋具、一字螺钉旋具、尖嘴钳、剥线钳等	1 套	表中所列设备、器材的型号规格仅供参考
2	计算机（安装 GX Works3 编程软件）			1 台	
3	三菱 FX5U 可编程控制器	PLC	FX5U–32MR/ES	1 台	
4	跑马灯模拟控制挂件			1 个	
5	以太网通信电缆			1 根	
6	连接导线			若干	

（三）内容与步骤

1. 任务要求

10 盏 LED 灯（HL1 ～ HL10）组成跑马灯，其模拟控制面板如图 2-52 所示。按下起动按钮时，灯先以正序（HL1 → HL2 →…→ HL9 → HL10）每隔 1s 轮流点亮，HL9 亮 1s 后，跑马灯以反序（HL10 → HL9 →…→ HL2 → HL1）每隔 1s 轮流点亮，当 HL1 再亮 1s，完成 1 次循环，然后重复上述过程，正反向循环 5 次后，跑马灯全亮、熄灭闪亮 3s 后，自动停止；在运行过程，当按下停止按钮时，跑马灯停止运行并熄灭。

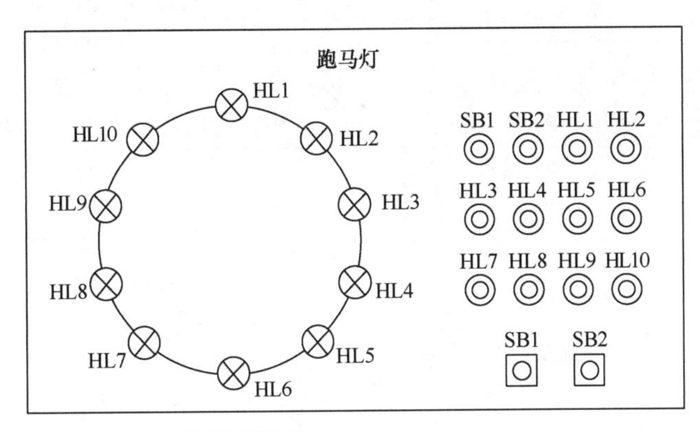

图 2-52　跑马灯模拟控制面板

2. I/O 分配与接线图

跑马灯 I/O 分配见表 2-58。

表 2-58　跑马灯 I/O 分配表

输入			输出		
设备名称	符号	X 元件编号	设备名称	符号	Y 元件编号
起动按钮	SB1	X0	跑马灯 1	HL1	Y0
停止按钮	SB2	X1	跑马灯 2	HL2	Y1
			⋮	⋮	⋮
			跑马灯 8	HL8	Y7
			跑马灯 9	HL9	Y10
			跑马灯 10	HL10	Y11

跑马灯 I/O 接线如图 2-53 所示。

3. 编制程序

利用 GX Works3 编程软件，根据控制要求编写梯形图程序，如图 2-54 所示。

4. 调试运行

将图 2-54 所示梯形图程序写入 PLC，按照图 2-53 进行 PLC 输入、输出端接线，并将 PLC 调至 RUN 状态，调试运行程序，观察运行结果。

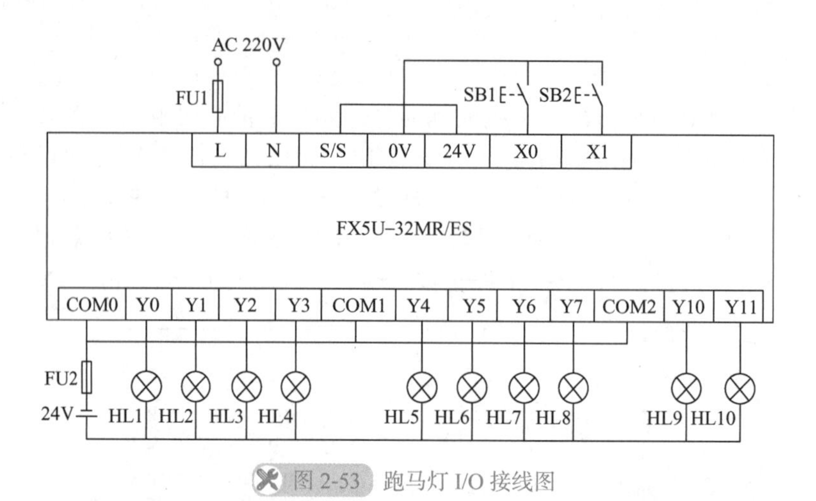

AC 220V
FU1
SB1
SB2
L
N
S/S
0V
24V
X0
X1
FX5U-32MR/ES
COM0
Y0
Y1
Y2
Y3
COM1
Y4
Y5
Y6
Y7
COM2
Y10
Y11
FU2
24V
HL1
HL2
HL3
HL4
HL5
HL6
HL7
HL8
HL9
HL10

图 2-53 跑马灯 I/O 接线图

(0) X0 X1 C0 M20
M20
(10) X0 MOVP K1 K3M0
(18) M20 T1 OUT T0 K5
T0 OUT T1 K5
T1 M21 ROLP K3M0 K1
T1 M21 RORP K3M0 K1
(58) M9 SET M21
(62) M0 RST M21
X1
(70) M0 M1 OUT C0 K5
(81) C0 SM412 MOV H3FF K3M0
SM412 MOV H0 K3M0
M0 OUT C1 K3
(115) C1 ZRST C0 C1
X1
(126) SM400 MOV K3M0 K3Y0
(135) X1 MOV H0 K3M0
(145) END

图 2-54 跑马灯梯形图

（四）分析与思考

1）在图 2-54 中，正反序循环 5 次及 5 次后闪亮 3 次是如何实现的？

2）在图 2-54 中，指令 MOVP K1 K3M0 起何作用？还可以用其他方法实现这一作用吗？

3）程序中正反序循环点亮分别是通过什么指令实现的？如果用基本指令 n 位数据的 n 位移位指令能实现这一功能吗？

四、任务考核

本任务实施考核见表 2-59。

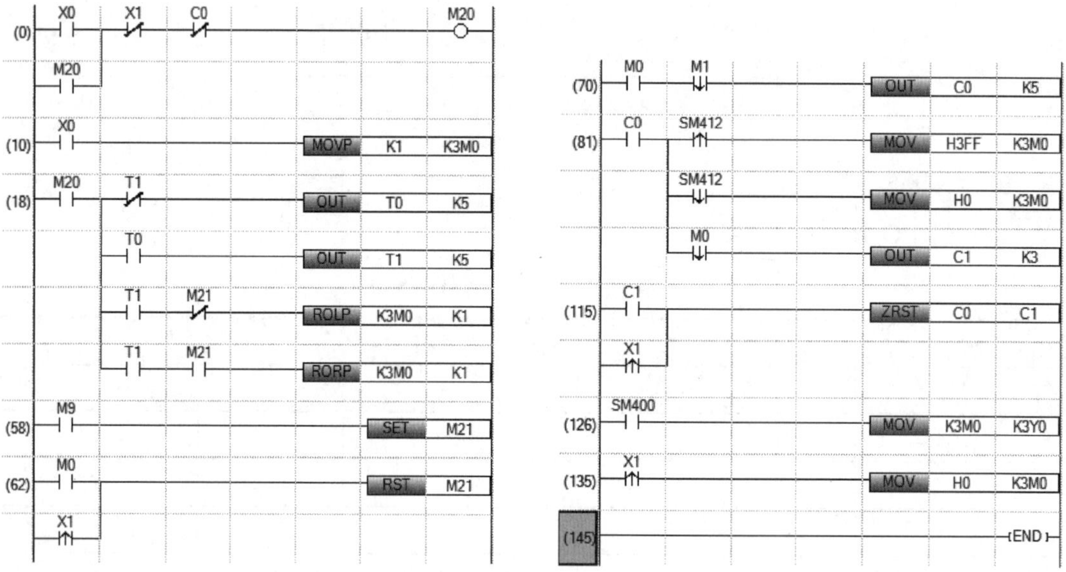

表 2-59　任务考核表

序号	考核内容	考核要求	评分标准	配分	得分
1	电路及程序设计	（1）能正确分配 I/O，并绘制 I/O 接线图 （2）根据控制要求，正确编制梯形图程序	（1）I/O 分配错或少，每个扣 5 分 （2）I/O 接线图设计不全或有错，每处扣 5 分 （3）梯形图表达不正确或画法不规范，每处扣 5 分	40 分	
2	安装与连线	根据 I/O 分配，正确连接电路	（1）连线错 1 处，扣 5 分 （2）损坏元器件，每只扣 5 ～ 10 分 （3）损坏连接线，每根扣 5 ～ 10 分	20 分	
3	调试与运行	能熟练使用编程软件编制程序写入 PLC，并按要求调试运行	（1）不会熟练使用编程软件进行梯形图的编辑、修改、转换、写入及监视，每项扣 2 分 （2）不能按照控制要求完成相应的功能，每缺 1 项扣 5 分	20 分	
4	安全操作	确保人身和设备安全	违反安全文明操作规程，扣 10 ～ 20 分	20 分	
5	合计				

五、知识拓展

（一）带进位的旋转指令（RCR、RCL）

1. RCR、RCL 指令使用要素

RCR、RCL 指令的名称、数据长度、助记符、功能、操作数等使用要素见表 2-60。

表 2-60　RCR、RCL 指令使用要素

名称	数据长度	助记符	功能	操作数 (d)	操作数 n	操作数描述
带进位的右旋转	16/32 位	RCR（P） DRCR（P）	将（d）中指定的软元件的 BIN16 位（或 32 位）数据，在包含进位标志的状况下进行 n 位右旋，最后移出那一位的数值进入进位标志位	位元件组合：KnY，KnM，KnS，KnF，KnL，KnSM，KnB，KnSB 字元件：T、ST、C、D、W、SD、SW、R、U□\G□、Z	常数：K、H 位元件组合：KnY，KnM，KnS，KnF，KnL，KnSM，KnB，KnSB 字元件：T、ST、C、D、W、SD、SW、R、U□\G□、Z	（d）：旋转的软元件起始编号 数据类型：有符号 BIN16 位或 32 位 （n）：旋转的次数（范围：0 ～ 15 或 0 ～ 31） 数据类型：无符号 BIN16 位或 32 位
带进位的左旋转	16/32 位	RCL（P） DRCL（P）	将（d）中指定的软元件　的 BIN16 位（或 32 位）数据，在包含进位标志的状况下进行（n）位左旋，最后移出那一位的数值进入进位标志位			

2. 带进位的旋转指令程序表示

RCR、RCL 指令的程序表示见表 2-61。

表 2-61　RCR、RCL 指令程序表示

名称	梯形图表示	FBD/LD 表示	ST 表示
带进位的右旋转	d　n	EN　ENO d　n	ENO:=RCR（EN，n，d); ENO:=RCRP（EN，n，d); ENO:=DRCR（EN，n，d); ENO:=DRCRP（EN，n，d);
带进位的左旋转			ENO:=RCL（EN，n，d); ENO:=RCLP（EN，n，d); ENO:=DRCL（EN，n，d); ENO:=DRCLP（EN，n，d);

表中梯形图和 FBD/LD 中“ ▭ ”，16 位带进位的右旋转指令输入 RCR、RCRP，32 位带进位的右旋转指令输入 DRCR、DRCRP；16 位带进位的左旋转指令输入 RCL、RCLP，32 位带进位的左旋转指令输入 DRCL、DRCLP。

3. 带进位的旋转指令（RCR、RCL）使用说明

1）对于连续执行方式，在每个扫描周期都会进行一次循环移位动作，因此旋转指令在使用时，最好使用脉冲执行方式。

2）n 的位数应小于或等于带进位旋转指令的数据位数，即 0 ～ 15（或 0 ～ 31）。

3）带进位的右旋转和左旋转指令在执行过程中，进位标志位作为移位中的其中一位和旋转前（d）中最高位或最低位的数据一起移位，左旋转时加在（d）的最高位之前，右旋转时加在（d）的最低位之后。每次从（d）移出的低位（或高位）数据循环进入（d）的高位（或低位）。最后移出（d）的那一位数据同时存入进位标志位 SM700（SM8022）中。

4)(d) 中指定了位软元件组合的情况下，以位数 n 指定的软元件范围进行移位；但移位位数 n 大于（d）中指定的位元件的位数，则实际移位的位数将变为 n ÷（d 中位元件组合指定的点数）的余数。例如，n=15，(位元件组合中指定的点数）=12 位时，15 ÷ 12=1 余 3，因此进行 3 位移位。

5）对于 16 位数据，若 n 中指定了 16 以上的值，则以（n ÷ 16）的余数进行移位，例如 n=20，则 20 ÷ 16 的商为 1 余数为 4，因此进行 4 位移位；对于 32 位数据，若 n 中指定了 32 以上的值，则以（n ÷ 32）的余数进行移位，例如 n=34，则 34 ÷ 32 的商为 1 余数为 2，因此进行 2 位移位。

4. 带进位的旋转指令（RCR、RCL）的应用

带进位的旋转指令（RCR、RCL）的应用如图 2-55 所示。

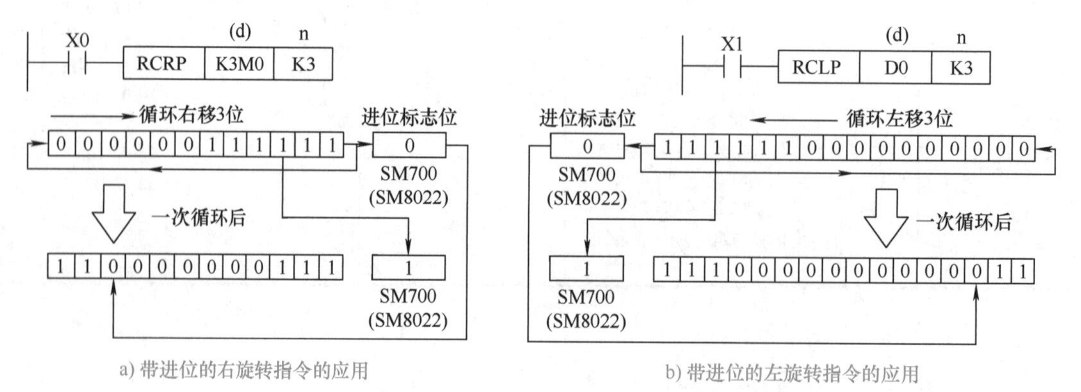

a) 带进位的右旋转指令的应用　　b) 带进位的左旋转指令的应用

图 2-55　带进位的旋转指令的应用

在图 2-55a 中，若旋转前 K3M0 中存储的数据等于 K63，进位标志位 SM700（SM8022）=0，当 X0 由 OFF 变为 ON 时，带进位的 16 位右旋转指令 ROR 执行一次，K3M0 中的数据包括进位标志位的 0 向右循环移 3 位，即从高位移向低位，进位标志位的 0 移入 M9 位，从低位移出的数据 M0 中的 1 进入高位 M10 位，M1 位移出的 1 从高位进入 M11 位，最后 M2 位移出的 1 存入进位标志位 SM700（SM8022）中，此时 K3M0 中的数据变为 K3079。

在图 2-55b 中，若旋转前 D0 中存储的数据等于 K–1024，进位标志位 SM700（SM8022）=0，当 X1 由 OFF 变为 ON 时，带进位的 16 位左旋转指令 ROL 执行一次，D0 中的数据包括进位标志位的 0 向左循环移 3 位，即从低位移向高位，进位标志位的 0 进入 b2 位，从高位移出的 b15 中的 1 进入低位 b1 位，b14 中的 1 进入低位 b0 位，最后 b13 位移出的 1 存入进位标志位 SM700（SM8022）中，此时 D0 的数据变为 K–8189。

（二）使用带进位旋转指令实现 8 盏灯正向依次点亮反向依次熄灭控制

1. 控制要求

用带进位旋转指令实现 8 盏灯的正向依次点亮，反向依次熄灭并不断循环。有一组 LED 灯 HL1 ～ HL8 共 8 盏，要求：当按下起动按钮时，第 1 盏灯亮，然后每隔 1.5s 正向顺序依次点亮，当第 8 盏灯 HL8 亮 1.5s 后熄灭，它之后的各盏灯每隔 1.5s 按反向依次熄灭，当 HL1 熄灭后，再重复上述正向依次点亮，反向依次熄灭的循环过程，按下停止按钮时，立即停止。

2. I/O 分配

8 盏灯正向依次点亮反向依次熄灭控制的 I/O 分配见表 2-62。

表 2-62　8 盏灯正向依次点亮反向依次熄灭控制的 I/O 分配表

输入			输出		
设备名称	符号	X 元件编号	设备名称	符号	Y 元件编号
起动按钮	SB1	X0	灯 1	HL1	Y0
停止按钮	SB2	X1	灯 2	HL2	Y1
			⋮	⋮	⋮
			灯 7	HL7	Y6
			灯 8	HL8	Y7

3. 编制程序

8 盏灯正向依次点亮反向依次熄灭控制梯形图如图 2-56 所示。

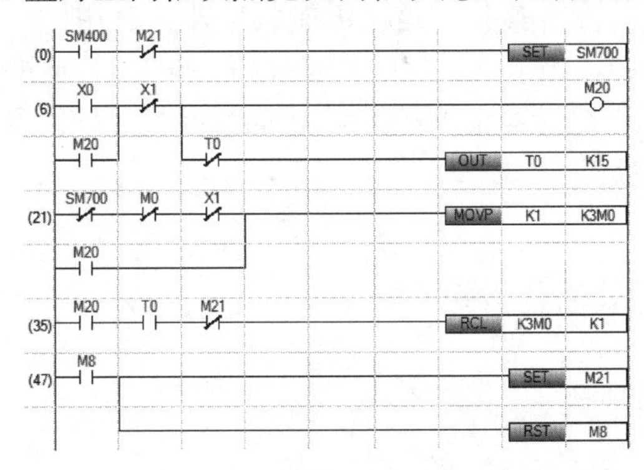

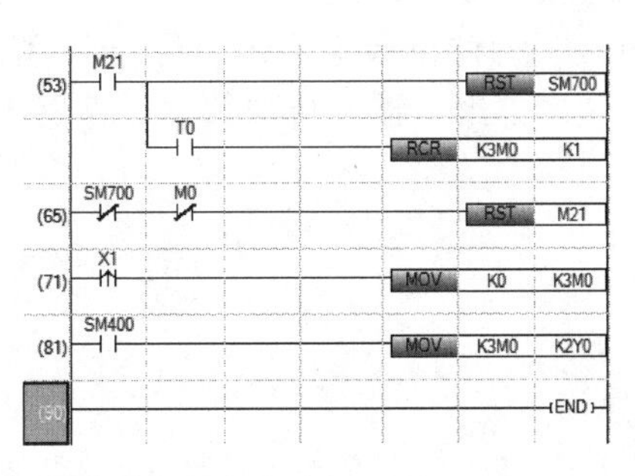

图 2-56　8 盏灯正向依次点亮反向依次熄灭控制梯形图

六、任务总结

本任务介绍了不带进位的旋转指令和带进位的旋转指令等应用指令的功能及应用。以跑马灯控制为载体，围绕其程序设计分析、程序编制、程序写入、输入/输出接线、调试及运行开展任务实施。初步达成应用应用指令解决简单问题的目标。

梳理与总结

本项目通过流水灯的PLC控制、8站小车随机呼叫的PLC控制、自动售货机的PLC控制、抢答器的PLC控制及跑马灯的PLC控制5个任务的学习与实践，达成基本掌握FX5U PLC常用基本指令和应用指令的编程应用的目标。

1）对于FX5U PLC，基本指令和应用指令实际上是一个个完成不同功能的子程序。基本指令和应用指令一般由助记符和操作数组成，通常在基本指令和应用指令助记符加前缀D表示32位数据长度，不加为16为数据长度，在功能指令助记符加后缀P表示脉冲型执行方式，不加为连续型执行方式，操作数分为源操作数、目标操作数和其他操作数。在应用中，只要按基本指令和应用操作数的要求填入相应的操作数，然后在程序中驱动它们（即调用相应子程序），就能完成该基本指令和应用指令所实现的功能操作。

2）FX5U PLC的基本指令可分为：比较运算指令、算术运算指令、逻辑运算指令、位处理指令、数据转换指令、数字开关指令、数据传送指令7类。

3）FX5U PLC的应用指令可分为：旋转指令、程序分支指令、结构化指令、数据表操作指令、……、时机计测指令、模块访问指令共24类。

4）基本指令和应用指令在程序编制过程中需要遵循顺控程序指令的基本规则。此外还应注意以下几点：

① 软元件的重复使用。基本指令需要占用大量的软元件，而在使用这些基本指令时，有时只指定起始的软元件，因此在使用时一定要注意软元件的分配，避免重复使用问题。部分基本指令须占用指定的软元件编号（地址），在编程时如需要使用这些基本指令，须预留出这些软元件。

② 特殊内部继电器和特殊数据寄存器。很多基本指令都需要设置特殊内部继电器和特殊数据寄存器。在编程过程中，需对这些特殊软元件正确设置和使用，否则程序可能不能正确执行。特殊内部继电器和特殊数据寄存器在基本指令和应用指令中的用途等详细内容可参考MELSEC iQ-F FX5编程手册（程序设计篇）。

③ 变址操作。多数基本指令都可以进行变址操作，这对编制程序非常有用：一方面可以提高编程效率，使程序简化；另一方面可以减少程序空间，提高系统的运行速度。但要注意，字元件位指定（如D□.b）、位元件组合（KnP）、模块访问软元件（U□\G□）以及特殊内部继电器和特殊数据寄存器不能进行变址操作。

一、填空题

1. FX5U PLC基本指令和应用指令的操作数分为________、________和________，其中作为补充注

释说明的操作数是________。

2. FX5U PLC 中数据寄存器都是________位的，其中最高位为________位，当为 1 时表示________，当为 0 时表示________。也可以用两个数据寄存器组合来存储________位数据。

3. FX5U PLC 编程位元件有________、________、________、________、________、________、________、________、________、________、________。

4. FX5U PLC 的字元件有________、________、________、________、________、________、________、________、________、________。双字元件有________、________。

5. FX5U PLC 提供的数据表示方法分为________、________及________等。

6. 基本指令和应用指令的执行方式分为________、________。

7. 位元件组合 K4Y0 表示________组位元件构成，组成的位元件是________。

8. 模块访问软元件 U2\G6 表示的含义是________。该软元件的第 7 位表示为________。

9. 在执行 BIN 16 位乘法运算时，当源操作数（乘数和被乘数）为 16 位数据时，则目标操作数（积）为________。

10. 当 PLC 执行数据比较输出指令"COMP_U C10 K150 Y0"程序后，得到的结果是：若 C10________K150，________1，若 C10________K150，________1，若 C10________K150，________1。

11. 在 PLC 执行 n 位数据的 n 位右移位指令"SFTLP X1 M10 K1 K8"程序时，如果程序执行前 K2M10=K9，X1 为 ON，执行一次移位后，K2M10=________；如果程序执行前 K2M10=K128，X1 为 OFF，执行一次移位后，KM210=________。

12. INCP 指令每执行一次，其目标操作数的值将________。而 DECP 指令每执行一次，其目标操作数的值将________。

13. 每 1 位 BCD 码对应________位二进制数，16 位 BCD 码取值范围用十六进制数表示为________。BCD 码 0101 1001 0111 1000 对应的十进制数为________。

14. 7 段解码指令的功能是对源操作数中的低________所对应的________进行译码，结果存于目标操作数指定元件的低 8 位，以驱动________。

15. INC、DEC 指令在执行过程中，其标志位________，ADD、SUB 指令在执行过程中，其标志位________。

16. FX5U PLC 指针分支指令的操作数为________，其范围为________。

17. FX5U PLC 指针分为________和________两类，其功能是________。

18. 当 PLC 执行不带进位的左旋转指令"ROL D0 K2"后，如果程序执行前 D0=K7，执行一次旋转后，D0=________。

19. INC 指令每执行一次，其目标操作数的值将________。而 DEC 指令每执行一次，其目标操作数的值将________。

20. PLC 在执行加法运算指令时，将________相加，和存于________中。且执行的运算是以________进制数进行的。

21. 7 段解码指令的功能是对源操作数中的低________所对应的________进行译码，结果存于目标操作数指定元件的低 8 位，以驱动________。

22. 若 K1Y0=1，当 PLC 执行位软元件移位指令"SFTP Y1"1 次后，K1Y0=________，该指令再执行 1 次后，则 K1Y0=________。

23. 当 PLC 从 STOP → RUN 时，对计数器 C0 ～ C4 当前值清零的程序为________、________。

二、判断题

1. 基本指令都是由助记符与操作数两部分组成。（　）
2. 助记符又称为操作码，用来表示指令的功能，即告诉 PLC 要做什么。（　）
3. 操作数用来指明参与操作的对象，即告诉 PLC 对哪些元件进行操作。（　）
4. 应用指令助记符前加的"D"表示处理 32 位数据；不加"D"表示处理 16 位数据。（　）
5. 字位元件 D10.6 的含义是 D10 的第 6 个二进制位。（　）

6. PLC 执行数据传送指令“MOV K100 D10”的功能是将 K100 写入 D10 中。（ ）

7. 对于 BMOV 指令，当（s）、（d）两方均指定了位软元件的位数时，必须将（s）、（d）的位数设置为相同。（ ）

8. 执行触点比较指令“LD>=C20 K50”的功能是当计数器 C20 的当前值大于或等于十进制数 50 时，该触点接通一个扫描周期。（ ）

9. K4Y0 表示以 Y0 为首地址的 16 个位元件组合，即 Y0 ～ Y15。（ ）

10. 当 PLC 的工作模式由 RUN → STOP 时，数据寄存器内存储的数据将保持不变。（ ）

11. 在 PLC 运行过程中，BIN 数据递增（INCP）指令每一扫描周期其目标操作数中软元件数据自动加 1。（ ）

12. PLC 执行数据批量复位指令“ZRST X0 X4”后，X0 ～ X4 的状态值均变为“0”。（ ）

13. FX5U PLC 定时器 T、计数器 C 既可以作为位元件也可以作为字元件使用。（ ）

14. 子程序调用指令（CALL）调用子程序执行后，子程序内软元件的状态将保持不变。（ ）

15. 在同一程序中，CALL 指令中使用的标签和 CJ 指令中使用的标签不能是同一编号的标签。（ ）

16. FX5U PLC 子程序和中断子程序内使用的程序用定时器必须在编程软件中设置，否则无效。（ ）

17. 执行条件为 SM400/SM8000 的指针分支指令称为有条件跳转。（ ）

18. FX5U PLC 在执行字软元件的位设置指令“BSET K2Y0 K2”时，若执行前 K2Y0=0，则执行后，Y0、Y1 均等于 1。（ ）

19. FX5U PLC 的子程序调用指令（CALL）和从子程序返回指令（RET/SRET）在程序中必须成对出现。（ ）

20. FX5U PLC 的子程序调用时，子程序内还可以嵌套子程序，但嵌套的级数不能超过 5 层。（ ）

21. FX5U PLC 字软元件的位复位指令，其目标操作数（d）可以是位元件组合，也可以是字元件。（ ）

22. 在含有子程序的程序段内，子程序一定要放在主程序结束指令后面，开始以指针 Pn 标注，以 RET 结束。（ ）

三、单项选择题

1. FX5U PLC 执行数据传送指令 MOV 后（ ）。

A. 源操作数的内容传送到目标操作数中，且源操作数的内容清零

B. 目标操作数的内容传送到源操作数中，且目标操作数的内容清零

C. 源操作数的内容传送到目标操作数中，且源操作数的内容不变

D. 目标操作数的内容传送到源操作数中，且目标操作数的内容不变

2. FX5U PLC 第 1 次执行 n 位数据的 n 位右移位指令“SFTRP D0.0 M0 K12 K3”程序后，目标操作数（d）对应的为软元件为（ ）。

A. M8M7M6M5M4M3M2M1M0D0.2D0.1D0.0

B. D0.2D0.1D0.0M11M10M9M8M7M6M5M4M3

C. M0M1M2M11M10M9M8M7M6M5M4M3

D. M8M7M6M5M4M3M2M1M0M11M10M9

3. 位元件组合 K4M10 中，仅 M17 为“1”，其余均为“0”，且 D10=K128，则执行数据比较指令“CMP D10 K4M10 Y000”后，输出为 ON 的是（ ）。

A. Y002　　B. Y001　　C. Y000　　D. 都不为 ON

4. 下列软元件中属于字元件的是（ ）。

A. M0　　B. B0　　C. S20　　D. C5

5. 数据比较输出指令 CMP 的目标操作数指定为 M10，则软元件（ ）被自动占有。

A. M10 ～ M12　　B. M10　　C. M10 ～ M13　　D. M11 ～ M12

6. 下列属于 FX5U PLC 正确清零程序的是（　　）。

A. ZRST Z0 LZ6　　B. ZRST ST0 ST9　　C. RST C10 C15　　D. ZRST X0 X17

7. PLC 执行“ZRST T10 T15”程序后，完成的功能是（　　）。

A. T10 ～ T15 的当前值为 0，触点不复位

B. T10 ～ T15 的设定值为 0，触点不复位

C. T10 ～ T15 的当前值为 0，触点复位

D. T10 ～ T15 的设定值为 0，触点复位

8. BIN 数据递增指令（脉冲型）的助记符是（　　）。

A. INC　　B. BCD　　C. BIN　　D. INCP

9. 当 PLC 执行“OUT D10.C”程序后（　　）。

A. D10 的 b12 位置 1　　B. D10 的数值等于 2^{11}

C. D10 的数值等于 2^{10}　　D. D10 的 b11 位置 1

10. PLC 在执行乘法和除法运算时，如果运算结果为零，则零标志位（　　）为 1。

A. SM8020　　B. SM8305　　C. SM8306　　D. SM8304

11. FX5U PLC 的中断指针不包括（　　）。

A. 输入中断　　B. 输出中断　　C. 定时器中断　　D. 计数器中断

12. 程序分支指令包括（　　）。

A. 指针分支指令　　B. 中断允许指令　　C. 子程序调用指令　　D. 中断返回指令

13. 不带进位的左旋转指令的助记符为（　　）。

A. RCLP　　B. ROL　　C. RCL　　D. ROLP

14. 对于 FX5U PLC 在执行 16 位加法运算时，当运算的和超过 32767 时，其进位标志位（　　）为 1。

A. SM8020　　B. SM8021　　C. SM8022　　D. SM8023

15. CPU 模块通常为中断禁止状态。（　　）指令可使 CPU 模块变为中断允许状态，之后再次变为禁止。

A. DI　　B. IRET　　C. EI　　D. SRET

16. FX5U PLC 在执行加法、减法运算过程中，是以（　　）数进行的。

A. 8 进制　　B. 10 进制　　C. 16 进制　　D. 2 进制

四、简答题

1. 什么是位元件，什么是字元件，两者有什么区别？

2. 位元件是如何组成字元件的？试举例说明。

3. 32 位数据寄存器是如何构成的？在指令的表达形式上有什么特点？

4. 下列软元件是什么类型的软元件？其中 K4X0、K2M10 分别由哪几位组成？

ST0　D0.A　SM40　U3\G4　K4X0　X0　C20　K2M10

5. 当 PLC 执行“MOV K5 K1Y0”程序后，Y0 ～ Y3 的位状态是什么？

6. 当 PLC 执行“DMOV HB5C9A D10”程序后，D10、D11 中存储的数据各是多少？

五、程序设计题

1. 试用 MOV 指令编制三相异步电动机Y－△减压起动程序，假定三相异步电动机Y联结起动的时间为 10s。如果用 n 位数据的 n 位移位指令，程序应如何编制？

2. 试用 CMP 指令实现下列功能：X0 为脉冲输入信号，当输入脉冲大于 5 时，Y1 为 ON；反之，Y0 为 OFF。试画出其梯形图。

3. 3 台电动机相隔 10s 起动，各运行 15s 停止，循环往复。试用数据传送及数据比较输出指令编制梯形图。

4. 试用数据传送及数据比较输出指令设计一个自动控制小车运行方向的系统，如图 2-57 所示，试

根据要求设计程序。工作要求如下：

1）当小车所停位置 SQ 的编号大于呼叫位置的编号 SB 时，小车向左运行至等于呼叫位置时停止。

2）当小车所停位置 SQ 的编号小于呼叫位置的编号 SB 时，小车向右运行至等于呼叫位置时停止。

3）当小车所停位置 SQ 的编号与呼叫位置的编号 SB 相同时，小车不动作。

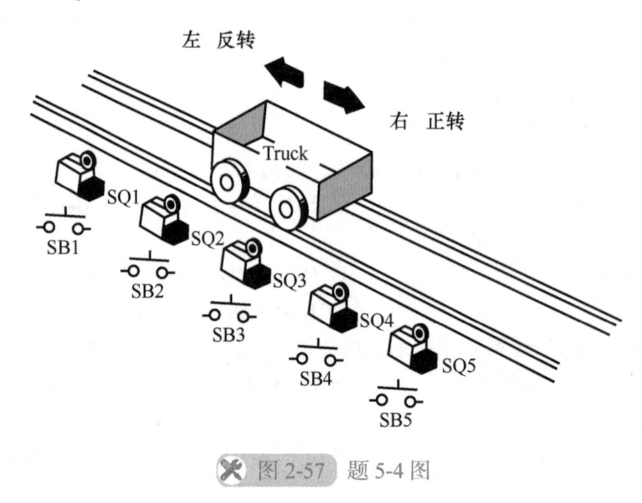

图 2-57 题 5-4 图

5. 设计一程序，将 K85 传送到 D0，K23 传送到 D10，并完成以下操作：

1）求 D0 与 D10 的和，结果送到 D20 存储；

2）求 D0 与 D10 的差，结果送到 D30 存储；

3）求 D0 与 D10 的积，结果送到 D40、D41 存储；

4）求 D0 与 D10 的商和余数，结果送到 D50、D51 存储。

6. 某灯光广告牌有十六盏灯（HL1 ～ HL16）接于 K4Y0，要求按下起动按钮 X0 时，灯先以正序每隔 1 s 轮流点亮，当 HL16 亮后，停 2s；然后以反序每隔 1s 轮流点亮，当 HL1 再亮后，停 2s，重复上述过程。当停止按钮 X1 按下时，停止工作。试分别用 n 位数据的 n 位移位指令、不带进位的旋转指令设计该灯光控制程序。

7. “礼花之光”板由 21 个发光二极管排成 4 层组成。最中间一层为 Y0，第二层由 Y1 ～ Y4 组成，第三层由 Y5 ～ Y12 组成，最外一层由 Y13 ～ Y24 组成。要求按下起动按钮后出现由里向外按 1s 时间间隔循环点亮，运行过程中按下停止按钮全部熄灭。试绘制 I/O 接线图及梯形图。

8. 天塔之光模拟控制面板如图 2-58 所示。按下起动按钮 SB1 后，系统以 1s 为时间间隔按以下规律显示：HL1→HL1、HL2→HL1、HL3→HL1、HL4→HL1、HL2→HL1、HL2、Hl3、HL4→HL1、HL8→HL1、HL7→HL1、HL6→HL1、HL5→HL1、HL8→HL1、HL5、HL6、HL7、HL8→HL1→HL1、HL2、HL3、HL4→HL1、HL2、HL3、HL4、HL5、HL6、HL7、HL8→HL1……如此循环，周而复始。按下停止按钮天塔之光指示灯立即熄灭。试用 n 位数据的 n 位移位指令设计控制程序。

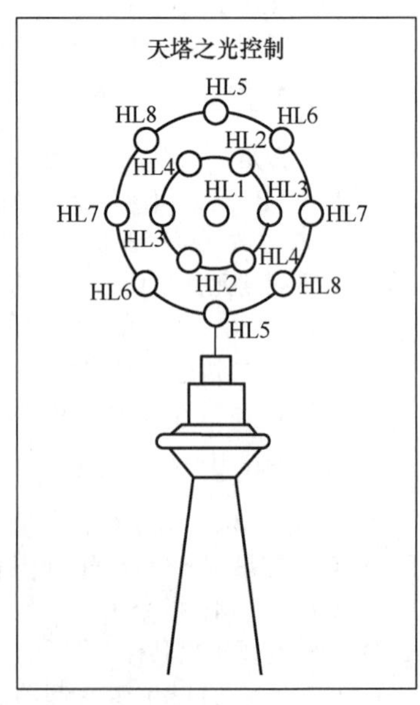

图 2-58 题 5-8 图

9. 设计 1 台计时精度精确到秒的闹钟控制程序，要求每天早晨 6：30 提醒你按时起床，晚上 10：30 提示你按时就寝。

10. 设计简单的霓虹灯程序。要求 4 盏灯，在每一瞬间 3 盏灯亮，1 盏灯熄灭，且按顺序排列熄灭。每盏灯亮、熄的时间分别为 0.5s，如图 2-59 所示。试绘制 I/O 接线及梯形图。

熄(1)　熄(2)　熄(3)　熄(4)

(1) → (2) → (3) → (4)

图 2-59　题 5-10 图

11. 试用乘法、除法运算指令实现 16 盏指示灯的移位点亮循环。要求：当按下起动按钮 SB1 时，16 盏灯先正序每隔 1s 单个移位点亮，接着，16 盏灯反序每隔 1s 单个移位点亮并不断循环；当按下停止按钮 SB2 时，指示灯立即熄灭。

12. 用 PLC 实现 9s 倒计时控制，要求按下开始按钮后，7 段数码管显示 9，松开按钮后按每秒递减，减到 0 时停止，然后再次从 9 开始倒计时，不断循环，无论何时按下停止按钮，7 段数码管显示当前值，再次按下开始按钮，7 段数码管从当前值继续递减。试绘制 I/O 接线及梯形图。

13. 试用程序分支指令，设计一个既能点动控制、又能自锁控制（连续运行）的电动机控制程序。假定 X0=ON 时实现点动控制，X0=OFF 时，实现自锁控制。

14. 试用位软元件移位指令设计 9 盏灯循环点亮的程序。要求：按下起动按钮时 9 盏灯每隔 1s 依次轮流点亮并不断循环（HL1 → HL2 → HL3 → HL4 → HL5 → HL6 → HL7 → HL8 → HL9 → HL1 →…），按下停止按钮时，指示灯立即熄灭。

项目三

FX5U PLC 步进梯形图指令的编程及应用

<table>
<tr><td rowspan="3">教学目标</td><td>知识目标</td><td>1. 熟练掌握 PLC 的步进继电器和步进梯形图指令的使用
2. 掌握顺序功能图与步进梯形图的相互转换
3. 掌握单序列、选择序列和并行序列顺序控制程序的设计方法</td></tr>
<tr><td>能力目标</td><td>1. 会分析顺序控制系统的工作过程
2. 能合理分配 I/O 地址，绘制顺序功能图
3. 能使用步进梯形图指令将顺序功能图转换为步进梯形图
4. 能使用 GX Works3 编程软件编辑顺序功能图和梯形图
5. 能进行程序的仿真和在线调试运行</td></tr>
<tr><td>素质目标</td><td>1. 培养学生脚踏实地、按部就班，形成正确的人生观、价值观
2. 引导学生养成认真负责的工作态度，增强学生的责任担当，有大局意识和核心意识，培养学生遵守职业道德和职业规范
3. 培养学生严谨认真的学习态度和勇于创新发现的探究精神</td></tr>
<tr><td colspan="2">教学重点</td><td>顺序功能图；顺序功能图与步进梯形图的相互转换</td></tr>
<tr><td colspan="2">教学难点</td><td>并行序列的步进梯形图指令编程</td></tr>
<tr><td colspan="2">参考学时</td><td>12 ～ 18 学时</td></tr>
</table>

FX5U PLC 有专门用于顺序控制的 2 条步进梯形图指令，下面将通过三种液体混合的 PLC 控制、四节传送带的 PLC 控制、十字路口交通信号灯的 PLC 控制 3 个任务介绍 FX5U PLC 步进梯形图指令的应用。

任务一 三种液体混合的 PLC 控制

一、任务导入

对生产原料的混合操作是化工、食品、饮料、制药等行业必不可少的工序之一。而采用 PLC 对原料混合装置进行控制具有自动化程度高、生产效率高、混合质量高和适用范围广等优点，其应用较为广泛。

液体混合有两种、三种或多种，多种液体按照一定的比例混合是物料混合的一种典型形式，本任务主要通过三种液体混合装置的 PLC 控制来学习顺序控制单序列编程的基本方法。

二、知识准备

（一）步进继电器（S）

步进继电器是一种在步进顺序控制的编程中表示“步”的继电器，它与后述的步进梯形图开始指令 STL 组合使用；步进继电器不在顺序控制中使用时，也可作为普通的内部继电器使用，且具有断电保持功能，或用作信号报警，用于外部故障诊断。

FX5U、FX5UC PLC 共有步进继电器 4096 点（S0 ～ S4095）。步进继电器有五种类型：初始步进继电器、返回步进继电器、通用步进继电器、断电保持步进继电器、报警用步进继电器。FX5U PLC 步进继电器见表 3-1。

在使用步进继电器时应注意：

1）步进继电器与内部继电器一样，有无数对常开和常闭触点。

2）FX5U PLC 可通过程序设定将 S0 ～ S499 设置为有断电保持功能的步进继电器。

表 3-1　FX5U PLC 步进继电器一览表

类型	步进继电器编号	点数	功能
初始步进继电器	S0	1	各个操作初始化状态
	S1	1	原点复位初始化状态
	S2	1	自动运行初始化状态
	S3 ～ S9	7	可以自由使用
返回步进继电器	S10 ～ S19	10	用 IST 指令时原点返还
通用步进继电器	S20 ～ S499	480	用在 SFC 中间状态
断电保持步进继电器	S500 ～ S899 S1000 ～ S4095	3496	用于来电后继续执行停电前状态的场合，其中 S500 ～ S899 可以通过参数设定为一般步进继电器
报警用步进继电器	S900 ～ S999	100	可用作报警组件用

（二）顺序功能图

FX5U PLC 除了梯形图形式的图形语言以外，还采用了顺序功能图（Sequenitial Function Chart，SFC）语言，用于编制复杂的顺序控制程序，利用这种编程方法能够较容易地编制出复杂的控制系统程序。

1. 顺序功能图的定义

顺序功能图又称状态转移图，它是描述控制系统的控制过程、功能和特性的一种图形，是用步（或称为状态，用步进继电器 S 表示）、转移、转移条件、负载驱动来描述控制过程的一种图形语言。顺序功能图具有简单、直观等特点，不涉及所描述的控制功能的具体技术，是一种通用的技术语言。

顺序功能图已被国际电工委员会（IEC）在 1994 年 5 月公布的可编程控制器标准（IEC IEC1131）确定为首选的 PLC 编程语言。各个 PLC 厂家都开发了相应的顺序功能图，各国也制定了顺序功能图的国家标准。我国于 1986 年首次颁布了国家标准 GB 6988.6—1986《电气制图　功能表图》，现行的国家标准为 GB/T 21654—2008《顺序功能表图用 GRAFCET 规范语言》。

2. 顺序功能图的组成要素

顺序功能图主要由步、有向连线、转移、转移条件及命令和动作要素组成，如图 3-1 所示。

（1）步　SFC 中的步是指控制系统的一个工作状态，为顺序相连的阶段中的一个阶段。在功能图中用矩形框表示步，框内是该步的编号。编程时一般用 PLC 内部的编程元件来代表步，因此经常直接用代表该步的编程元件的元件号作为步的编号，如图 3-1 所示，各步的编号分别为 S0、S20、S21、S22、S23。这样在根据功能图设计梯形图时较为方便。

步又分为初始步、一般步和活动步，也称为初始状态、一般状态和活动状态。

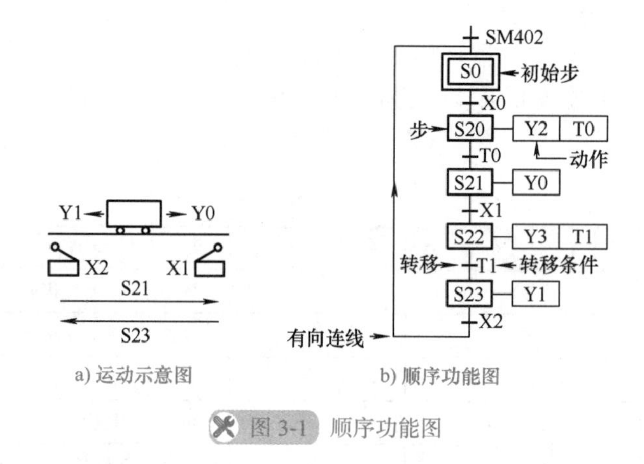

图 3-1　顺序功能图

1）初始步。与系统的初始状态相对应的步称为初始步。初始状态一般是系统等待起动命令的相对静止的状态。初始步在功能图中用双线框“S0”表示，每个功能图至少应有一个初始步。

注意：在功能图中如果用 S 元件代表各步，初始步的编号只能选用 S0 ～ S9，如果用 M 元件，则没有要求。

2）一般步。除初始步以外的步均为一般步。每一步相当于控制系统的一个阶段。一般状态用单线矩形框表示。框内（包括初始步框）都有一个表示该步的元件编号，称之为状态元件。状态元件可以按状态顺序连续编号，也可以不连续编号，但编号不能重复。

3）活动步。在 SFC 中，如果某一步被激活，则该步处于活动状态，称该步为活动步。步被激活时该步的所有命令与动作均得到执行，而未被激活步中的命令与动作均不能得到执行。在 SFC 中，被激活的步有一个或几个，当下一步被激活时，前一个激活步一定要关闭。整个顺序控制就是这样逐个步被激活从而完成全部控制任务。

（2）有向连线　在功能图中，随着时间的推移和转移条件的实现，将会发生步的活动状态的顺序进展，这种进展按有向连线规定的路线和方向进行。在画功能图时，将代表各步的框按它们成为活动步的先后次序顺序排列，并用有向连线将它们连接起来。活动状态的进展方向习惯上是从上到下、从左到右，在这两个方向有向连线上的箭头可以省略。如果不是上述方向，应在有向连线上用箭头注明进展方向。

若在画功能图时有向连线必须中断（例如在复杂的功能图中，用几个部分来表示一个顺序功能图时），则应在有向连线中断处标明下一步的标号和所在页码，并在有向连线

中断的开始和结束处用箭头标记。

（3）转移和移转条件

1）转移。转移用与有向连线垂直的短划线表示，转移将相邻两步分隔开。步的活动状态的进展是由转移的实现来完成的，并与控制过程的发展相对应。

2）移转条件。转移条件是与转移相关的逻辑命题。转移条件可以用文字语言、布尔代数表达式或图形符号标注在表示转移的短划线旁边。转移条件 X 和 $\overline{X}$ 分别表示在逻辑信号 X 为“1”状态和“0”状态时转移。符号 X ↑ 和 X ↓ 分别表示当 X 从 0 → 1 状态和从 1 → 0 状态时转移实现。使用最多的转移条件表示方法是布尔代数表达式，如转移条件（X0+X3）· $\overline{C0}$ 。

（4）命令和动作　在每一步中，施控系统要发出某些“命令”，即控制要求，而被控系统要完成相应的某些“动作”，即完成控制要求的程序，通常把“命令”和“动作”都称为动作。与状态对应则是指每一个状态所发生的命令和动作。在 SFC 中，命令和动作是用相应的文字和符号（包括梯形图程序行）写在状态矩形框的旁边，并用直线与状态框相连。如果某一步有几个命令和动作，可以用图 3-2 所示的两种画法来表示，但是图中并不隐含这些动作之间的任何顺序。

状态内的动作有两种情况，一种称之为非保持性，其动作仅在本状态内有效，没有连续性，当本状态为非活动步时，动作全部 OFF ；另一种称之为保持性，其动作有连续性，它会把动作结果延续到后面的状态中去。

3. 顺序功能图的基本结构

根据步与步之间转移的不同情况，顺序功能图有以下三种基本结构形式。

（1）单序列结构　单序列由一系列相继激活的步组成，每一步的后面仅接有一个转移，每一个转移后面只有一个步，如图 3-3 所示。

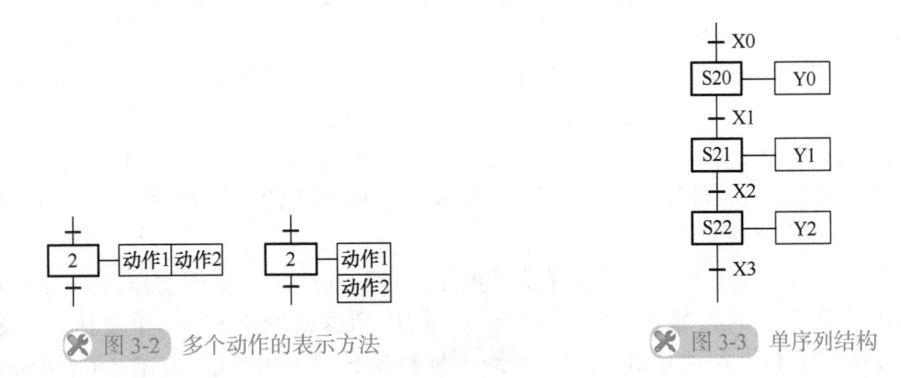

图 3-2　多个动作的表示方法

图 3-3　单序列结构

（2）选择序列结构　选择序列的开始称为分支，如图 3-4 所示，转移符号只能标在水平连线之下。如果步 S21 是活动步，并且转移条件 X1=1，则发生由步 S21 →步 S22 的转移；如果步 S21 是活动步，并且转移条件 X4=1，则发生步 S21 →步 S24 的转移；如果步 S21 是活动步，并且转移条件 X10=1，则发生步 S21 →步 S26 的转移。选择序列在每一时刻一般只允许选择一个序列。

选择序列的结束称为汇合或合并。在图 3-4 中，如果步 S23 是活动步，并且转移条件 X3=1，则发生由步 S23 →步 S28 的转移；如果步 S25 是活动步，并且转移条件 X6=1，则发生由步 S25 →步 S28 的转移；如果步 S27 是活动步，并且转移条件 X12=1，则发生由步 S27→步 S28 的转移。

（3）并行序列结构　并行序列的开始称为分支，如图 3-5 所示，当转移条件的实现导致几个序列同时激活时，这些序列称为并行序列。当步 S22 是活动步，并且转移条件 X1=1，则 S23、S25、S27 这三步同时成为活动步，同时步 S22 变为不活动步。为了强调转移的同步实现，水平连线用双线表示。步 S23、S25、S27 被同时激活后，每一个序列中活动步的转移将是独立的。在表示同步的水平线之上，只允许有一个转移符号。

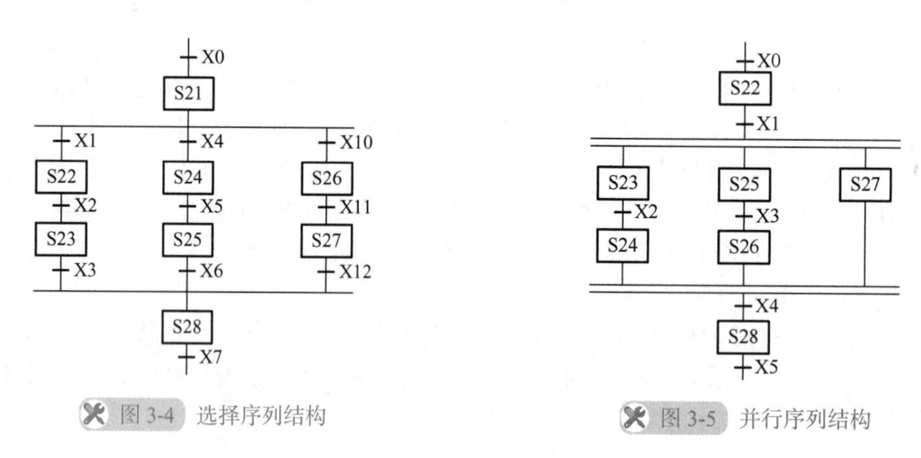

图 3-4　选择序列结构　　图 3-5　并行序列结构

并行序列的结束称为汇合或合并，在图 3-5 中，在表示同步的水平线之下，只允许有一个转移符号。当直接连在双线上的所有前级步都处于活动状态，并且转移条件 X4=1 时，才会发生步 S24、S26、S27 到步 S28 的转移，即步 S24、S26、S27 同时变为不活动步，而步 S28 变为活动步。并行序列表示系统几个同时工作的独立部分的工作情况。

（4）跳步、重复和循环序列结构

1）跳步。在生产过程中，有时要求在一定条件下停止执行某些原定的动作，跳过一定步序后执行之后的动作步，如图 3-6a 所示。当步 S20 为活动步时，若转移条件 X5 先变为 1，则步 S21 不为活动步，而直接转入步 S23，使其变为活动步，实际上这是一种特殊的选择序列。由图 3-6a 可知，步 S20 下面有步 S21 和 S23 两个选择分支，而步 S23 是由步 S20 和步 S22 的合并。

2）重复。在一定条件下，生产过程需要重复执行某几个工序步的动作，如图 3-6b 所示。当步 S26 为活动步时，如果 X4=0 而 X5=1，则序列返回到步 S25，重复执行步 S25、S26，直到 X4=1 时才转入到步 S27，它也是一种特殊的选择序列，由图 3-6b 可知，步 S26 后面有步 S25 和步 S27 两个选择分支，而步 S25 是步 S24 和步 S26 的合并。

3）循环。在一些生产过程中需要不间断重复执行功能图中各工序步的动作，如图 3-6c 所示，当步 S22 结束后，立即返回初始步 S0，即在序列结束后，用重复的办法直接返回到初始步，形成了系统的循环过程，这实际上就是一种单序列的工作过程。

4. 功能图中转移实现的基本规则

（1）转移实现的条件　在顺序功能图中，步的活动状态的进展由转移的实现来完成的。转移实现必须同时满足两个条件：

1）该转移所有前级步必须是活动步。

2）对应的转移条件成立。

如果转移的前级步或后级步不止一个，转移的实现称为同步实现，如图 3-7 所示。

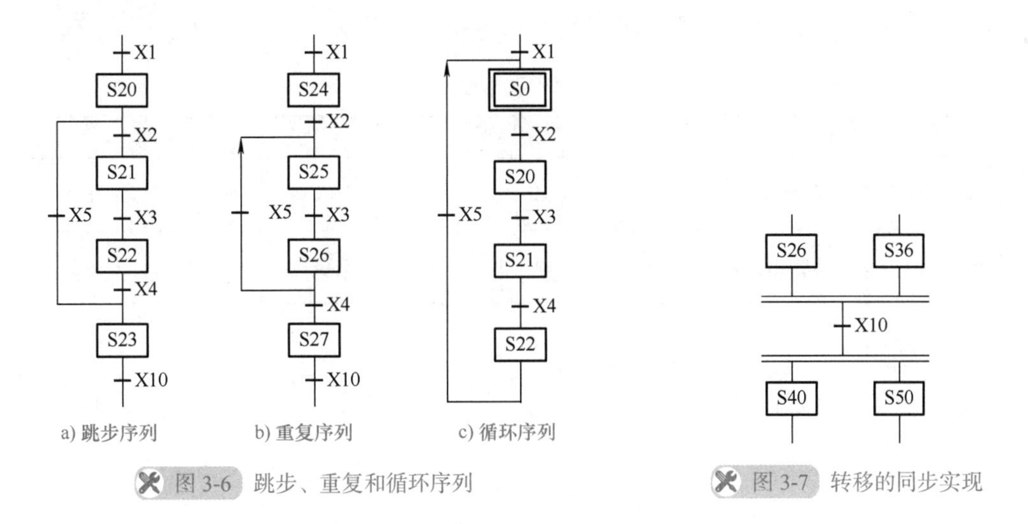

图 3-6　跳步、重复和循环序列

图 3-7　转移的同步实现

（2）转移应完成的操作

1）使所有由有向连线与相应转移符号相连的后续步都变为活动步。

2）使所有由有向连线与相应转移符号相连的前级步都变为不活动步。

5. 绘制顺序功能图的注意事项

1）两个步绝对不能直接相连，必须用一个转移将它们隔开。

2）两个转移也不能直接相连，必须用一个步将它们隔开。

3）顺序功能图中的初始步一般对应于系统等待起动的初始状态，初始步可能没有输出执行，但初始步是必不可少的。如果没有该步，则无法表示初始状态，系统也无法返回初始状态。

4）自动控制系统应能多次重复执行同一工艺过程，因此在顺序功能图中一般应有由步和有向连线组成的闭环，即在完成一次工艺过程的全部操作之后，应从最后一步返回初始步，系统停留在初始状态（单周期操作，见图 3-1），在连续循环工作方式时，应从最后一步返回下一个工作周期开始运行的第一步。

5）在顺序功能图中，只有当某一步的前级步是活动步时，该步才有可能变成活动步。如果用没有断电保持功能的编程元件代表各步，进入 RUN 工作方式时，它们均处于 OFF 状态，必须用初始化脉冲 SM402 的常开触点作为转移条件，将初始步预置为活动步，否则因顺序功能图中没有活动步，系统将无法工作。如果系统具有手动和自动两种工作方式，由于顺序功能图是用来描述自动工作过程的，因此应在系统由手动工作方式进入自动工作方式时用一个适当的信号将初始步置为活动步。

（三）步进梯形图指令

FX5U PLC 有 2 条步进梯形图指令：STL（步进梯形图开始指令）、RETSTL（步进梯形图结束指令）。STL 指令是步进梯形图的开始，利用内部软元件（步进继电器）进行工序步控制的指令；RETSTL 是步进梯形图结束指令，表示状态流程结束，是用于返回到主程序（左母线）的指令。按一定的规则编写的步进梯形图也可作为顺序功能图（SFC）处理，顺序功能图反过来也可形成步进梯形图。

1. 步进指令（STL、RETSTL）使用要素

步进指令的名称、助记符、功能、梯形图表示等使用要素见表 3-2。

表 3-2　步进指令使用要素

名称	助记符	功能	梯形图表示	目标元件	FBD/LD	ST	目标元件
步进梯形图开始	STL	步进梯形图开始	[STL Sn]	S	不支持	不支持	S
步进梯形图结束	RETSTL	步进梯形图返回	[RETSTL]	无	不支持	不支持	无

2. 步进指令使用说明

步进指令的使用说明如图 3-8 所示。

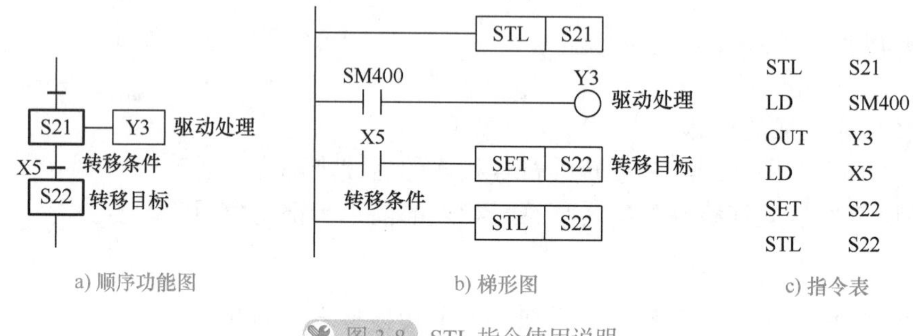

图 3-8　STL 指令使用说明

1）步进梯形图开始指令 STL 只有与步进继电器 S 配合时才具有步进功能。使用 STL 指令的步进继电器常开触点，称为 STL 触点，没有常闭的 STL 触点。用步进继电器代表功能图的各步，每一步都具有三种功能：负载驱动处理、指定转移条件和指定转移目标。

2）STL 触点是与左母线相连的常开触点，类似于主控触点，并且同一步进继电器的 STL 触点只能使用一次（并行序列的合并除外）。

3）STL 触点可以直接驱动或通过别的触点驱动 Y、M、S、T 或 C 等元件的线圈，STL 触点也可以使 Y、M 和 S 等元件置位或复位。与 STL 触点相连的触点应使用 LD、LDI、LDP 和 LDF 指令，在转移条件对应的回路中，不能使用 ANB、ORB、MPS、MRD、MPP 指令。

4）如果使步进继电器置位的指令不在 STL 触点驱动的电路块内，那么执行置位指令时，系统程序不会自动地将前级状态步对应的步进继电器复位。

5）驱动负载使用 OUT 指令。当同一负载需要连续多步驱动时可使用多重输出，也可使用 SET 指令将负载置位，等到负载不需要驱动时再用 RST 指令将其复位。

6）STL 触点之后不能使用 MC/MCR 指令，但可以使用跳转指令。

7）由于 CPU 只执行活动步对应的电路块，因此使用 STL 指令时允许“双线圈”输出，如图 3-9、图 3-10 所示。

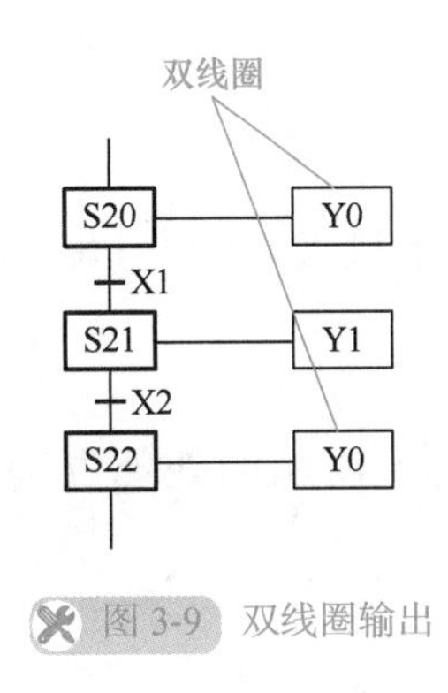

图 3-9　双线圈输出

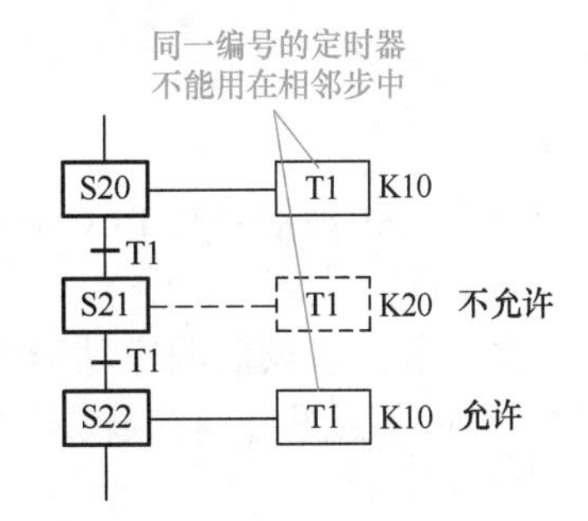

图 3-10　相邻步相同编号定时器输出

8）在状态转移过程中，由于在瞬间（1 个扫描周期），两个相邻的状态会同时接通，因此为了避免不能同时接通的一对输出同时接通，必须设置外部硬接线互锁或软件互锁，如图 3-11 所示。

9）各 STL 触点的驱动电路块一般放在一起，最后一个 STL 电路块结束时，一定要使用步进梯形图结束指令 RETSTL 使其返回主母线。

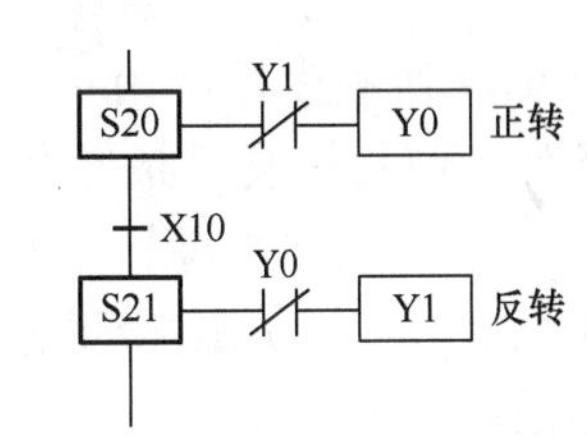

图 3-11　正反转的软件互锁控制

3. 步进梯形图中常用的特殊继电器

在 SFC 控制中，经常会用到一些特殊继电器，见表 3-3。

表 3-3　步进梯形图中常用的特殊继电器

特殊继电器编号	名称	功能和用途
SM400、SM8000	RUN 运行	PLC 运行中接通，可作为驱动程序的输入条件或作为 PLC 运行状态显示
SM402、SM8002	初始脉冲	在 PLC 进入 RUN 状态的瞬间，接通一个扫描周期。用于程序的初始化或 SFC 的初始步激活
SM8034	禁止全部输出	当 M8034 为 ON 时，顺序控制程序继续运行，但输出继电器（Y）都被断开（禁止输出）
SM8040	STL 用：禁止转移	当 M8040 为 ON 时，禁止在所有步之间的转移，但活动步内的程序仍然继续运行，输出仍然执行
SM8041	STL 用：自动运行时的运行开始	自动运行时可从初始状态进行转移
SM8042	STL 用：起始脉冲	对应起始输入的脉冲输出
SM8043	STL 用：原点回归完成	应在原点回归模式的结束状态下设置
SM8044	STL 用：原点条件	应在机械原点检测时驱动
SM8045	STL 用：禁止模式切换时的全部输出复位	不在模式切换时进行全部输出的复位
SM8046	STL 用：有 STL 状态 ON	任一步激活时（即成为活动步），SM8046 自动接通，用于避免与其他流程同时启动或用于工序的工作标志
SM8047	STL 用：STL 监视（SD8040 ～ SD8047）有效	当 SM8047 为 ON 时，编程功能可自动读出正在工作的状态元件编号，并加以显示 驱动 SM8047 则 SD8040 ～ SD8047 变为有效

（四）步进梯形图指令编程方法

1. 使用 STL 指令编程的一般步骤

1）列出现场物理信号与 PLC 软继电器编号对照表，即输入 / 输出分配。

2）画出 I/O 接线图。

3）根据控制要求绘制顺序功能图。

4）将顺序功能图转换为梯形图（转换方法按照图 3-8 所示的处理方法来处理每一状态）。

5）写出梯形图对应的指令表。

2. 单序列顺序控制的 STL 指令编程举例

单序列顺序控制由一系列相继执行的工序步组成，每一个工序步后面只能接一个转移条件，而每一转移条件之后仅有一个工序步。

每一个工序步即一个状态，用一个步进继电器进行控制，各工序步所使用的步进继电器没有必要一定按顺序进行编号（其他的序列也是如此）。此外，步进继电器也可作为转移条件。

某锅炉的鼓风机和引风机的控制要求如下：开机时，先起动引风机，10s 后开鼓风机；停机时，先关鼓风机，5s 后关引风机。试设计满足上述要求的控制程序。

（1）I/O 分配　某锅炉控制 I/O 分配见表 3-4。

表 3-4　某锅炉控制 I/O 分配表

输入			输出		
设备名称	符号	X 元件编号	设备名称	符号	Y 元件编号
起动按钮	SB1	X0	引风机接触器	KM1	Y0
停止按钮	SB2	X1	鼓风机接触器	KM2	Y1

（2）绘制顺序功能图　根据控制要求，整个控制过程分为 4 步：初始步 S0，没有驱动；起动引风机 S20，驱动 Y0 为 ON，起动引风机，同时，驱动定时器 T0，延时 10s；起动鼓风机 S21，Y0 仍为 ON，引风机保持继续运行，同时，驱动 Y1 为 ON，起动鼓风机；关鼓风机 S22，Y0 为 ON，Y1 为 OFF，鼓风机停止运行，引风机继续运行，同时，驱动定时器 T1，延时 5s，其顺序功能图如图 3-12a 所示。这里需要说明的是，引风机起动后，一直保持运行状态，直到最后停机。在步进顺序控制中，STL 触点驱动的电路块，OUT 指令驱动的输出，仅在当前步是活动步时有效，所以，功能图上 S20、S21、S22 步均需要有 Y0，否则，引风机起动后，进入下一步，就会停机。也可以用 SET 指令在 S20 步置位 Y0，这样在 S21、S22 步就可以不出现 Y0，但在 S0 步一定要复位 Y0。

（3）编制程序　利用步进梯形图指令，按照每一步 STL 指令驱动电路块需要完成的两个任务，先进行负载驱动处理，然后执行状态转移处理，将顺序功能图转化为梯形图，如图 3-12b 所示。

三、任务实施

（一）任务目标

1）根据控制要求绘制单序列顺序功能图，并用步进梯形图指令转换成步进梯形图。

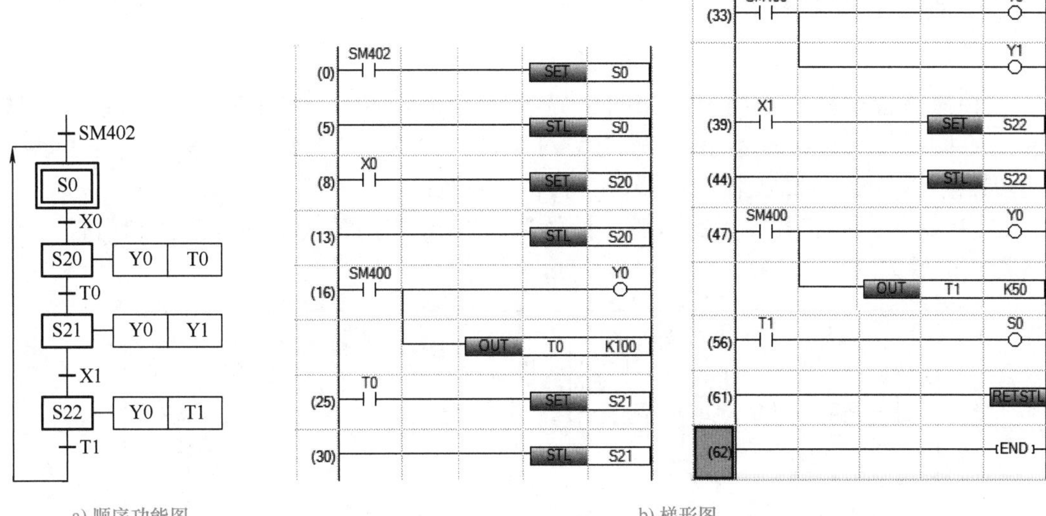

a) 顺序功能图　　　　　　　　b) 梯形图

(0)	LD	SM402		(25)	LD	T0		(47)	LD	SM400	
(2)	SET	S0		(27)	SET	S21		(49)	OUT	Y0	
(5)	STL	S0		(30)	STL	S21		(51)	OUT	T1	K50
(8)	LD	X0		(33)	LD	SM400		(56)	LD	T1	
(10)	SET	S20		(35)	OUT	Y0		(58)	OUT	S0	
(13)	STL	S20		(37)	OUT	Y1		(61)	RETSTL		
(16)	LD	SM400		(39)	LD	X1		(62)	END		
(18)	OUT	Y0		(41)	SET	S22					
(20)	OUT	T0	K100	(44)	STL	S22					

c) 指令表

图 3-12　鼓风机和引风机的顺序控制程序

2）学会 FX5U PLC I/O 接线方法。

3）初步学会单序列顺序控制步进梯形图指令编程方法。

4）熟练使用三菱 GX Works3 编程软件进行步进梯形图指令程序输入，并写入 PLC 进行调试运行，查看运行结果。

（二）设备与器材

本任务实施所需设备与器材，见表 3-5。

表 3-5　设备与器材

序号	名称	符号	型号规格	数量	备注
1	常用电工工具		十字螺钉旋具、一字螺钉旋具、尖嘴钳、剥线钳等	1 套	表中所列设备、器材的型号规格仅供参考
2	计算机（安装 GX Works3 编程软件）			1 台	
3	三菱 FX5U 可编程控制器	PLC	FX5U-32MR/ES	1 台	
4	三种液体混合控制模拟装置挂件			1 个	
5	以太网通信电缆			1 根	
6	连接导线			若干	

（三）内容与步骤

1. 任务要求

三种液体混合模拟控制面板如图3-13所示。SL1、SL2、SL3为液面传感器，液体A、B、C阀门与混合液体阀门由电磁阀YV1、YV2、YV3、YV4控制，M为搅匀电动机，KM为控制搅匀电动机的交流接触器，控制要求如下：

1）初始状态：装置投入运行时，液体A、B、C阀门关闭，混合液体阀门打开10s将容器放空后关闭。

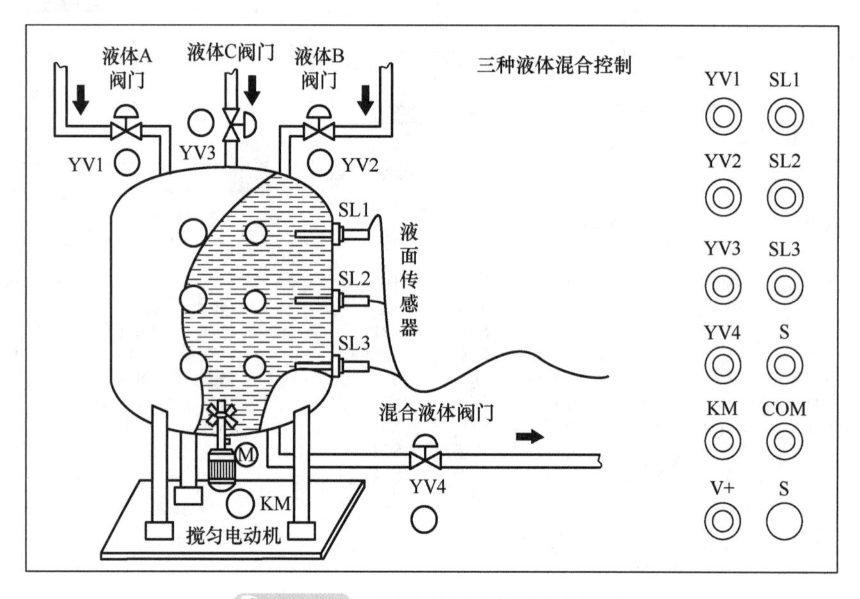

图3-13 三种液体混合模拟控制面板

2）起动操作：合上起停开关S，装置就开始按下列的规律操作。

液体A阀门打开，液体A流入容器。当液面到达SL3时，SL3接通，关闭液体A阀门，打开液体B阀门。液面到达SL2时，关闭液体B阀门，打开液体C阀门。液面到达SL1时，关闭液体C阀门。搅匀电动机开始搅匀。搅匀电动机工作30s后停止搅动，混合液体阀门打开，开始放出混合液体。当液面下降到SL3时，SL3由接通变为断开，再过2s后，容器放空，混合液体阀门关闭，完成一个操作周期。只要未断开起停开关，则自动进入下一周期。

3）停止操作：当断开起停开关后，在当前的混合液体操作处理完毕后，才停止操作（停在初始状态）。

2. I/O分配与接线图

I/O分配见表3-6。

表3-6 I/O分配表

输入			输出		
设备名称	符号	X元件编号	设备名称	符号	Y元件编号
起停开关	S	X0	液体A阀门	YV1	Y0
控制液体C传感器	SL1	X1	液体B阀门	YV2	Y1

（续）

输入			输出		
设备名称	符号	X 元件编号	设备名称	符号	Y 元件编号
控制液体 B 传感器	SL2	X2	液体 C 阀门	YV3	Y2
控制液体 A 传感器	SL3	X3	混合液体阀门	YV4	Y3
			控制搅匀电动机接触器	KM	Y4

绘制 I/O 接线图，如图 3-14 所示。

3. 顺序功能图

根据控制要求画出顺序功能图，如图 3-15 所示。

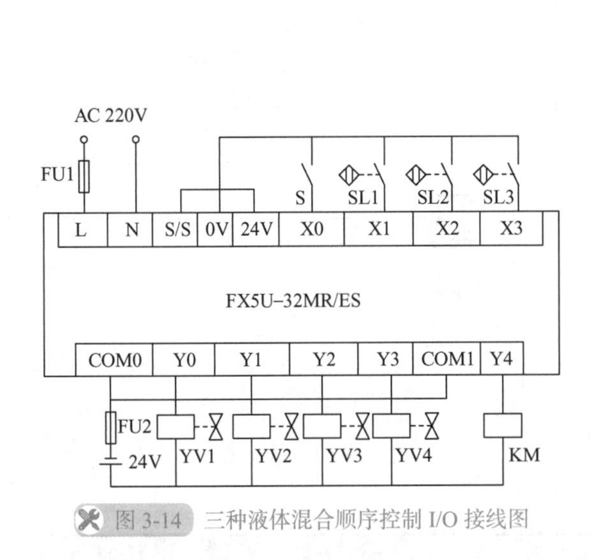

图 3-14 三种液体混合顺序控制 I/O 接线图

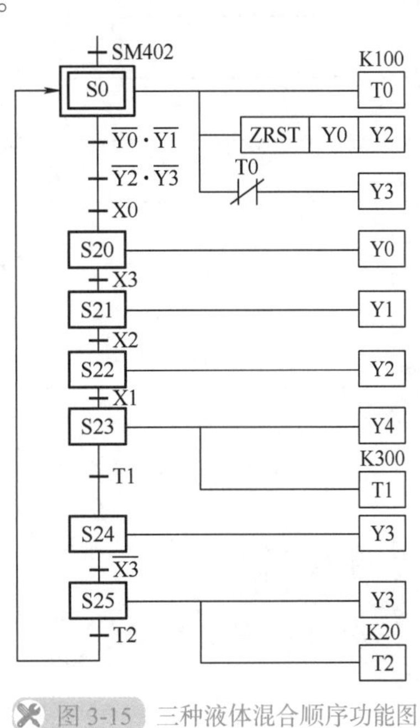

图 3-15 三种液体混合顺序功能图

4. 梯形图程序

利用 GX Works3 编程软件通过 STL、RETSTL 指令，将图 3-15 顺序功能图转换为梯形图，如图 3-16 所示。

5. 调试运行

将图 3-16 所示的梯形图程序写入 PLC，按照图 3-14 进行 PLC 外部接线，调试时请参照图 3-15，将 PLC 运行模式调至 RUN 状态，观察 Y3 是否得电，延时 10s 后，Y3 是否失电，Y3 失电后，按下 X0，观察 Y0 是否得电，得电后，合上 X3，观察 Y1 是否得电，以此类推，按照顺序功能图的流程对程序进行调试，观察运行结果是否符合控制要求。

（四）分析与思考

1）为了使混合液体充分搅拌均匀，本任务中混合液体在搅匀过程中，若要求先正向搅匀 7.5s，再反向搅匀 7.5s，然后循环 2 次，程序应如何编制？

2）在顺序控制步进梯形图中，当前步的后级步成为活动步是用 SET 或 OUT 指令实现的，它的前级步变为不活动步又该如何实现？

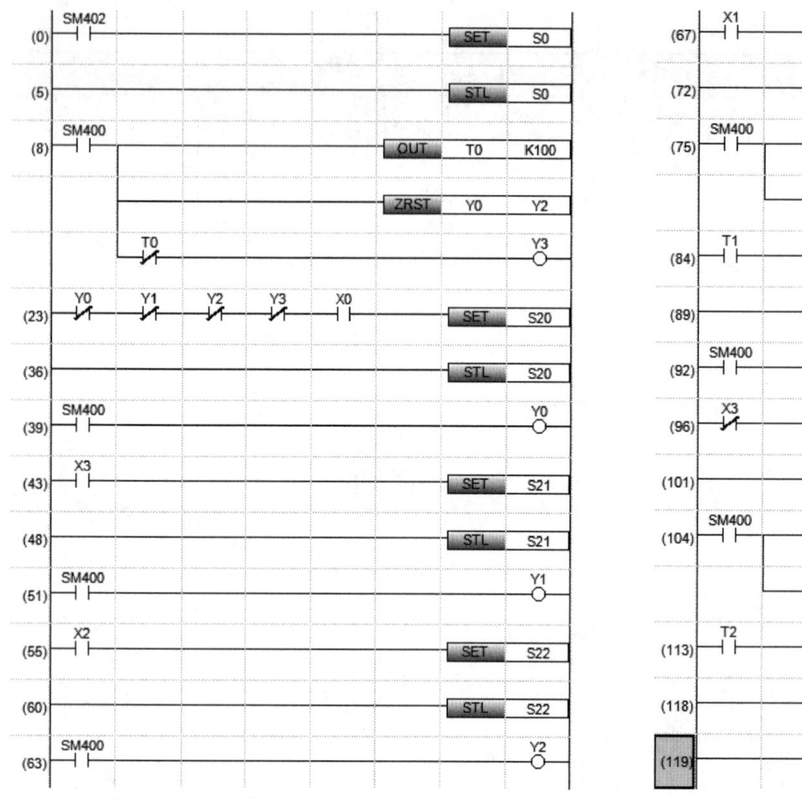

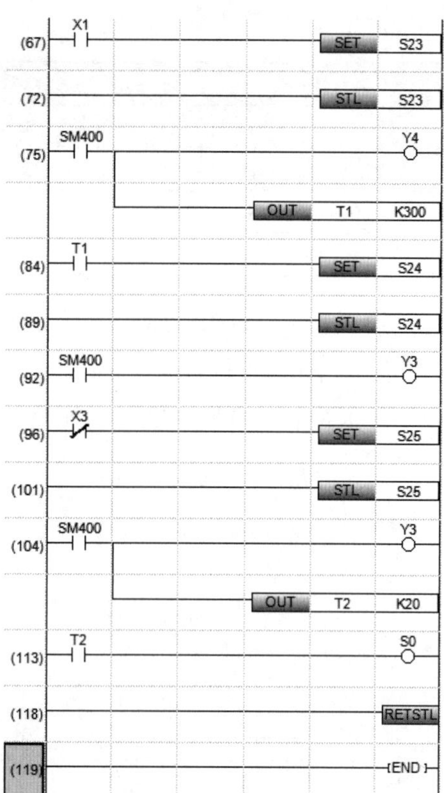

图 3-16　三种液体混合控制梯形图

四、任务考核

本任务实施考核见表 3-7。

表 3-7　任务考核表

序号	考核内容	考核要求	评分标准	配分	得分
1	电路及程序设计	（1）能正确分配 I/O，并绘制 I/O 接线图 （2）根据控制要求，正确编制梯形图程序	（1）I/O 分配错或少，每个扣 5 分 （2）I/O 接线图设计不全或有错，每处扣 5 分 （3）梯形图表达不正确或画法不规范，每处扣 5 分	40 分	
2	安装与连线	根据 I/O 分配，正确连接电路	（1）连线错 1 处，扣 5 分 （2）损坏元器件，每只扣 5 ～ 10 分 （3）损坏连接线，每根扣 5 ～ 10 分	20 分	
3	调试与运行	能熟练使用编程软件编制程序写入 PLC，并按要求调试运行	（1）不会熟练使用编程软件进行梯形图的编辑、修改、转换、写入及监视，每项扣 2 分 （2）不能按照控制要求完成相应的功能，每缺 1 项扣 5 分	20 分	
4	安全操作	确保人身和设备安全	违反安全文明操作规程，扣 10 ～ 20 分	20 分	
5	合计				

五、知识拓展——步进梯形图编程技巧

（一）初始步的处理方法

初始步可由其他步驱动，但运行开始时必须用其他方法预先做好驱动，否则状态流程不可能向下进行。一般用系统的初始条件驱动，若无初始条件，可用 SM402（或 SM8002）(PLC 从 STOP → RUN 切换时的初始化脉冲）进行驱动。

（二）步进梯形图编程的顺序

编程时必须使 STL 指令对应于顺序功能图上的每一步。步进梯形图中每一步的编程顺序为：先进行驱动处理，后进行转移处理，二者不能颠倒。驱动处理就是该步的输出处理，转移处理就是根据转移方向和转移条件实现下一步的状态转移。

（三）OUT 指令在 STL 区内的使用

SET 指令和 OUT 指令均可以使 STL 指令后的步进继电器置 1，即将后续步置为活动步，此外还有自保持功能。SET 指令一般用于相邻步的状态转移，而 OUT 指令用于顺序功能图中闭环和跳转，如图 3-17 所示。

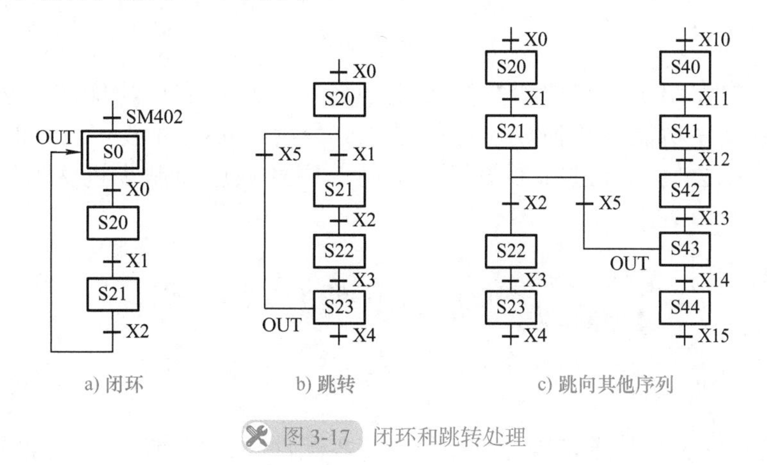

图 3-17　闭环和跳转处理

（四）复杂转移条件程序的处理

转移回路中，不能使用 ANB、ORB、MPS、MRD、MPP 指令，否则将出错，如果转移条件比较复杂需要块运算时，可以将转移条件放到该状态元件负载端处理，将复杂的转移条件转换为辅助继电器触点。复杂转移条件程序的处理如图 3-18 所示。

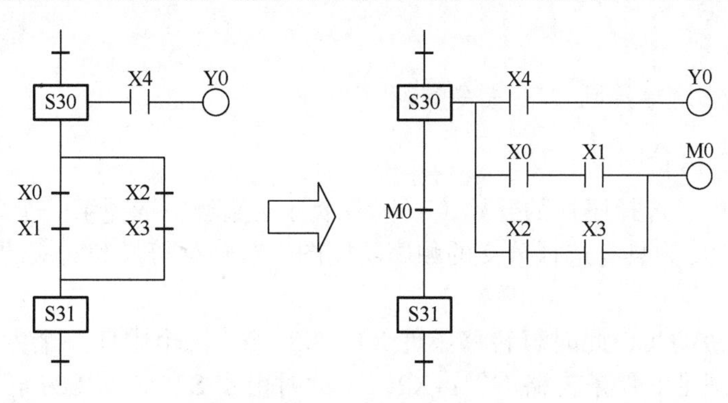

图 3-18　复杂转移条件程序的处理

（五）输出的驱动方法

输出的驱动方法如图3-19所示。图中，从STL触点分别驱动3个输出，其中Y0、Y2无驱动条件，Y1经驱动条件X5产生输出。对于这种情况，在使用GX Works3编程软件编程时，必须在没有触点驱动的输出增加驱动条件一直ON的SM400（PLC的特殊继电器），否则，将不能转换。

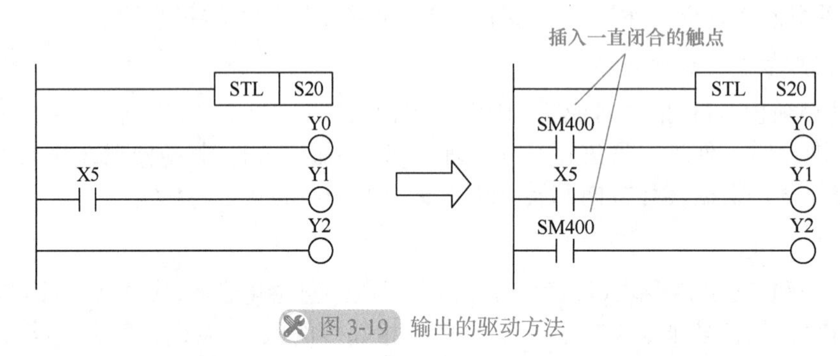

图3-19 输出的驱动方法

六、任务总结

本任务首先介绍了用步进继电器S表示各步，绘制顺序功能图，然后利用步进梯形图指令将顺序功能图转换成对应梯形图，最后通过三种液体混合的PLC控制任务的实施，达成会使用步进梯形图指令编制单序列顺序控制步进梯形图及调试运行的目标。

任务二 四节传送带的PLC控制

一、任务导入

在工业生产线上用传送带输送生产设备或零配件时，其动作过程通常按照一定顺序起动，反序停止。考虑到传送带运行过程中的故障情况，传送带的控制过程就是顺序控制中典型的选择序列顺序控制。

本任务主要通过四节传送带的PLC控制来学习选择序列顺序控制程序的设计方法。

二、知识准备

（一）选择序列顺序控制STL指令的编程

1. 选择分支与汇合的特点

顺序功能图中，选择序列的开始（或从多个分支流程中选择某一个单支流程），称为选择分支。图3-20a为具有选择分支的顺序功能图，其转移符号和对应的转移条件只能标在水平连线之下。

如果S20是活动步，此时若转移条件X1、X2、X3三个中任一个为“1”，则活动步就转向转移条件满足的那条支路。例：X2=1，此时由步S20向步S31转移，只允许同时选择一个序列。

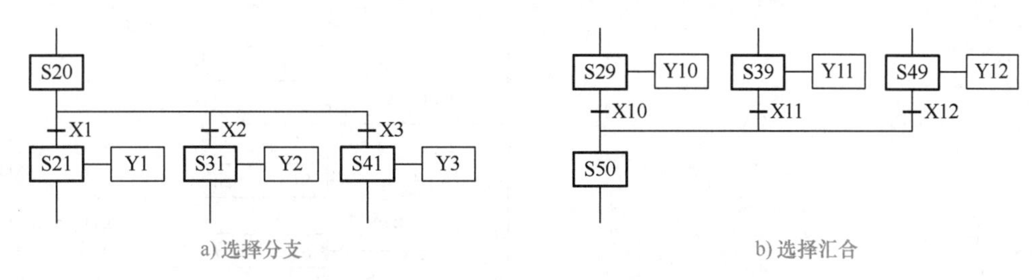

图 3-20　选择分支与选择汇合顺序功能图

注意：选择分支处，当其前级步为活动步时，各分支的转移条件只允许一个首先成立。

选择序列的结束称为汇合或合并，如图 3-20b 所示，几个选择序列合并到一个公共的序列时，用需要重新组合的序列相同数量的转移符号和水平连线来表示，转移符号和对应的转移条件只允许标在水平连线之上。如果 S39 是活动步，且转移条件 X11=1，则发生由步 S39 →步 S50 转移。

注意：选择序列分支处的支路数不能超过 8 条。

2. 选择分支与汇合的编程

（1）分支的编程　选择分支编程时，先进行负载驱动处理，然后进行转移处理，所有的转移处理按顺序进行，如图 3-21 所示。

在图 3-21 中，在 S20 之后有三个选择分支。当 S20 是活动步（S20=1）时，转移条件 X1、X2、X3 中任一个条件满足，则活动步根据条件进行转移，若 X2=1，此时活动步转向 S31。在对应的梯形图中，画有并行供选择的支路。

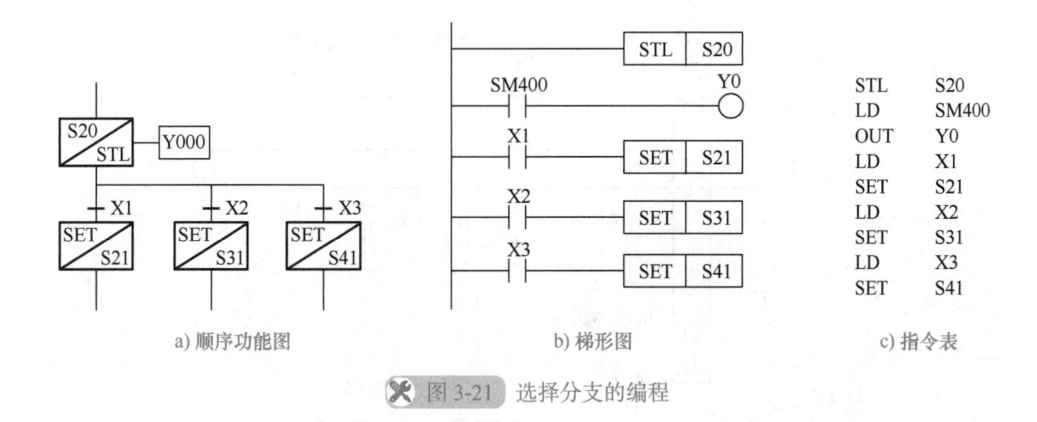

图 3-21　选择分支的编程

（2）汇合的编程　选择汇合处的编程与一般状态的编程一样，先进行驱动处理，然后进行转移处理，如图 3-22 所示。编程时要先进行汇合前状态的输出处理，然后向汇合状态转移，此后从左到右进行汇合转移。可见梯形图中出现了三个 SET S50，即每一分支都汇合到 S50。

注意：选择分支、汇合编程时，同一步进继电器的 STL 触点只能在梯形图中出现一次。

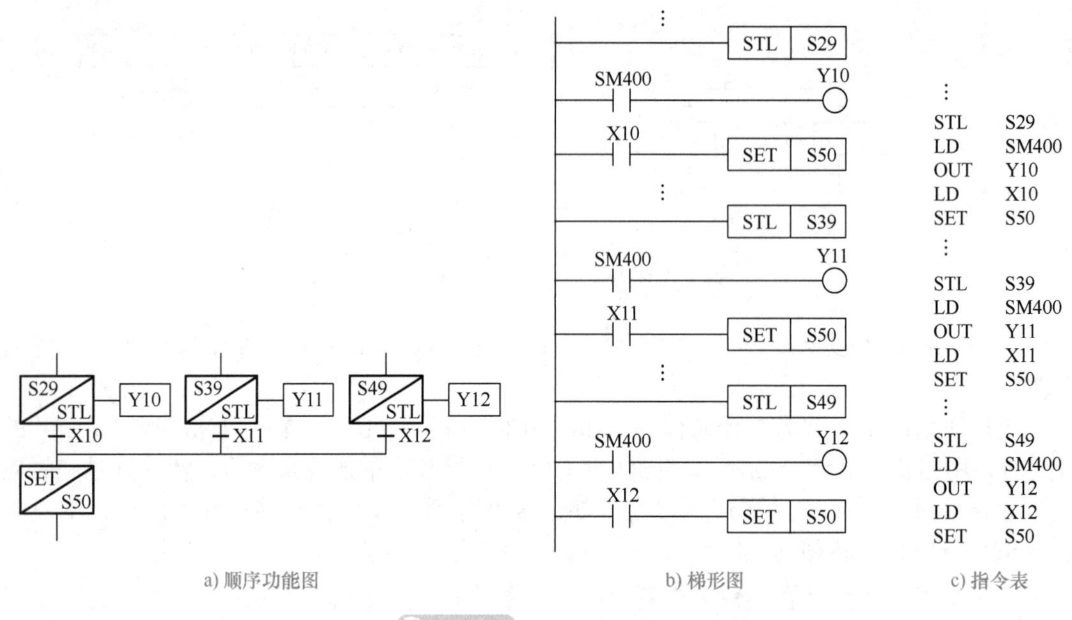

a) 顺序功能图　　b) 梯形图　　c) 指令表

图 3-22 选择汇合的编程

（二）编程举例

1. 控制要求

选择性工作传输机用于将大、小球分类送到右边的两个不同位置的箱里，如图 3-23 所示。其工作过程为：

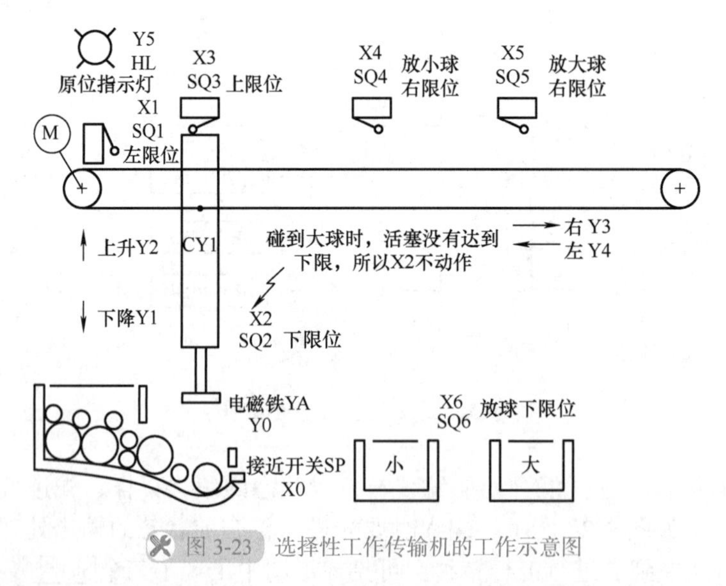

图 3-23 选择性工作传输机的工作示意图

1）当传输机位于起始位置时，上限位开关 SQ3 和左限位开关 SQ1 被压下，接近开关 SP 断开，原位指示灯 HL 点亮。

2）起动装置后，操作杆下行，一直到接近开关 SP 闭合。此时，若碰到的是大球，则下限位开关 SQ2 仍为断开状态；若碰到的是小球，则下限位开关 SQ2 为闭合状态。

3）接通控制吸盘的电磁铁线圈 YA。

4）假如吸盘吸起小球，则操作杆上行，碰到上限位开关 SQ3 后，操作杆右行；碰到右限位开关 SQ4（小球的右限位开关）后，再下行，碰到下限位开关 SQ6 后，将小球放到小球箱里，然后返回到原位。

5）如果起动装置后，操作杆一直下行到 SP 闭合后，下限位开关 SQ2 仍为断开状态，则吸盘吸起的是大球，操作杆上行，碰到上限位开关 SQ3 后，操作杆右行碰到右限位开关 SQ5（大球的右限位开关）后，再下行，碰到下限位开关 SQ6 后，将大球放到大球箱里，然后返回到原位。

2. I/O 分配

I/O 分配见表 3-8。

表 3-8　I/O 分配表

输入			输出		
设备名称	符号	X 元件编号	设备名称	符号	Y 元件编号
起停开关	S	X10	电磁铁	YA	Y0
接近开关	SP	X0	传输机下驱动电磁阀	YV1	Y1
左限位开关	SQ1	X1	传输机上驱动电磁阀	YV2	Y2
下限位开关	SQ2	X2	传输机右驱动电磁阀	YV3	Y3
上限位开关	SQ3	X3	传输机左驱动电磁阀	YV4	Y4
放小球右限位开关	SQ4	X4	原位指示灯	HL	Y5
放大球右限位开关	SQ5	X5			
放球下限位开关	SQ6	X6			

3. 顺序功能图

根据控制要求，绘制顺序功能图如图 3-24 所示。整个控制过程划分为 12 个阶段，即 12 步，分别为：初始状态 S0，驱动 Y5 为 ON，点亮原位指示灯；下降 S20，驱动 Y1 为 ON，操作杆下行；吸小球 S21，置位 Y0，吸附小球，同时，驱动定时器 T1，延时 1s；上升 S22，驱动 Y2 为 ON，操作杆上行，右行 S23，驱动 Y3 为 ON，操作杆右行；吸大球 S25，置位 Y0，吸附大球，同时，驱动定时器 T1，延时 1s；上升 S26，驱动 Y2 为 ON，操作杆上行；右行 S27，驱动 Y3 为 ON，操作杆右行；下降 S30，驱动 Y1 为 ON，操作杆下行；放球 S31，复位 Y0，释放小球或大球，同时，驱动定时器 T2，延时 1s；上升 S32，驱动 Y2 为 ON，操作杆上行；左行 S33，驱动 Y4 为 ON，操作杆左行，然后返回初始状态。

4. 编制程序

由功能图可知，从操作杆下降吸球（S20）时开始进入选择分支，若吸盘吸起小球

（下限位开关 SQ2 闭合），执行左边的分支；若吸盘吸起大球（SQ2 断开），执行右边的分支。在状态 S30（操作杆碰到右限位开关）结束分支进行汇合，以后就进入单序列流程结构。需要注意的是，只有装置在原点才能开始工作循环。根据步进指令编制的梯形图程序，如图 3-25 所示。

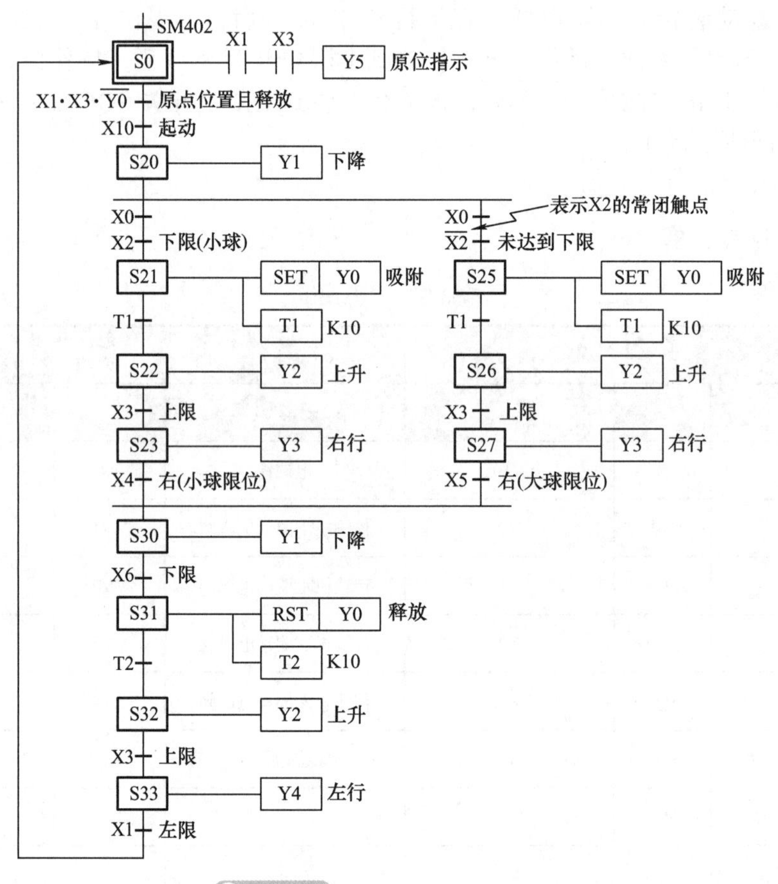

图 3-24 大小球分拣顺序功能图

三、任务实施

（一）任务目标

1）根据控制要求绘制选择序列顺序功能图，并用步进梯形图指令转换成梯形图。

2）学会 FX5U PLC I/O 接线方法。

3）初步学会选择序列顺序控制步进指令编程方法。

4）熟练使用三菱 GX Works3 编程软件进行步进梯形图指令程序输入，并写入 PLC 进行调试运行，查看运行结果。

（二）设备与器材

本任务实施所需设备与器材，见表 3-9。

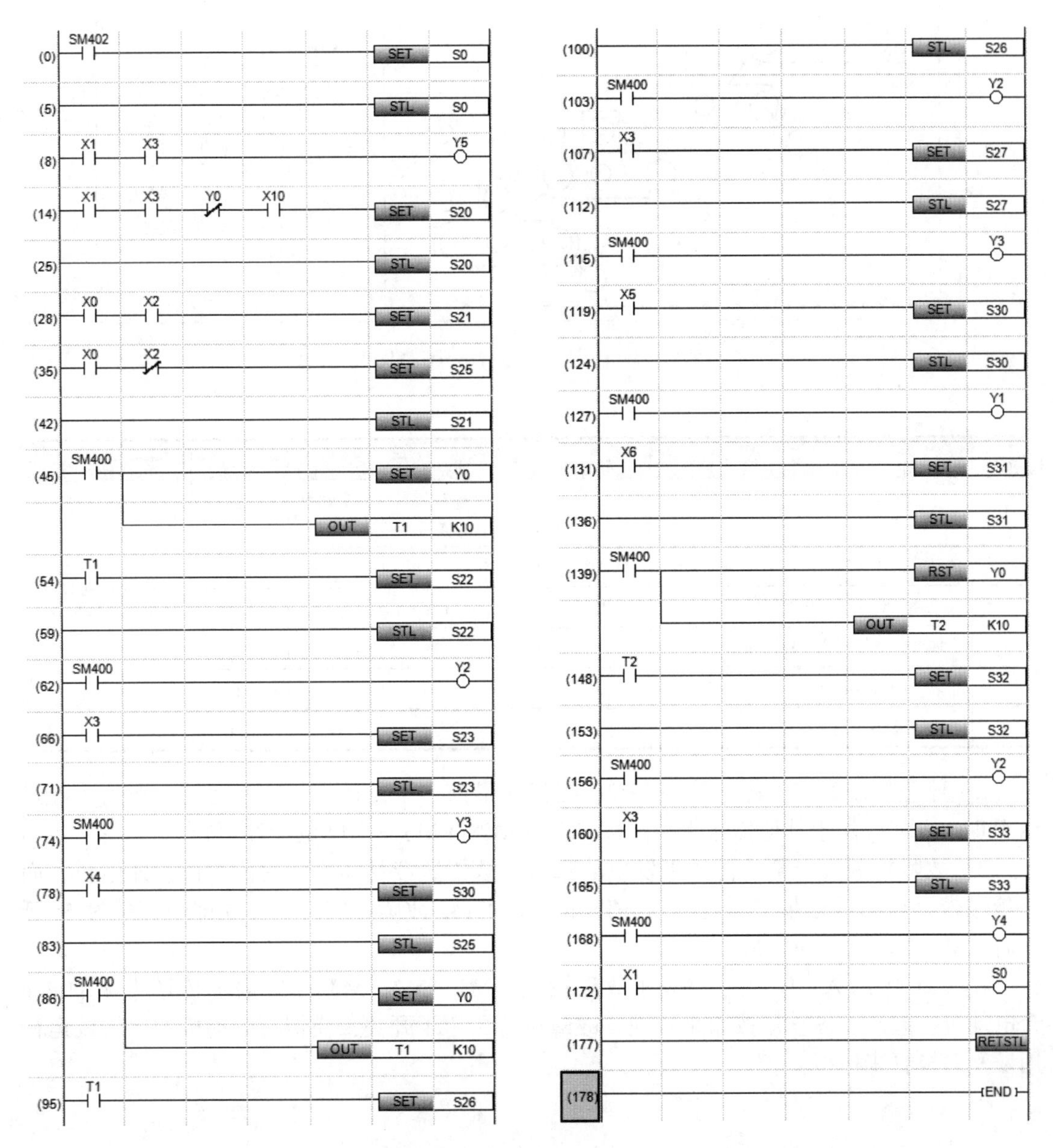

图 3-25　大小球分拣顺序控制梯形图

（三）内容与步骤

1. 任务要求

四节传送带控制系统，分别用四台电动机驱动，其模拟控制面板如图 3-26 所示，控制要求如下：

1）起动控制：按下起动按钮 SB1，先起动最末一条传送带，经过 5s 延时，再依次起动其他传送带，即按 M4 → M3 → M2 → M1 的反序起动。

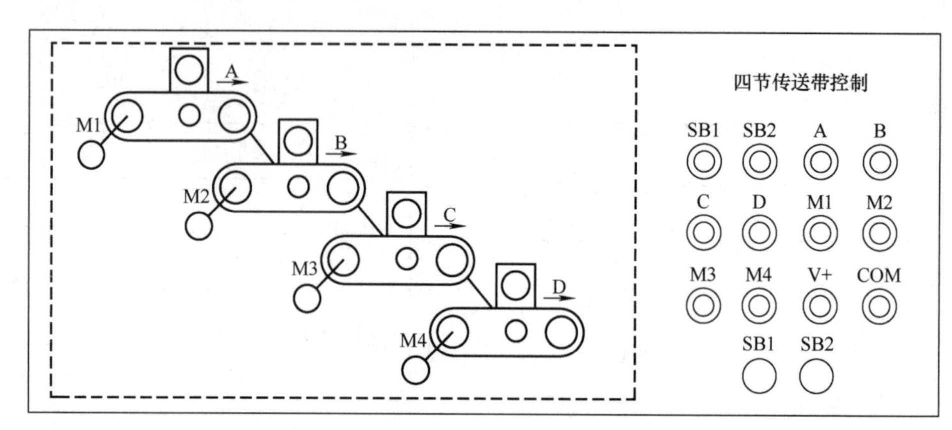

图 3-26　四节传送带模拟控制面板

表 3-9　设备与器材

序号	名称	符号	型号规格	数量	备注
1	常用电工工具		十字螺钉旋具、一字螺钉旋具、尖嘴钳、剥线钳等	1 套	表中所列设备、器材的型号规格仅供参考
2	计算机（安装 GX Works3 编程软件）			1 台	
3	三菱 FX5U 可编程控制器	PLC	FX5U-32MR/ES	1 台	
4	四节传送带模拟控制挂件			1 个	
5	以太网通信电缆			1 根	
6	连接导线			若干	

2）停止控制：按下停止按钮 SB2，先停止最前一条传送带，待料运送完毕后（经过 5s 延时）再依次停止其他传送带，即按 M1 → M2 → M3 → M4 的顺序停止。

3）故障控制：当某条传送带发生故障时，该传送带及其前面的传送带立即停止，而该传送带以后的传送带待料运完后才停止。例如 M2 故障，M1、M2 立即停，经过 5s 延时后，M3 停，再过 5s，M4 停。

图 3-26 中的 A、B、C、D 表示故障设定；M1、M2、M3、M4 表示传送带驱动的 4 台电动机。起动、停止用按钮来实现，故障设置用钮子开关来模拟；电动机的停转或运行用发光二极管来模拟。

2. I/O 分配与接线图

I/O 分配见表 3-10。

表 3-10　I/O 分配表

输入			输出		
设备名称	符号	X 元件编号	设备名称	符号	Y 元件编号
起动按钮	SB1	X0	第一节传送带驱动电动机	M1	Y0
停止按钮	SB2	X1	第二节传送带驱动电动机	M2	Y1
M1 故障	A	X2	第三节传送带驱动电动机	M3	Y2
M2 故障	B	X3	第四节传送带驱动电动机	M4	Y3
M3 故障	C	X4			
M4 故障	D	X5			

I/O 接线图如图 3-27 所示。

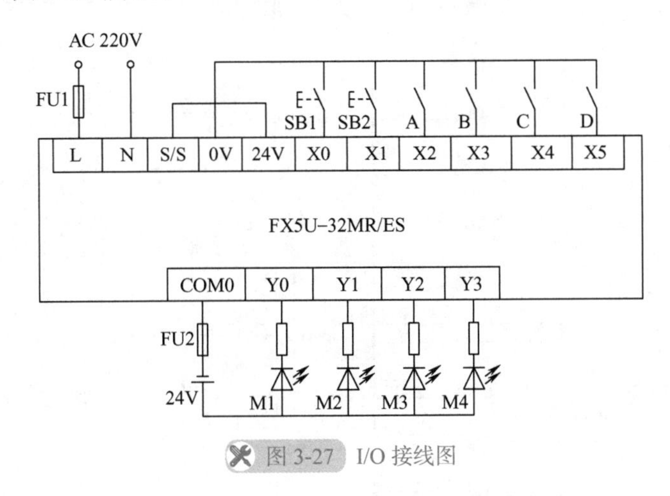

图 3-27　I/O 接线图

3. 顺序功能图

根据控制要求，四节传送带运输机控制系统为 4 个分支的选择序列顺序控制，其顺序功能图如图 3-28 所示。

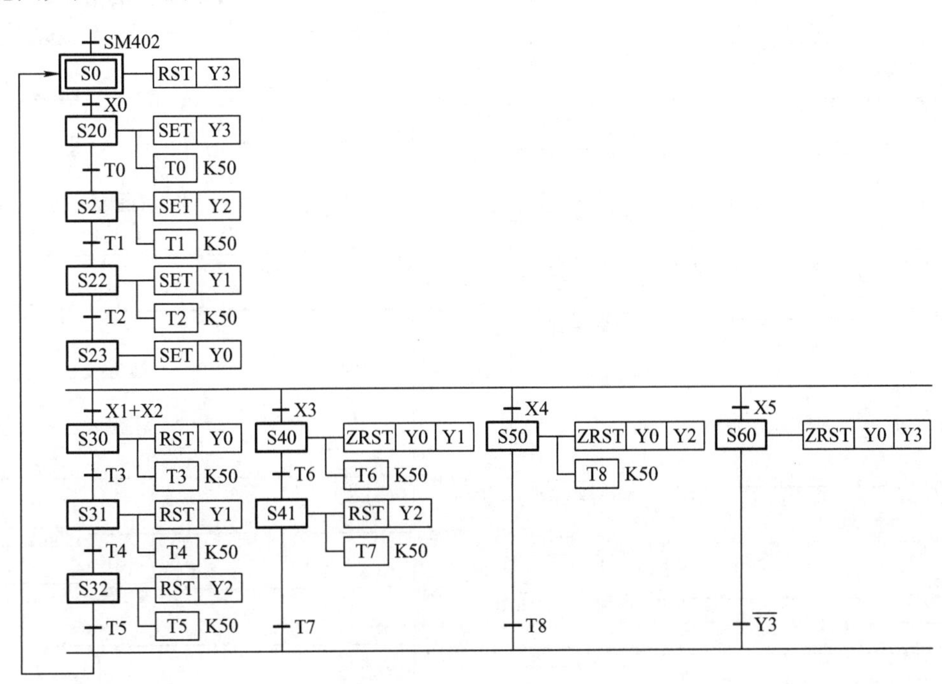

图 3-28　四节传送带顺序功能图

4. 编制程序

使用 GX Works3 编程软件通过步进梯形图指令，将顺序功能图转换为梯形图，如图 3-29 所示。

5. 调试运行

将图 3-29 所示的梯形图程序写入 PLC，按照图 3-27 进行 PLC 输入、输出端接线，并将 PLC 模式选择开关拨至 RUN 位置。

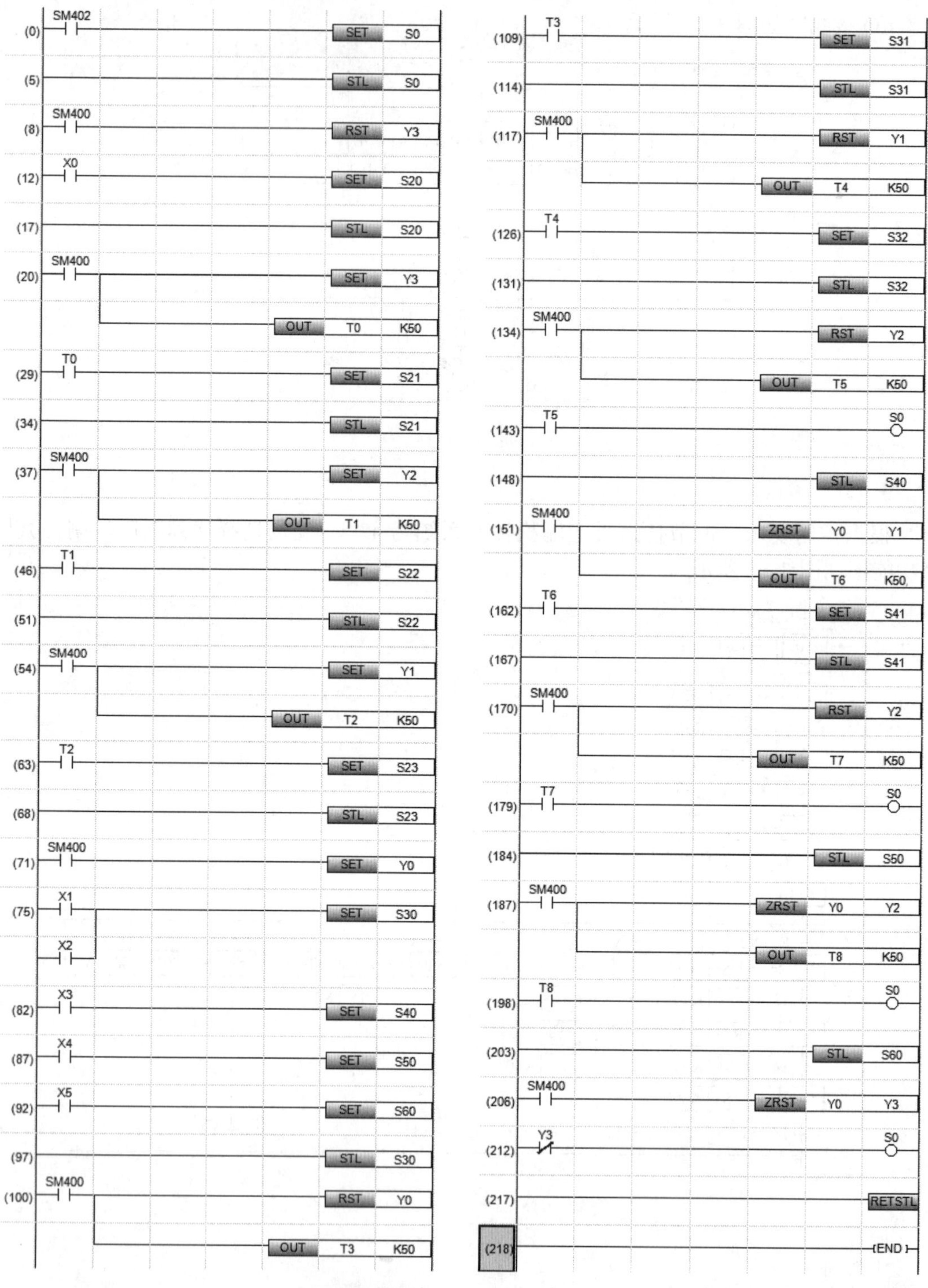

图 3-29 四节传送带控制梯形图

当 PLC 运行时，可以使用编程软件中的监视功能监视整个程序的运行过程，以便调试程序。在 GX Works3 编程界面，选择菜单命令“在线”→“监视”→“开始监视”，可以全画面监控 PLC 的运行，这时可以观察到定时器的当前值会随着程序的运行而动态变

化，得电动作的线圈和闭合的触点会变蓝。借助了 GX Works3 编程软件的监视功能，可以检查哪些线圈和触点该动作而没有动作，从而为进一步修改程序提供帮助。

（四）分析与思考

1）本任务中，如果传送带发生故障停止的延时时间改为 6s，其程序应如何编制？

2）在图 3-28 中，第 1 个分支的转移条件“X1+X2”表示什么意思？还可以用哪些形式表示？

四、任务考核

本任务实施考核见表 3-11。

表 3-11　任务考核表

序号	考核内容	考核要求	评分标准	配分	得分
1	电路及程序设计	（1）能正确分配 I/O，并绘制 I/O 接线图 （2）根据控制要求，正确编制梯形图程序	（1）I/O 分配错或少，每个扣 5 分 （2）I/O 接线图设计不全或有错，每处扣 5 分 （3）梯形图表达不正确或画法不规范，每处扣 5 分	40 分	
2	安装与连线	根据 I/O 分配，正确连接电路	（1）连线错 1 处，扣 5 分 （2）损坏元器件，每只扣 5 ～ 10 分 （3）损坏连接线，每根扣 5 ～ 10 分	20 分	
3	调试与运行	能熟练使用编程软件编制程序写入 PLC，并按要求调试运行	（1）不会熟练使用编程软件进行梯形图的编辑、修改、转换、写入及监视，每项扣 2 分 （2）不能按照控制要求完成相应的功能，每缺 1 项扣 5 分	20 分	
4	安全操作	确保人身和设备安全	违反安全文明操作规程，扣 10 ～ 20 分	20 分	
5	合计				

五、知识拓展——GX Works3 编制 SFC 程序

在编程软件 GX Works3 中，用 SFC 语言编辑顺序功能图，这种功能图的编辑方法与普通的梯形图有较大的区别，一些读者对它比较生疏，所以有必要把编程步骤介绍得详细一些。

在编程界面中所编辑的 SFC，每一步都有一个独立的梯形图编辑界面，因此可以将顺序功能图与梯形图相结合，将控制程序分解为若干个步序，环环相扣，一步一步地编写出与工艺要求相符合的控制程序。

1. 新建工程

打开 GX Works3 编程软件界面，选择菜单命令“工程”→“新建”执行，弹出新建对话框如图 3-30a 所示，选择系列为“FX5CPU”、机型为“FX5U”、程序语言为“SFC”，单击“确定”按钮，弹出如图 3-30b 所示对话框，单击图中“确定”按钮，在编程窗口中弹出 SFC 的初始编辑界面，如图 3-31 所示，这是一个单序列的顺序功能图。

在图 3-31 中，上下两个框是步序框，右边的框是运行输出框，中间横线是转移，横线上面的“Transition0”是转移条件，系统默认的情况下，第 1 个框为初始步，第 2 个框

为结束步。此时，可以选择菜单命令“工程”→“另存为”执行，或单击工具栏上的保存图标，弹出另存为对话框，在保存选择框选择保存的路径，文件名输入框输入文件名，然后单击“保存”按钮。予以保存后，再进行具体的编辑。

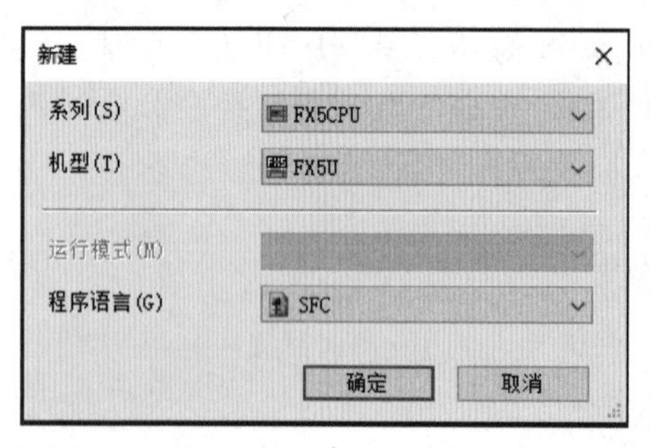

a)

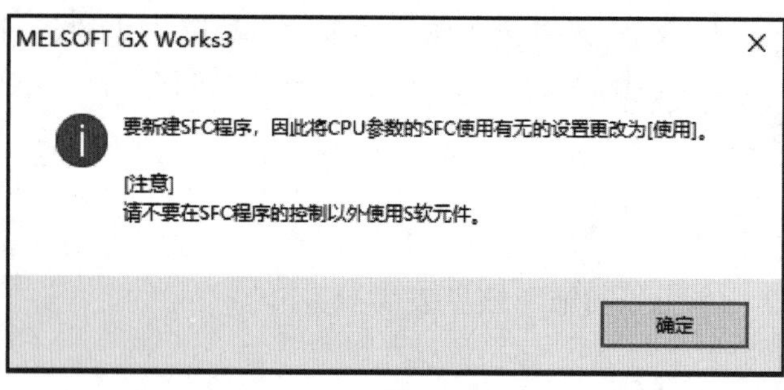

b)

图 3-30 新建 SFC 对话框

2. 编辑顺序功能图

下面以图 3-32 所示三相异步电动机正反转循环运行控制的功能图为例，介绍 SFC 程序编制的方法。

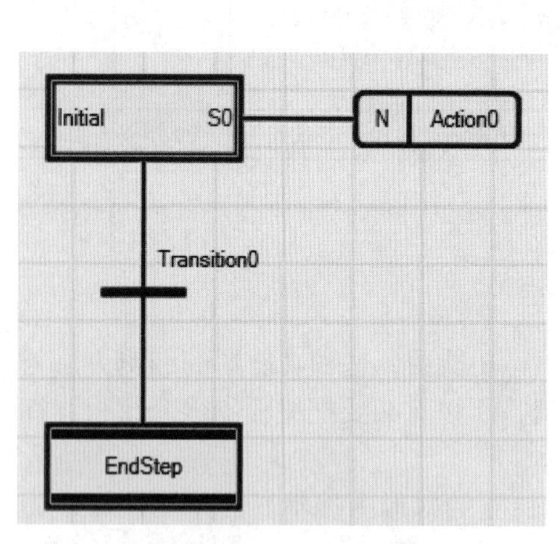

图 3-31 SFC 块初始编辑界面

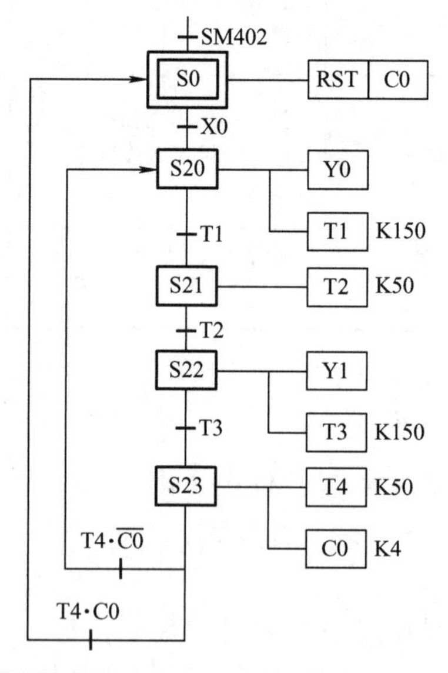

图 3-32 三相异步电动机正反转循环运行顺序功能图

使用 GX Works3 编程软件编辑的顺序功能图由两个部分构成，一是 SFC 块，另一个是梯形图块，即 SFC 块中每一步和转移条件对应的内置梯形图。使用 GX Works3 编程软件编辑顺序功能图通常有两种方法：第一种方法是 SFC 块的编辑与内置梯形图编辑同时进行；第二种方法是首先编辑 SFC 块，然后单独编辑内置梯形图，即在编辑 SFC 块中步、转移条件之后，分别编辑对应的内置梯形图。这里仅介绍第一种方法。

（1）编辑初始步 S0　在图 3-31 中，用鼠标左键单击选中左上部的矩形框，选择菜单命令“编辑”→“更改”→“名称”执行，或双击该框，这时，该框的

左上方打开显示“Initial”的输入框，将“Initial”更改为中文名称“初始步”，然后按 <Enter> 键确认。

用鼠标左键单击选中初始步 S0 右边的“运行输出”框，然后双击鼠标左键，打开“新建数据”对话框，如图 3-33 所示，将基本设置中的数据名“Action0”更改为“RC0”，然后单击“确定”按钮。此时，便打开梯形图块编辑窗口，编辑初始步 S0 运行输出“RST C0”。注意：在它之前一定要加一直 ON 的条件“LD SM400”，梯形图编辑完成后，单击工具栏上的转换图标，梯形图如图 3-34 所示。然后关闭当前窗口，重新回到 SFC 块编辑界面，初始步（S0）的 SFC 块如图 3-35 所示。这里需要说明，若初始步没有运行输出，则在编辑初始步时需要将 SFC 块中初始步右边的运行输出框删除，否则，SFC 程序无法正常转换和运行。

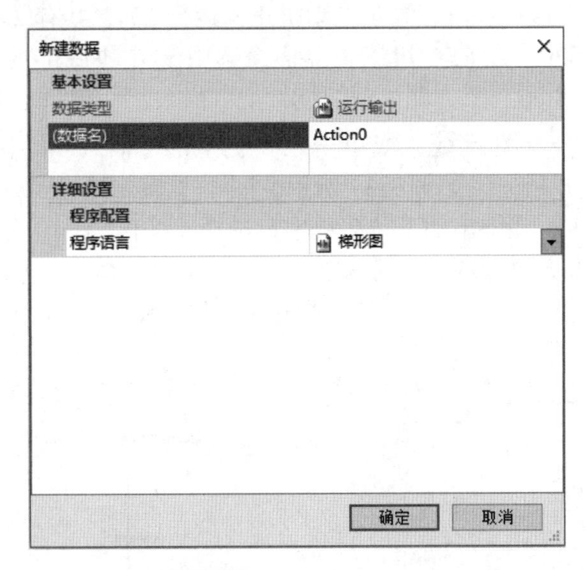

图 3-33 “新建数据”对话框

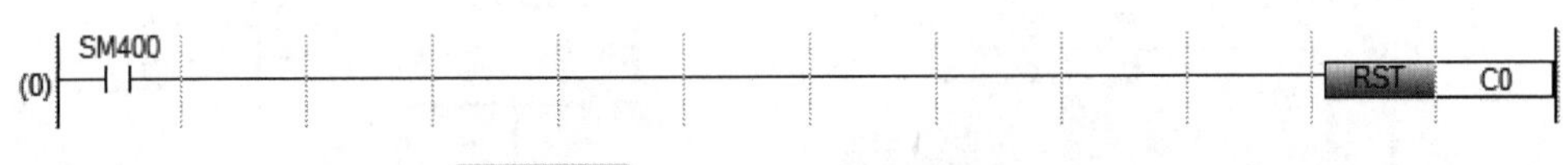

图 3-34 初始步 S0 运行输出内置梯形图

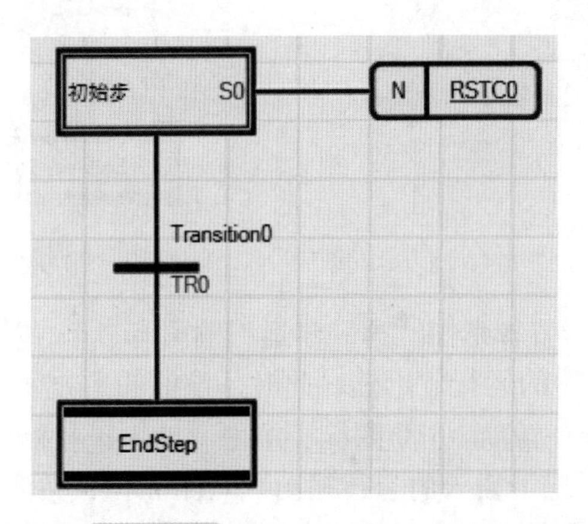

图 3-35 初始步（S0）的 SFC 块

（2）编辑第 1 个转移条件及内置梯形图　在图 3-35 中，选中初始步 S0 下方的转移条件“Transition0”，然后双击鼠标左键，打开“新建数据”对话框，将基本设置中的数据名“Transition0”更改为“X0”，然后单击“确定”按钮。此时，便打开梯形图块编辑窗口，编辑第 1 个转移条件“LD X0”后，在它的右边直接输入“TRAN”，表示转移条件虚拟输出，经变换后转移条件 X0 的内置梯形图如图 3-36 所示。单击该窗口右上方的关闭窗口按钮，重新返回至 SFC 块编辑界面。

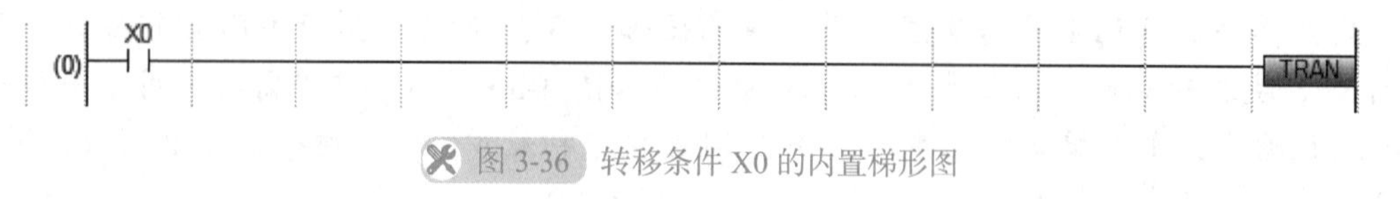

图 3-36　转移条件 X0 的内置梯形图

（3）编辑 S20 步　这一步三相异步电动机正向运行 15s，共有 2 项操作：

1）编辑步序号 S20。在 SFC 块编辑界面，选中 SFC 块底部的步号框“EndStep”，此时，步号方框“EndStep”上方便出现智能标记“插入步、删除、剪切、复制、帮助”5 个图标，单击“插入步”图标，或单击工具栏上的“插入步”图标，SFC 块的结构便发生变化，向下方延伸，如图 3-37 所示。图中“Step0”是默认的步序标号，选中“Step0”框，然后右击，在弹出的下拉菜单中，选择“编辑”→“软元件”单击执行，此时，“Step0”框的左上方便出现了一输入框，在该输入框中输入“S20”，按 <Enter> 键或单击编辑区任意处，这时，“Step0”方框右边便出现 S20，如图 3-38 所示。

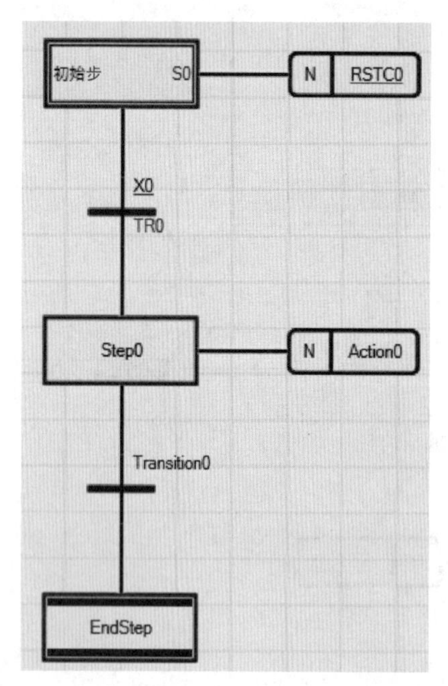

图 3-37　在“EndStep”上方插入步后 SFC 块

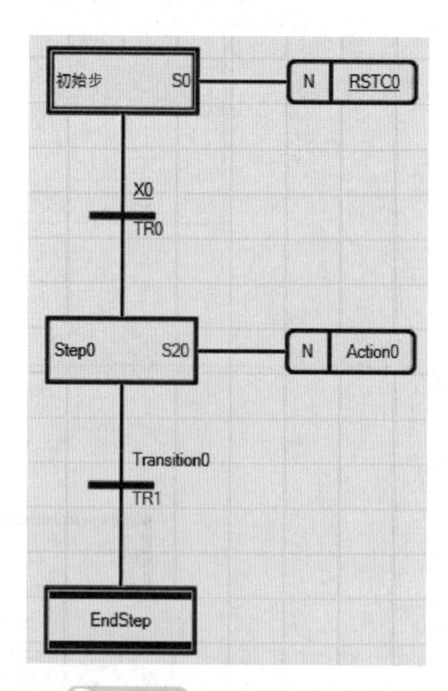

图 3-38　编辑 S20 后的 SFC 块

2）编辑运行输出及内置梯形图。这一步运行输出有 2 个，分别是 Y0、T0，在图 3-38 中，先选中“S20”步右边的运行输出框，此时，该框的上方便出现智能标记“插入运行输出、删除、剪切、复制、帮助”5 个图标，单击“插入运行输出”图标，原运行输出“Action0”的下方，便出现了插入的运行输出“Action1”，按照 S0 步运行输出编辑的方法，现将“Action0”数据名更改为“Y0”，并编辑其内置的梯形图，经转换后如图 3-39

所示。同理，将“Action1”数据名更改为“T1”，并编辑其内置的梯形图，经转换后如图 3-40 所示。

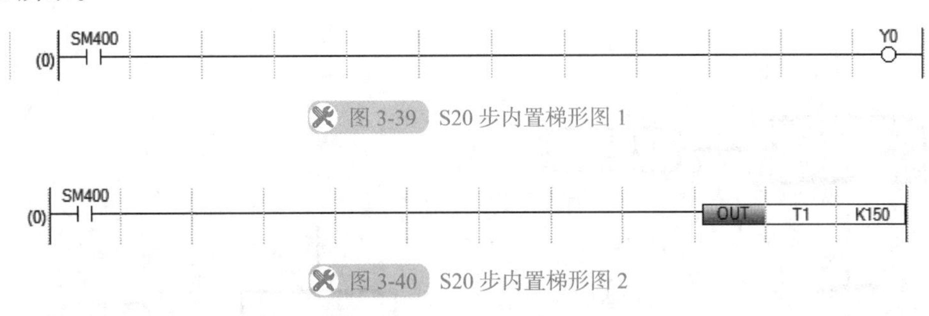

图 3-39　S20 步内置梯形图 1

图 3-40　S20 步内置梯形图 2

编辑完成 S20 步运行输出的 SFC 块如图 3-41 所示。

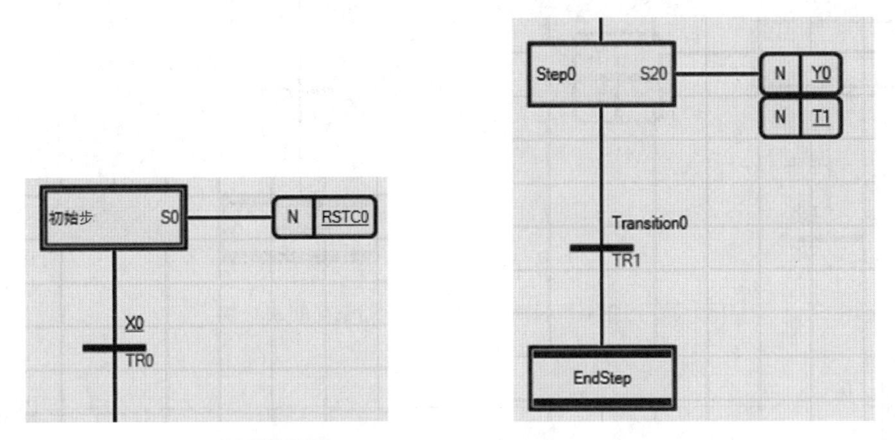

图 3-41　编辑完成 S20 步运行输出的 SFC 块

按照相同的方法，依次编辑转移条件 TR1 ～ TR3 及内置梯形图，步 S21 ～ S23、对应步运行输出及内置梯形图。其内置梯形图及编辑完成的 STC 块如图 3-42 ～图 3-53 所示。

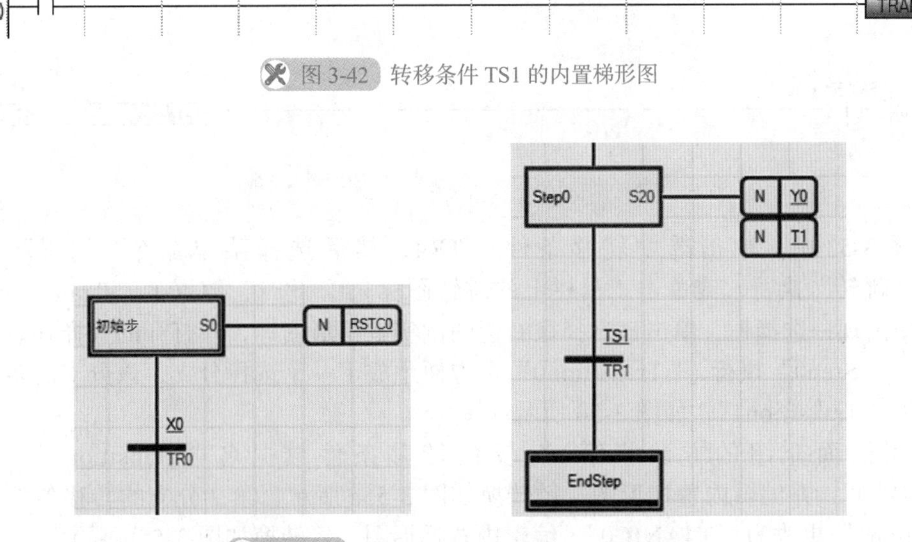

图 3-42　转移条件 TS1 的内置梯形图

图 3-43　编辑完成第 2 个转移条件的 SFC 块

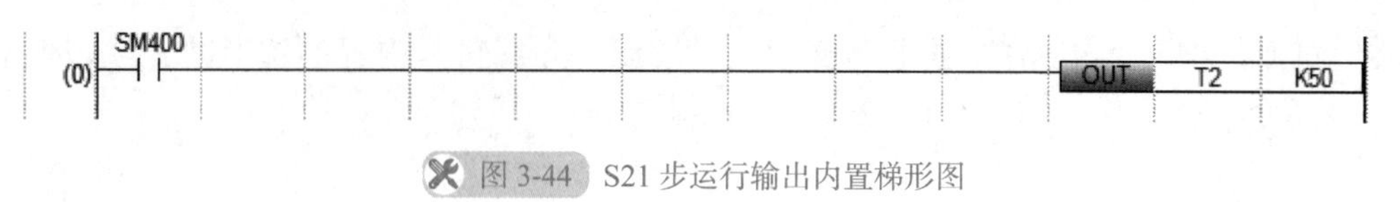

图 3-44 S21 步运行输出内置梯形图

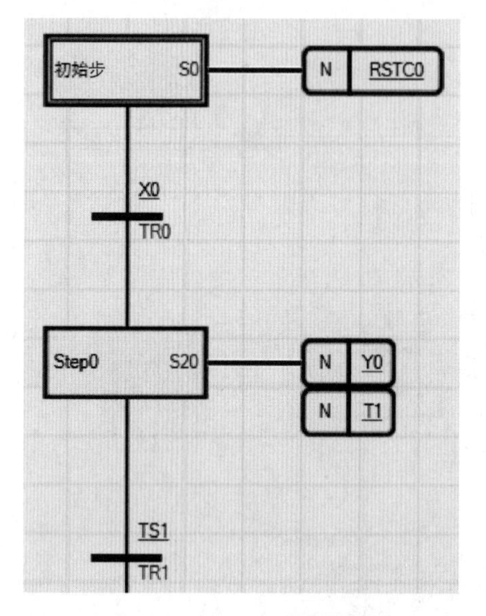

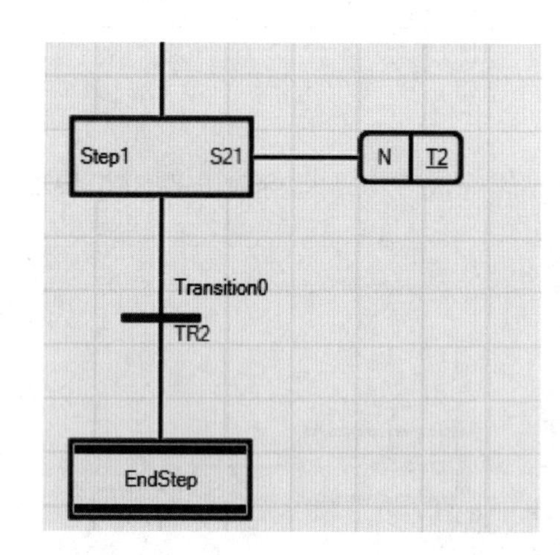

图 3-45 编辑完成 S21 步运行输出的 SFC 块

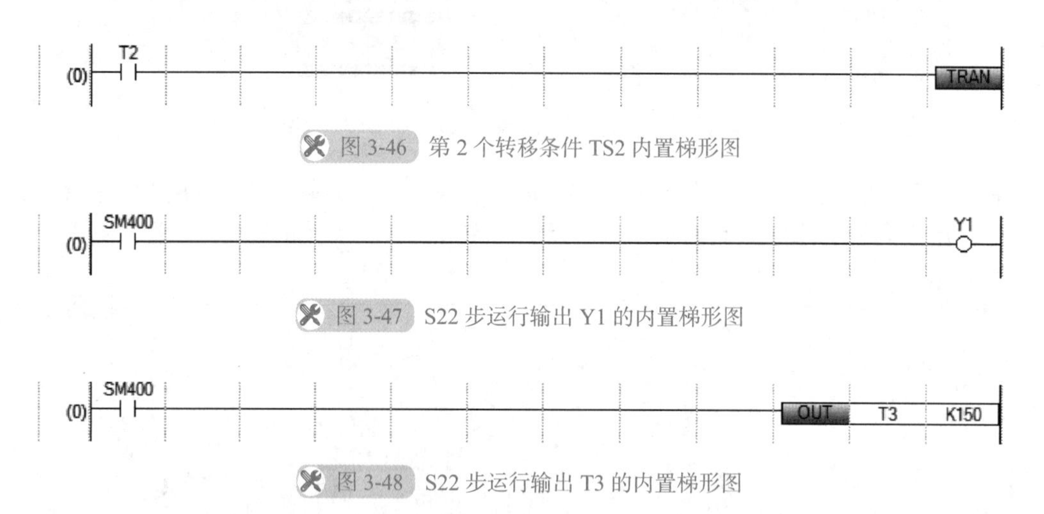

图 3-46 第 2 个转移条件 TS2 内置梯形图

图 3-47 S22 步运行输出 Y1 的内置梯形图

图 3-48 S22 步运行输出 T3 的内置梯形图

在图 3-53 中，单击选中转移条件号 TR4，然后选择菜单命令“编辑”→“插入”→“跳转”执行，或单击工具栏上的跳转图标，此时，数据名“Transition0”的右上方便出现一选择框，单击该选择框右边的倒实三角形图标，在打开的选择列表中双击跳转目标“Step0”执行，“Transition0”上方便生成了一个选择分支，该分支的转移条件数据名为“Transition1”，如图 3-54 所示。

按照前面介绍的方法将第 1 分支的转移条件数据名“Transition0”更改为“T4ANDC0”，并编辑内置梯形图，经转换如图 3-55a 所示，第 2 分支的转移条件数据名“Transition1”更改为“T4ANIC0”，编辑内置梯形图，经转换如图 3-55b 所示。

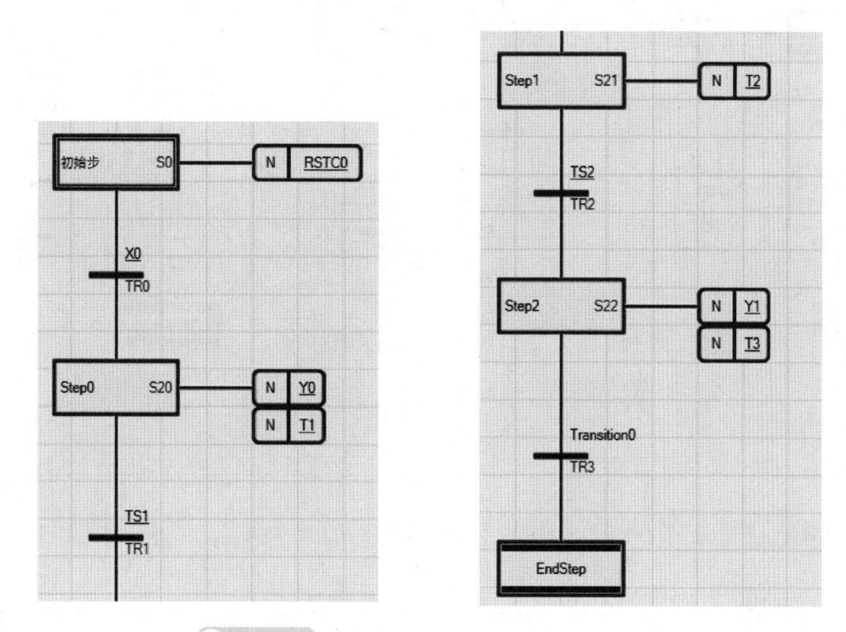

图 3-49　编辑完成 S22 步运行输出的 SFC 块

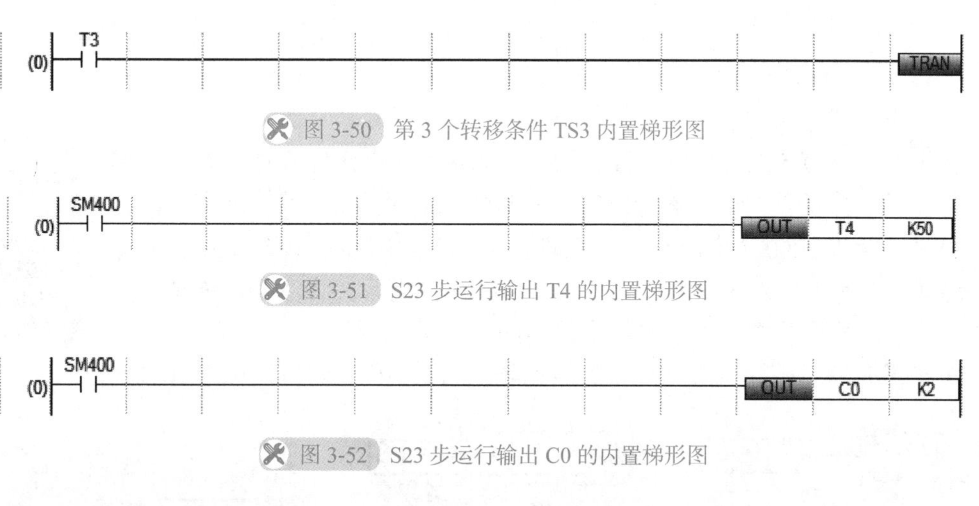

图 3-50　第 3 个转移条件 TS3 内置梯形图

图 3-51　S23 步运行输出 T4 的内置梯形图

图 3-52　S23 步运行输出 C0 的内置梯形图

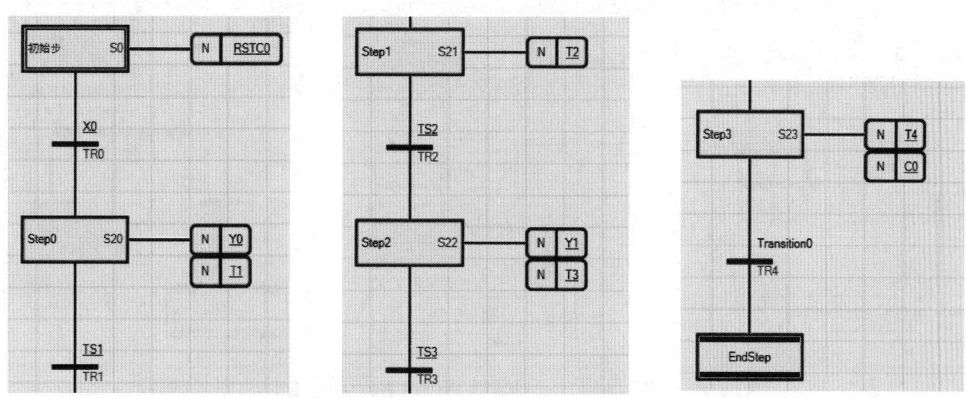

图 3-53　编辑完成 S23 步运行输出的 SFC 块

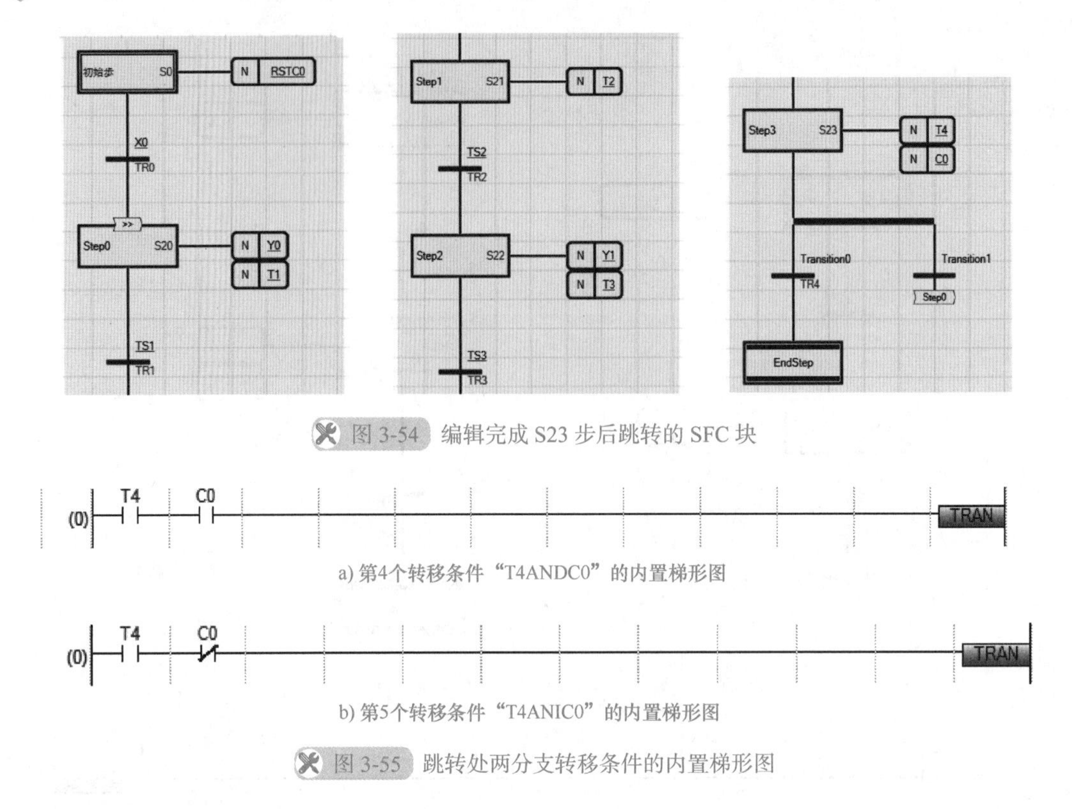

图 3-54 编辑完成 S23 步后跳转的 SFC 块

a) 第4个转移条件“T4ANDC0”的内置梯形图

b) 第5个转移条件“T4ANIC0”的内置梯形图

图 3-55 跳转处两分支转移条件的内置梯形图

3. 软元件注释

为了便于阅读 SFC 程序，可以对 SFC 块中的各软元件添加注释。通用软元件注释表中的注释，不能在 SFC 块中显示出来，必须另外添加，注释表中最多可输入 2000 个字符。单击工具栏上的“编辑注释”图标，便弹出注释框，在其中输入注释内容即可。注释编辑完成后，将注释框移至注释软元件处。注释框的大小可以根据字符串的情况进行调整。

编辑完成的三相异步电动机正反转循环运行的 SFC 块如图 3-56 所示。

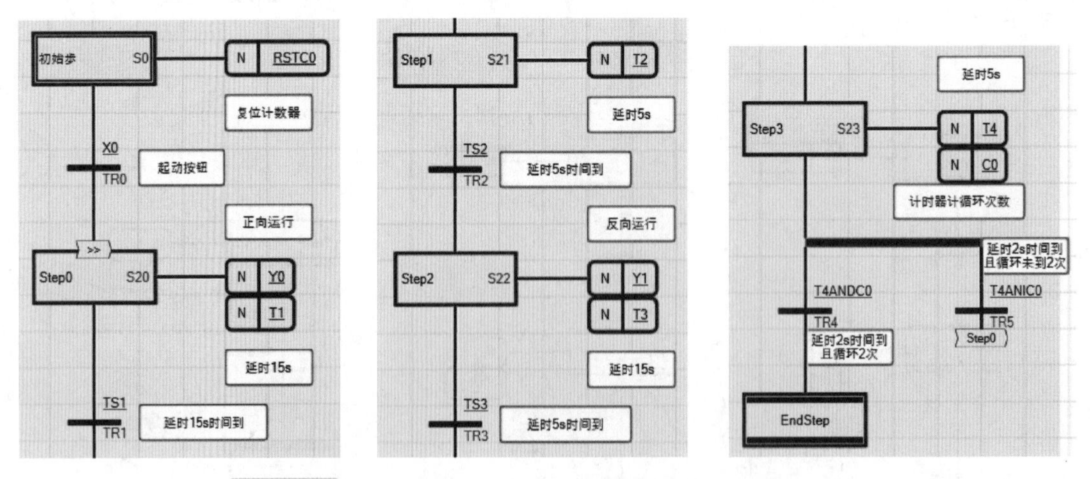

图 3-56 编辑完成的三相异步电动机正反转循环运行的 SFC 块

至此，三相异步电动机正反转循环运行的 SFC 程序编辑完成，将该程序下载到

FX5U PLC，即可进行调试运行。

综上所述，在编辑转移条件内置梯形图时，由于转移条件不是直接驱动线圈输出，因此它后面所添加的“TRAN”转移标识符直接连接到右侧的母线，使其满足梯形图语法要求。各步所驱动的输出线圈，不能直接与左母线连接，必须另外再添加 PLC 内部一直 ON 的特殊继电器“SM400”的常开触点驱动。SFC 上步的驱动处理与转移条件不允许出现相同的符号，因此，当 SFC 上步的驱动处理出现定时器、计数器时，若它们的常开触点作为转移条件时，则表示为 TS、CS。另外，GX Works3 编程软件编辑 SFC 块时，初始激活成为活动步的梯形图（LD SM402）、（SET S0）用户不要编辑，由系统程序驱动，单序列 SFC 块中的“EndStep”系统默认为返回初始步，因此，用户程序中一个循环结束返回初始步也不需要编辑。

六、任务总结

本任务以四节传送带控制为载体，介绍了选择序列分支和汇合的编程方法；以大小球分拣控制为例，分析了步进梯形图指令在选择序列顺序控制编程中的具体应用。在此基础上进行了“四节传送带的 PLC 控制”的程序编制、程序写入和调试运行。达成会使用步进梯形图指令编制选择序列顺序控制步进梯形图及调试运行的目标。

最后拓展了 GX Works3 编程软件编辑 SFC 程序的方法，三菱 FX5U PLC 与三菱 FX 其他系列的 PLC 一样，可以运行 SFC 程序，所以，顺序控制编程时可以直接编辑 SFC 程序。

任务三　十字路口交通信号灯的 PLC 控制

一、任务导入

在繁华的都市，为了使交通顺畅，交通信号灯起到非常重要的作用。常见的交通信号灯有主干道路上十字路口交通信号灯，以及为保障行人横穿车道的安全和道路的通畅而设置的人行横道交通信号指示灯。交通灯是我们在日常生活中常见的一种无人控制信号灯，它们的正常运行直接关系着交通的安全状况。

本任务通过交通信号灯的 PLC 控制，进一步学习并行序列顺序控制步进指令的编程方法。

二、知识准备

（一）并行序列顺序控制 STL 指令的编程

1. 并行序列分支与汇合的特点

并行分支是指同时处理的程序流程。并行分支、汇合的顺序功能图如图 3-57a、b 所示。并行分支的三个单序列同时开始且同时结束，构成并行性序列的每一分支的开始和结束处没有独立的转移条件，而是共用一个转移和转移条件，在顺序功能图上分别画在水平连线的之上和之下。为了与选择序列的功能图相区别，并行序列功能图中分支、汇合处的横线画成双线。

注意：并行序列分支处的支路数不能超过 8 条。

2. 并行分支与汇合的编程

（1）并行分支的编程　并行分支的编程如图 3-58 所示，在编程时，先进行负载驱动处理，然后进行转移处理。转移处理按从左到右的顺序依次进行，与单序列不同的是该处的转移目标有两个及以上。

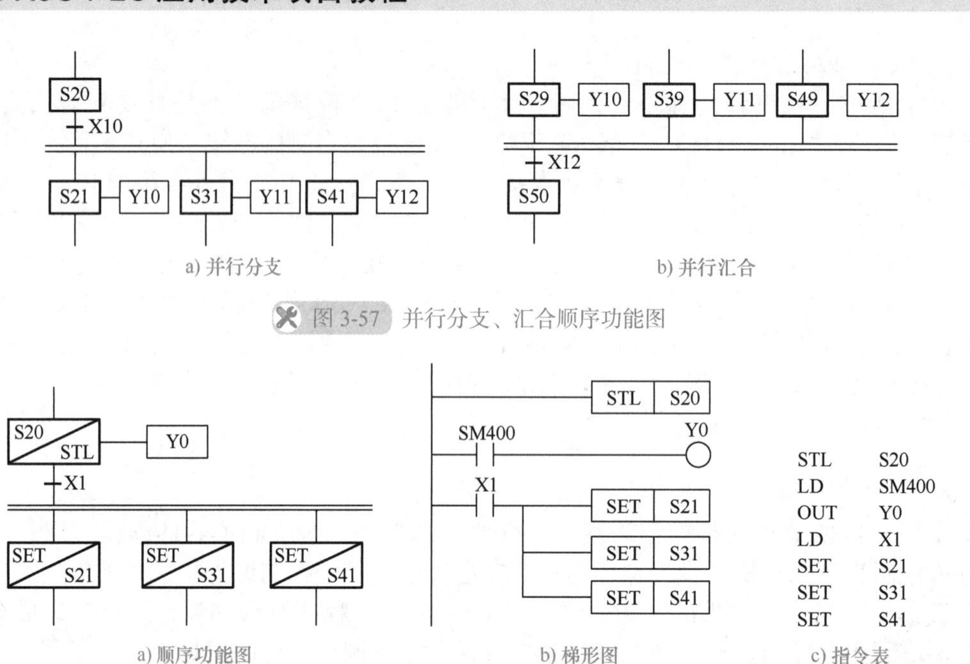

图 3-57 并行分支、汇合顺序功能图

图 3-58 并行分支的编程

（2）并行汇合的编程 并行汇合的编程如图 3-59 所示，编程时，首先只执行汇合前的驱动处理，然后共同执行向汇合状态的转移处理。采用的方法是用并行分支最后一步的 STL 触点相串联来进行转移处理。由图 3-59b 知，并行汇合处编程时采用 3 个 STL 触点串联再串接转移条件 X10 置位 S50，使 S50 成为活动步，从而实现并行序列的合并。在图 3-59c 中，并行汇合处，连续 3 次使用 STL 指令。一般情况下，STL 指令最多只能连续使用 8 次。

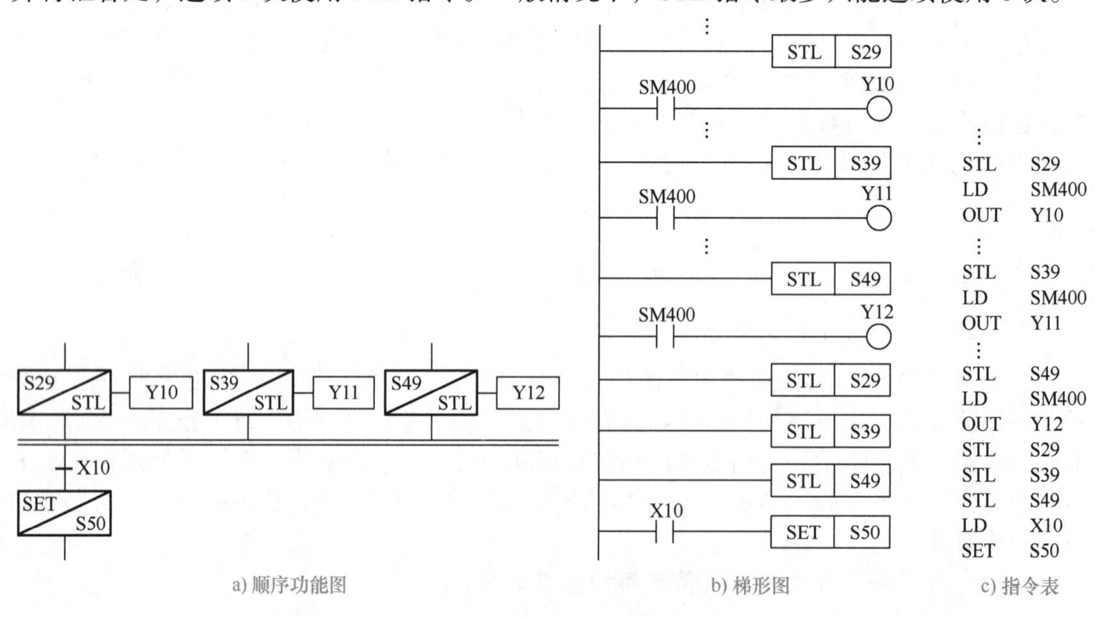

图 3-59 并行汇合的编程

（二）编程举例

按钮式人行横道交通信号灯示意图如图 3-60 所示。正常情况下，汽车通行，即 HL3

绿灯亮、HL5 红灯亮；当行人需要过马路时，则按下按钮 SB1（或 SB2），30s 后车道交通灯变为黄灯亮，10s 后变为红灯亮。当车道红灯亮起 5s 时，人行道从红灯亮转为绿灯亮，15s 后人行道绿灯开始闪烁，闪烁 5 次后人行道转为红灯亮，5s 后车道变为绿灯亮。各方向信号灯工作的时序图如图 3-61 所示。

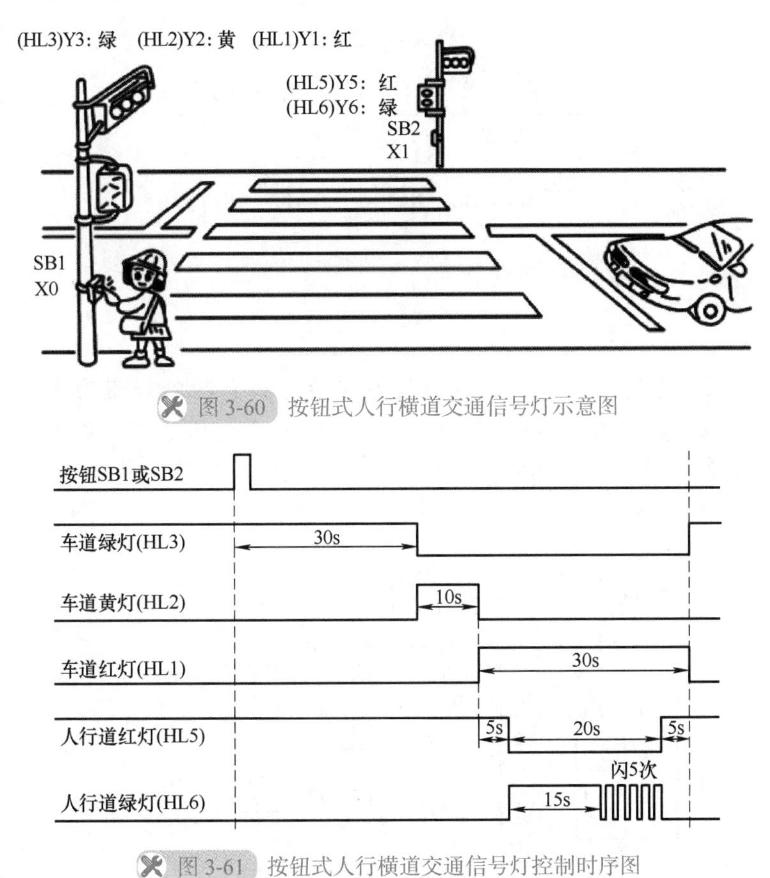

图 3-60　按钮式人行横道交通信号灯示意图

图 3-61　按钮式人行横道交通信号灯控制时序图

从交通灯的控制要求可知：人行道和车道灯是同时工作的，因此，它是一个并行序列顺序控制，可以采用并行序列分支与汇合的编程方法编制交通灯控制程序。

1. I/O 分配

I/O 分配见表 3-12。

表 3-12　I/O 分配表

输入			输出		
设备名称	符号	X 元件编号	设备名称	符号	Y 元件编号
左起动按钮	SB1	X0	车道红灯	HL1	Y1
右起动按钮	SB2	X1	车道黄灯	HL2	Y2
			车道绿灯	HL3	Y3
			人行道红灯	HL5	Y5
			人行道绿灯	HL6	Y6

2. I/O 接线图

I/O 接线图如图 3-62 所示。

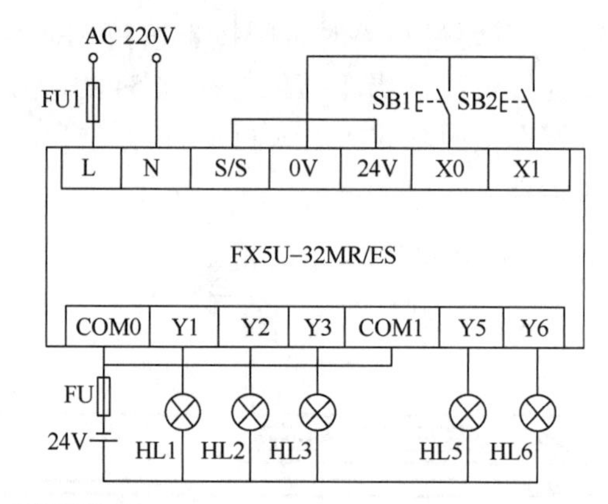

图 3-62 按钮式人行横道交通信号灯 I/O 接线图

3. 顺序功能图

根据控制要求，按钮人行横道交通灯控制系统是具有两个分支的并行序列，车道分支有绿灯亮 30s、黄灯亮 10s 和红灯亮 30s，共 3 步，人行道分支有红灯亮 45s、绿灯亮 15s、绿灯闪亮 5 次（绿灯不亮 0.5s、绿灯亮 0.5s）和红灯亮 5s，共 5 步，再加上初始步，绘制顺序功能图，如图 3-63 所示。

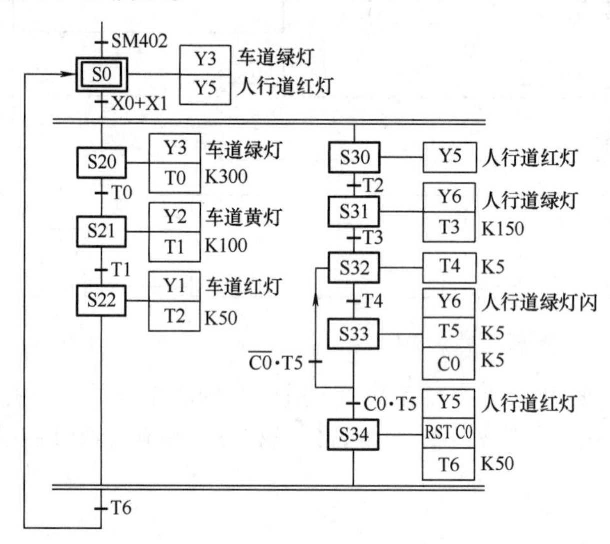

图 3-63 按钮式人行横道交通信号灯控制顺序功能图

4. 编制程序

利用步进梯形图指令，将顺序功能图转换为梯形图，如图 3-64 所示。这里要特别注意并行序列分支和汇合处的编程。

三、任务实施

（一）任务目标

1）根据控制要求绘制并行序列顺序功能图，并用步进梯形图指令将其转换成梯形图。

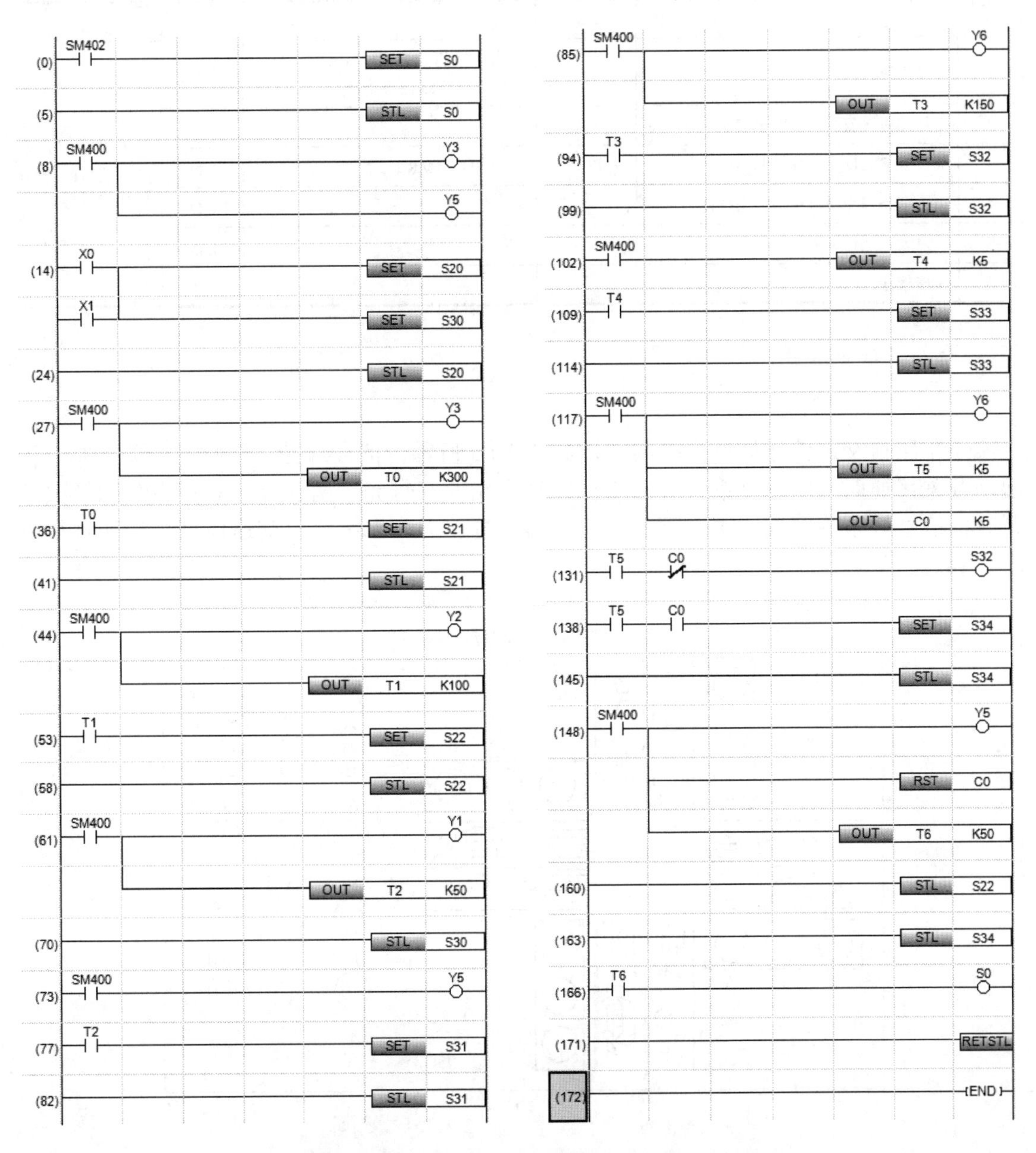

图 3-64　按钮式人行横道交通信号灯控制梯形图

2）初步学会并行序列顺序控制步进梯形图指令编程方法。

3）学会 FX5U PLC I/O 接线方法。

4）熟练使用三菱 GX Works3 编程软件进行步进梯形图指令程序输入，并写入 PLC 进行调试运行，查看运行结果。

（二）设备与器材

本任务所需设备与器材，见表 3-13。

表 3-13　设备与器材

序号	名称	符号	型号规格	数量	备注
1	常用电工工具		十字螺钉旋具、一字螺钉旋具、尖嘴钳、剥线钳等	1 套	表中所列设备、器材的型号规格仅供参考
2	计算机（安装 GX Works3 编程软件）			1 台	
3	三菱 FX5U 可编程控制器	PLC	FX5U-32MR/ES	1 台	
4	十字路口交通灯模拟控制挂件			1 个	
5	以太网通信电缆			1 根	
6	连接导线			若干	

（三）内容与步骤

1. 任务要求

十字路口交通信号灯模拟控制面板如图 3-65 所示，信号灯受一个起动开关控制，当起动开关接通时，信号灯系统开始工作，且先东西红灯亮，南北绿灯亮；当起动开关断开时，信号灯系统完成一次循环后，所有信号灯熄灭。十字路口交通信号灯变换规律见表 3-14。

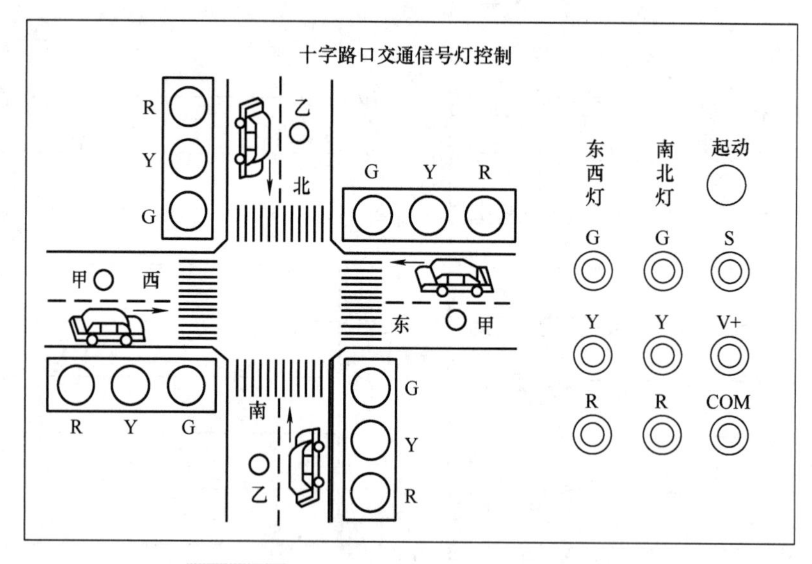

图 3-65　十字路口交通信号灯模拟控制面板

表 3-14　十字路口交通信号灯变换规律

<table>
<tr><td rowspan="2">南北方向</td><td>信号灯</td><td>绿灯（HL00、HL01）亮</td><td>绿灯（HL00、HL01）闪 3 次</td><td>黄灯（HL20、HL21）亮</td><td colspan="3">红灯（HL40、HL41）亮</td></tr>
<tr><td>时间 /s</td><td>25</td><td>3</td><td>2</td><td colspan="3">30</td></tr>
<tr><td rowspan="2">东西方向</td><td>信号灯</td><td colspan="3">红灯（HL50、HL51）亮</td><td>绿灯（HL10、HL11）亮</td><td>绿灯（HL10、HL11）闪 3 次</td><td>黄灯（HL30、HL31）亮</td></tr>
<tr><td>时间 /s</td><td colspan="3">30</td><td>25</td><td>3</td><td>2</td></tr>
</table>

当东西方向的红灯亮 30s 期间，南北方向的绿灯亮 25s，后闪 3 次，共 3s，然后绿

灯灭，接着南北方向的黄灯亮 2s，完成了半个循环；再转换成南北方向的红灯亮 30s，在此期间，东西方向的绿灯亮 25s，后闪 3 次，共 3s，然后绿灯灭，接着东西方向的黄灯亮 2s，完成一个周期，进入下一个循环。

2. I/O 分配与接线图

十字路口交通信号灯 I/O 分配见表 3-15。

表 3-15　十字路口交通信号灯 I/O 分配表

输入			输出		
设备名称	符号	X 元件编号	设备名称	符号	Y 元件编号
起动开关	S	X0	南北方向绿灯	HL00、HL01	Y0
			东西方向绿灯	HL10、HL11	Y1
			南北方向黄灯	HL20、HL21	Y2
			东西方向黄灯	HL30、HL31	Y3
			南北方向红灯	HL40、HL41	Y4
			东西方向红灯	HL50、HL51	Y5

I/O 接线图如图 3-66 所示。

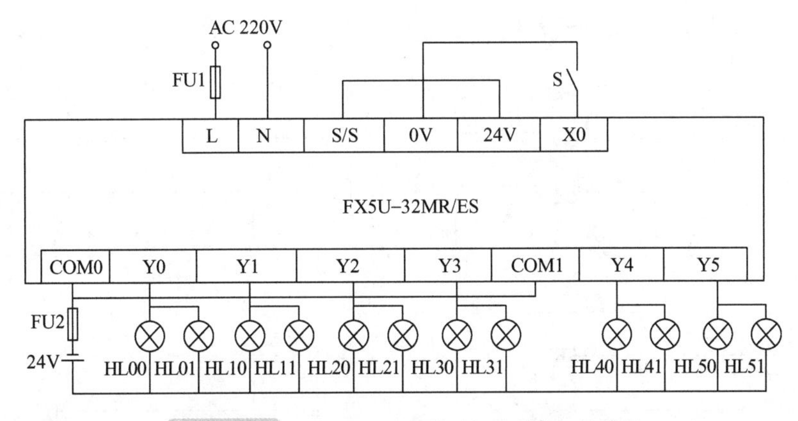

图 3-66　十字路口交通信号灯控制 I/O 接线图

3. 顺序功能图

根据控制要求，十字路口交通灯控制为 2 个分支的并行序列顺序控制，由表 3-14 交通信号灯变换规律可知，南北和东西两个方向都分为 5 步，其中闪亮用两步来表示，不亮 0.5s，亮 0.5s，并用一计数器计不亮和亮即闪亮的次数，两个计数器的设定值均为 3，闪亮 3 次是通过内部小循环实现的，即利用计数器的当前值是否达到 3，分出了两个选择，未达到 3 返回重复闪亮，达到 3 执行下一步，再加上初始步，整个控制过程共 11 步，绘制的顺序功能图，如图 3-67 所示。

4. 编制程序

使用 GX Works3 编程软件通过步进梯形图指令，将顺序功能图转换为梯形图，转换时一定要注意并行序列分支和汇合处的编程，梯形图如图 3-68 所示。

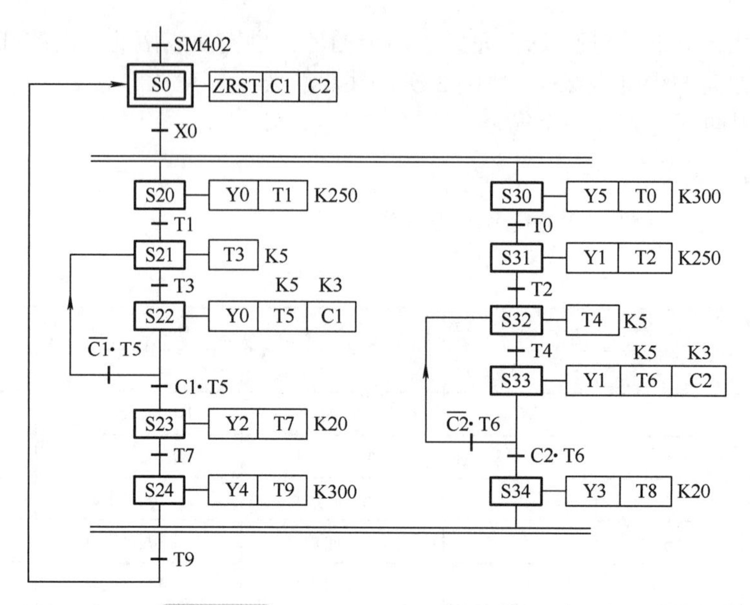

图 3-67 十字路口交通信号灯控制功能图

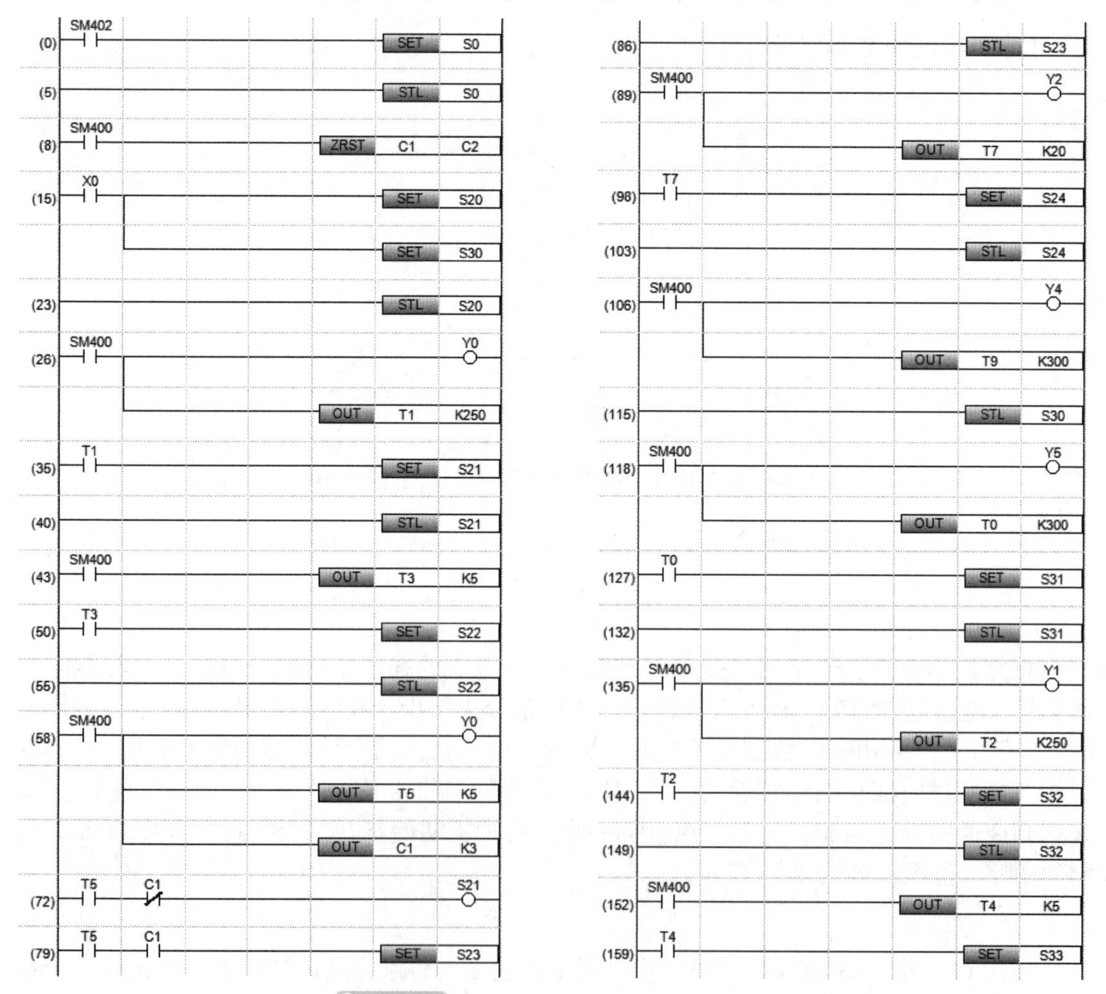

图 3-68 十字路口交通信号灯控制梯形图

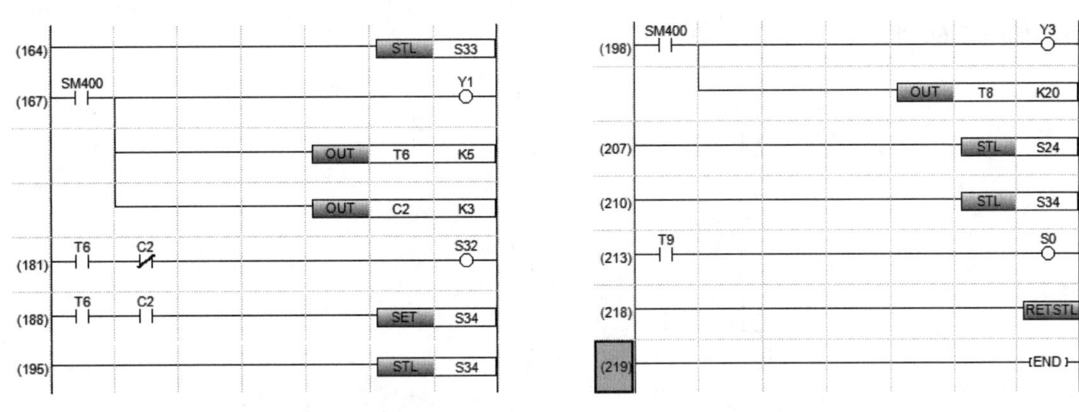

图 3-68　十字路口交通信号灯控制梯形图（续）

5. 调试运行

将图 3-68 所示的梯形图程序写入 PLC，按照图 3-66 进行 PLC 输入、输出端接线，并将 PLC 运行模式开关拨至 RUN 位置，调试运行程序，观察运行结果。

（四）分析与思考

1）图 3-67 中包含了哪几种顺序功能图结构类型？

2）如果用单序列步进指令编程，十字路口交通灯控制程序如何设计？

四、任务考核

本任务实施考核见表 3-16。

表 3-16　任务考核表

序号	考核内容	考核要求	评分标准	配分	得分
1	电路及程序设计	（1）能正确分配 I/O，并绘制 I/O 接线图 （2）根据控制要求，正确编制梯形图程序	（1）I/O 分配错或少，每个扣 5 分 （2）I/O 接线图设计不全或有错，每处扣 5 分 （3）梯形图表达不正确或画法不规范，每处扣 5 分	40 分	
2	安装与连线	根据 I/O 分配，正确连接电路	（1）连线错 1 处，扣 5 分 （2）损坏元器件，每只扣 5 ～ 10 分 （3）损坏连接线，每根扣 5 ～ 10 分	20 分	
3	调试与运行	能熟练使用编程软件编制程序写入 PLC，并按要求调试运行	（1）不会熟练使用编程软件进行梯形图的编辑、修改、转换、写入及监视，每项扣 2 分 （2）不能按照控制要求完成相应的功能，每缺 1 项扣 5 分	20 分	
4	安全操作	确保人身和设备安全	违反安全文明操作规程，扣 10 ～ 20 分	20 分	
5	合计				

五、知识拓展——跳步、重复和循环序列编程

（一）部分重复的编程方法

在一些情况下，需要返回某个状态重复执行一段程序，可以采用部分重复的编程方

法，如图 3-69 所示。

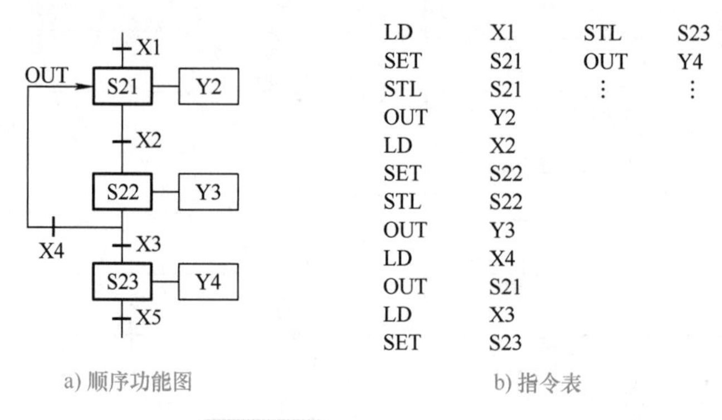

图 3-69 部分重复的编程图

（二）同一分支内跳转的编程方法

在一条分支的执行过程中，需要跳过几个状态并执行下面的程序时，可以采用同一分支内跳转的编程方法，如图 3-70 所示。

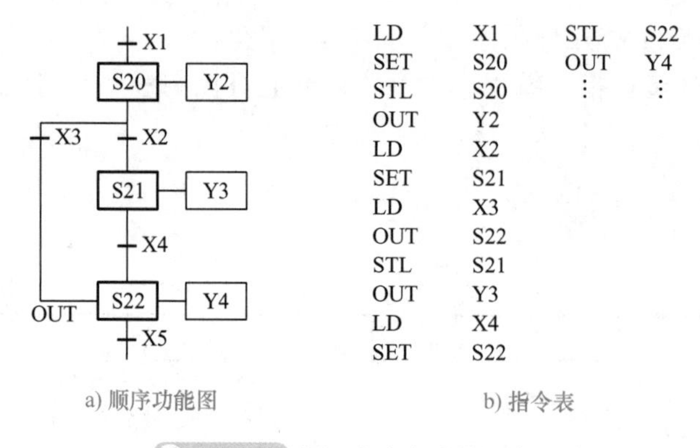

图 3-70 同一分支内跳转的编程

（三）跳转到另一条分支的编程方法

在某种情况下，要求程序从一条分支的某个状态跳转到另一条分支的某个状态继续执行。此时，采用跳转到另一条分支的编程方法，如图 3-71 所示。

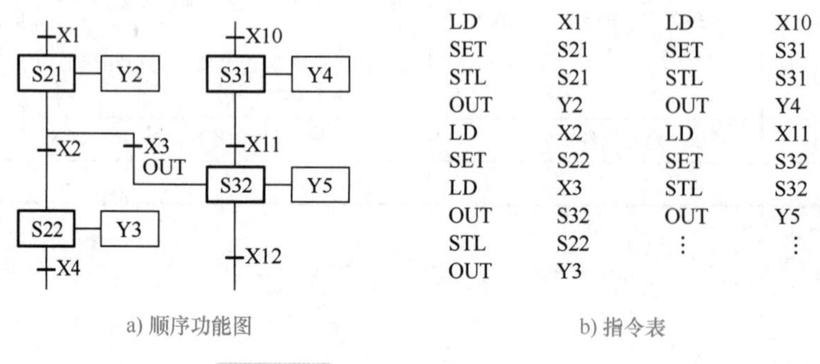

图 3-71 跳转到另一条分支的编程

六、任务总结

本任务主要介绍了并行序列分支和汇合的编程方法，然后以“按钮人行横道交通灯控制”为例，详细分析了并行序列顺序控制的编程方法。在此基础上进行了“十字路口交通灯的 PLC 控制”的程序编制、程序写入及调试运行等任务的实施。达成会使用步进梯形图指令编制并行序列顺序控制步进梯形图及调试运行的目标。

梳理与总结

本项目通过三种液体混合的 PLC 控制、四节传送带的 PLC 控制、十字路口交通信号灯的 PLC 控制 3 个任务的学习与实践，达成初步会使用 FX5U PLC 步进梯形图指令编程及使用 GX Works3 编程软件编制 SFC 程序的目标。

1）顺序功能图由步、有向连线、转移、转移条件和动作组成。顺序功能图的绘制是顺序控制设计法的关键，步进梯形图指令有步进梯形图开始指令（STL）、步进梯形图结束指令（RETSTL）2 条。

2）顺序功能图的基本结构有单序列、选择序列和并行序列三种。

3）步进梯形图指令是 FX5U PLC 专门为具有顺序控制特点的系统设置的。在程序设计时，首先绘制顺序功能图，然后用步进指令和基本指令将功能图转换为梯形图，这种编程方法称为步进指令的编程方式，在功能图转换为梯形图时，关键的是每一步都是围绕驱动处理和转移处理这两个目标进行的，而且是先进行驱动处理，后进行转移处理。每一步 STL 触点驱动的电路块一般都具有三个功能：驱动负载、指定转移条件和指定转移目标。

复习与提高

一、填空题

1. 顺序功能图的组成要素为_______、_______、_______、_______和_______。

2. 在顺序功能图中，转移实现必须满足的两个条件为_______和_______。

3._______是构成顺序功能图的重要软元件，它必须与_______指令配合使用。

4. 与步进 STL 触点相连的触点应使用_______或_______指令。

5. 在顺序控制系统中，步进梯形图指令编程原则是：先进行_______，然后进行_______。状态转移处理是根据_______和转移_______实现向下一个状态的转移。

6. 顺序控制中，在运行开始时，必须使初始步激活成为活动步，一般可用_______或_______进行驱动。

7. FX5U PLC 的步进继电器中，初始步进继电器为_______，通用步进继电器为_______。

8. 在使用步进梯形图指令编制步进梯形图时，若为顺序不连续转移（跳转），不能使用 SET 指令进行状态转移，应改用_______指令进行状态转移。

9. 在步进梯形图中，对状态进行编程处理，必须使用_______，它表示这些处理（包括驱动、转移）均在该状态触点形成的_______上进行。

10. 在使用 GX Works3 编程软件编制 SFC 程序时，新建的 SFC 块有 2 个步序框，上面一个步序框右边的方框是_______，中间横线是_______，横线上面的“Transitiono”是_______，系统默认的上面一个框表示_______，下面一个框表示_______。

11. 使用 GX Works3 编程软件编辑 SFC 程序时，当每一步的驱动处理出现定时器时，若其常开触点作为至下一步的转移条件，则应该表示为________。

12. 使用 GX Works3 编程软件编辑 SFC 程序时，在编辑每一步的驱动处理内置梯形图时，一定要添加驱动条件________，否则，梯形图不能转换。

二、判断题

1. FX5U PLC 步进梯形图指令中的每个步进继电器需具有三个功能：负载的驱动处理、指定转移条件和指定转移目标。（　　）

2. 顺序控制中的选择序列指的是多个流程分支可同时执行的分支流程。（　　）

3. FX5U PLC 用步进梯形图指令编程时，先要分析控制过程，确定步进和转移条件，按规则画出顺序功能图，再根据顺序功能图编制梯形图。（　　）

4. 当步进继电器不用于步进顺序控制时，它可作为输出继电器用于程序中。（　　）

5. 在步进触点后面的电路块中不允许使用主控或主控复位指令。（　　）

6. 由于步进梯形图开始指令具有主控和跳转作用，因此，不必每一条 STL 指令后面都加一条 RETSTL 指令，只需在最后使用一条 RETSTL 指令即可。（　　）

7. 顺序控制程序中不允许出现双线圈输出。（　　）

8. 顺序控制系统的 PLC 程序只能采用顺序功能图 SFC 编写。（　　）

9. 在步进顺序控制梯形图中，一个 SFC 控制流程仅需一条 RETSTL 指令，放在最后一个 STL 触点梯形图程序的最后一行。（　　）

10. 在顺序控制中，选择序列指的是多个流程分支可同时执行的分支流程。（　　）

三、单项选择题

1. FX5U PLC 中步进梯形图开始指令 STL 的目标元件是（　　）。

A. 输入继电器 X　　B. 输出继电器 Y

C. 步进继电器 S　　D. 内部继电器 M（特殊继电器除外）

2. FX5U PLC 中步进梯形图结束指令 RETSTL 的功能是（　　）。

A. 程序的复位指令

B. 程序的结束指令

C. 将步进触点由子母线返回到原来的左母线

D. 将步进触点由左母线返回到原来的子母线

3. 下列不属于顺序功能图基本结构的是（　　）。

A. 单序列　　B. 选择序列　　C. 循环序列　　D. 并行序列

4. 国际化工委员会（IEC）在 1994 年 5 月公布的可编程序控制器标准第三部分 IEC1131–3 中，（　　）被确定为可编程序控制器位居首位的编程语言。

A. 结构化文本　　B. 顺序功能图　　C. 梯形图　　D. 功能块图

5. FX5U PLC 步进顺序控制中，SFC 基本要素中的转移条件是（　　）。

A. 开关量信号　　B. 组合逻辑开关信号

C. 状态开关信号　　D. 模拟量信号

6. 在含有单序列 SFC 块的梯形图程序中，其（　　）。

A. 任何时候只有一个状态被激活

B. 任何时候只有两个状态同时被激活

C. 任何时候可以有限个状态同时被激活

D. 任何时候同时被激活状态没有限制

7. FX5U PLC 的 STL 指令步进梯形图初始状态使用的步进继电器是（　　）。

A. S900 ~ S999　　B. S10 ~ S19　　C. S0 ~ S9　　D. S20 ~ S499

8. FX5U PLC 的步进梯形图结束指令 RETSTL 在 SFC 程序中的位置是（　　）。

A. END 指令前　　B. SFC 程序流程最后

C. SFC 程序任一位置　　D. 初始状态后

9. 在步进梯形图中，当特殊继电器 SM8040 为 ON 后，则（　　）。

A. 停止程序运行　　　　　　　　B. 停止输出执行

C. 停止程序运行和输出执行　　　D. 停止状态转移

10. 在步进梯形图中，某一步状态的驱动处理，应用 OUT Y0，则（　　）。

A. Y0 驱动后将保持到被复位　　B. Y0 仅在本状态和下一状态中保持

C. Y0 仅在本状态中保持　　　　D. Y0 驱动后一直保持输出

11.（　　）是转移条件满足时，同时执行几个分支，当所有分支都执行结束后，若转移条件满足，再转向汇合状态。

A. 选择序列　　B. 并行序列　　C. 循环　　D. 跳转

12. 在顺序功能图中，向前面状态进行转移的流程称为（　　），用箭头指向转移的目标状态。

A. 选择序列　　B. 并行序列　　C. 循环　　D. 跳转

四、简答题

1. 在步进顺序控制中，STL 触点驱动的电路块有何功能？

2. 什么是顺序功能图？它由哪几部分组成？顺序功能图分为哪几类？

3. 顺序控制中“步”的划分依据是什么？

4. 顺序功能图中活动步的转移是如何实现的？

五、程序转换题

试画出图 3-72 顺序功能图对应的梯形图。

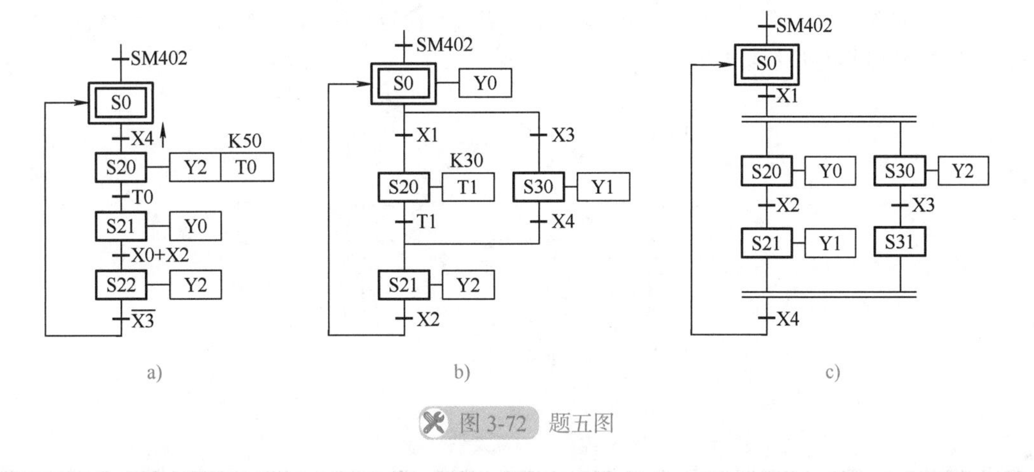

图 3-72　题五图

六、程序设计题

1. 试用步进梯形图指令编制三相异步电动机正反转控制的程序。

2. 试用步进梯形图指令编制三相异步电动机丫－△减压起动控制的程序，假定三相异步电动机丫联结起动的时间为 10s。

3. 试用步进梯形图指令编制程序。要求：

1）按下起动按钮，电动机 M1 立即起动，2s 后电动机 M2 起动，再过 2s 后电动机 M3 起动；

2）进入正常运行状态后，按下停止按钮，电动机 M3 立即停止，5s 后电动机 M2 停止，再过 1.5s 电动机 M1 停止。不考虑起动过程的停止情况。

4. 设计一个汽车库自动门控制系统，具体控制要求是：汽车到达车库门前，超声波开关接收到来车的信号，门电动机正转，门上升，当门升到顶点碰到上限开关时，停止上升；汽车驶入车库后，光电开关发出信号，门电动机反转，门下降，当下降到下限位开关后，门电动机停止。试画出 PLC I/O 接线图、顺序功能图及梯形图。

5. 两种液体混合控制装置示意图如图 3-73 所示。控制要求如下：

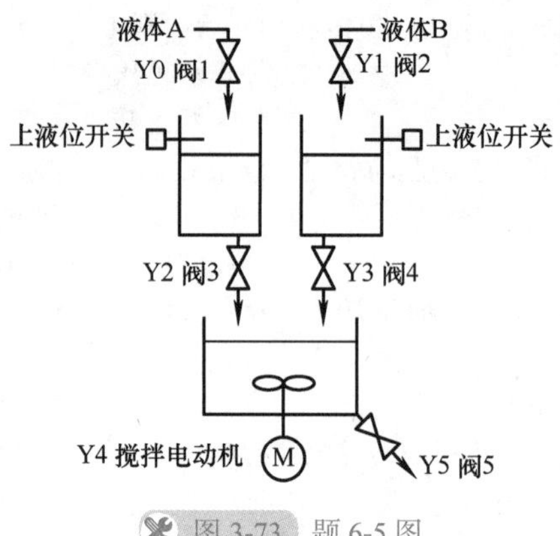

图 3-73 题 6-5 图

1）在初始状态时，3 个容器都是空的，所有阀门均关闭，搅拌器未运行；

2）按下起动按钮，阀 1 和阀 2 得电运行，注入液体 A 和 B；

3）当两个容器的上液位开关闭合时，停止进料，开始放料。分别经过 3s（阀 3）、5s（阀 4）的延时，放料完毕。搅拌电动机开始工作，1min 后，停止搅拌，混合液体开始放料（阀 5）；

4）10s 后，放料结束（关闭阀 5）。

试用步进梯形图指令编制控制程序。

6. 某液压动力滑台在初始状态时停在最左边，行程开关 SQ1 接通，按下起动按钮 SB1 后，动力滑台的进给运动如图 3-74 所示，工作一个循环后，返回并停在初始位置。电磁阀 YV1 ～ YV4 的工作状态见表 3-17。试画出 PLC I/O 接线图、顺序功能图及梯形图。

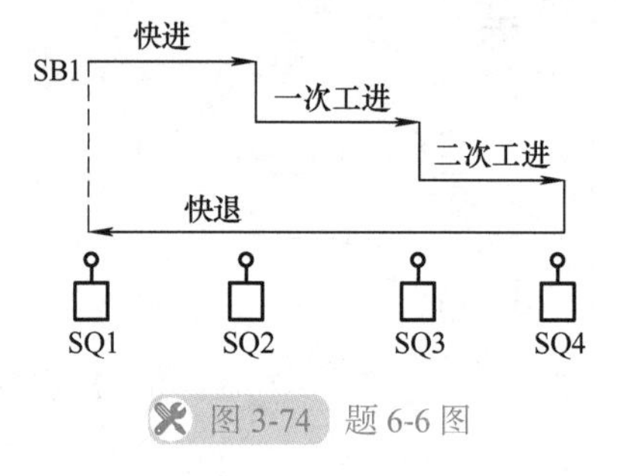

图 3-74 题 6-6 图

表 3-17 电磁阀工作状态表

运行阶段	YV1	YV2	YV3	YV4
快进	+	–	+	–
一次工进	+	–	–	–
二次工进	+	–	–	+
快退	–	+	–	–
停止	–	–	–	–

注：表中“+”号表示电磁阀处于工作状态，“–”号表示电磁阀处于非工作状态。

7. 用 PLC 控制工业洗衣机，要求按下起动按钮后，洗衣机进水，当高位开关动作时，开始洗涤。先正向洗涤 20s，停 3s 后反向洗涤 20s，暂停 3s 后再正向洗涤 20s，停 3s…，如此循环 3 次结束；然后排水，当水位下降到低水位时进行脱水（同时排水），脱水时间为 10s，这样完成一次大循环，经过 3 次大循环后，洗涤结束并报警，报警 6s 后自动停机。试绘制 PLC I/O 接线图并用步进梯形图指令编制梯形图。

项目四

FX5U PLC 模拟量控制与通信的编程及应用

教学目标	知识目标	1. 掌握 FX5U PLC 内置模拟量输入输出单元及内置 RS-485 接口的使用方法 2. 掌握 FX5U PLC 内置模拟量输入输出单元的编程方法及应用 3. 熟悉 FX5U PLC 串行通信及以太网通信的应用 4. 掌握 FX5U PLC 之间的简易 PLC 间链接通信及 Socket 通信控制程序的编制
	能力目标	1. 能完成 FX5U PLC 内置模拟量输出的接线及参数设置 2. 能根据控制要求，编制模拟量输入输出控制程序 3. 会 FX5U PLC 串行通信的接线及简易 PLC 间链接通信参数设置 4. 能根据控制要求，编制简易 PLC 间链接通信程序 5. 会 FX5U PLC 以太网通信参数设置及通信程序编制
	素质目标	1. 培养学生创新求真的品质和勇于探索的精神 2. 引导学生对技术精益求精，发挥团队合作，培育爱岗敬业的品质 3. 培养学生求真务实、精益求精的科学态度，追求极致的工匠精神
教学重点		FX5U PLC 内置模拟量单元的应用；FX5U PLC 简易 PLC 间链接通信及 Socket 通信控制程序的编制
教学难点		FX5U PLC MODBUS_RTU、MODBUS/TCP 通信的应用
参考学时		12 ～ 18 学时

本项目通过三相异步电动机变频调速正反向运行的 PLC 控制、3 台 FX5U PLC 之间的简易 PLC 间链接通信及 2 台 FX5U PLC 之间的 Socket 通信 3 个任务的学习和实践，掌握 FX5U PLC 功能块、FX5U PLC 内置模拟单元、FX5U PLC 串行通信、以太网通信的编程及应用。

任务一　三相异步电动机变频调速正反向运行的 PLC 控制

一、任务导入

在“电机与电气控制技术”课程中，已学习了关于三相异步电动机的变极调速控制，由于变极调速是有级调速，不平滑，调速级数少（最多为 4 级），必要时需与齿轮箱配合才能得到多级调速，因此，随着变频技术的发展，在调速控制中变频调速的使用越来越广泛。

本任务以三相异步电动机的变频调速正反向运行的 PLC 控制为例，来学习模拟量控制的编程及应用。

二、知识准备

（一）模拟量概述

模拟量是区别于数字量的一个连续变化的电压或电流信号。模拟量可作为 PLC 的输入或输出，传感器或控制设备对控制系统的温度、压力、流量等模拟量进行检测或控制。通过模拟量模块或变送器可将传感器提供的电量或非电量转换成标准的直流电压（0 ～ 5V、0 ～ 10V、±10V 等）或直流电流（0 ～ 20mA、4 ～ 20mA）信号。

在自动化控制或工业生产过程中，特别是连续型的过程控制中，经常需要对模拟量信号进行处理，PLC 通过模拟量输入模块读取温度、压力、流量等信号，通过模拟量输出模块对阀门、变频器等设备进行控制。

1. 模拟量输入

模拟量输入模块（单元）用于将现场各种模拟量测量传感器输出的直流电压或电流信号转换成 FX5U PLC 内部处理用的数字量信号。目前 FX5U CPU 除了可以使用内置的 2 通道模拟量输入外，还可以使用 4 通道模拟量输入模块 FX5-4AD、8 通道模拟量输入模块 FX5-8AD、4 通道模拟量输入适配器 FX5-4AD-ADP、4 通道热电阻模拟量输入适配器 FX5-4AD-PT-ADP、4 通道热电偶温度模拟量输入适配器 FX5-4AD-TC-ADP。

2. 模拟量输出

模拟量输出模块（单元）用于将 FX5U PLC 的数字量信号转换成系统所需要的模拟量信号，控制模拟量调节器或执行机械。目前，模拟量输出模块主要有 FX5U CPU 内置的 1 通道模拟量输出、4 通道模拟量输出模块 FX5-4DA 和 4 通道模拟量输出适配器 FX5-4DA-ADP。

（二）FX5U PLC 内置模拟量输入输出

对于三菱 FX5U PLC 来说，除了开关量输入输出功能外，其 CPU 还内置有 2 通道模拟量输入、1 通道模拟量输出，从而完成模拟量输入、输出的控制。

1. 内置模拟量输入（A/D）

（1）内置模拟量输入规格　FX5U PLC 内置 2 通道模拟量输入，其规格见表 4-1。

表 4-1　FX5U PLC 内置模拟量输入规格

项目		规格
模拟量输入点数		2 点（2 通道）
模拟量输入	电压	DC 0 ～ 10V（输入电阻 115.7kΩ）
数字输出		12 位无符号二进制数
软元件分配		SD6020（通道 1 的 A/D 转换后的输出数据） SD6060（通道 2 的 A/D 转换后的输出数据）
输入特性、最大分辨率	数字输出值	0 ～ 4000
	最大分辨率	2.5mV

（续）

项目		规格
精度 （相对于数字输出值满刻度的精度）	环境温度 25℃ ±5℃	±0.5%（±20digit[②]）以内
	环境温度 0 ～ 55℃	±1.0%（±40digit[②]）以内
	环境温度 -20 ～ 0℃[①]	±1.5%（±60digit[②]）以内
转换速度		30μs/ 通道（数据更新为每个运算周期）
绝对最大输入		-0.5V、15V
绝缘方式		与 CPU 模块不绝缘、输入端子间（通道间）为不绝缘
输入输出占用点数		0 点（与 CPU 模块最大输入输出点数无关）

① 不支持 2016 年 6 月以前的产品。

② digit 为数字值。

（2）模拟量输入端子接线　FX5U PLC 内置模拟量输入端子及其接线如图 4-1 所示。

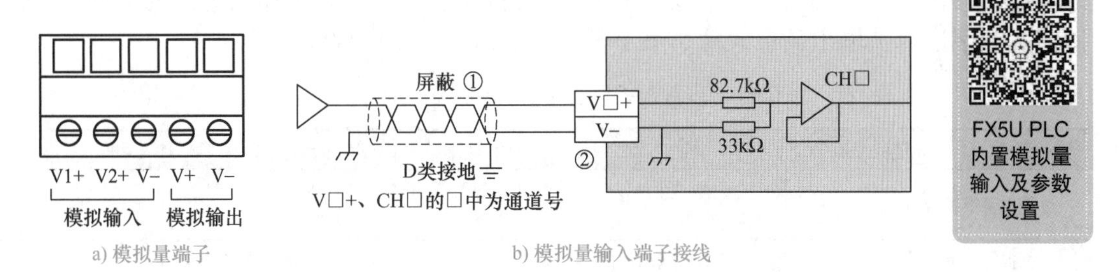

a) 模拟量端子　　b) 模拟量输入端子接线

图 4-1　FX5U PLC 内置模拟量端子及输入端子接线图

图 4-1 中，①模拟量输入线应使用双芯的屏蔽双绞电缆，且配线时与其他动力线及容易受电感影响的线隔离。

②不使用的通道应将“V+”端子和“V−”端子短路。

（3）模拟量输入参数设置　FX5U PLC 内置模拟量输入 / 输出通道可以通过参数设置的方式启用相应的功能，在软件上进行参数设置，就不需要进行基于程序的参数设置。

参数设置分为基本设置和应用设置。

1）基本设置，主要用于通道是否起动、A/D 转换方式的设置。

打开 GX Works3 编程软件，新建项目，进入编程界面，在导航窗口，依次双击“参数”→“FX5U CPU”→“模块参数”→“输入参数”选项，弹出“模块参数模拟输入”设置窗口，单击该窗口左边的设置项目一览栏下的“基本设置”选项，这样就可以进行通道 CH1、CH2 的启用操作，如在“CH1”下选择“允许”选项启用 CH1，A/D 转换方式可选择“采样处理”和“平均处理”，采样处理即直接使用瞬时值，平均处理是将多次采用值平均后再使用，数值平均处理的方式有时间平均、次数平均、移动平均 3 种。如设置 CH1 为时间平均，时间为 100ms，即设置为将每 100ms A/D 转换的合计值进行平均处理，并将平均值存储到数字输出值寄存器中；设置时间内的处理次数因扫描时间长短而异。时间平均值的范围为 1 ～ 10000ms。设置界面如图 4-2 所示，基本设置完成后，单击“应用”按钮。

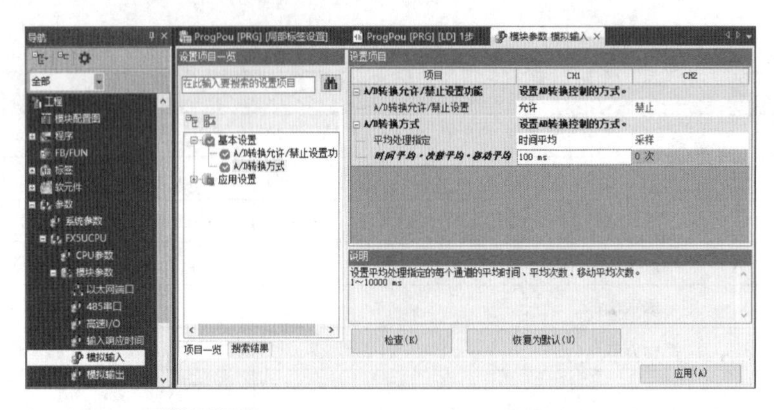

图 4-2　内置模拟量输入通道参数的基本设置

2）应用设置，主要用于设置报警（输入值上限超出时的上上限报警、上下限解除；输入值下限超出的下下限报警、下上限解除）、比例尺超出检测范围（模拟量输入值超出正常范围）、比例缩放设置（将输出数字量比例转换为新的数值范围）、移位功能（将设置的转换值移位量增加到数字输出值上）、数字剪辑功能（可将超出输入范围的电压或电流，固定为数字运算值输出的最大值、最小值）。具体设置见表 4-2。

表 4-2　FX5U PLC 内置模拟量输入通道应用参数设置

项目	内容	设置范围	默认
过程报警报警设置	设置是“允许”还是“禁止”过程报警的报警	• 允许 • 禁止	禁止
过程报警上上限值	设置数字输出值的上上限值	–32768 ～ 32767	0
过程报警上下限值	设置数字输出值的上下限值	–32768 ～ 32767	0
过程报警下上限值	设置数字输出值的下上限值	–32768 ～ 32767	0
过程报警下下限值	设置数字输出值的下下限值	–32768 ～ 32767	0
比例尺超出检测启用 / 禁用	设置是“启用”还是“禁用”比例尺超出检测	• 启用 • 禁用	启用
比例缩放启用 / 禁用	设置是“启用”还是“禁用”比例缩放	• 启用 • 禁用	禁用
比例缩放上限值	设置比例缩放换算的上限值	–32768 ～ 32767	0
比例缩放下限值	设置比例缩放换算的下限值	–32768 ～ 32767	0
转换值移位量	通过移位功能设置移位的量	–32768 ～ 32767	0
数字剪辑启用 / 禁用	设置是“启用”还是“禁用”数字剪辑	• 启用 • 禁用	禁用

在图 4-2“模块参数　模拟输入”设置窗口，单击窗口左边的“应用设置”选项，即可进行通道 CH1、CH2 应用的相关设置，设置界面如图 4-3 所示，应用设置完成后单击“应用”按钮。

（4）模拟量输入 A/D 的应用举例　有一台压力传感器测量范围是 0 ～ 40000N，将其连接至输出范围为 0 ～ 10V 的电压变送器，并将电压变送器的输出端连接到 FX5U 32MR/ES 内置模拟量输入端子，要求实时显示压力数值，试编辑梯形图程序。

打开 GX Works3 编程软件，按图 4-2、图 4-3 所示的方法设置模拟量输入的参数。由于 FX5U PLC 内置模拟量输入是将 A/D 转换值存于特殊寄存器 SD6020 中，数字量的范围 0 ～ 4000，这个数值对应的力是 0 ～ 40000N，据此编辑梯形图如图 4-4 所示。

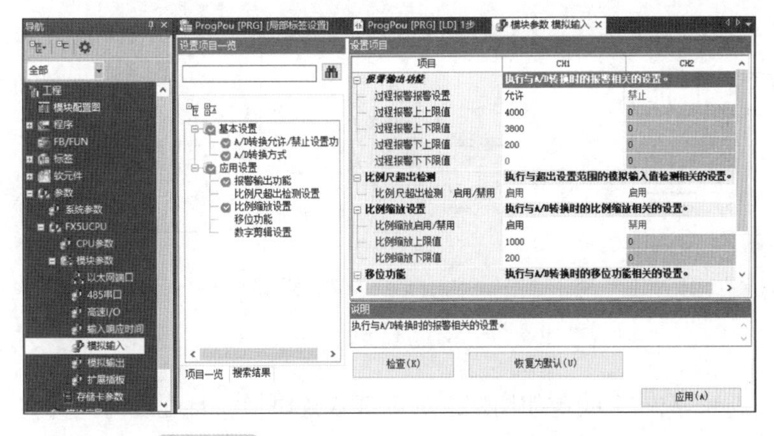

图 4-3　内置模拟量输入通道参数的应用设置

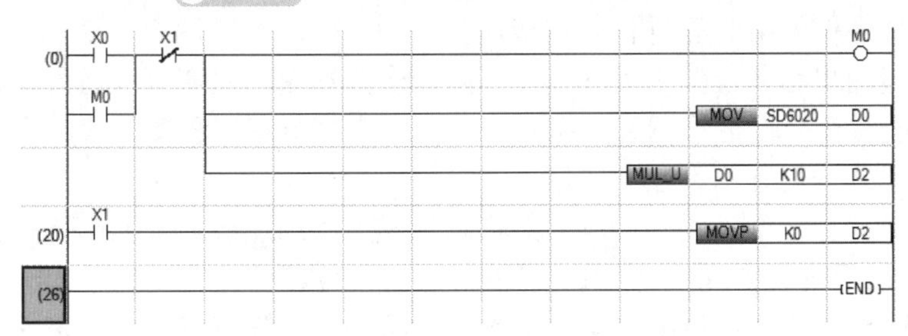

图 4-4　模拟量输入 A/D 的应用梯形图

2. 内置模拟量输出（D/A）

（1）内置模拟量输出规格　FX5U PLC 内置 1 通道模拟量输出，其规格见表 4-3。

表 4-3　FX5U PLC 内置模拟量输出规格

项目		规格
模拟量输出点数		1 点（1 通道）
数字输入		12 位无符号二进制数
模拟量输出	电压	DC 0 ～ 10V（外部负载电阻 2kΩ ～ 1MΩ）
软元件分配		SD6180（输出设定数据）
输出特性、最大分辨率①	数字输入值	0 ～ 4000
	最大分辨率	2.5mV
精度②（相对于模拟量输出值满刻度的精度）	环境温度 25℃ ±5℃	±0.5%（±20digit④）以内
	环境温度 0 ～ 55℃	±1.0%（±40digit④）以内
	环境温度 -20 ～ 0℃③	±1.5%（±60digit④）以内
转换速度		30μs（数据更新为每个运算周期）
绝缘方式		与 CPU 模块内部不绝缘
输入输出占用点数		0 点（与 CPU 模块最大输入输出点数无关）

① 0V 输出附近存在死区区域，模拟量输出值相对于数字输入值存在部分未反映的区域。

② 已用外部负载电阻 2kΩ 进行过出厂调节。因此如果与 2kΩ 相比较高，则输出电压会略高。1MΩ 时，输出电压最大高出 2%。

③ 不支持 2016 年 6 月以前的产品。

④ digit 为数字值。

（2）模拟量输出端子接线　FX5U PLC 内置模拟量输出端子及其接线如图 4-5 所示。

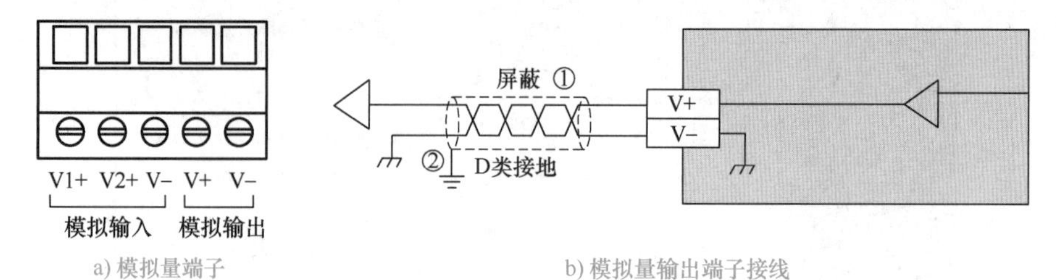

a) 模拟量端子　　b) 模拟量输出端子接线

图 4-5　FX5U PLC 内置模拟量端子及输出端子接线图

图 4-5 中，①模拟输入线应使用双芯的屏蔽双绞电缆，且配线时与其他动力线及容易受电感影响的线隔离。

②屏蔽线应在信号接收侧进行一点接地。

（3）模拟量输出参数设置　FX5U PLC 内置模拟量输出通道可以通过参数设置的方式启用相应的功能，在软件上进行参数设置，就不需要进行基于程序的参数设置。

输出参数设置分为基本设置和应用设置。

1）基本设置，主要用于 D/A 转换控制方式的设置、D/A 输出控制方式的设置。在 GX Works3 编程界面的导航窗口，依次双击“参数”→“FX5U CPU”→“模块参数”→“模拟输出”选项，弹出“模块参数模拟输出”设置窗口，单击该窗口左边的设置项目一览栏下的“基本设置”选项，可进行模拟量输出通道的基本设置，将“D/A 转换允许 / 禁止设置”选择为“允许”、“D/A 输出允许 / 禁止设置”选择为“允许”，然后单击“应用”按钮，即可启用输出通道，并通过输出端子输出 0 ～ 10V 的模拟量电压，设置界面如图 4-6 所示。

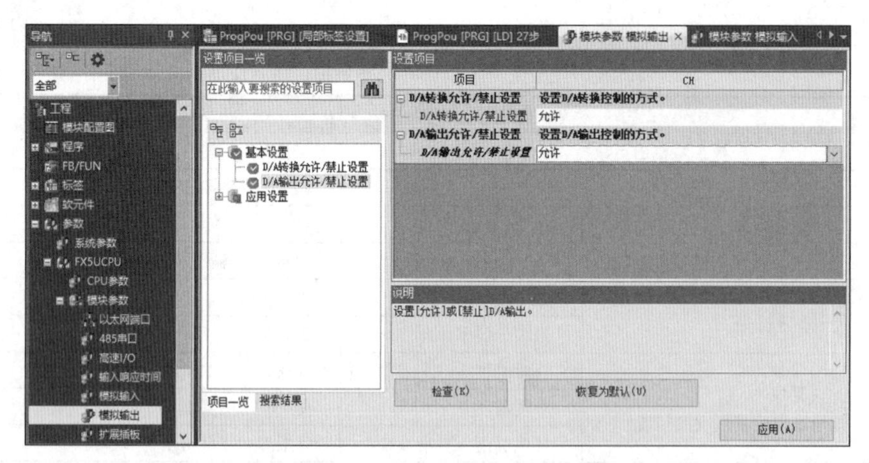

图 4-6　模拟量输出通道参数的基本设置

2）应用设置，主要用于设置报警输出（设置报警输出数字值的上限值与下限值，超出上限值或下限值时给出报警信号）、比例缩放（将数字值按比例转换为新的数值范围）、移位功能（将所设置的转换值移位量加到数字量输出值上）、保持 / 清除功能 [当 CPU 模块的动作状态为 RUN、STOP 或 ERROR 时，是保持（HOLD）还是清除（CLEAR）已输出的模拟量输出值]，各参数见表 4-4。

表 4-4　FX5U PLC 内置模拟量输出通道应用参数设置

项目	内容	设置范围	默认
报警输出设置	设置是“允许”还是“禁止”报警输出	• 允许 • 禁止	禁止
报警上限值	设置报警输出所需的数字量输入值的上限值	−32768 ～ 32767	0
报警下限值	设置报警输出所需的数字量输入值的下限值	−32768 ～ 32767	0
比例缩放启用 / 禁用	设置是“启用”还是“禁用”比例缩放	• 启用 • 禁用	禁用
比例缩放上限值	设置比例缩放换算的上限值	−32768 ～ 32767	0
比例缩放下限值	设置比例缩放换算的下限值	−32768 ～ 32767	0
转换值移位量	通过移位功能设置移位的量	−32768 ～ 32767	0
HOLD/CLEAR 设置	保持 / 清除已输出的模拟量输出值	• CLEAR • 上次值（保持） • 设置值	CLEAR
HOLD 设定值	“HOLD/CLEAR 设置”中选择了“设置值”时，设置 HOLD 时输出的数字量值	−32768 ～ 32767	0

在图 4-6“模块参数　模拟输出”设置窗口，单击该窗口左侧“应用设置”选项，即可选择对输出通道进行应用设置，设置界面如图 4-7 所示，参数设置完成后，单击“应用”按钮。这一步很重要，否则，参数设置无效。

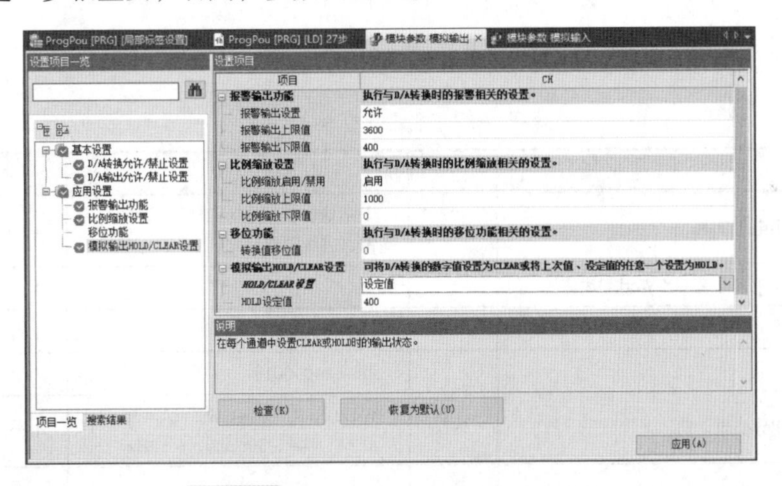

图 4-7　模拟量输出通道参数的应用设置

（4）模拟量输出 D/A 的应用举例　有一台直流电动机，转速范围是 0 ～ 2000r/min，控制输入信号的电压信号为 0 ～ 10V，若用 FX5U PLC 控制其转速，试编制梯形图程序。

FX5U PLC 内置模拟量输出模块可将 SD6180 中的数字值 0 ～ 4000 转换为 0 ～ 10V 的电压信号输出，这个信号对应转速是 0 ～ 2000r/min。

打开 GX Works3 编程软件，新建一直流电动机调速项目，PLC 型号选择 FX5U-32MR/ES，按图 4-6、图 4-7 所示的方法设置模拟量输出的参数，将直流电动机运行的转速存储在 D0 中，编辑梯形图如图 4-8 所示。

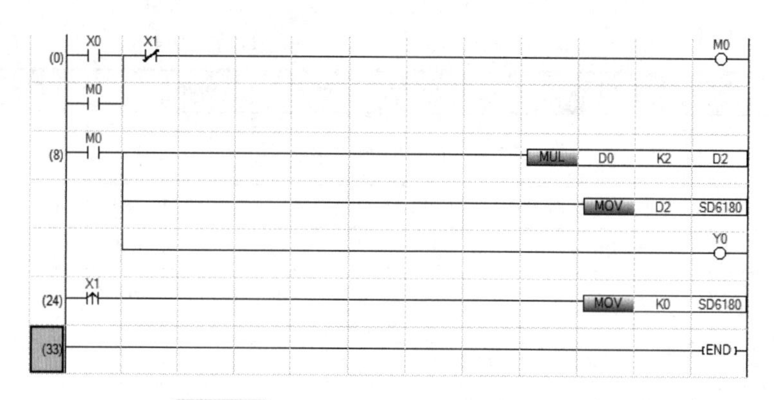

图 4-8 模拟量输出 D/A 应用举例梯形图

三、任务实施

（一）任务目标

1）熟练掌握 FX5U PLC 内置模拟量输入 / 输出接线和使用。

2）会 FX5U PLC I/O 接线。

3）根据控制要求编写梯形图程序。

4）熟练使用三菱 GX Works3 编程软件，编制梯形图程序并写入 PLC 进行调试运行。

（二）设备与器材

本任务实施所需设备与器材，见表 4-5。

表 4-5 设备与器材

序号	名称	符号	型号规格	数量	备注
1	常用电工工具		十字螺钉旋具、一字螺钉旋具、尖嘴钳、剥线钳等	1 套	表中所列设备、器材的型号规格仅供参考
2	计算机（安装 GX Works3 编程软件）			1 台	
3	三菱 FX5U 可编程控制器	PLC	FX5U-32MR/ES	1 台	
4	变频器		FR-E840-0016	1 个	
5	三相异步电动机	M	WDJ26，P_N=40W，U_N=380V，I_N=0.2A，n_N=1430r/min，f=50Hz	1 台	
6	以太网通信电缆			1 根	
7	连接导线			若干	

（三）内容与步骤

1. 任务要求

三相异步电动机变频调速正反转运行 PLC 控制要求：按下起动按钮，电动机先以 20Hz 频率正向运行，20s 后以 30Hz 频率运行，40s 后以 50Hz 频率运行，60s 后以 20Hz 频率反向运行，80s 后以 30Hz 频率反向运行，100s 后以 50Hz 频率反向运行，运行 20s，又重新开始循环运行，循环 5 次后自动停止，运行期间能实时读取变频器运行的频率，运行过程中按下停止按钮电动机立即停止。

2. I/O 分配与接线图

三相异步电动机变频调速正反转 PLC 控制 I/O 分配见表 4-6。

表 4-6　三相异步电动机变频调速正反转 PLC 控制 I/O 分配表

输入			输出		
设备名称	符号	X 元件编号	设备名称	符号	Y 元件编号
起动按钮	SB1	X0	变频器正转起动端子	STF	Y0
停止按钮	SB2	X1	变频器反转起动端子	STR	Y1

三相异步电动机变频调速正反转 PLC 控制 I/O 接线图如图 4-9 所示。

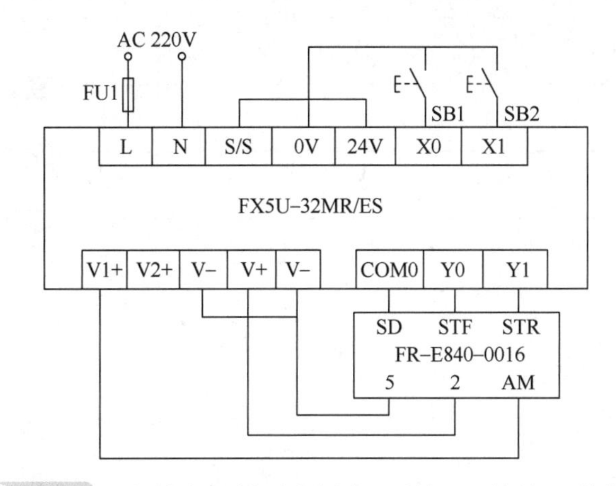

图 4-9　三相异步电动机变频调速正反转 PLC 控制 I/O 接线图

3. 设置变频器参数

FR-E840 变频器参数设置见表 4-7。

表 4-7　变频器参数的设置

序号	参数号	参数名称	初始值	设置值	功能和含义	备注
1	Pr.7	加速时间	5s	2s	设定电动机加速时间	
2	Pr.8	减速时间	5s	1s	设定电动机减速时间	
3	Pr.61	基准电流	9999A	0.2A	以设定值（电动机额定电流）为基准	
4	Pr.73	模拟量输入选择	1	0	可选择端子 2 输入规格（0 ~ 10V）	
5	Pr.83	电动机额定电压	400V	380V	设定电动机额定电压	
6	Pr.79	运行模式选择	0	2	选择运行模式	

4. 编制程序

打开 GX Works3 编程软件，新建项目，进入编程界面，在导航窗口，单击“模块配置图”，在工作窗口中，将光标移到 CPU 模块后右击，在弹出的快捷菜单中选择“CPU 型号更改”命令，将 CPU 型号更改为实际使用的“FX5U-32MR/ES”。然后在导航窗口，选择“参数”→“FX5UCPU”→“模块参数”→“模拟输入”，双击“模拟输入”选项，弹出“模块参数 模拟输入”设置窗口，单击该窗口左边的设置项目一览栏下的“基本设置”选项，可进行模拟量输入通道的基本设置，对通道 CH1 进行设置，将“ A/D 转换允许 / 禁止设置”选择为“允许”，“平均处理指定”选择为“时间采样”，“平均时间”设置为“100ms”，然后单击“应用”按钮，模拟输出的设置按图 4-6、图 4-7 进行设置，内置模拟量参数设置完成后，根据控制要求编制梯形图程序，如图 4-10 所示。

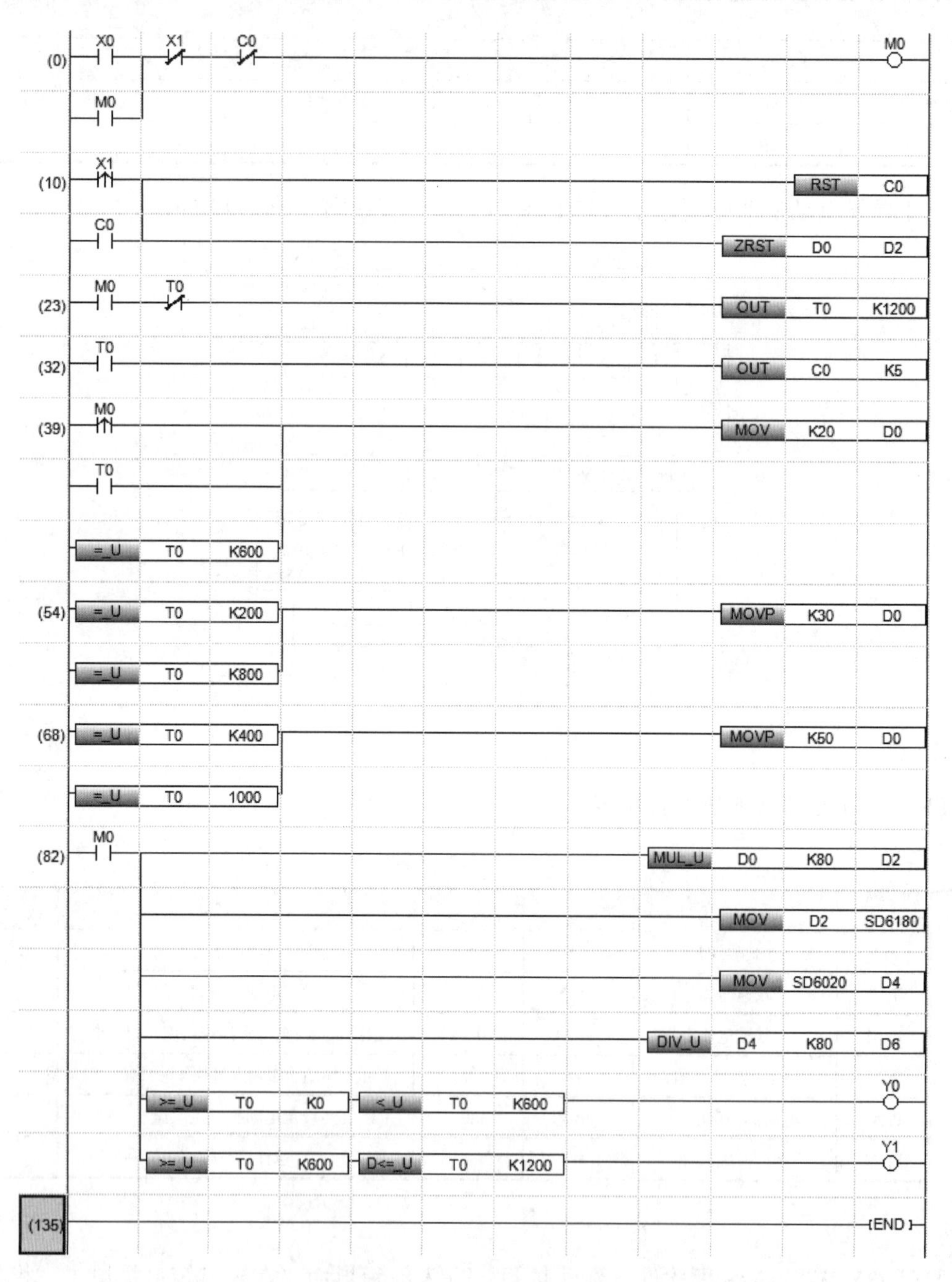

图 4-10 三相异步电动机变频调速控制梯形图

5. 调试运行

按照图 4-9 进行 PLC 输入、输出端接线，利用编程软件将图 4-10 所示梯形图程序写入 PLC，然后，把 PLC 调至 RUN 状态，调试运行程序，观察运行结果。

（四）分析与思考

1）在图 4-10 中，D0 乘以 K80 表示什么意思，特殊寄存器 SD6180 起何作用？

2）在图 4-10 中，特殊寄存器 SD6020 中存储的是什么数据？有何作用？D4 除以 K80 表示什么意思？D6 中存储的是什么数据？

3）图 4-10 中，120s 循环延时是如何实现的？计数循环次数是通过什么元件实现的？

四、任务考核

本任务实施考核见表 4-8。

表 4-8 任务考核表

序号	考核内容	考核要求	评分标准	配分	得分
1	电路及程序设计	（1）能正确分配 I/O，并绘制 I/O 接线图 （2）根据控制要求，正确编制梯形图程序	（1）I/O 分配错或少，每个扣 5 分 （2）I/O 接线图设计不全或有错，每处扣 5 分 （3）梯形图表达不正确或画法不规范，每处扣 5 分	40 分	
2	安装与连线	根据 I/O 分配，正确连接电路	（1）连线错 1 处，扣 5 分 （2）损坏元器件，每只扣 5 ～ 10 分 （3）损坏连接线，每根扣 5 ～ 10 分	20 分	
3	调试与运行	能熟练使用编程软件编制程序写入 PLC，并按要求调试运行	（1）不会熟练使用编程软件进行梯形图的编辑、修改、转换、写入及监视，每项扣 2 分 （2）不能按照控制要求完成相应的功能，每缺 1 项扣 5 分	20 分	
4	安全操作	确保人身和设备安全	违反安全文明操作规程，扣 10 ～ 20 分	20 分	
5	合计				

五、知识拓展

（一）FX5-4AD-ADP 适配器

FX5U CPU 左侧最多可以扩展 4 台模拟量适配器，FX5-4AD-ADP 适配器为 4 个通道模拟量输入适配器，它最多只能连接 4 路模拟量输入信号，FX5-4AD-ADP 适配器无需外接电源供电，FX5-4AD-ADP 适配器的外接信号可以是双极性信号（信号可以是正信号也可以是负信号)，FX5-4AD-ADP 适配器使用时必须安装在 FX5U CPU 模块的左侧。

1. 性能参数

FX5-4AD-ADP 适配器的参数见表 4-9。

2. 接线

（1）端子排列　FX5U-4AD-ADP 适配器的端子排列及说明如图 4-11 所示。

（2）模拟量输入接线　FX5U-4AD-ADP 适配器的每个 CH（通道）可以使用电压输入、也可以使用电流输入。FX5U-4AD-ADP 适配器的模拟量输入接线如图 4-12 所示。

表 4-9　FX5-4AD-ADP 适配器的参数

项目		规格			
模拟量输入通道数		4 通道			
数字量输出		14 位二进制			
模拟输入电压		DC -10 ～ 10V（输入电阻值 1MΩ）			
模拟输入电流		DC -20 ～ 20mA（输入电阻值 250Ω）			
输入特性、分辨率①		模拟输入范围		数字输出值	分辨率
		电压	0 ～ 10V	0 ～ 16000	625μV
			0 ～ 5V	0 ～ 16000	312.5μV
			1 ～ 5V	0 ～ 12800	312.5μV
			-10 ～ 10V	-8000 ～ 8000	1250μV
		电流	0 ～ 20mA	0 ～ 16000	1.25μV
			4 ～ 20mA	0 ～ 12800	1.25μV
			-20 ～ 20mA	-8000 ～ 8000	2.5μV
精度（相对于数字输出值满刻度的精度）		环境温度 25℃ ±5℃：±0.1%（±16digit）以内 环境温度 0 ～ 55℃：±0.2%（±32digit）以内 环境温度 -20 ～ 0℃②：±0.3%（±48digit）以内			
转换速度		最大 450μs（数据的更新为每个运算周期）			
绝对最大输入		电压：±15V、电流：±30mA			
绝缘方式		输入端子与可编程控制器之间：光电耦合器绝缘 输入端子通道之间：非绝缘			
输入输出占用点数		输入输出占用点数 0 点（与可编程控制器最大输入输出点数无关）			
软元件（数字输出值）	适配器槽位	CH1	CH2	CH3	CH4
	1	SD6300	SD6340	SD6380	SD6420
	2	SD6660	SD6700	SD6740	SD6780
	3	SD7020	SD7060	SD7100	SD7140
	4	SD7380	SD7420	SD7460	SD7500

①关于输入特性的详细内容，请参照“MELSEC iQ-F FX5 用户手册（模拟量篇 CPU 模块内置 / 扩展适配器）”第 23 页“输入转换特性”。

② 不支持 2016 年 6 月以前的产品。

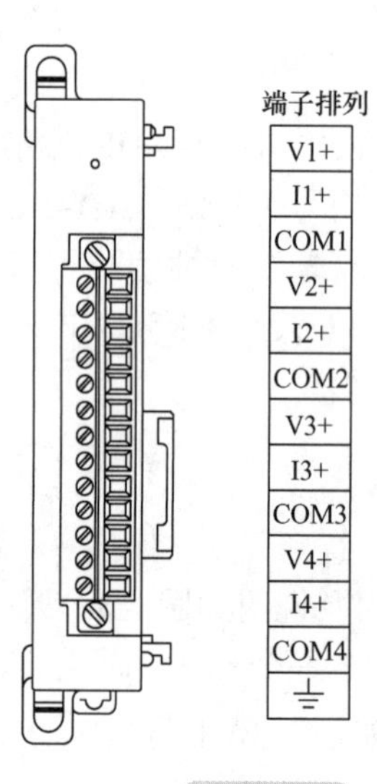

信号名称	功能	
V1+	CH1	电压/电流输入
I1+		电流输入短路用
COM1		公共
V2+	CH2	电压/电流输入
I2+		电流输入短路用
COM2		公共
V3+	CH3	电压/电流输入
I3+		电流输入短路用
COM3		公共
V4+	CH4	电压/电流输入
I4+		电流输入短路用
COM4		公共
⏚	接地	

图 4-11　FX5U-4AD-ADP 适配器的端子排列及说明

图 4-12 中，①模拟输入线应使用双芯的屏蔽双绞电缆，且配线时与其他动力线及容易受电感影响的线隔离。②电流输入时必须连接［V□+］与［I□+］的端子。

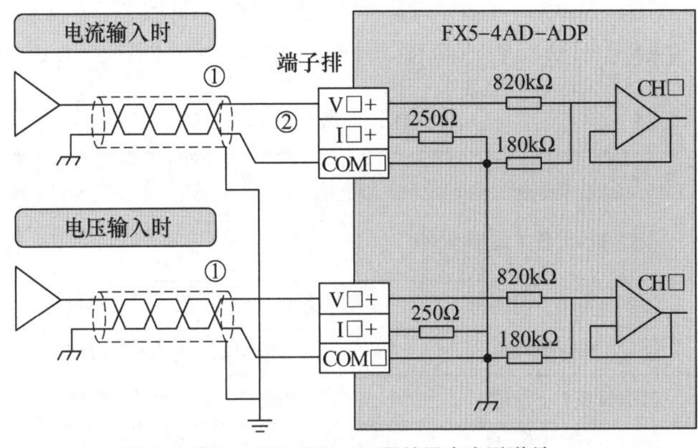

图 4-12　FX5-4AD-ADP 适配器模拟量输入接线

3. 参数设置

FX5-4AD-ADP 适配器模拟量输入通道可以通过参数设置的方式启用相应的功能，在软件上进行参数设置，就不需要进行基于程序的参数设置。

参数设置分为基本设置和应用设置。

（1）基本设置　主要用于通道是否起动、A/D 转换方式的设置。

打开 GX Works3 编程软件，新建项目，进入编程界面，在导航窗口，双击“模块配置图”选项，则在工作窗口生成一 CPU 模块，右击，在弹出的快捷菜单中选择“CPU 型号更改”命令，将 CPU 型号更改为实际使用的“FX5U-32MR/ES”。在导航窗口，选择“参数”→“模块信息”选项，然后右击，在弹出的下拉菜单中，单击“添加模块”，在弹出的“添加新块”对话框中，模块类型选择“模拟适配器”，型号选择“FX5-4AD-ADP”，安装位置选择“ADP1”，单击“确定”按钮，这样便完成了硬件配置。

下面继续设置 FX5-4AD-ADP 适配器的参数：依次双击“参数”→“模块信息”→“ADP1：FX5-4AD-ADP”选项，弹出“ADP1：FX5-4AD-ADP 模块参数”设置窗口，如图 4-13 所示。单击该窗口左边的设置项目一览栏下的“基本设置”选项，这样就可以进行通道 CH1 ～ CH4 的启用操作，需要设置的内容为：A/D 转换允许 / 禁止设置、平均处理指定、时间平均 • 次数平均 • 移动平均、输入范围设置。单击要进行设置更改的项目，输入设置值。具体方法是：①通过下拉列表输入的项目，单击要设置项目文本框右侧的“⌄”图标后，从显示的下拉列表中选择项目；②通过文本框输入的项目，双击要设置的项目，输入数值。基本设置完成后，单击“应用”按钮。

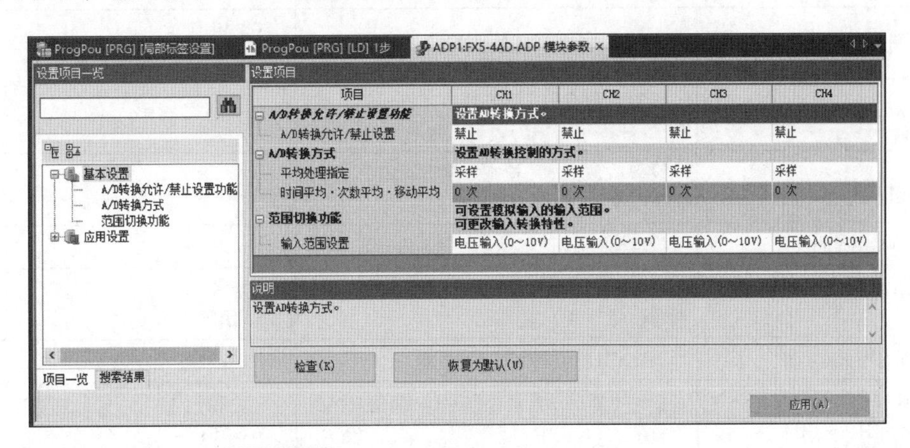

图 4-13　FX5-4AD-ADP 模块参数的基本设置

（2）应用设置　应用设置主要用于设置报警输出功能（过程报警）、报警输出功能（比率报警）、比例尺超出检测、比例缩放设置、移位功能、数字剪辑、断线检测功能、收敛检测功能、CH 间偏差检测功能，具体设置内容见表 4-10。

表 4-10　FX5-4AD-ADP 模块参数的应用设置

项目	内容	设置范围	默认
报警输出设置（过程报警）	设置是“允许”还是“禁止”过程报警的报警	• 允许 • 禁止	禁止
过程报警上上限值	设置数字输出值的上上限值	-32768 ～ 32767	0
过程报警上下限值	设置数字输出值的上下限值	-32768 ～ 32767	0
过程报警下上限值	设置数字输出值的下上限值	-32768 ～ 32767	0
过程报警下下限值	设置数字输出值的下下限值	-32768 ～ 32767	0
报警输出设置（比率报警）	设置是“允许”还是“禁止”比率报警的报警	• 允许 • 禁止	禁止
比率报警报警检测周期设置	设置比率报警的报警检测周期	1 ～ 10000	1
比率报警上限值	设置数字输出值的上限值	-999 ～ 1000	0
比率报警下限值	设置数字输出值的下限值	-1000 ～ 999	0
比例尺超出检测启用 / 禁用	设置是“启用”还是“禁用”比例尺超出检测	• 禁用 • 启用	禁用
比例缩放启用 / 禁用	设置是“启用”还是“禁用”比例缩放	• 禁用 • 启用	禁用
比例缩放上限值	设置比例缩放换算的上限值	-32768 ～ 32767	0
比例缩放下限值	设置比例缩放换算的下限值	-32768 ～ 32767	0
转换值移位量	通过移位功能设置移位的量	-32768 ～ 32767	0
数字剪辑启用 / 禁用	设置是“启用”还是“禁用”数字剪辑	• 禁用 • 启用	禁用
断线检测启用 / 禁用设置	设置是“启用”还是“禁用”断线检测	• 禁用 • 启用	禁用
断线检测回归启用 / 禁用设置	设置是“启用”还是“禁用”断线检测回归	• 禁用 • 启用	禁用
收敛检测启用 / 禁用设置	设置是“启用”还是“禁用”收敛检测	• 禁用 • 启用	禁用
收敛检测上限值	设置收敛范围（检查数字运算值的范围）的上限值	-32767 ～ 32767	0
收敛检测下限值	设置收敛范围（检查数字运算值的范围）的下限值	-32768 ～ 32766	0
收敛检测检测时间设置	设置检测时间（检查数字运算值的范围）	1 ～ 10000	1
CH 间偏差检测触发	设置是“启用”还是“禁用”CH 间偏差检测	• 禁用 • 启用	禁用
CH 间偏差检测偏差值	设置 CH 间偏差检测的偏差值	0 ～ 65535	0
CH 间偏差检测对象 CH 设置第 1 ～ 4 台 CH1 ～ CH4	按每个通道设置是否作为 CH 间偏差检测的对象	• 对象外 • 对象	对象外

在图 4-13“ADP1：FX5-4AD-ADP 模块参数”设置窗口，单击窗口左边的“应用设

置”选项，即可进行通道 CH1 ～ CH4 应用的相关设置，设置界面如图 4-14 所示，应用设置完成后，单击“应用”按钮。

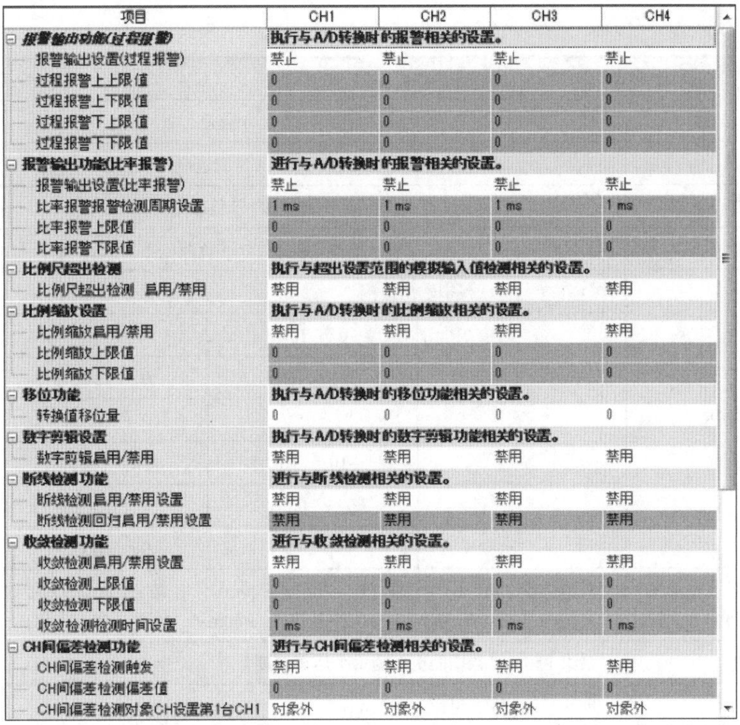

项目	CH1	CH2	CH3	CH4
⊟ 报警输出功能(过程报警)	执行与A/D转换时的报警相关的设置。			
报警输出设置(过程报警)	禁止	禁止	禁止	禁止
过程报警上上限值	0	0	0	0
过程报警上下限值	0	0	0	0
过程报警下上限值	0	0	0	0
过程报警下下限值	0	0	0	0
⊟ 报警输出功能(比率报警)	进行与A/D转换时的报警相关的设置。			
报警输出设置(比率报警)	禁止	禁止	禁止	禁止
比率报警报警检测周期设置	1 ms	1 ms	1 ms	1 ms
比率报警上限值	0	0	0	0
比率报警下限值	0	0	0	0
⊟ 比例尺超出检测	执行与超出设置范围的模拟输入值检测相关的设置。			
比例尺超出检测 启用/禁用	禁用	禁用	禁用	禁用
⊟ 比例缩放设置	执行与A/D转换时的比例缩放相关的设置。			
比例缩放启用/禁用	禁用	禁用	禁用	禁用
比例缩放上限值	0	0	0	0
比例缩放下限值	0	0	0	0
⊟ 移位功能	执行与A/D转换时的移位功能相关的设置。			
转换值移位量	0	0	0	0
⊟ 数字剪辑设置	执行与A/D转换时的数字剪辑功能相关的设置。			
数字剪辑启用/禁用	禁用	禁用	禁用	禁用
⊟ 断线检测功能	进行与断线检测相关的设置。			
断线检测启用/禁用设置	禁用	禁用	禁用	禁用
断线检测回归启用/禁用设置	禁用	禁用	禁用	禁用
⊟ 收敛检测功能	进行与收敛检测相关的设置。			
收敛检测启用/禁用设置	禁用	禁用	禁用	禁用
收敛检测上限值	0	0	0	0
收敛检测下限值	0	0	0	0
收敛检测检测时间设置	1 ms	1 ms	1 ms	1 ms
⊟ CH间偏差检测功能	进行与CH间偏差检测相关的设置。			
CH间偏差检测触发	禁用	禁用	禁用	禁用
CH间偏差检测偏差值	0	0	0	0
CH间偏差检测对象CH设置第1台CH1	对象外	对象外	对象外	对象外

图 4-14　FX5-4AD-ADP 模块参数的应用设置

4. 应用举例

有一压力传感器，将检测的压力信号经输出电压范围为 0 ～ 10V 的变送器连接到 FX5-4AD-ADP 适配器的第 1 通道 CH1 上，FX5-4AD-ADP 适配器在 FX5U-32MR/ES 左侧的第 1 个槽位上，要求编制 A/D 变换的程序。

打开 GX Works3 编程软件，新建项目，配置 PLC 型号为 FX5U-32MR/ES，配置模块型号为 FX5-4AD-ADP，并设置 FX5-4AD-ADP 模块通道 1 的基本设置和应用设置的参数，并将 A/D 转换的值保存至数据寄存器 D10 中，梯形图程序如图 4-15 所示。

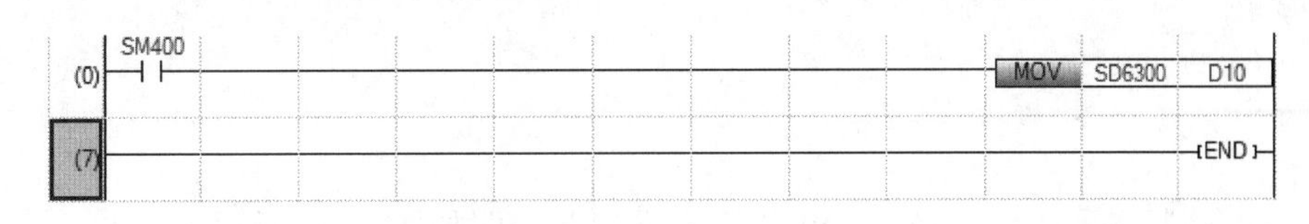

图 4-15　A/D 转换应用梯形图

（二）FX5-4DA-ADP 适配器

FX5-4DA-ADP 适配器为 4 个通道模拟量输出适配器，它最多只能输出 4 路模拟量信号，FX5-4DA-ADP 适配器无需外接电源供电，FX5-4DA-ADP 适配器的外接信号可以是双极性信号（信号可以是正信号也可以是负信号），使用时 FX5-4DA-ADP 适配器必须安装在 FX5U CPU 模块的左侧。

1. 性能参数

FX5-4DA-ADP 适配器的参数见表 4-11。

表 4-11 FX5-4DA-ADP 适配器的参数

<table>
<tr><th colspan="2">项目</th><th colspan="4">规格</th></tr>
<tr><td colspan="2">模拟量输出通道数</td><td colspan="4">4 通道</td></tr>
<tr><td colspan="2">数字量输入</td><td colspan="4">14 位二进制</td></tr>
<tr><td colspan="2">模拟输出电压</td><td colspan="4">DC -10 ~ 10V（外部负载电阻 1k ~ 1MΩ）</td></tr>
<tr><td colspan="2">模拟输出电流</td><td colspan="4">DC -20 ~ 20mA（外部负载电阻 0 ~ 500Ω）</td></tr>
<tr><td colspan="2" rowspan="7">输出特性、分辨率①</td><td colspan="2">模拟输出范围</td><td>数字输出值</td><td>分辨率</td></tr>
<tr><td rowspan="4">电压</td><td>0 ~ 10V</td><td>0 ~ 16000</td><td>625μV</td></tr>
<tr><td>0 ~ 5V</td><td>0 ~ 16000</td><td>312.5μV</td></tr>
<tr><td>1 ~ 5V</td><td>0 ~ 16000</td><td>250μV</td></tr>
<tr><td>-10 ~ 10V</td><td>-8000 ~ 8000</td><td>1250μV</td></tr>
<tr><td rowspan="2">电流</td><td>0 ~ 20mA</td><td>0 ~ 16000</td><td>1.25μV</td></tr>
<tr><td>4 ~ 20mA</td><td>0 ~ 16000</td><td>1μV</td></tr>
<tr><td colspan="2">精度（相对于模拟输出值满刻度的精度）</td><td colspan="4">环境温度 25℃ ±5℃：±0.1%（电压 ±20mV、电流 ±20μA）以内
环境温度 -20 ~ 55℃②：±0.2%（电压 ±40mV、电流 ±40μA）以内</td></tr>
<tr><td colspan="2">转换速度</td><td colspan="4">最大 950μs（数据的更新为每个运算周期）</td></tr>
<tr><td colspan="2">绝对最大输入</td><td colspan="4">电压：±15V、电流：±30mA</td></tr>
<tr><td colspan="2">绝缘方式</td><td colspan="4">输出端子与可编程控制器之间：光电耦合器绝缘
输出端子通道之间：非绝缘</td></tr>
<tr><td colspan="2">输入输出占用点数</td><td colspan="4">0 点（与可编程控制器最大输入输出点数无关）</td></tr>
<tr><td rowspan="5">软元件（数字输出值）</td><td>适配器槽位</td><td>CH1</td><td>CH2</td><td>CH3</td><td>CH4</td></tr>
<tr><td>1</td><td>SD6300</td><td>SD6340</td><td>SD6380</td><td>SD6420</td></tr>
<tr><td>2</td><td>SD6660</td><td>SD6700</td><td>SD6740</td><td>SD6780</td></tr>
<tr><td>3</td><td>SD7020</td><td>SD7060</td><td>SD7100</td><td>SD7140</td></tr>
<tr><td>4</td><td>SD7380</td><td>SD7420</td><td>SD7460</td><td>SD7500</td></tr>
</table>

① 输出特性的详细内容请参照“MELSEC iQ-F FX5 用户手册（模拟量篇 CPU 模块内置 / 扩展适配器）”P221 页“输出转换特性”。

② 2016 年 6 月以前的产品为 0 ~ 55℃。

2. 接线

（1）端子排列　FX5-4DA-ADP 的端子排列及说明如图 4-16 所示。

（2）模拟量输出接线　FX5U-4DA-ADP 适配器的每个 CH（通道）可以使用电压输出、也可以使用电流输出。FX5U-4DA-ADP 适配器的模拟量输出接线如图 4-17 所示。

3. 参数设置

FX5-4DA-ADP 适配器模拟量输出通道可以通过参数设置的方式启用相应的功能，在软件上进行参数设置，就不需要进行基于程序的参数设置。

参数设置分为基本设置和应用设置。

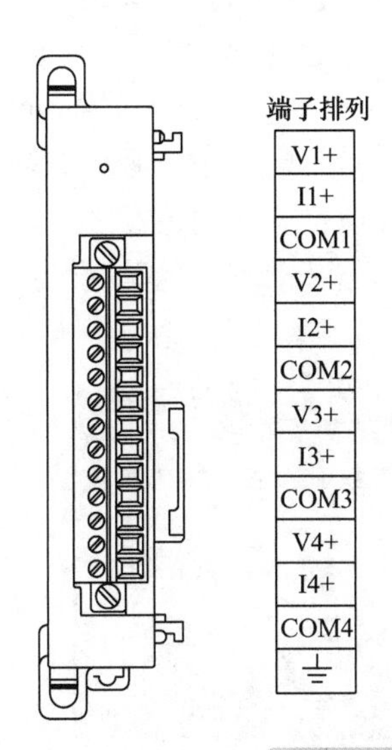

信号名称	功能	
V1+	CH1	电压输出
I1+		电流输出
COM1		公共
V2+	CH2	电压输出
I2+		电流输出
COM2		公共
V3+	CH3	电压输出
I3+		电流输出
COM3		公共
V4+	CH4	电压输出
I4+		电流输出
COM4		公共
—	请勿进行配线	

图 4-16　FX5-4DA-ADP 的端子排列及说明

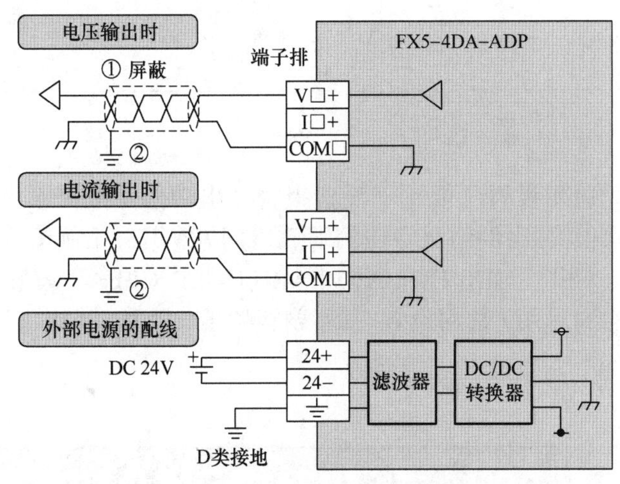

图 4-17　FX5U-4DA-ADP 适配器的模拟量输出接线

图 4-17 中，①模拟输出线应使用双芯的屏蔽双绞电缆，且配线时与其他动力线及容易受电感影响的线隔离。②屏蔽线应在信号接收侧进行一点接地。

（1）基本设置　主要用于通道是否起动、D/A 转换方式的设置。

打开 GX Works3 编程软件，新建项目，进入编程界面，在导航窗口，双击“模块配置图”选项，则在工作窗口生成一 CPU 模块，右击，在弹出的快捷菜单中选择“ CPU 型号更改”命令，将 CPU 型号更改为实际使用的“ FX5U-32MR/ES”。在导航窗口，选择“参数”→“模块信息”选项，右击，在弹出的下拉菜单中，单击“添加模块”，在弹出的“添加新块”对话框中，模块类型选择“模拟适配器”，型号选择“ FX5-4DA-ADP”，安装位置选择“ADP2”，单击“确定”按钮，这样便完成了硬件配置。

下面继续设置 FX5-4DA-ADP 适配器的参数：依次双击“参数”→“模块信

息”→“ADP2：FX5–4DA–ADP”选项，弹出“ADP2：FX5–4DA–ADP 模块参数”设置窗口，如图 4-18 所示。单击该窗口左边的设置项目一览栏下的“基本设置”选项，这样就可以进行通道 CH1 ～ CH4 的启用操作，需要设置的内容为：D/A 转换允许 / 禁止设置、D/A 输出允许禁止设置、输出范围设置。单击要进行设置更改的项目，输入设置值。具体方法是：1）通过下拉列表输入的项目，单击要设置项目文本框右侧的“▾”图标后，从显示的下拉列表中选择项目。2）双击要设置的项目，输入数值。基本设置完成后，单击“应用”按钮。

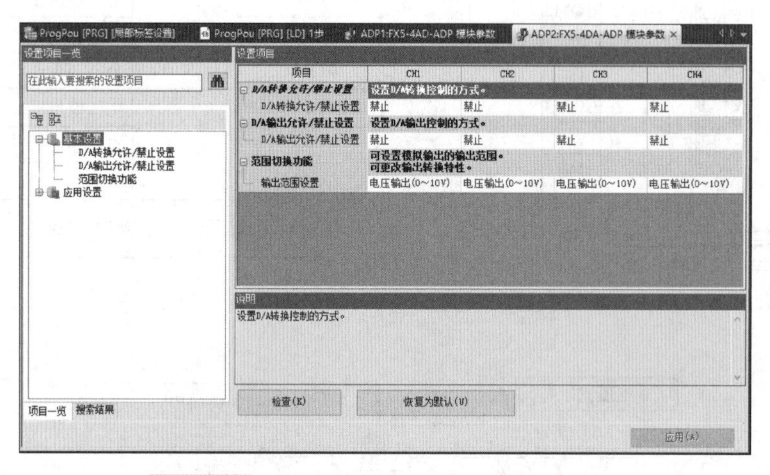

图 4-18　FX5–4DA–ADP 模块参数的基本设置

（2）应用设置　应用设置主要用于设置报警输出功能（报警输出设置、报警输出上限值、报警输出下限值）、比例缩放（比例缩放启用 / 禁用、比例缩放上限值、比例缩放下限值）、移位功能、模拟量输出 HOLD/CLEAR（HOLD/CLEAR 设置、HOLD 设置）、断线检测功能（断线检测启用 / 禁用设置、断线检测回归启用 / 禁用设置）。具体设置内容见表 4-12。

表 4-12　FX5–4DA–ADP 模块参数的应用设置

项目	内容	设置范围	默认
报警输出设置	设置是“允许”还是“禁止”报警输出	• 允许 • 禁止	禁止
报警输出上限值	设置为了进行报警输出的数字输入值的上限值	-32768 ～ 32767	0
报警输出下限值	设置为了进行报警输出的数字输入值的下限值	-32768 ～ 32767	0
比例缩放启用 / 禁用	设置是“启用”还是“禁用”比例缩放	• 禁用 • 启用	禁用
比例缩放上限值	设置比例缩放换算的上限值	-32768 ～ 32767	0
比例缩放下限值	设置比例缩放换算的下限值	-32768 ～ 32767	0
转换值移位量	设置通过移位功能进行移位的量	-32768 ～ 32767	0
HOLD/CLEAR 设置	设置 CLEAR 或 HOLD 时的输出状态	• CLEAR • 上次值（保持） • 设置值	上次值（保持）

（续）

项目	内容	设置范围	默认
HOLD 设定值	设置在“HOLD/CLEAR 设置”中选择了“设置值”的情况下，HOLD 时输出的数字值	-32768 ～ 32767	0
断线检测启用 / 禁用设置	设置是“启用”还是“禁用”断线检测	• 禁用 • 启用	禁用
断线检测回归启用 / 禁用设置	设置是“启用”还是“禁用”断线检测回归	• 禁用 • 启用	禁用
CH 间偏差检测触发	设置是“启用”还是“禁用”CH 间偏差检测	• 禁用 • 启用	禁用

在图 4-18 所示“ADP2：FX5-4DA-ADP 模块参数”设置窗口，单击窗口左边的“应用设置”选项，即可进行通道 CH1 ～ CH4 应用的相关设置，设置界面如图 4-19 所示，应用设置完成后，单击“应用”按钮。

项目	CH1	CH2	CH3	CH4
⊟ 报警输出功能	执行与D/A转换时的报警相关的设置。			
报警输出设置	禁止	禁止	禁止	禁止
报警输出上限值	0	0	0	0
报警输出下限值	0	0	0	0
⊟ 比例缩放设置	执行与D/A转换时的比例缩放相关的设置。			
比例缩放启用/禁用	禁用	禁用	禁用	禁用
比例缩放上限值	0	0	0	0
比例缩放下限值	0	0	0	0
⊟ 移位功能	执行与D/A转换时的移位功能相关的设置。			
转换值移位量	0	0	0	0
⊟ 模拟输出HOLD/CLEAR设置	可通过CPU模块的运行状态(RUN、STOP、停止错误)，将D/A转换的数字值CLEAR或将上次值、设定值的其中一个HOLD。			
HOLD/CLEAR设置	上次值(保持)	上次值(保持)	上次值(保持)	上次值(保持)
HOLD设定值	0	0	0	0
⊟ 断线检测功能	进行与断线检测相关的设置。			
断线检测启用/禁用设置	禁用	禁用	禁用	禁用
断线检测回归启用/禁用设置	禁用	禁用	禁用	禁用

图 4-19 FX5-4DA-ADP 模块参数的应用设置

4. 应用举例

将电动机的转速转换为 DC 0 ～ 10V 电压作为变送器的模拟量输入值，通过变频器内部参数的设置，0 ～ 10V 的电压对应的转速为 0 ～ 1800r/min。要求编制以 r/min 为单位“转速”对应的输入值的程序。

打开 GX Works3 编程软件，新建一项目，配置 PLC 型号为 FX5U-32MR/ES，配置模块型号为 FX5-4DA-ADP，FX5-4DA-ADP 模块通道 1 的基本设置为：D/A 转换允许 / 禁止设置为“允许”，D/A 输出允许 / 禁止设置为“允许”，输出范围设置采用默认设置；应用设置中将比例缩放启用 / 禁用设置为“启用”，比例缩放上限值设置为“1800”，比例缩放下限值设置为“0”，其他参数均按默认设置，并将要求的转速值保存至数据寄存器 D10 中，梯形图程序如图 4-20 所示。

六、任务总结

本任务以三相异步电动机变频调速正反向运行的 PLC 控制为载体，进行 FX5U CPU 模块内置模拟量、FX5U-4AD-ADP 适配器及 FX5U-4DA-ADP 适配器应用等相关知识的学习。在此基础上分析控制程序设计的方法，然后输入程序调试运行，达成会模拟量控制编程及调试运行的目标。

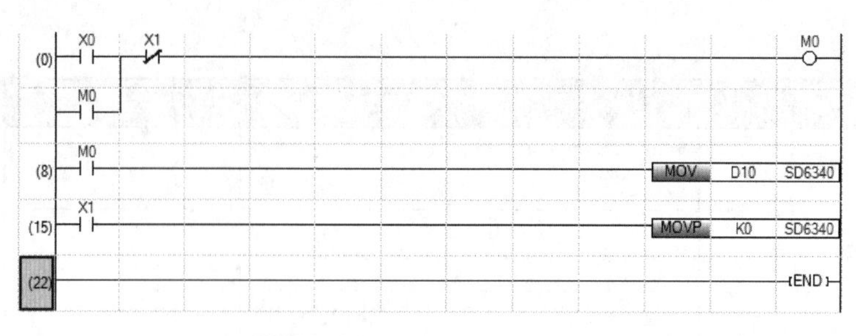

图 4-20 D/A 转换应用梯形图

任务二 3 台 FX5U PLC 之间的简易 PLC 间链接通信

一、任务导入

如果把 PLC 与 PLC、PLC 与计算机或 PLC 与其他智能装置通过传输介质连接起来，就可以实现通信或组建网络，从而构成功能更强，性能更好的控制系统，这样可以提高 PLC 的控制能力及控制范围，实现综合及协调控制，同时，还便于计算机管理及对控制数据的处理，提供人机界面友好的操控平台；可使自动控制从设备级发展到生产线级，甚至工厂级，从而实现智能化工厂（Smart Factory）的目标。

本任务以 3 台 FX5U PLC 之间的简易 PLC 间链接通信为例学习 FX5U PLC 串行通信的简易 PLC 间链接的编程及应用。

二、知识准备

（一）通信基础

1. 通信系统的组成

当任意两台设备之间有信息交换时，它们之间就产生了通信。PLC 通信是指 PLC 与 PLC、PLC 与 PC、PLC 与其他控制设备或远程 I/O 之间的信息交换。PLC 通信的任务就是将地理位置不同的 PLC、PC、各种现场设备等，通过介质连接起来，按照规定的通信协议，以某种特定的通信方式高效率地完成数据的传送、交换和处理。当然，并不是所有的 PLC 都有上述全部功能，有些小型 PLC 只有上述部分功能。通信系统的组成如图 4-21 所示。

（1）传送设备　包括发送、接收设备。

主设备：起控制、发送和处理信息的主导作用。

从设备：被动地接收、监视和执行主设备的信息。

主从设备在实际通信时由数据传送的结构来确定。

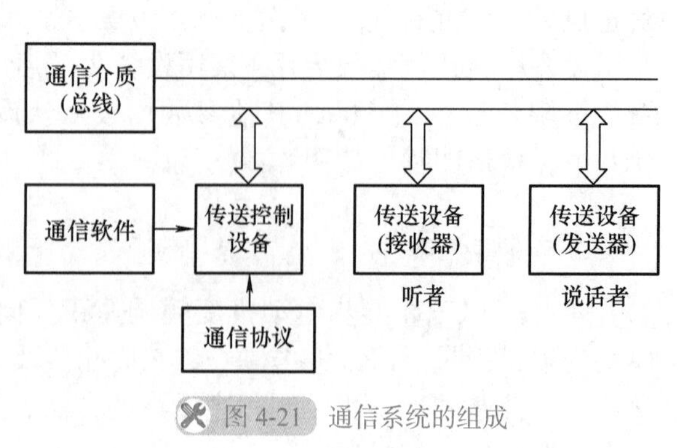

图 4-21 通信系统的组成

（2）传送控制设备　传送控制设备主

要用于控制发送与接收之间的同步协调。

（3）通信介质　通信介质是信息传送的基本通道，是发送与接收设备之间的桥梁。

（4）通信协议　通信协议是通信过程中必须严格遵守的各种数据传送规则。

（5）通信软件　通信软件用于对通信的软件和硬件进行统一调度、控制与管理。

2. 通信方式

在数据信息通信时，按同时传送的位数来分，通信方式可以分为并行通信和串行通信。

（1）并行通信　并行通信是指所传送的数据以字节或字为单位同时发送或接收。

并行通信除了有 8 根或 16 根数据线、1 根公共线外，还需要有通信双方联络用的控制线。并行通信传送速度快，但是传送线的根数多，抗干扰能力较差，一般用于近距离数据传送，如 PLC 的基本单元、扩展单元和特殊功能模块之间的数据传送。

（2）串行通信　串行通信是以二进制的位为单位一位一位地顺序发送或接收。

串行通信的特点是仅需 1 根或 2 根传送线，速度较慢，但适合多数位、长距离通信。计算机和 PLC 都有专用的串行通信接口，如 RS-232C 或 RS-485 接口。在工业控制中计算机之间的通信方式一般采用串行通信方式。

串行通信可以分为异步通信和同步通信两类。

1）同步通信。同步通信是一种以字节（1 个字节由 8 位二进制数组成）为单位传送数据的通信方式，一次通信只传送一帧信息。这里的信息帧与异步通信中的字符帧不同，通常含有 1 ～ 2 个数据字符。

信息帧均由同步字符、数据字符和校验字符（CRC）组成。其中，同步字符位于帧开头，用于确定数据字符的开始；数据字符在同步字符之后，个数没有限制，由所需传送的数据块长度决定；校验字符有 1 ～ 2 个，用于接收端对接收到的字符序列进行正确性的校验。

同步通信的缺点是要求发送时钟和接收时钟保持严格同步。

2）异步通信。在异步通信中，数据通常以字符或者字节为单位组成字符帧传送。字符帧由发送端逐帧发送，通过传输线被接收设备逐帧接收。发送端和接收端可以由各自的时钟来控制数据的发送和接收，这两个时钟源彼此独立，互不同步。

异步通信的数据格式如图 4-22 所示。

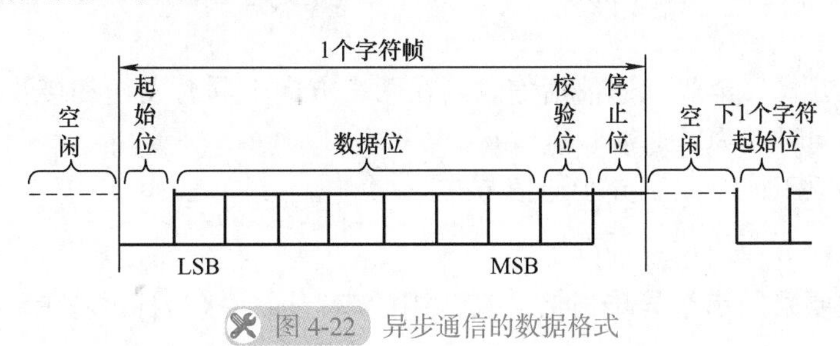

图 4-22　异步通信的数据格式

起始位：位于字符帧开头，占 1 位，始终为逻辑 0 电平，用于向接收设备表示发送端开始发送 1 帧信息。

数据位：紧跟在起始位之后，可以设置为 5 位、6 位、7 位、8 位，低位在前，高位在后。

奇偶校验位：位于数据位之后，仅占1位，用于表示串行通信中采用奇校验还是偶校验。

接收端检测到传输线上发送过来的低电平逻辑“0”（即字符帧起始位）时，确定发送端已开始发送数据，每当接收端收到字符帧中的停止位时，就知道1帧字符已经发送完毕。

异步通信的优点是不需要传送同步脉冲，字符帧长度也不受限制；缺点是字符帧中因包含了起始位和停止位，因此降低了有效数据的传输速率。

3. 数据传送方向

在通信线路上按照数据传送方向通信方式可以分为单工、半双工、全双工，如图4-23所示。

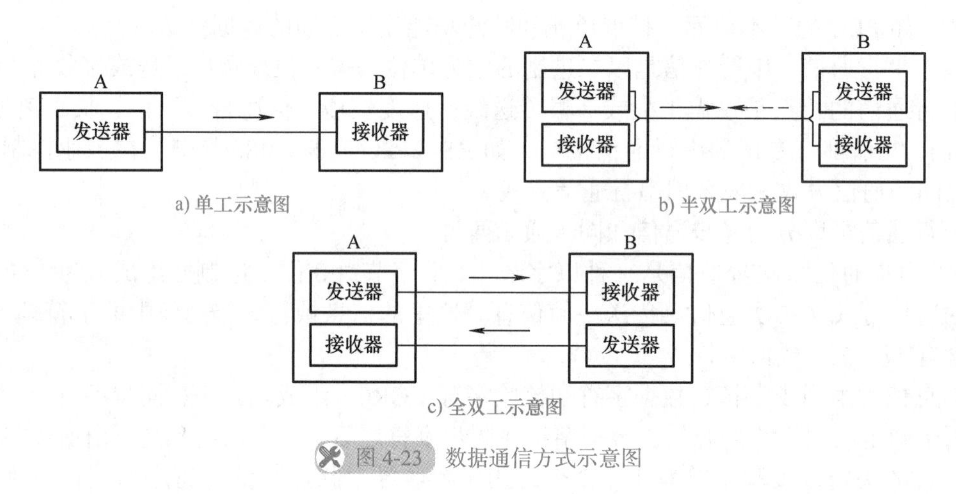

图4-23 数据通信方式示意图

（1）单工通信方式　单工通信方式就是指信息的传送始终保持同一方向，而不能进行反向传送，即只允许数据按照一个固定方向传送，通信两点中的一点为接收端，另一点为发送端，且这种确定是不可更改的，如图4-23a所示。其中A端只能作为发送端，B端只能作为接收端。

（2）半双工通信方式　半双工通信就是指信息可在两个方向上传输，但同一时刻只限于一个方向传送，如图4-23b所示。其中A端发送B端接收，或者B端发送A端接收。

（3）全双工方式　全双工通信指信息能在两个方向上同时发送和接收，如图4-23c所示。A端和B端同时作为发送端、接收端。

PLC使用半双工或全双工异步通信方式。

4. PLC常用串行通信接口标准

PLC通信主要采用串行异步通信，其常用的串行通信接口标准有RS-232C、RS-422和RS-485等。

RS-232C接口标准是目前计算机和PLC中最常用的一种串行通信接口，它是美国电子工业协会（EIA）于1969年公布的通信协议，RS-232C接口规定使用25针连接器或9针连接器，它采用单端驱动非差分接收电路，因而存在着传输距离不太远（最大传输距离为15m）和传输速率不太高（最高传输速率为20kbit/s）的问题。

针对 RS-232C 总线标准存在的问题，EIA 制定了新的串行通信标准 RS-422，它采用平衡驱动差分接收电路，抗干扰能力强，在传输速率为 100kbit/s 时，最大通信距离为 1200m。

RS-485 是 RS-422 的变形。RS-422A 采用全双工，而 RS-485 则采用半双工。RS-485 是一种多发送器标准，在通信线路上最多可以使用 32 对差分驱动器 / 接收器。传输线采用差分信道，所以它的干扰抑制性极好，又因为它的阻抗低无接地问题，所以传输距离可达 1200m，传输速率可达 10Mbit/s。

RS-422/RS-485 接口一般采用 9 针的 D 形连接器。普通计算机一般不配备 RS-422 和 RS-485 接口，但工业控制计算机和小型 PLC 上都设有 RS-422 或 RS-485 通信接口。

三菱 FX5U PLC 取消了原 FX 系列 PLC 传统的 RS-422 通信接口，在 CPU 内置了两种接口：RS-485 通信接口和以太网通行接口。

5. 通信介质

通信介质就是在通信系统中位于发送端与接收端之间的物理通路。常用的通信介质有双绞线、同轴电缆和光纤等。

其中双绞线往往采用金属包皮或金属网包裹以进行屏蔽，同轴电缆由内、外层两层导体组成。

（二）FX5U PLC 串行通信的类型

FX5U PLC 串行通信的类型见表 4-13。

表 4-13　FX5U PLC 串行通信的类型

类型	项目	说明
简易 PLC 间链接	功能	最多连接 8 台可编程控制器，在这些可编程控制器之间自动进行数据通信
	用途	生产线的分散控制和集中管理等
并列链接	功能	连接 2 台 FX5U 可编程控制器进行软元件相互链接的功能
	用途	生产线的分散控制和集中管理等
MC 协议功能	功能	MC 协议是指使用以太网或串行通信，从 CPU 模块或外围设备（计算机、人机界面等）访问支持 MC 协议的设备的协议 FX5U 在串行口的情况下，可以使用 MC 协议的 1C/3C/4C 帧进行通信
	用途	数据的采集和集中管理等
无顺序通信	功能	可以与具备 RS-232C 或者 RS-485 接口的各种设备，以无协议的方式进行数据交换
	用途	与计算机、条形码阅读器、打印机、各种测量仪表之间进行数据交换
MODBUS 串行通信	功能	MODBUS 通信网络如果是 RS-485 通信，则可实现 1 台主站控制 32 台从站，如果是 RS-232C 通信，则可以使用 1 台主站控制 1 台从站
	用途	用于各种数据采集和过程控制等
变频器通信	功能	通过 RS-485 通信，最多可以对 16 台变频器进行运行控制
	用途	运行监控、控制值的写入及参数的参考与变更等
通信协议支持功能	功能	可根据对象设备侧（测量仪器、条形码阅读器等）的协议，在对象设备与 CPU 模块间发送、接收数据
	用途	通信协议支持功能是三菱电机为客户提供的快速搭建 PLC 与第三方设备通信的一个简便工具。该工具内置了目前众多厂商的自有协议，用户只需在该工具上进行参数设置即可与其他厂商设备进行互联互通

（三）简易 PLC 间链接

1. 简易 PLC 间链接的构成

简易 PLC 间链接通信是针对 FX5 系列 PLC 的一种串行通信，过去三菱 FX 其他系列的 PLC 称为 N：N 通信，使用此通信网络通信，PLC 能链接成一个小规模系统。简易 PLC 间链接只需要进行简单配置，无需编写通信程序就可以实现 PLC 间的通信。简易 PLC 间链接功能，就是在最多 8 台 FX5 可编程控制器或者 FX3 可编程控制器之间，通过 RS−485 通信连接，进行软元件相互链接的功能。

1）根据要链接的点数，有 3 种模式可以选择，即模式 0、模式 1 和模式 2。

2）在最多 8 台 FX5 可编程控制器或 FX3 可编程控制器之间自动更新数据链接。

3）总延长距离最长为 1200m（仅限全部由 FX5−485ADP 构成时）。内置 RS−485 和 RS−485−BD 通信板的最长传输距离为 50m。

4）对于链接用内部继电器（M）、数据寄存器（D），FX5 可以分别设定起始软元件编号。

简易 PLC 间链接的通信网络系统构成示意图如图 4-24 所示。

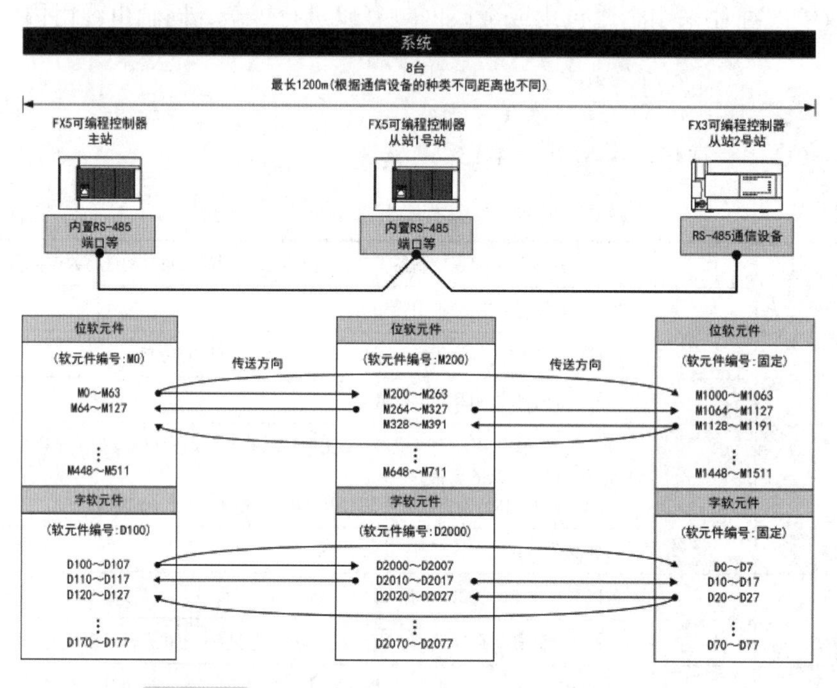

图 4-24 简易 PLC 间链接的通信网络系统构成示意图

2. 简易 PLC 间链接的硬件

FX5U CPU 模块可以使用内置 RS−485 端口、通信板、通信适配器，使用简易 PLC 间链接功能。通信通道的分配不受系统构成的影响，为固定状态。FX5U CPU 模块简易 PLC 间链接可使用的硬件如图 4-25 所示。

注意：1 台 CPU 模块中仅限 1 个通道可以使用简易 PLC 间链接。

3. 简易 PLC 间链接的通信规格及性能

（1）通信规格　简易 PLC 间链接的通信规格见表 4-14。

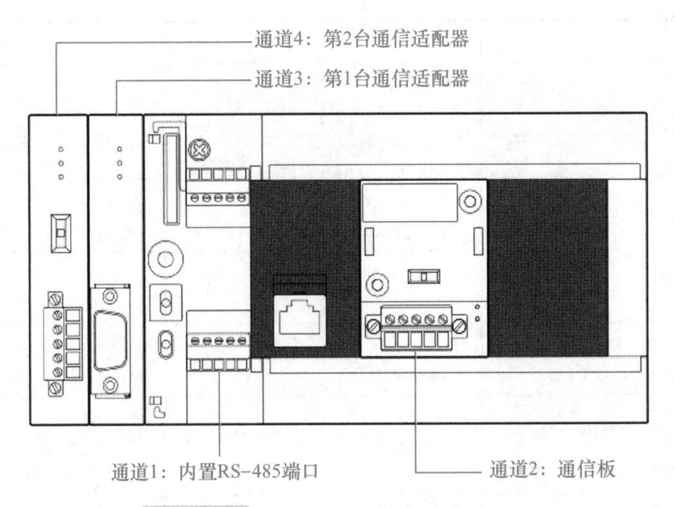

图 4-25　FX5U CPU 模块简易 PLC 间链接可使用的硬件

表 4-14　简易 PLC 间链接的通信规格

项目		规格	备注
连接台数		最多 8 台	—
传送规格		符合 RS-485 规格	—
最大总延长距离		仅由 FX5-485ADP 构成时，1200m 以下 由 FX5-485ADP、FX3U-485ADP 构成时，500m 以下 上述以外的构成时，50m 以下	混有内置 RS-485 端口、FX5-485-BD、FX3 系列用 485-BD 时，50m 以下
协议格式		简易 PLC 间链接	—
控制顺序		—	—
通信方式		半双工双向	—
波特率		38400bit/s	—
字符格式	起始位	1 位	—
	数据长度	7 位	—
	奇偶校验	偶校验	—
	停止位	1 位	—
报头		固定	—
结束符		固定	—
控制线		—	—
和校验		固定	—

（2）链接规格　简易 PLC 间链接的链接模式及链接点数见表 4-15。

4. 简易 PLC 间链接的通信接线

简易 PLC 间链接的通信接线图如图 4-26 所示，这里是以 3 台 FX5U PLC 为例说明的。

表 4-15　简易 PLC 间链接的链接模式及链接点数

站号		机型	模式 0		模式 1		模式 2	
			内部继电器（M）	数据寄存器（D）	内部继电器（M）	数据寄存器（D）	内部继电器（M）	数据寄存器（D）
			各站 0 点	各站 4 点	各站 32 点	各站 4 点	各站 64 点	各站 8 点
主站	站号 0	FX5	—	D（x）～D（x+3）	M（y）～M（y+31）	D（x）～D（x+3）	M（y）～M（y+63）	D（x）～D（x+7）
		FX3		D0～D3	M1000～M1031	D0～D3	M1000～M1063	D0～D7
从站	站号 1	FX5	—	D（x+10）～D（x+13）	M（y+64）～M（y+95）	D（x+10）～D（x+13）	M（y+64）～M（y+127）	D（x+10）～D（x+17）
		FX3		D10～D13	M1064～M1095	D10～D13	M1064～M1127	D10～D17
	站号 2	FX5	—	D（x+20）～D（x+23）	M（y+128）～M（y+159）	D（x+20）～D（x+23）	M（y+128）～M（y+191）	D（x+20）～D（x+27）
		FX3		D20～D23	M1128～M1159	D20～D23	M1128～M1191	D20～D27
	站号 3	FX5	—	D（x+30）～D（x+33）	M（y+192）～M（y+223）	D（x+30）～D（x+33）	M（y+192）～M（y+255）	D（x+30）～D（x+37）
		FX3		D30～D33	M1192～M1223	D30～D33	M1192～M1255	D30～D37
	站号 4	FX5	—	D（x+40）～D（x+43）	M（y+256）～M（y+287）	D（x+40）～D（x+43）	M（y+256）～M（y+319）	D（x+40）～D（x+47）
		FX3		D40～D43	M1256～M1287	D40～D43	M1256～M1319	D40～D47
	站号 5	FX5	—	D（x+50）～D（x+53）	M（y+320）～M（y+351）	D（x+50）～D（x+53）	M（y+320）～M（y+383）	D（x+50）～D（x+57）
		FX3		D50～D53	M1320～M1351	D50～D53	M1320～M1383	D50～D57
	站号 6	FX5	—	D（x+60）～D（x+63）	M（y+384）～M（y+415）	D（x+60）～D（x+63）	M（y+384）～M（y+447）	D（x+60）～D（x+67）
		FX3		D60～D63	M1384～M1415	D60～D63	M1384～M1447	D60～D67
	站号 7	FX5	—	D（x+70）～D（x+73）	M（y+448）～M（y+479）	D（x+70）～D（x+73）	M（y+448）～M（y+511）	D（x+70）～D（x+77）
		FX3		D70～D73	M1448～M1479	D70～D73	M1448～M1511	D70～D77

注：1. x：数据寄存器（D）的链接软元件起始编号。

2. y：内部继电器（M）的链接软元件起始编号。

3. FX5 系列 PLC 主站和从站的位元件和字元件编号可以根据需要修改，但是 FX3 系列 PLC 主站和从站的位元件和字元件编号是固定的，不能修改。

图 4-26 中，①连接的双绞电缆的屏蔽层请务必采取 D 类接地。②请务必在回路的两端设置终端电阻。对于内置 RS-485 端口、FX5-485-BD、FX5-485ADP，请使用切换开关将终端电阻设定为 110Ω。

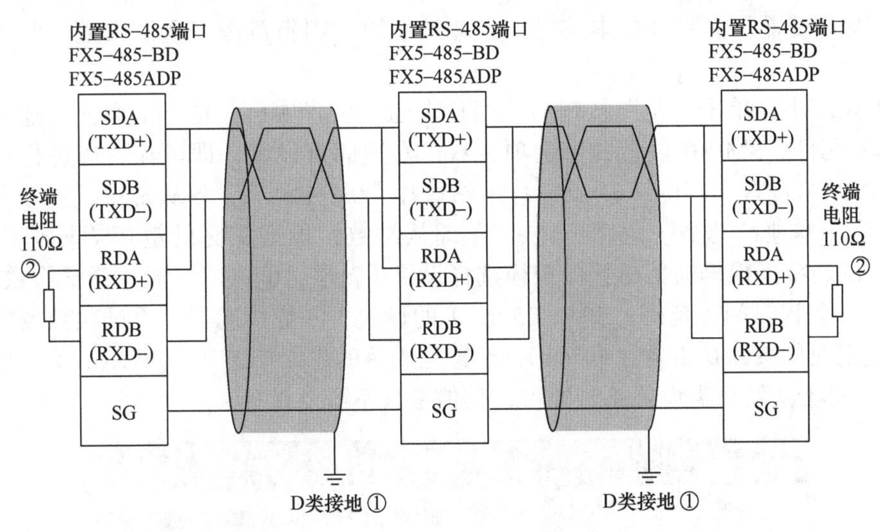

图 4-26 3 台 FX5U PLC 简易 PLC 间链接通信的接线图

注意：在进行简易 PLC 间链接的通信接线时，一定要在确定断开可编程控制器电源的情况下进行。与 RS-485 通信设备连接时，使用带屏蔽的双绞电缆。

5. 通信设定

FX5U PLC 内置 RS-485 端口可以通过参数设置的方式启用相应的简易 PLC 间链接功能，在编程软件上进行参数设置，就不需要进行基于程序的参数设置。这里仅介绍内置 RS-485 的简易 PLC 间链接通信参数设置，485 通信板及通信适配器的通信设定方法详见“三菱电机微型可编程控制器 MELSEC iQ-F FX5 用户手册（串行通信篇）”。

参数设置分为基本设置、固有设置、链接软元件设置和 SD/SM 设置。

（1）基本设置　主要用于通信协议格式的设置。

FX5U PLC 简易 PLC 间链接通信的参数设置

打开 GX Works3 编程软件，新建项目，进入编程界面，在导航窗口，选择“参数”→“FX5U CPU”→“模块参数”→“485 串口”，双击“485 串口”选项，弹出“模块参数 485 串口”设置窗口，单击该窗口左边的“设置项目一览”栏下的“基本设置”选项，在右边单击协议格式文本框右侧的“▾”图标后，从打开的下拉列表中单击“简易 PLC 间链接”，弹出“是否放弃已设置的数据？”，如图 4-27 所示，单击“是”按钮，这样便完成了基本设置。

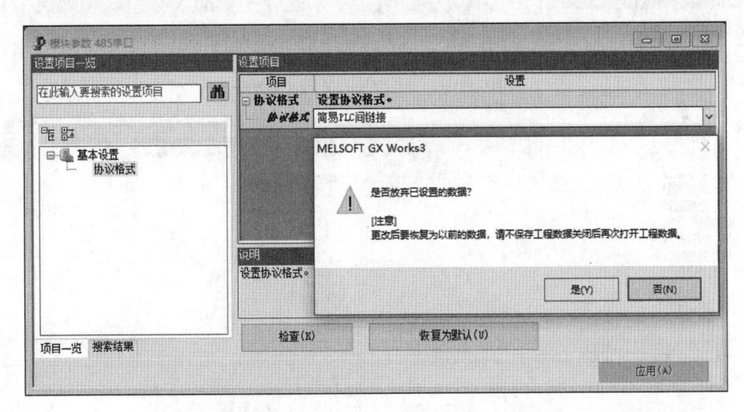

图 4-27 基本设置－选择协议格式

（2）固有设置　主要进行本站号、本地站总数、刷新范围、重试次数、监视时间的设置。

在图 4-27 中，单击“是”按钮后，窗口左边“设置项目一览”下面便增加了固有设置、链接软元件、SM/SD 设置 3 个选项，双击左边固有设置，即可在右边进行相应的选项设置，本站号设置（范围：0 ～ 7）：主站选择“0（主站）”、各从站根据编号选择设置为“1 ～ 7”，本地站总数（范围：1 ～ 7）即从站数，根据实际的链接规模选择设置为“1 ～ 7”，刷新范围根据通信链接的规模选择设置（范围：0 ～ 2），至于重试次数（范围：0 ～ 10 次）、监视时间（范围：50 ～ 250ms）的设置，一般情况下，重试次数按默认设置（3 次），监视时间按默认设置（50 ms），设置完成后的界面如图 4-28 所示，然后单击“应用”按钮。对于从站只需设置站号即可，其他参数不需要设置。

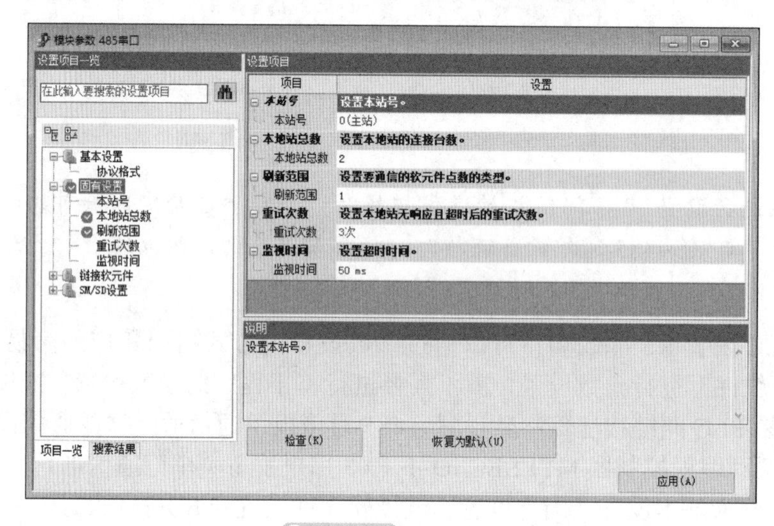

图 4-28　固有设置

（3）链接软元件设置　就是设置链接软元件起始编号，包括位元件和字元件，在图 4-28 左边双击“链接软元件”选项，在其右边便打开链接软元件的设置项目，分别将链接软元件 Bit 对应的软元件设置为 M2000，链接软元件 Word 对应的软元件设置为 D100，如图 4-29 所示，然后单击“应用”按钮。

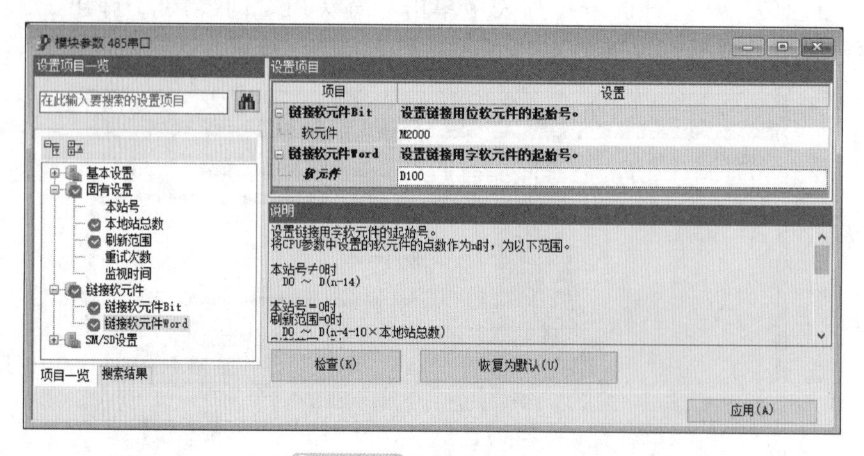

图 4-29　链接软元件设置

6. 判断简易 PLC 间链接错误用软元件

判断简易 PLC 间链接错误用软元件见表 4-16。

表 4-16　判断简易 PLC 间链接错误用软元件

FX5 系列专用				FX3 系列兼容用		名称	内容
通道 1	通道 2	通道 3	通道 4	通道 1	通道 2		
SM8500	SM8510	SM8520	SM8530	SM8063	SM8438	串行通信错误	当串行通信中发生错误时置 ON
SM9040				SM8183		数据传送序列错误	当主站中发生数据传送序列错误时置 ON
SM9041 ～ SM9047①				SM8184～SM8190②		数据传送序列错误	当各从站中发生数据传送序列错误时置 ON。但是不能检测出本站（从站）的数据传送序列是否错误
SM9056				SM8191		正在执行数据传送序列	执行简易 PLC 间链接时置 ON

① 站号 1：SM9041、站号 2：SM9042、站号 3：SM9043…站号 7：SM9047。
② 站号 1：SM8184、站号 2：SM8185、站号 3：SM8186…站号 7：SM8190。

三、任务实施

（一）任务目标

1）掌握 FX5U PLC 内置 RS-485 端口的使用。
2）能根据控制要求组建简易 PLC 间链接通信。
3）会 FX5U PLC 简易 PLC 间链接通信的接线及 I/O 接线。
4）根据控制要求编写梯形图程序。
5）熟练使用三菱 GX Works3 编程软件设置简易 PLC 间链接的通信参数、编制梯形图程序，并写入 PLC 进行调试运行。

（二）设备与器材

本任务所需设备与器材，见表 4-17。

表 4-17　设备与器材

序号	名称	符号	型号规格	数量	备注
1	常用电工工具		十字螺钉旋具、一字螺钉旋具、尖嘴钳、剥线钳等	3 套	表中所列设备、器材的型号规格仅供参考
2	计算机（安装 GX Works3 编程软件）			3 台	
3	三菱 FX5U 可编程控制器	PLC	FX5U-32MR/ES	3 台	
4	三相异步电动机	M	WDJ26，P_N=40W，U_N=380V，I_N=0.2A，n_N=1430r/min，f=50Hz	3 台	
5	RS485 串行通信电缆			2 根	
6	以太网通信线电缆			3 根	
7	连接导线			若干	

（三）内容与步骤

1. 任务要求

3 台 FX5U PLC 通过内置 RS-485 端口组建简易 PLC 间链接的通信网络，其中 1 台为主站，其余 2 台为从站。控制要求如下：

1）在 0 号主站按下起动按钮时，1 号从站的电动机 M1 以丫 - △减压起动，起动时间为 10s（在 0 号站设置），按下停止按钮，M1 停止。

2）在 1 号从站按下起动按钮时，2 号从站的电动机 M2 以丫 - △减压起动，起动时间为 10s（在 1 号站设置），按下停止按钮，M2 停止。

3）在 2 号从站按下起动按钮时，0 号主站的电动机 M0 以丫 - △减压起动，起动时间为 10s（在 2 号站设置），按下停止按钮，M0 停止。

4）3 台电动机起动过程指示灯均以 1Hz 频率闪烁，进入△联结运行状态时指示灯变为常亮。

2. I/O 分配与接线图

3 台 FX5U PLC 组建简易 PLC 间链接通信网络 I/O 分配见表 4-18。

表 4-18　3 台 FX5U PLC 简易 PLC 间链接通信网络 I/O 分配表

输入			输出		
设备名称	符号	X 元件编号	设备名称	符号	Y 元件编号
起动按钮	SB1	X0	主接触器	KM1	Y0
停止按钮	SB2	X1	丫形联结接触器	KM3	Y1
			△形联结接触器	KM2	Y2
			指示灯	HL	Y4

3 台 FX5U PLC 简易 PLC 间链接通信的 I/O 接线图如图 4-30 所示。

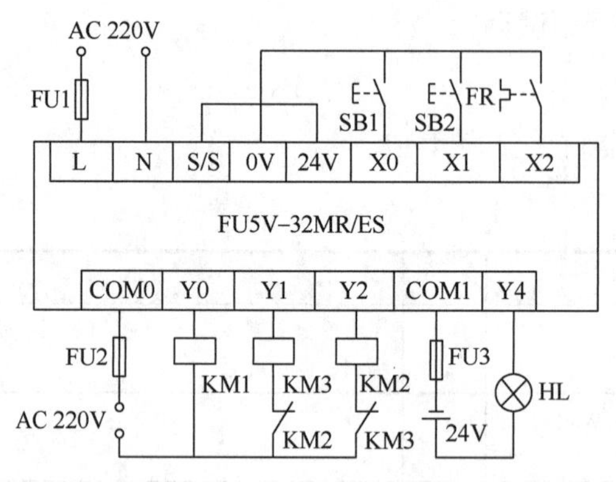

图 4-30　3 台 FX5U PLC 简易 PLC 间链接通信的 I/O 接线图

3 台 FX5U PLC 简易 PLC 间链接通信网络的连接如图 4-31 所示。

3. 通信参数设置

打开 GX Works3 编程软件，新建项目，进入编程界面，在导航窗口，选择“参数”→“FX5U CPU”→“模块参数”→“485 串口”，双击“485 串口”选项，弹出“模

块参数 485 串口”设置窗口，按表 4-19 设定主站通信参数，设置完成后，单击“应用”按钮。按照相同的方法分别按表 4-19 设定从站 1 和从站 2 的通信参数。

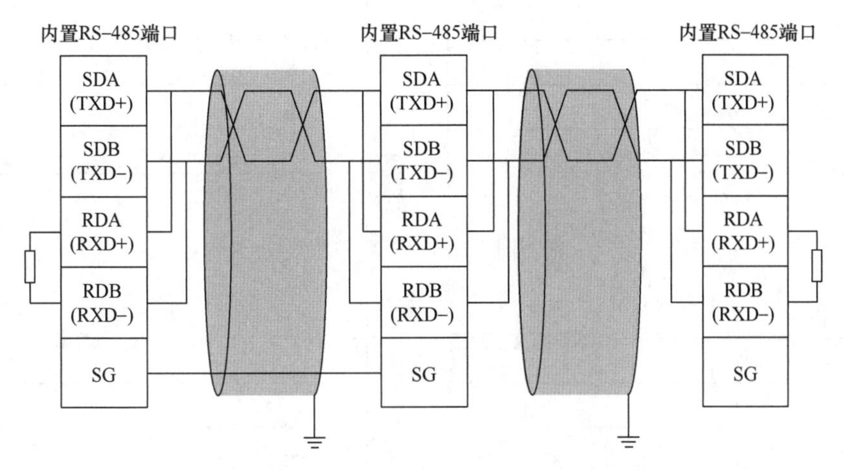

图 4-31　3 台 FX5U PLC 简易 PLC 间链接通信网络的连接

表 4-19　3 台 FX5U PLC 简易 PLC 间链接主站和从站参数设定

项目		参数 设定		
		主站	从站	
		0 号站	1 号站	2 号站
协议格式		简易 PLC 间链接		
固有设置	站号	0	1	2
	从站总数	2	—	—
	刷新范围	1	—	—
	重试次数	4	—	—
	监视时间	50ms	—	—
链接软元件	链接软元件 Bit	M2000	M2000	M2000
	链接软元件 Word	D100	D100	D100

4. 编写梯形图程序

通信参数设置完成后，在相应的界面根据控制要求编写主站及从站控制梯形图如图 4-32 ～图 4-34 所示。

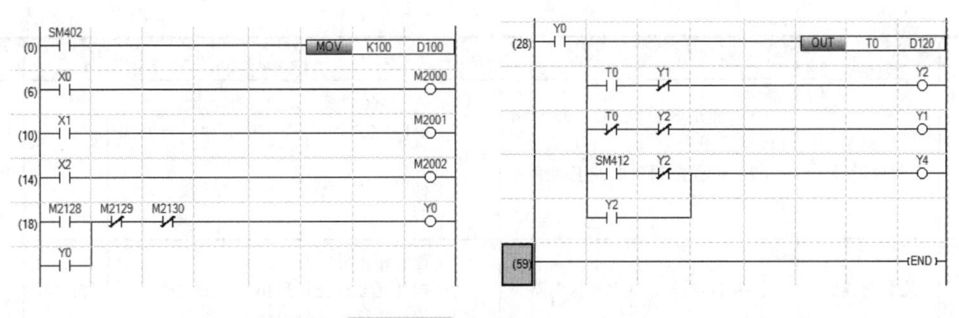

图 4-32　主站控制梯形图

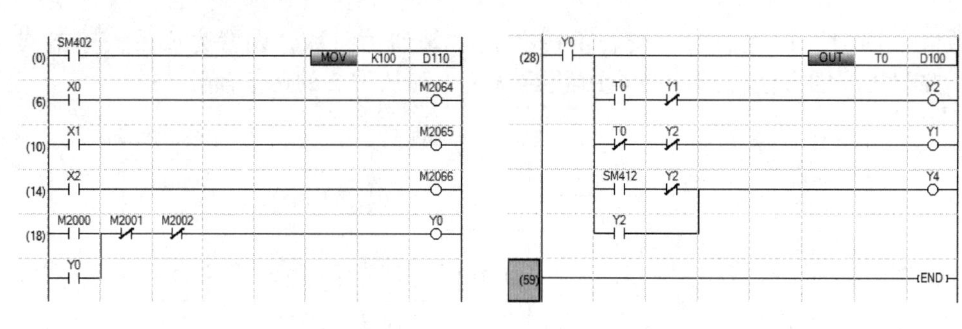

图 4-33 从站 1 控制梯形图

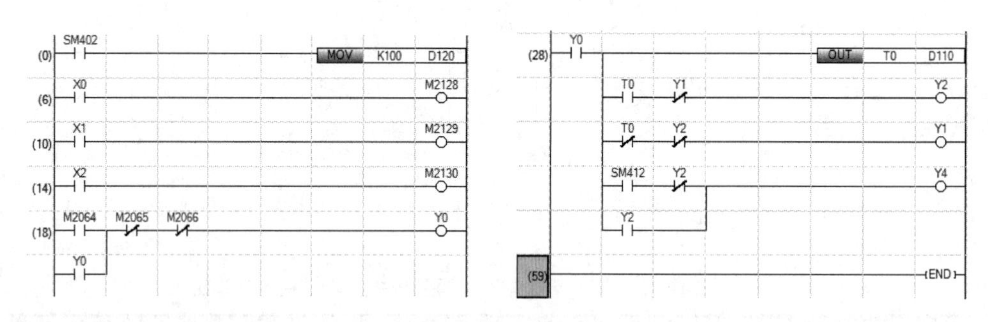

图 4-34 从站 2 控制梯形图

5. 调试运行

按照图 4-30 进行 3 台 PLC 输入、输出端接线，按照图 4-31 组建 3 台 FX5U PLC 简易 PLC 间链接通信网络，然后利用编程软件将上述主站和从站的梯形图程序分别写入相应的 PLC，将 3 台 PLC 调至 RUN 状态，调试运行程序，观察运行结果。

（四）分析与思考

1）如果 3 台 PLC 中主站和 1 号从站是 FX5U PLC，2 号从站是 FX3U PLC，程序应如何编写？

2）在图 4-34 中，如果要判定主站和从站的简易 PLC 间链接的通信状况，程序应如何编写？

四、任务考核

本任务实施考核见表 4-20。

表 4-20 任务考核表

序号	考核内容	考核要求	评分标准	配分	得分
1	电路及程序设计	（1）能正确分配 I/O，并绘制 I/O 接线图 （2）根据控制要求，正确编制梯形图程序	（1）I/O 分配错或少，每个扣 5 分 （2）I/O 接线图设计不全或有错，每处扣 5 分 （3）梯形图表达不正确或画法不规范，每处扣 5 分	40 分	
2	安装与连线	根据 I/O 分配，正确连接电路	（1）连线错 1 处，扣 5 分 （2）损坏元器件，每只扣 5 ～ 10 分 （3）损坏连接线，每根扣 5 ～ 10 分	20 分	

（续）

序号	考核内容	考核要求	评分标准	配分	得分
3	调试与运行	能熟练使用编程软件编制程序写入 PLC，并按要求调试运行	（1）不会熟练使用编程软件进行梯形图的编辑、修改、转换、写入及监视，每项扣 2 分 （2）不能按照控制要求完成相应的功能，每缺 1 项扣 5 分	20 分	
4	安全操作	确保人身和设备安全	违反安全文明操作规程，扣 10 ～ 20 分	20 分	
5	合计				

五、知识拓展

（一）并列链接通信

1. 系统构成

并列链接功能，就是连接 2 台 FX5 可编程控制器进行软元件相互链接的功能。其系统构成如图 4-35 所示。图 4-35 中链接用软元件编号为默认值。

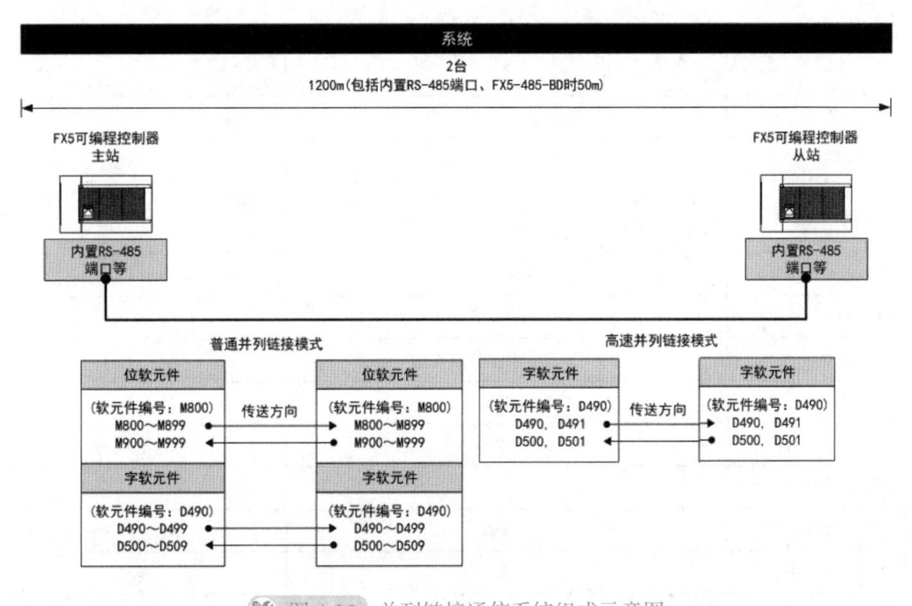

图 4-35　并列链接通信系统组成示意图

1）根据要链接的点数及链接时间，有普通并列链接模式和高速并列链接模式 2 种可供选择。

2）在 2 台 FX5 可编程控制器之间自动更新数据链接。

3）总延长距离最长为 1200m（仅限全部由 FX5-485ADP 构成时）。

4）对于链接用内部继电器（M）、数据寄存器（D），可以分别设定起始软元件编号。

2. 并列链接通信的硬件配置

FX5U CPU 模块可以使用内置 RS-485 端口、通信板、通信适配器，使用并列链接功能。通信通道的分配不受系统构成的影响，为固定状态，如图 4-36 所示。

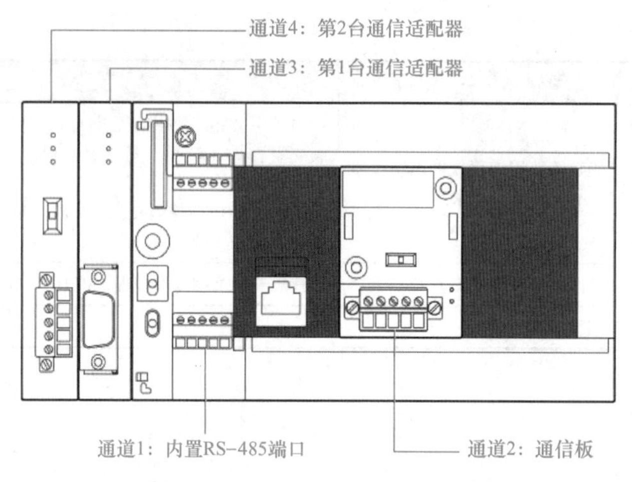

图 4-36 并列链接通信的硬件配置

3. 通信规格

并列链接的通信规格见表 4-21。

表 4-21 并列链接的通信规格

项目		规格	备注
连接台数		最多 2 台（1 ：1）	—
传送规格		符合 RS-485 规格	—
最大总延长距离		仅由 FX5-485ADP 构成时，1200m 以下 上述以外的构成时，50m 以下	混有内置 RS-485 端口或 FX5-485-BD 时，为 50m 以下
协议格式		并列链接	—
控制顺序		—	—
通信方式		半双工传输，双向传输	—
波特率		115200bit/s	—
字符格式	起始位	1 位	—
	数据长度	7 位	—
	奇偶校验	偶校验	—
	停止位	1 位	—
报头		固定	—
结束符		固定	—
控制线		—	—
和校验		固定	—

4. 链接规格

并列链接通信链接软元件编号及点数见表 4-22，根据 GX Works3 中设定的链接软元件起始编号，对占用的软元件进行分配。此外，链接模式也通过 GX Works3 指定。并列链接两种模式比较见表 4-23。

表 4-22　并列链接通信链接软元件编号及点数

站号		普通并列链接模式		高速并列链接模式	
		内部继电器（M）	数据寄存器（D）	内部继电器（M）	数据寄存器（D）
		各站 100 点	各站 10 点	0 点	各站 2 点
主站	发送用	M（y1）～ M（y1+99）	D（x1）～ D（x1+9）	—	D（x1）、D（x1+1）
	接收用	M(y1+100)～ M(y1+199)	D(x1+10)～ D(x1+19)	—	D（x1+10）、D（x1+11）
从站	接收用	M（y2）～ M（y2+99）	D（x2）～ D（x2+9）	—	D（x2）、D（x2+1）
	发送用	M(y2+100)～ M(y1+199)	D(x2+10)～ D(x2+19)	—	D（x2+10）、D（x2+11）

注：1. x1：［主站］数据寄存器（D）的链接软元件起始编号；

2. x2：［从站］数据寄存器（D）的链接软元件起始编号；

3. y1：［主站］内部继电器（M）的链接软元件起始编号；

4. y2：［从站］内部继电器（M）的链接软元件起始编号。

表 4-23　并列链接两种模式比较

模式	通信设备	FX5U/FX5UC	通信时间
普通并列链接模式	主站→从站	M800 ～ M899（100 点） D490 ～ D499（10 点）	15ms+ 主站的运算周期 + 从站的运算周期
	从站→主站	M900 ～ M999（100 点） D500 ～ D509（10 点）	
高速并列链接模式	主站→从站	D491、D492（2 点）	5ms+ 主站扫描时间 + 从站扫描时间
	从站→主站	D500、D501（2 点）	

注：表中链接用软元件编号为默认值。

5. 链接接线

并列链接通信可以采用 1 对接线和 2 对接线，其接线图如图 4-37 所示。图中①连接的双绞电缆的屏蔽层请务必采取 D 类接地。②将终端电阻切换开关设定为 110Ω。③将终端电阻切换开关设定为 330Ω。

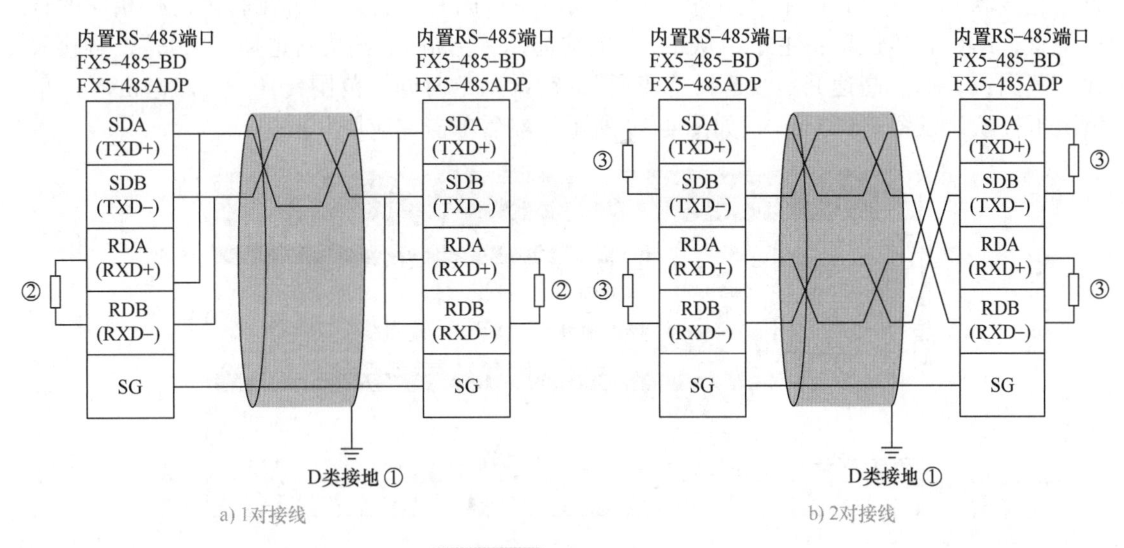

图 4-37　并列链接接线图

6. 通信设定

并列链接的 FX5 通信设定通过 GX Works3 设定参数。参数的设置因所使用的模块而异，这里仅介绍内置 RS-485 端口（通道 1）的设置，采用通信板和通信适配器的参数设定详见“三菱电机微型可编程控制器 MELSEC iQ-F FX5 用户手册（串行通信篇）”。

参数设置分为基本设置、固有设置、链接软元件设置和 SD/SM 设置。

（1）基本设置　主要用于通信协议格式的设置。

打开 GX Works3 编程软件，新建项目，进入编程界面，在导航窗口，选择“参数”→“FX5U CPU”→“模块参数”→“485 串口”，双击“485 串口”选项，弹出“模块参数 485 串口”设置窗口，单击该窗口左边的“设置项目一览”栏下的“基本设置”选项，在右边单击协议格式文本框右侧的“▾”图标后，从打开的下拉列表中单击“并列链接”，弹出“是否放弃已设置的数据?”，如图 4-38 所示，单击“是”按钮，这样便完成了基本设置。

图 4-38　并列链接的基本设置

（2）固有设置　主要进行站设置、链接模式、错误判定时间的设置。

在图 4-38 中，单击“是”按钮后，窗口左边“设置项目一览”下面便增加了固有设置、链接软元件、SM/SD 设置 3 个选项，双击左边固有设置，即可在右边进行相应的选项设置，站设置（选项：主站、从站）：主站选择“主站”、各从站选择“从站”，链接模式（范围：普通、高速）一般选择“普通”，错误判定时间（范围：10 ～ 32767ms）一般情况下按默认设置（500 ms），如图 4-39 所示，然后单击“应用”按钮。

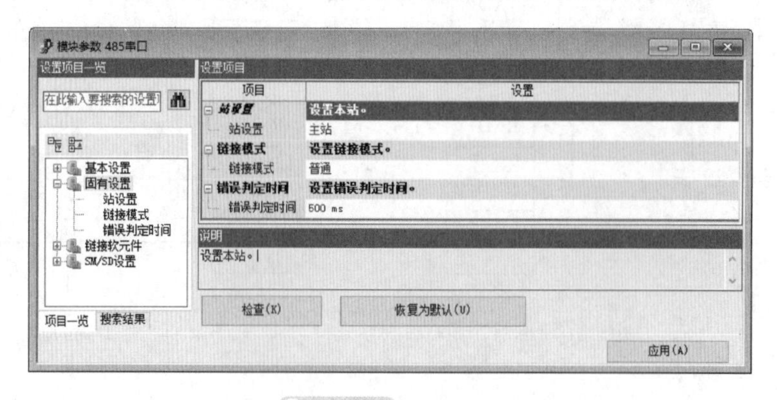

图 4-39　固有设置

（3）链接软元件设置　在图 4-39 中，双击“设置项目一览”下的“链接软元件”，在右边打开的设置项目下即可对链接软元件 Bit 对应的软元件起始编号、链接软元件 Word 对应的软元件起始编号进行设置，这里分别设置为 M1000 和 D500，如图 4-40 所示。也可以采用默认设置，设置完成后单击“应用”按钮。

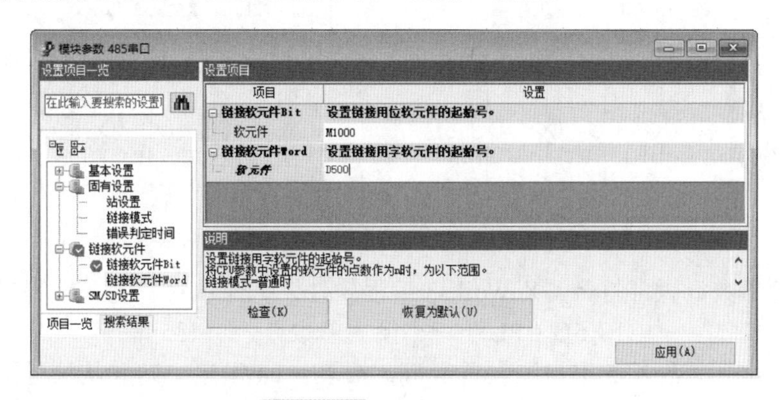

图 4-40　链接软元件设置

以上主要是对主站的设置，对于从站的基本设置只需在图 4-39 中将设置项目下的站设置选择为“从站”即可，链接软元件设置中将链接软元件 Bit 对应的软元件起始编号设置为 M2000、链接软元件 Word 对应的软元件起始编号设置为 D1000，然后单击“应用”按钮。

7. 应用举例

两台 FX5U PLC 通过内置的 RS−485 端口并列链接，要求通过第一台 PLC 上的按钮 SB1 控制第二台 PLC 上的 4 盏指示灯，第 1 次按下时，4 盏指示灯按 HL1 → HL2 → HL3 → HL4 每隔 1.5s 轮流点亮，第 2 次按下时指示灯熄灭；第二台 PLC 上的按钮 SB2 控制第一台 PLC 上的 4 盏指示灯，第 1 次按下时，4 盏指示灯按 HL4 → HL3 → HL2 → HL1 每隔 1.5s 轮流点亮，第 2 次按下时指示灯熄灭，并要求实时读取对方 PLC 控制的指示灯运行的时间，编制控制程序。

（1）接线图　两台 PLC 的并列链接（1∶1）的通信网络连接如图 4-41 所示。分别设置主站和从站程序，将第一台 PLC 设为主站，把第二台 PLC 设为从站。并列链接的 PLC I/O 接线图如图 4-42 所示。

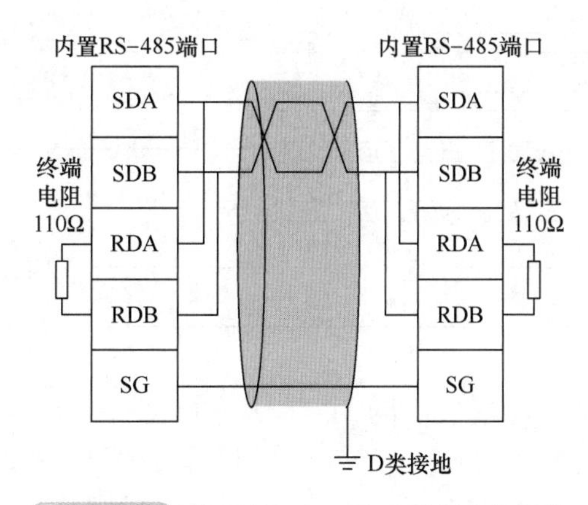

图 4-41　并列链接（1∶1）通信网络的连接

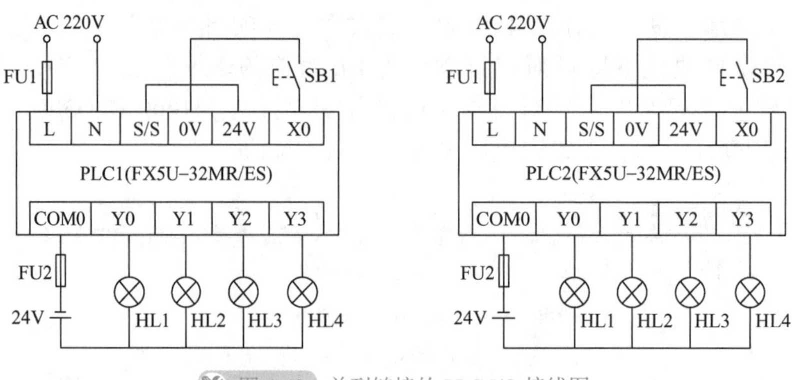

图 4-42　并列链接的 PLC I/O 接线图

（2）通信参数设置　打开 GX Works3 编程软件，新建项目，进入编程界面，在导航窗口，选择“参数”→“FX5U CPU”→“模块参数”→“485 串口”，双击“485 串口”选项，弹出“模块参数 485 串口”设置窗口，按表 4-24 设定主站和从站通信参数，设置完成后，单击“应用”按钮。

表 4-24　FX5U PLC 并列链接主站和从站参数设定

项目		参数设定	
		PLC1	PLC2
协议格式		并列链接	
固有设置	站设置	主站	从站
	链接模式	普通	普通
	错误判定时间	500ms	500ms
链接软元件	链接软元件 Bit	M2000	M4000
	链接软元件 Word	D1000	D2000

（3）编写梯形图　通信参数设置完成后，在相应界面编写主站和从站梯形图程序如图 4-43 所示。

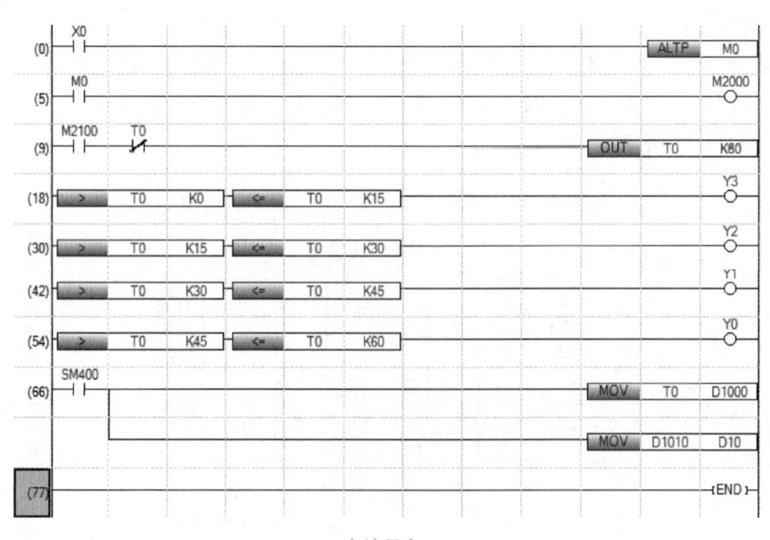

a) 主站程序

图 4-43　FX5U 并列链接通信的梯形图程序

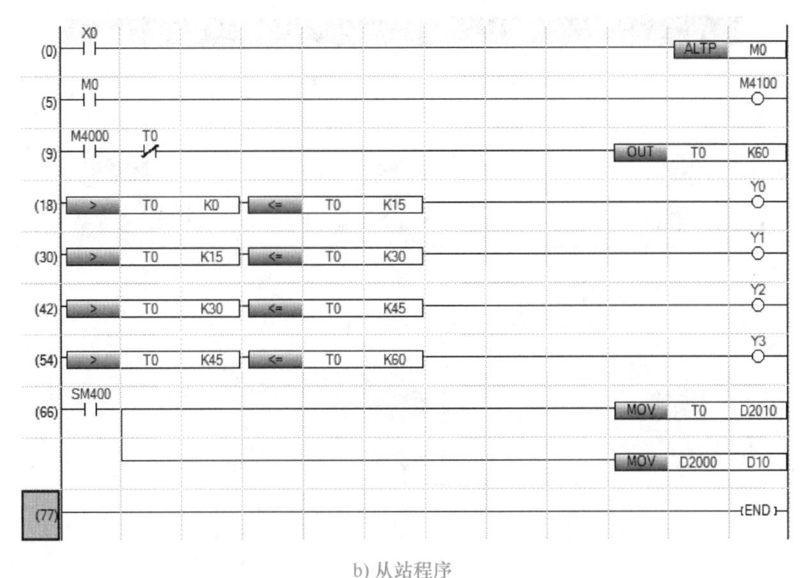

b) 从站程序

图 4-43　FX5U 并列链接通信的梯形图程序（续）

（二）MODBUS 串行通信

MODBUS 是 MODICON 公司（后被施耐德收购）于 1979 年开发的一种通信协议，是一种工业现场总线协议标准。1996 年施耐德公司退出了基于以太网 TCP/IP 的 MODBUS 协议 MODBUS/TCP。

MODBUS 协议是一项应用层报文传输协议，包括 MODBUS_ASC Ⅱ、MODBUS_RTU、MODBUS/TCP 三种报文类型，协议本身并没有定义物理层，只是定义了控制器能够认识和使用的消息结构，而不管它们是经过何种网络进行通信的。

标准的 MODBUS 协议物理层接口有 RS–232、RS–422、RS–485 和以太网口。串行通信采用 Master/Slave（主 / 从）方式通信。MODBUS 在 2004 年成为我国国家标准。

1. MODBUS 串行通信功能

FX5 的 MODBUS 串行通信功能通过 1 台主站，在 RS–485 通信时可控制 32 个从站，在 RS–232C 通信时可控制 1 个从站。

1）对应主站功能及从站功能，1 台 FX5 可同时使用为主站及从站（但是主站仅为单通道）。

2）1 台 CPU 模块中可用作 MODBUS 串行通信功能的通道数最多为 4 个（最多通道数根据 CPU 模块而异）。

3）在主站中，使用 MODBUS 串行通信专用顺控命令控制从站。

4）通信协议支持 RTU 模式。

2. 系统构成

1）MODBUS 串行通信系统构成如图 4-44 所示。

2）系统配置。FX5U CPU 模块使用内置 RS–485 端口、通信插板、通信适配器，最多可连接 4 通道的通信端口。系统配置如图 4-45 所示。

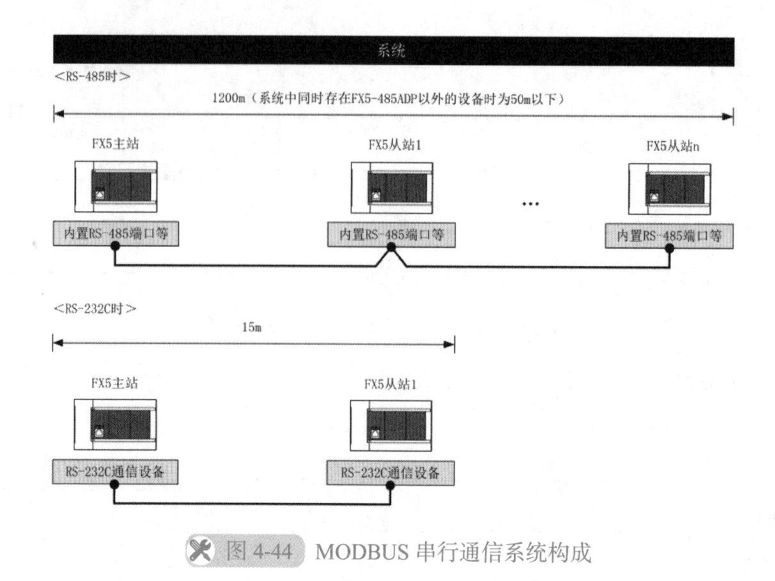

图 4-44 MODBUS 串行通信系统构成

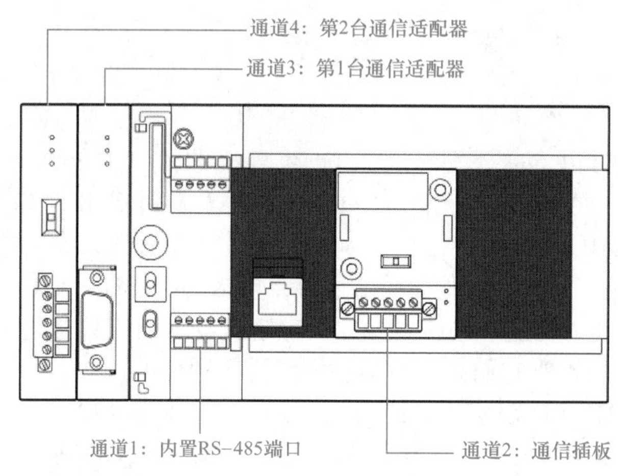

图 4-45 FX5U CPU 模块 MODBUS 串行通信系统配置

通信通道的分配为固定，不受系统配置影响。

3. 通信规格

MODBUS 串行通信的通信规格见表 4-25，按照以下规格执行 MODBUS 串行通信，波特率等内容是通过 GX Works3 的参数进行设置的。

表 4-25 通信规格

项目		规格		备注
		内置 RS-485 端口 FX5-485-BD FX5-485ADP	FX5-232-BD FX5-232ADP	
连接台数		最多 4 通道[①]（但是主站仅为单通道）		可在主站或从站的任一中使用
通信规格	通信接口	RS–485	RS–232C	—
	波特率 /（bit/s）	300/600/1200/2400/4800/9600/19200/38400/57600/115200		—

（续）

项目		规格		备注
		内置 RS-485 端口 FX5-485-BD FX5-485ADP	FX5-232-BD FX5-232ADP	
通信规格	数据长度	8bit		—
	奇偶校验	无 / 奇校验 / 偶校验		—
	停止位	1bit/2bit		—
	传送距离	仅由 FX5-485ADP 构成时为 1200m 以下 上述以外的构成时为 50m 以下	15m 以下	传送距离因通信设备的种类而异
	通信协议	RTU		—
主站功能	可连接的从站数	32 站	1 站	从站数因通信设备的种类而异
	功能数	8（无诊断功能）		—
	同时传送的信息数	1 个信息		—
	最大写入数	123 字或 1968 线圈		—
	最大读取数	125 字或 2000 线圈		—
从站功能	功能数	8（无诊断功能）		—
	同时传送的信息数	1 个信息		—
	站号	1 ～ 247		—

① 最多通道数根据 CPU 模块而异。

4. MODBUS 协议

（1）MODBUS_RTU 协议的帧规格　MODBUS_RTU 协议的帧规格如图 4-46 所示。

地址字段	功能代码	数据	出错检查(CRC)
1个字节	1个字节	0～252个字节	2个字节

图 4-46　MODBUS_RTU 协议的帧规格

（2）MODBUS 标准功能　FX5U PLC 所对应的 MODBUS 标准功能见表 4-26。

表 4-26　FX5U PLC 所对应的 MODBUS 标准功能一览表

功能代码	功能名	详细内容	1 个报文可访问的软元件数	广播
01H	线圈读取	线圈读取（可以多点）	1 ～ 2000 点	×
02H	输入读取	输入读取（可以多点）	1 ～ 2000 点	×
03H	保持寄存器读取	保持寄存器读取（可以多点）	1 ～ 125 点	×
04H	输入寄存器读取	输入寄存器读取（可以多点）	1 ～ 125 点	×
05H	1 线圈写入	线圈写入（仅 1 点）	1 点	○
06H	1 寄存器写入	保持寄存器写入（仅 1 点）	1 点	○
0FH	多线圈写入	多点的线圈写入	1 ～ 1968 点	○
10H	多寄存器写入	多点的保持寄存器写入	1 ～ 123 点	○

注：○表示对应，× 表示未对应。

5. 接线图

MODBUS 串行通信根据对方设备侧的引脚编号不同，应根据引脚名称采用 RS–232C 的接线图和 RS–485 的接线图进行配线。

（1）RS–232C 的接线图　RS–232C 的接线图如图 4-47 所示。

可编程控制器侧		RS-232C外部设备侧					
名称	FX5–232–BD FX5–232ADP D–Sub 9–pin	名称	使用CS、RS D–Sub 9–pin	使用CS、RS D–Sub 25–pin	名称	使用DR、ER D–Sub 9–pin	使用DR、ER D–Sub 25–pin
FG	—	FG	—	1	FG	—	1
RD(RXD)	2	RD(RXD)	2	3	RD(RXD)	2	3
SD(TXD)	3	SD(TXD)	3	2	SD(TXD)	3	2
ER(DTR)	4	RS(RTS)	7	4	ER(DTR)	4	20
SG(GND)	5	SG(GND)	5	7	SG(GND)	5	7
DR(DSR)	6	CS(CTS)	8	5	DR(DSR)	6	6

图 4-47　RS–232C 的接线图

（2）RS–485 的接线图　当 FX5 系列 PLC 之间进行 MODBUS 串行通信时，可采用 1 对配线或 2 对配线接线，这里仅以 1 对配线为例，介绍 RS–485 的接线图如图 4-48 所示。

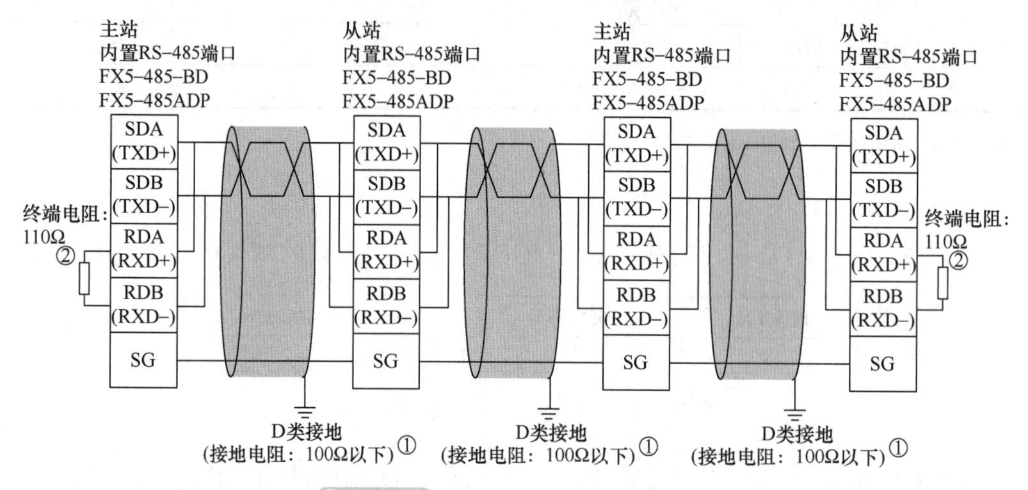

图 4-48　RS–485 的接线图（1 对配线）

图 4-48 中，①连接的双绞电缆的屏蔽层必须采用 D 类接地。②终端电阻必须在线路的两端设置。内置终端电阻时，应将切换开关设置为 110Ω。

6. MODBUS 串行通信设置

FX5 的 MODBUS 串行通信设置通过 GX Works3 设置参数。参数的设置因所使用的模块而异。这里以使用 CPU 模块的内置 RS–485 端口进行介绍，使用通信板和通信适配器的参数设定详见“三菱电机微型可编程控制器 MELSEC iQ–F FX5 用户手册（MODBUS 通信篇）”。

参数设置分为基本设置、固有设置、MODBUS 软元件分配和 SM/SD 设置。

（1）基本设置　主要用于通信的协议格式设置和详细设置。

打开 GX Works3 编程软件，新建项目，进入编程界面，在导航窗口，选择“参数”→“FX5U CPU”→“模块参数”→“485 串口”，双击“485 串口”选项，弹出“模块参数 485 串口”设置窗口，单击该窗口左边的“设置项目一览”栏下的“基本设置”选项，在右边单击协议格式文本框右侧的“⌄”图标后，从打开的下拉列表中单击“MODBUS_RTU 通信”，弹出“是否放弃已设置的数据?”，单击“是”按钮，这时项目设置下便出现“详细设置”项，将“奇偶校验”选择设置为“偶数”，“停止位”按默认“1bit”，“波特率”选择设置为“19200bps”，如图 4-49 所示。然后单击“应用”按钮。

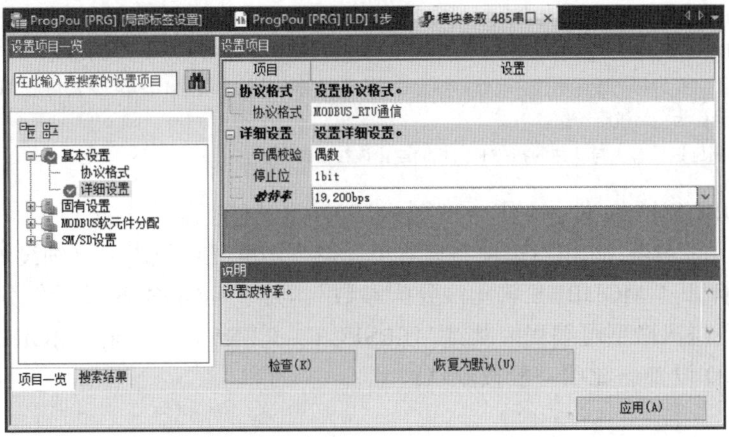

图 4-49　基本设置

（2）固有设置　主要设置本站号、从站支持超时、广播延迟、请求间延迟、超时时重试次数，各参数的设置范围见表 4-27。对于主站、从站均需要设置，主站按默认设置，如图 4-50 所示。

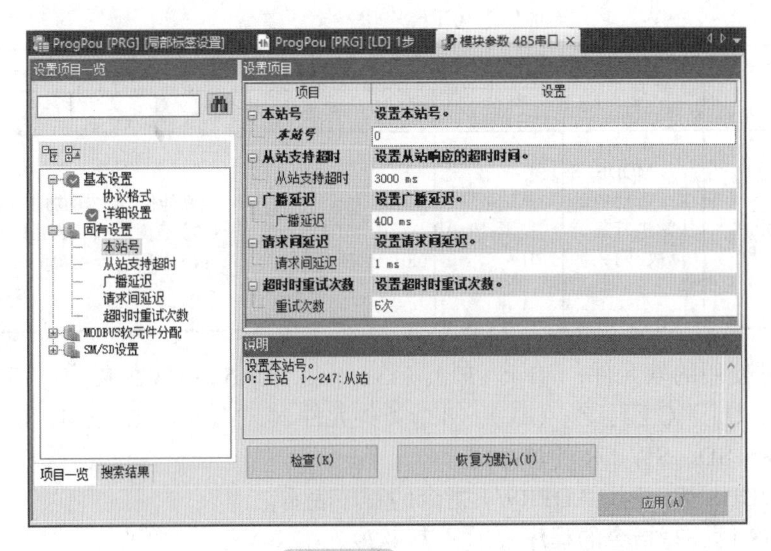

图 4-50　固有设置

对于从站的固有设置，只需将本站号从 1 ～ 247 中设置即可，其他的与主站设置相同。

表 4-27　MODBUS_RTU 通信固有设置各参数设置范围

项目	设置范围	使用站
本站号①	0～247（主站时：0，从站时：1～247）	主站 / 从站
从站支持超时	1～32767 ms	主站 / 从站
广播延迟②	1～32767 ms	主站 / 从站
请求间延迟	1～16382 ms	主站 / 从站
超时时重试次数	0～20 次	主站 / 从站

① 将本站号的设置值通过 SM/SD 设置设为“锁存”时，还可通过特殊寄存器进行更改（参照 MELSEC iQ-F FX5 用户手册（MODBUS 通信篇）29 页锁存设置）。但是，对于参数设置为主站（站号 0）的通道，即便设置特殊寄存器为 1 以上，也不会作为从站进行动作。此外，对于通过参数设置为从站（站号 1～247）的通道，即便设置特殊寄存器为 0，也不会作为主站进行动作。

② 将主站的广播延迟设置为与从站的扫描时间相同或比该扫描时间长。

（3）MODBUS 软元件分配　在图 4-49 中双击左边“设置项目一览”下面的“MODBUS 软元件分配”，在右边项目设置下面便显示软元件设置 <详细设置>，双击 <详细设置> 便可打开“MODBUS 软元件分配参数”，关于 MODBUS 软元件分配可使用的软元件详见“三菱电机微型可编程控制器 MELSEC iQ-F FX5 用户手册（MODBUS 通信篇）”。

（4）SM/SD 设置　此项一般按默认设置。

7. MODBUS 串行通信的功能

（1）主站功能　FX5 的主站功能中，使用 ADPRW 命令与从站进行通信。

1）MODBUS 读、写（ADPRW）指令。

ADPRW 指令的名称、功能、操作数等使用要素见表 4-28。

表 4-28　ADPRW 指令的使用要素

名称	助记符	功能	操作数 (s1)	(s2)	(s3)	(s4)	(s5) / (d1)	(d2)
MODBUS 读、写	ADPRW	与 MODBUS 主站所对应的从站进行通信（读取 / 写入数据）	从站站号 范围：0～F7H	功能代码 范围：01H～06H、0FH、10H	与功能代码相应的功能参数 (s3) 范围：0～FFFFH (s4) 范围：1～2000			输出通信执行状态的起始位软元件编号

操作数可使用的软元件，(s1)、(s2)、(s3)、(s4)、(s5)：常数 K、H，字元件 D、W、SD、SW、R、U□\G□、Z；(d1)、(d2)：位元件 X、Y、M、L、SM、F、B、SB、S，字元件 D、W、SD、SW、R 的位指定。

2）MODBUS 读、写（ADPRW）指令的程序表示。

MODBUS 读、写指令的程序表示见表 4-29。

3）功能代码和功能参数。MODBUS 读、写指令的功能代码和功能参数见表 4-30。

通信执行状态输出软元件（d2）中与各通信状态相应的动作时间和同时动作的特殊继电器见表 4-31。

表 4-29　MODBUS 读、写指令程序表示

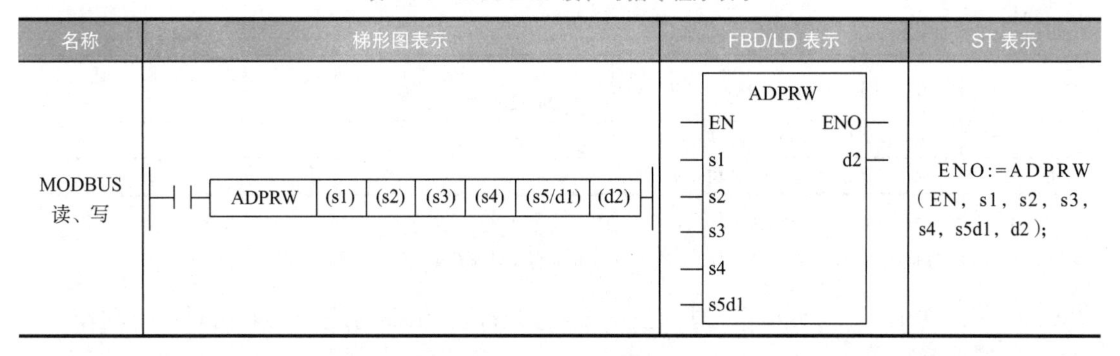

名称	梯形图表示	FBD/LD 表示	ST 表示
MODBUS 读、写	ADPRW (s1) (s2) (s3) (s4) (s5/d1) (d2)	ADPRW EN ENO s1 d2 s2 s3 s4 s5d1	ENO:=ADPRW (EN, s1, s2, s3, s4, s5d1, d2);

表 4-30　功能代码和功能参数

(s2)：功能代码	(s3)：MODBUS 地址	(s4)：访问点数	(s5)/(d1)：数据存储软元件起始	
	对象软元件②			
01H 线圈读取 02H 输入读取	MODBUS 地址：0000H ～ FFFFH	访问点数：1 ～ 2000	读取数据存储软元件起始	
			对象软元件	字软元件① 位软元件③
			占用点数	字软元件 ［(s4)+15］÷16 点④ 位软元件 (s4) 点
03H 保持寄存器读取 04H 输入寄存器读取	MODBUS 地址：0000H ～ FFFFH	访问点数：1 ～ 125	读取数据存储软元件起始	
			对象软元件①	
			占用点数	(s4) 点
05H 线圈写入	MODBUS 地址：0000H ～ FFFFH	0（固定）	写入数据存储软元件起始	
			对象软元件⑤	字软元件② 位软元件③
			占用点数	1 点
06H 保持寄存器写入	MODBUS 地址：0000H ～ FFFFH	0（固定）	写入数据存储软元件起始	
			对象软元件②	
			占用点数	1 点
0FH 多点的线圈写入	MODBUS 地址：0000H ～ FFFFH	访问点数：1 ～ 1968	写入数据存储软元件起始	
			对象软元件	字软元件② 位软元件③
			占用点数	字软元件 ［(s4)+15］÷16 点④ 位软元件 (s4) 点
10H 多点的保持寄存器写入	MODBUS 地址：0000H ～ FFFFH	访问点数：1 ～ 123	写入数据存储软元件起始	
			对象软元件②	
			占用点数	(s4) 点

① 可取的软元件：T、ST、C、D、R、W、SW、SD、标签软元件。

② 可取的软元件：T、ST、C、D、R、W、SW、SD、标签软元件、K、H。

③ 可取的软元件：X、Y、M、L、B、F、SB、S、SM、标签软元件。

④ 舍去尾数。

⑤ 最低位的位为 0 时为 OFF，为 1 时为 ON。

表 4-31　通信执行状态输出软元件

操作数	动作时间	同时动作的特殊继电器
(d2)	命令动作时 ON，命令执行中以外 OFF	SM8800（通道 1）、SM8810（通道 2）、SM8820（通道 3）、SM8830（通道 4）①
(d2) +1②	命令正常结束时 ON，通信开始时 OFF	—
(d2) +2②	命令异常结束时 ON，通信开始时 OFF	—

① 设置了 FX3 系列兼容用 SM/SD 时，SM8401（通道 1）、SM8421（通道 2）为 ON。

②（d2）+1 在命令正常结束时为 ON，（d2）+2 在命令异常结束时为 ON，因此可辨别正常或异常。

（2）从站功能　从站功能通过与主站之间的通信，依照对应的功能代码进行动作。

8. 应用举例

两台 FX5U PLC 之间进行 MODBUS_RTU 通信，一台作为主站，另一台作为从站。要求在主站上按下起动按钮能控制从站上 8 盏指示灯反向每隔 1s 依次循环点亮，按下停止按钮时立即熄灭；在从站上按下起动按钮能控制主站上 8 盏指示灯每隔 1s 依次正向循环点亮，按下停止按钮时立即熄灭。

打开 GX Works3 编程软件，新建项目，进入编程界面，按图 4-49、图 4-50 分别进行主站和从站的通信设置，然后根据控制要求编制梯形图程序如图 4-51 所示。

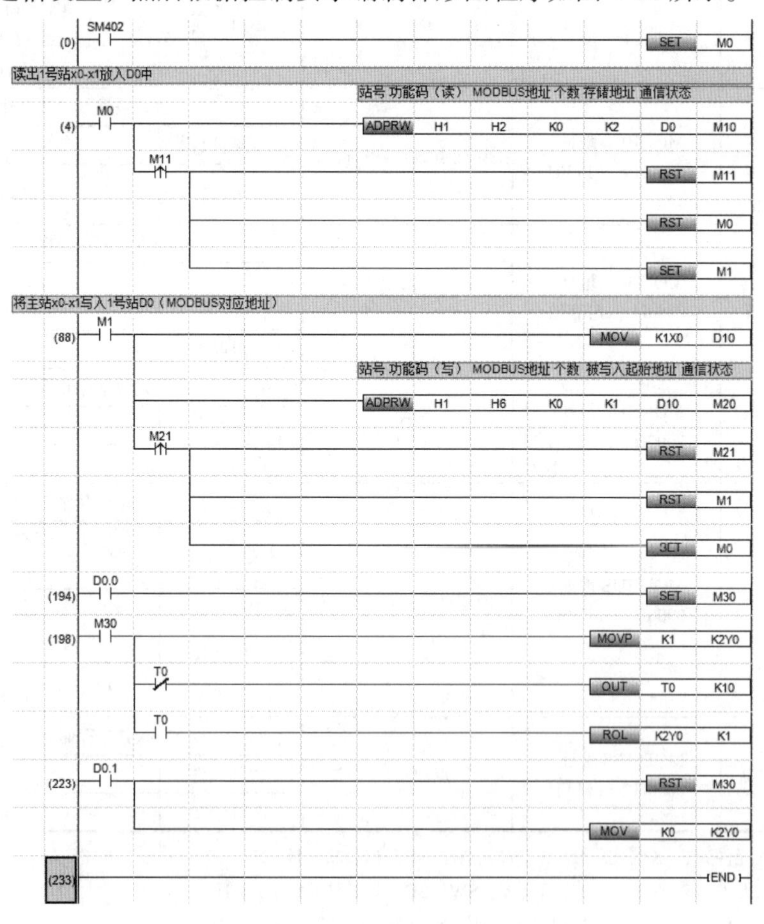

a) 主站程序

图 4-51　两台 FX5U PLC MODBUS_RTU 通信梯形图

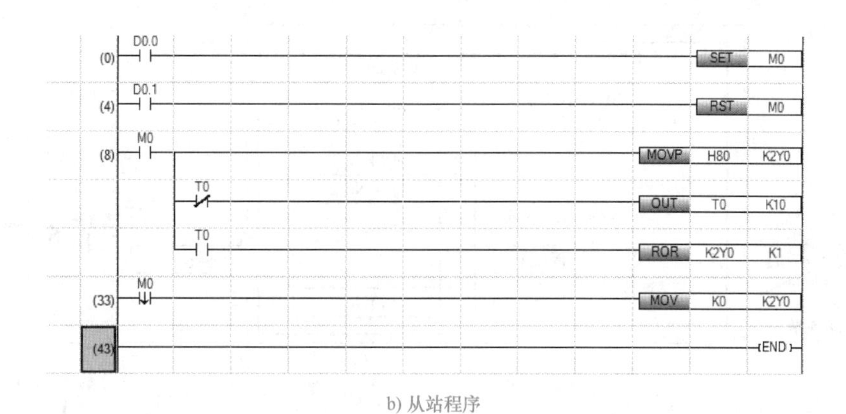

b) 从站程序

图 4-51　两台 FX5U PLC MODBUS_RTU 通信梯形图（续）

六、任务总结

本任务以 3 台 FX5U PLC 之间的简易 PLC 间链接通信为载体，进行了 PLC 通信的基本知识、简易 PLC 间链接通信、并列链接通信（1∶1）、MODBUS_RTU 通信等相关知识的学习。在此基础上分析了 3 台三相异步电动机的简易 PLC 间链接通信控制程序的编制、程序写入及调试运行，达成会 FX5U PLC 简易 PLC 间链接通信网络组建、编程及调试运行的目标。

任务三　2 台 FX5U PLC 之间的 Socket 通信

一、任务导入

FX5U PLC 之间除了串行通信外还可以进行以太网通信，FX5U PLC 基于以太网的通信主要有 Socket 通信功能、文件传送功能（FTP 服务器)、文件传送功能（FTP 客户端)、简单 CPU 通信功能、MODBUS/TCP。本任务以 2 台 FX5U PLC 之间的 Socket 通信为例，来介绍 FX5U PLC 基于以太网通信的相关知识及编程应用。

二、知识准备

（一）Socket 通信功能简介

Socket 通信功能是通过专用指令与通过以太网连接的对象设备以 TCP 及 UDP 协议收发任意数据的功能。Socket 通信功能如图 4-52 所示。

图 4-52 中，①是用于存储从开放的对象设备中接收到的数据的区域。CPU 模块：连接 No.1 ～ 8。以太网模块：连接 No.1 ～ 32。

关于端口号，Socket 通信功能中，TCP 及 UDP 均使用识别通信的端口号，以在对象设备中进行多个通信。

1）发送时：指定作为发送源的以太网搭载模块的端口号和作为发送目标的通信对象侧的端口号。

2）接收时：指定以太网搭载模块的端口号，并读取向其发送的数据。

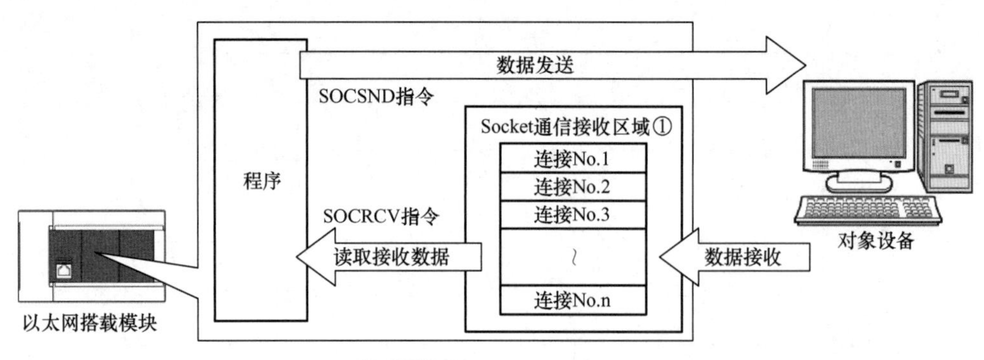

图 4-52 Socket 通信功能

1. 以 TCP 协议进行通信时

TCP 是在对象设备的端口号间建立连接，从而进行可靠的数据通信的协议。

要以 TCP 协议进行 Socket 通信时，请确认以下项目后再进行通信。

1）通信对象侧的 IP 地址及端口号。

2）以太网搭载模块侧的 IP 地址及端口号。

3）通信对象侧与以太网搭载模块侧中哪一个为开放侧（Active 开放及 Passive 开放）。

TCP 连接有 Active 开放与 Passive 开放两种动作。首先，在等待 TCP 连接的一侧所指定的端口号中，执行 Passive 开放。TCP 连接侧指定以 Passive 开放等待的端口号后，执行 Active 开放。从而将执行 TCP 连接，建立连接后，即可实施通信。

1）Active 开放。是一种对被动等待 TCP 连接的对象设备执行主动开放处理的 TCP 连接方式（Active）。

2）Passive 开放。Passive 开放有以下 2 种 TCP 连接方式。

Unpassive 连接。允许连接，且不对通信对象的 IP 地址、端口号加以限制。CPU 模块可以获取以 SP.SOCCINF 命令连接的通信对象的 IP 地址、端口号。

Fullpassive 连接。指定通信对象的 IP 地址、端口号，并仅对指定通信对象的 IP 地址、端口号允许连接。连接了指定的 IP 地址、端口号以外的通信对象时，通信前将自动切断。

2. 以 UDP 协议进行通信时

UDP 通信是不进行顺序控制、重发控制的简单协议。

要以 UDP 协议进行 Socket 通信时，应确认以下项目后再进行通信。

1）通信对象侧的 IP 地址及端口号。

2）以太网搭载模块侧的 IP 地址及端口号。

（二）Socket 通信功能指令

Socket 通信功能指令是在以太网搭载模块中使用 Socket 通信功能所需的指令。

这里仅介绍 Socket 通信 CPU 模块专用指令，即以太网功能内置用指令。

1. 建立连接指令（SP.SOCOPEN）

（1）SP.SOCOPEN 指令的使用要素 SP.SOCOPEN 指令的名称、功能、操作数等使用要素见表 4-32。

表 4-32　SP.SOCOPEN 指令的使用要素

名称	助记符	功能	操作数			
			（U）	（s1）	（s2）	（d）
建立连接	SP.SOCOPEN	对（s1）中指定的连接进行开放处理 从（s2）+0 中选择在开放处理中使用的设置值 可以通过结束软元件（d）+0 及（d）+1 进行 SP.SOCOPEN 指令结束的确认 • 结束软元件（d）+0：SP.SOCOPEN 指令在结束的扫描 END 处理时 ON，在下一个 END 处理时 OFF • 结束软元件（d）+1：根据 SP.SOCOPEN 指令结束时的状态 ON 或 OFF	虚拟（应输入字符串“‘U0’”）	连接编号范围：1 ～ 8	存储控制数据的软元件起始编号 请参考控制数据	指令结束时，1 个扫描为 ON 的软元件起始编号 异常完成时（d）+1 也变为 ON

注：操作数可使用的软元件，(U)：$；(s1)：常数 K、H，字元件 T、ST、C、D、W、SD、SW、R；(s2)：字元件 D、W、SD、SW、R；(d)：位元件 X、Y、M、L、SM、F、B、SB、S，字元件 D、W、SD、SW、R 的位指定。其中控制数据软元件（s2）+0 ～（s2）+9 详细内容，请参照 MELSEC iQ-F FX5 用户手册（以太网通信篇）。

FX5U PLC Socket 通信建立连接指令

（2）SP.SOCOPEN 指令的程序表示　SP.SOCOPEN 指令的程序表示见表 4-33。

表 4-33　SP.SOCOPEN 指令程序表示

名称	梯形图表示	FBD/LD 表示	ST 表示
建立连接	SP.SOCOPEN (U) (s1) (s2) (d)	SP_SOCOPEN: EN, ENO, U0, d, s1, s2	ENO:=SP_SOCOPEN (EN, U0, s1, s2, d);

（3）程序示例

1）使用参数设置值执行开放时程序，如图 4-53 所示。将 M1000 置 ON 时，使用“对象设备连接配置设置”开放连接 No.1 的程序。

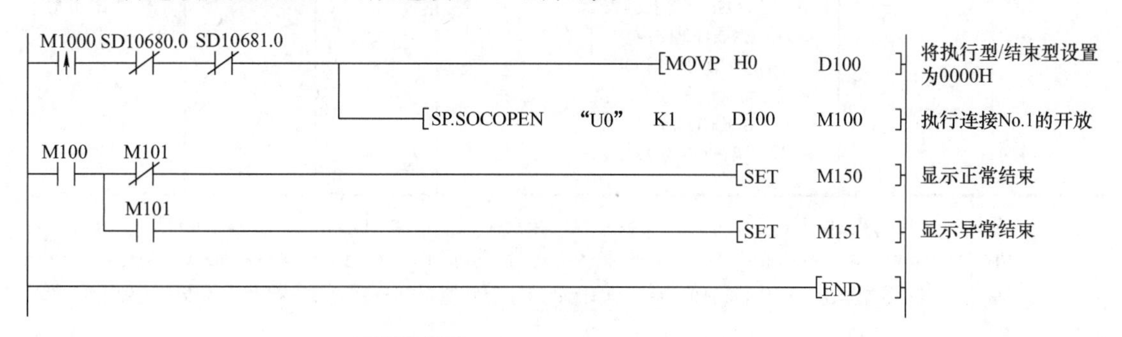

图 4-53　使用参数设置值执行开放时程序

2）使用控制数据的设置值执行开放时程序，如图 4-54 所示。将 M1000 置 ON 时，使用控制数据开放连接 No.1 的程序。

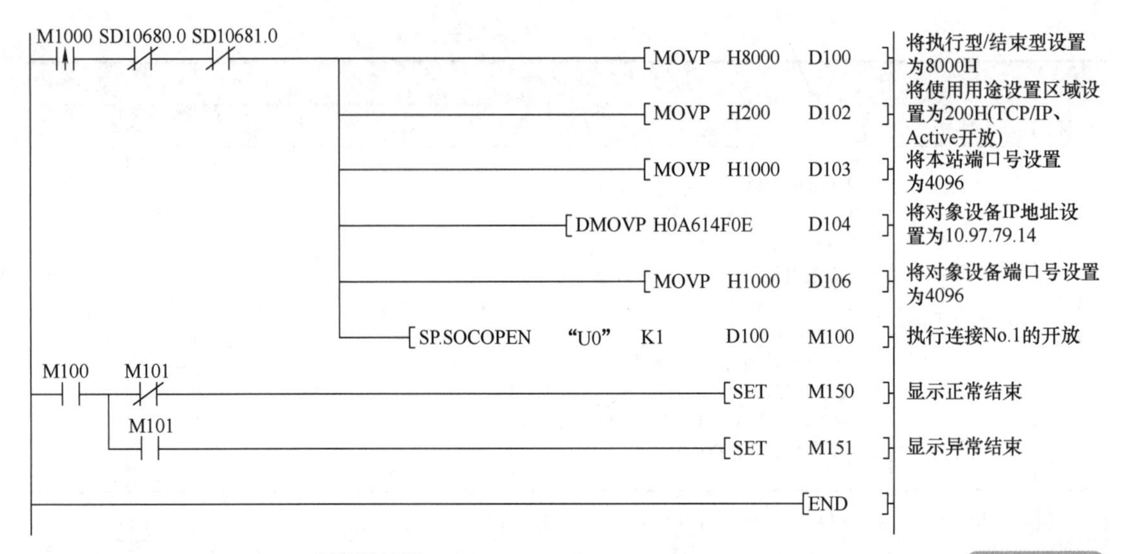

图 4-54 使用控制数据的设置值执行开放时程序

FX5U PLC Socket 通信切断连接指令

2. 切断连接指令（SP.SOCCLOSE）

（1）SP.SOCCLOSE 指令的使用要素 SP.SOCCLOSE 指令的名称、功能、操作数等使用要素见表 4-34。

表 4-34 SP.SOCCLOSE 指令的使用要素

名称	助记符	功能	操作数			
			（U）	（s1）	（s2）	（d）
切断连接	SP.SOCCLOSE	对（s1）中指定的连接进行关闭处理（连接的切断） 可以通过结束软元件（d）+0 及（d）+1 进行 SP.SOCCLOSE 指令结束的确认 •结束软元件（d）+0：SP.SOCCLOSE 指令在结束的扫描 END 处理时 ON，在下一个 END 处理时 OFF •结束软元件（d）+1：根据 SP.SOCCLOSE 指令结束时的状态 ON 或 OFF	虚拟（应输入字符串“‘U0’”）	连接编号范围：1～8	存储控制数据的软元件起始编号	指令结束时，1 个扫描为 ON 的软元件起始编号 异常结束时，(d) +1 也为 ON

注：操作数可使用的软元件，(U)：$；(s1)：常数 K、H，字元件 T、ST、C、D、W、SD、SW、R；(s2)：字元件 T、ST、C、D、W、SD、SW、R；(d)：位元件 X、Y、M、L、SM、F、B、SB、S，字元件 D、W、SD、SW、R 的位指定。其中控制数据软元件（s2）+0～(s2)+1 详细内容，请参照 MELSEC iQ-F FX5 用户手册（以太网通信篇）。

（2）SP.SOCCLOSE 指令的程序表示 SP.SOCCLOSE 指令的程序表示见表 4-35。

（3）程序示例 在将 M2000 置 ON 或从对象设备切断了连接 No.1 时对连接 No.1 进行切断的程序，如图 4-55 所示。

表 4-35　SP.SOCCLOSE 指令程序表示

名称	梯形图表示	FBD/LD 表示	ST 表示
切断连接	SP.SOCCLOSE (U) (s1) (s2) (d)	SP_SOCCLOSE EN ENO U0 d s1 s2	ENO:=SP_SOCCLOSE (EN，U0，s1，s2，d);

```
SD10680.0 SD10681.0
 ─┤↓├──┤ ├────────────────────────[PLS      M161 ]  从对象设备切断连接No.1时的处理
M2000 SD10680.0 M210
 ─┤↑├──┤ ├──┬─┤/├─┬─[SP.SOCCLOSE "U0" K1 D200 M200 ]  执行连接No.1关闭
M161        │     │
 ─┤ ├───────┘     └───────────────[SET      M210 ]  设置SP.SOCCLOSE指令执行中标志
M200    M201
 ─┤ ├─┬─┤/├───────────────────────[SET      M202 ]  显示正常结束
      │ M201
      ├─┤ ├───────────────────────[SET      M203 ]  显示异常结束
      │
      └───────────────────────────[RST      M210 ]  复位SP.SOCCLOSE指令执行中标志
 ─────────────────────────────────[END           ]
```

图 4-55　切断程序

FX5U PLC Socket 通信接收数据读取指令

3. 接收数据读取指令（SP.SOCRCV）

（1）SP.SOCRCV 指令的使用要素　SP.SOCRCV 指令的名称、功能、操作数等使用要素见表 4-36。

表 4-36　SP.SOCRCV 指令的使用要素

名称	助记符	功能	操作数				
			（U）	（s1）	（s2）	（d1）	（d2）
接收数据读取	SP.SOCRCV	在 SP.SOCRCV 指令执行后的 END 处理中，从 Socket 通信接收数据区域读取（s1）中指定连接的接收数据 可以通过结束软元件（d2）+0 及（d2）+1 进行 SP.SOCRCV 指令结束的确认 • 结束软元件（d2）+0：SP.SOCRCV 指令在结束的扫描 END 处理时 ON，在下一个 END 处理时 OFF • 结束软元件（d2）+1：根据 SP.SOCRCV 指令结束时的状态 ON 或 OFF	虚拟（应输入字符串“‘U0’”）	连接编号，范围：1～8	指定控制数据的软元件起始编号	存储接收数据的软元件起始编号	指令结束时，1 个扫描为 ON 的软元件起始编号 异常完成时（d2）+1 也变为 ON

注：操作数可使用的软元件，（U）：$；（s1）：常数 K、H，字元件 T、ST、C、D、W、SD、SW、R；（s2）：字元件 T、ST、C、D、W、SD、SW、R；（d1）：字元件 D、W、SD、SW、R；（d2）：位元件 X、Y、M、L、SM、F、B、SB、S，字元件 D、W、SD、SW、R 的位指定。其中控制数据软元件（s2）+0～（s2）+1 及（d1）+0～（d1）+n 详细内容，请参照 MELSEC iQ-F FX5 用户手册（以太网通信篇）。

（2）SP.SOCRCV 指令的程序表示　SP.SOCRCV 指令的程序表示见表 4-37。

表 4-37　SP.SOCRCV 指令程序表示

名称	梯形图表示	FBD/LD 表示	ST 表示
接收数据读取	SP.SOCRCV (U) (s1) (s2) (d1) (d2)	SP_SOCRCV EN ENO U0 d1 s1 d2 s2	ENO:=SP_SOCRCV (EN, U0, s1, s2, d1, d2);

（3）程序示例　将 M5000 置 ON 时，从对象设备读取接收数据的程序，如图 4-56 所示。

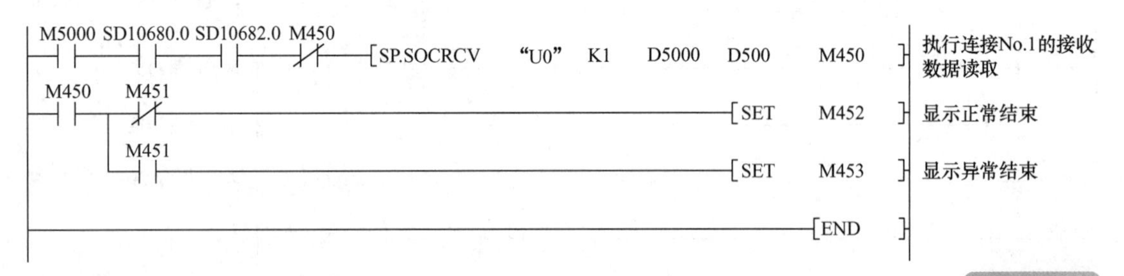

图 4-56　读取接收数据的程序

4. 数据发送指令（SP.SOCSND）

（1）SP.SOCSND 指令的使用要素　SP.SOCSND 指令的名称、功能、操作数等使用要素见表 4-38。

表 4-38　SP.SOCSND 指令的使用要素

名称	助记符	功能	操作数				
			（U）	（s1）	（s2）	（s3）	（d）
数据发送	SP.SOCSND	向（s1）中指定连接的对象设备发送（s3）中设置的数据 可以通过结束软元件（d）+0 及（d）+1 进行 SP.SOCSND 指令结束的确认 • 结束软元件（d）+0：SP.SOCSND 指令在结束的扫描 END 处理时 ON，在下一个 END 处理时 OFF • 结束软元件（d）+1：根据 SP.SOCSND 指令结束时的状态 ON 或 OFF	虚拟（应输入字符串“‘U0’”）	连接编号，范围：1～8	指定控制数据的软元件起始编号	存储发送数据的软元件起始编号	指令结束时，1 个扫描为 ON 的软元件起始编号 异常完成时（d）+1 也变为 ON

注：操作数可使用的软元件，(U)：$；(s1)：常数 K、H，字元件 T、ST、C、D、W、SD、SW、R；(s2)、(s3)：字元件 T、ST、C、D、W、SD、SW、R；(d)：位元件 X、Y、M、L、SM、F、B、SB、S，字元件 D、W、SD、SW、R 的位指定。其中控制数据软元件（s2）+0～（s2）+1 及（s3）+0～（s3）+n 详细内容，请参照 MELSEC iQ-F FX5 用户手册（以太网通信篇）。

（2）SP.SOCSND 指令的程序表示　SP.SOCSND 指令的程序表示见表 4-39。

表 4-39　SP.SOCSND 指令程序表示

名称	梯形图表示	FBD/LD 表示	ST 表示
数据发送	SP.SOCSND (U) (s1) (s2) (s3) (d)	SP_SOCSND EN ENO U0 d s1 s2 s3	ENO:=SP_SOCSND (EN, U0, s1, s2, s3, d);

（3）程序示例　将 M3000 置 ON 时，通过 Socket 通信功能向对象设备发送数据（1234、5678、8901）的程序，如图 4-57 所示。

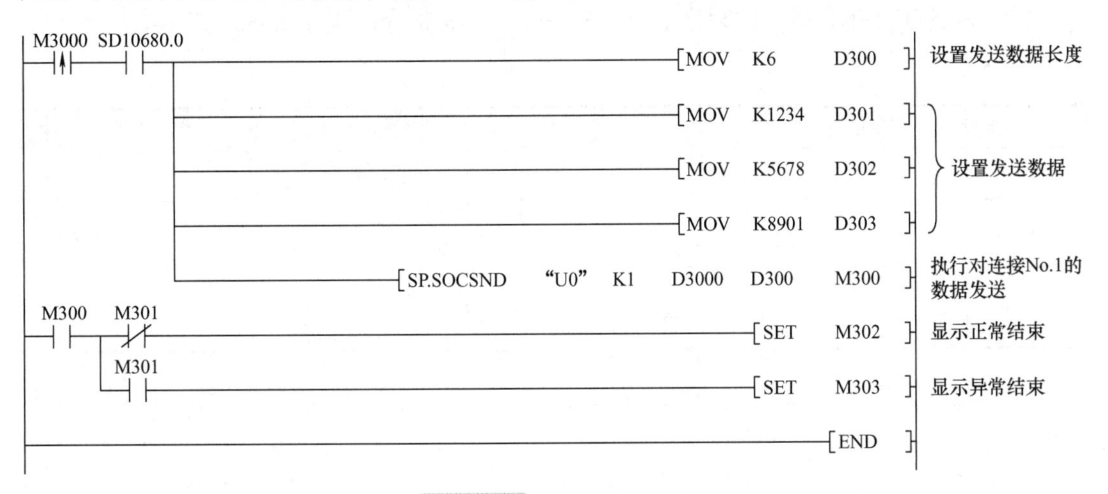

图 4-57　发送数据的程序

FX5U CPU 以太网通信相关的特殊寄存器见表 4-40。

表 4-40　FX5U CPU 以太网通信相关的特殊寄存器

软元件	名称	内容	属性
SD10680	开放结束信号	各连接的开放结束信号 [b0] ～ [b7]：连接 No.1 ～连接 No.8 0：关闭 / 开放未结束 1：开放结束	只读
SD10681	开放请求信号	各连接的开放请求信号 [b0] ～ [b7]：连接 No.1 ～连接 No.8 0：不可接收开放请求 1：可接收开放请求（等待开放请求状态）	只读
SD10682	Socket 通信接收状态信号	各连接的 Socket 通信接收状态信号 [b0] ～ [b7]：连接 No.1 ～连接 No.8 0：无开放请求 1：开放请求中	只读

5. 读取连接信息指令（SP.SOCCINF）

（1）SP.SOCCINF 指令的使用要素　SP.SOCCINF 指令的名称、功能、操作数等使用要素见表 4-41。

表 4-41 SP.SOCCINF 指令的使用要素

名称	助记符	功能	操作数			
			（U）	（s1）	（s2）	（d）
读取连接信息	SP.SOCCINF	读取（s1）中指定连接的连接信息	虚拟（应输入字符串“‘U0’”）	连接编号范围：1～8	存储控制数据的软元件起始编号	存储连接信息的软元件起始编号

注：操作数可使用的软元件，(U)：$；(s1)：常数 K、H，字元件 T、ST、C、D、W、SD、SW、R；(s2) 及 (d)：字元件 T、ST、C、D、W、SD、SW、R。其中控制数据软元件（s2）+0～（s2）+1 及（d）+0～（d）+4 详细内容请参照 MELSEC iQ-F FX5 用户手册（以太网通信篇）。

（2）SP.SOCCINF 指令的程序表示　SP.SOCCINF 指令的程序表示见表 4-42。

表 4-42 SP.SOCCINF 指令程序表示

名称	梯形图表示	FBD/LD 表示	ST 表示
读取连接信息	SP.SOCCINF (U) (s1) (s2) (d)	SP_SOCCINF: EN, U0, s1, s2 → ENO, d	ENO:=SP_SOCCINF (EN, U0, s1, s2, d);

（3）程序示例　将 M5000 置 ON 时，读取连接 No.1 的连接信息的程序，如图 4-58 所示。

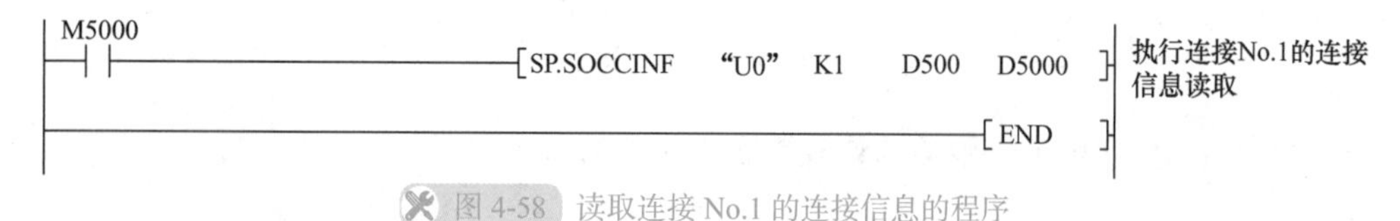

图 4-58 读取连接 No.1 的连接信息的程序

（三）Socket 通信程序

1. TCP 通信程序

TCP 通信程序分 Active 开放和 Passive 开放两种进行介绍。

（1）Active 开放的通信程序　Active 开放的通信流程如图 4-59 所示。

1）参数设置。对于 CPU 模块，打开 GX Works3 编程软件，新建项目，进入编程界面，在导航窗口，依次双击“参数”→“FX5U CPU”→“模块参数”→“以太网端口”，在右边打开的“模块参数　以太网端口”窗口，选择基本设置中的自接点设置，将 IP 地址设置为“192.168.3.250”，子网掩码设置为“255.255.255.0”，然后选择设置项目下“对象设备连接配置设置”右边的“<详细设置>”双击，打开以太网配置（内置以太网端口）界面如图 4-60 所示。展开“模块一览”下“以太网设备（通用）”，将其下的“Active 连接设备”拖放到界面左侧，并按表 4-43 进行设置。

参数设置完成后，单击该窗口上方的“反映设置并关闭”，返回至“模块参数　以太网端口”窗口，单击“应用”按钮。

2）程序示例。Active 开放的通信程序如图 4-61 所示。

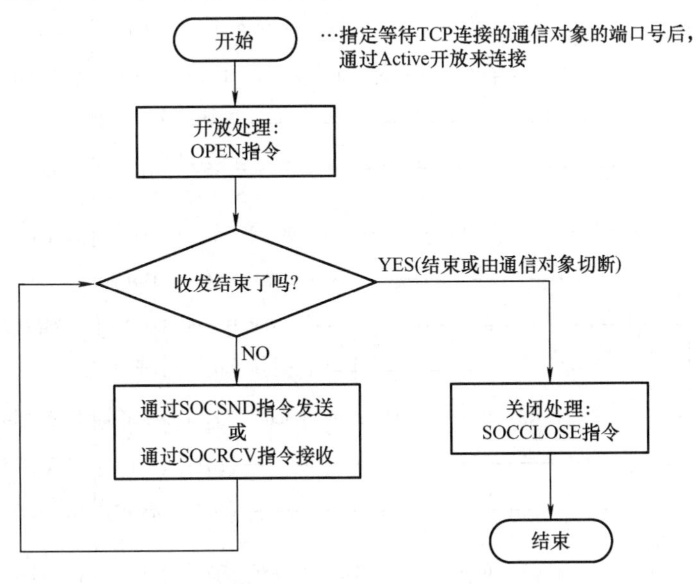

图 4-59　Active 开放的通信流程

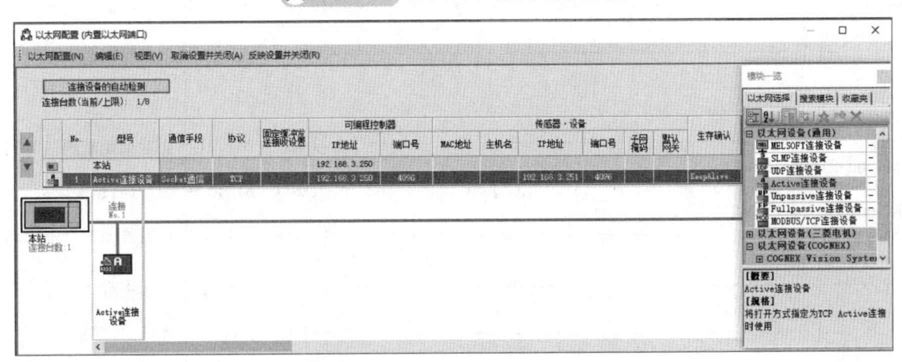

图 4-60　以太网配置界面（一）

表 4-43　Active 连接设备的参数设置

项目		内容
可编程控制器	端口号	4095（设置范围：1 ～ 5548、5570 ～ 65534） 5549 ～ 5569 已被系统使用，请勿指定
传感器・设备	IP 地址	192.168.3.251（设置范围：0.0.0.1 ～ 223.255.255.254）
	端口号	4096（设置范围：1 ～ 65534）

（2）Passive 开放的程序　Passive 开放的通信流程如图 4-62 所示。

1）参数设置。对于 CPU 模块，打开 GX Works3 编程软件，新建项目，进入编程界面，在导航窗口，依次双击“参数”→“FX5U CPU”→“模块参数”→“以太网端口”，在右边打开的“模块参数　以太网端口”窗口，选择基本设置中的自接点设置，将 IP 地址设置为“192.168.3.251”，子网掩码设置为“255.255.255.0”，然后选择设置项目下“对象设备连接配置设置”右边的“<详细设置>”双击打开以太网配置（内置以太网端口）界面如图 4-63 所示。展开“模块一览”下“以太网设备（通用)”，将其下的“Unpassive 连接设备”或“Fullpassive 连接设备”拖放到界面左侧，并按表 4-44 进行设置。

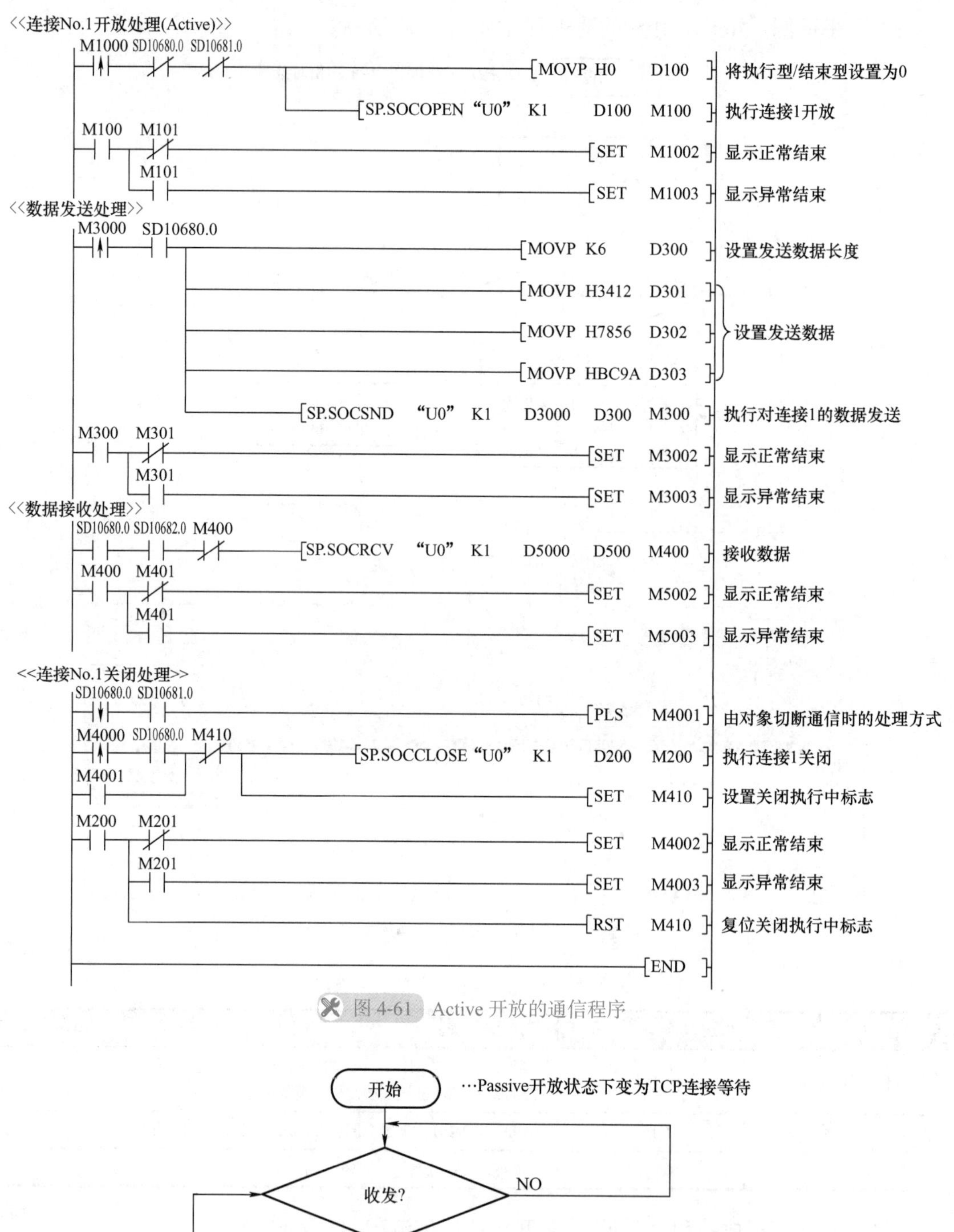

图 4-61 Active 开放的通信程序

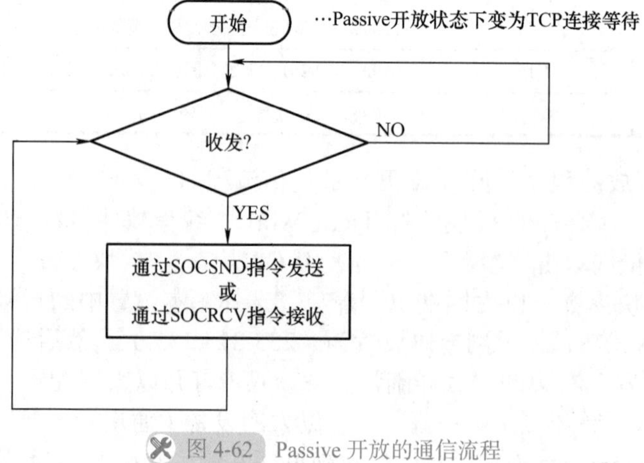

图 4-62 Passive 开放的通信流程

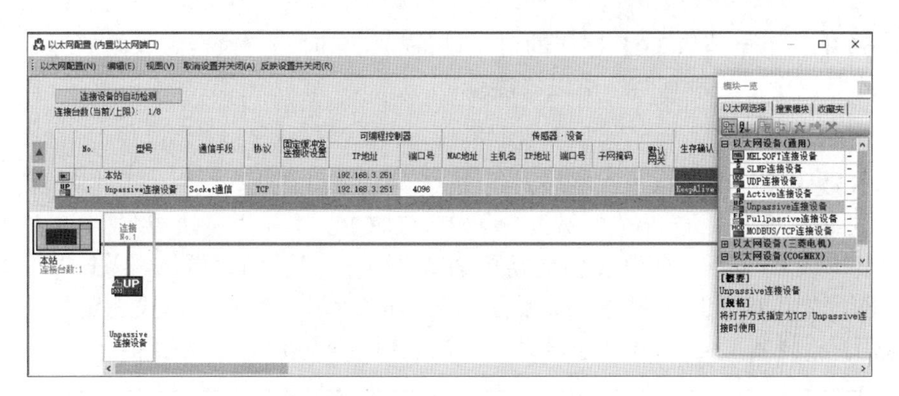

图 4-63　以太网配置界面（二）

表 4-44　Unpassive 连接设备的参数设置

项目		内容
可编程控制器	端口号	4096（设置范围：1～5548、5570～65534） 5549～5569 已被系统使用，请勿指定
传感器・设备	IP 地址	无设置 但是，选择“通用 Socket Fullpassive 连接设备”时，请设置。（设置范围：0.0.0.1～223.255.255.254）
	端口号	无设置 但是，选择“通用 Socket Fullpassive 连接设备”时，请设置。（设置范围：1～65534）

参数设置完成后，单击该窗口上方的“反映设置并关闭”，返回至“模块参数　以太网端口”窗口，单击“应用”按钮。

2）示例程序。Passive 开放的程序如图 4-64 所示。

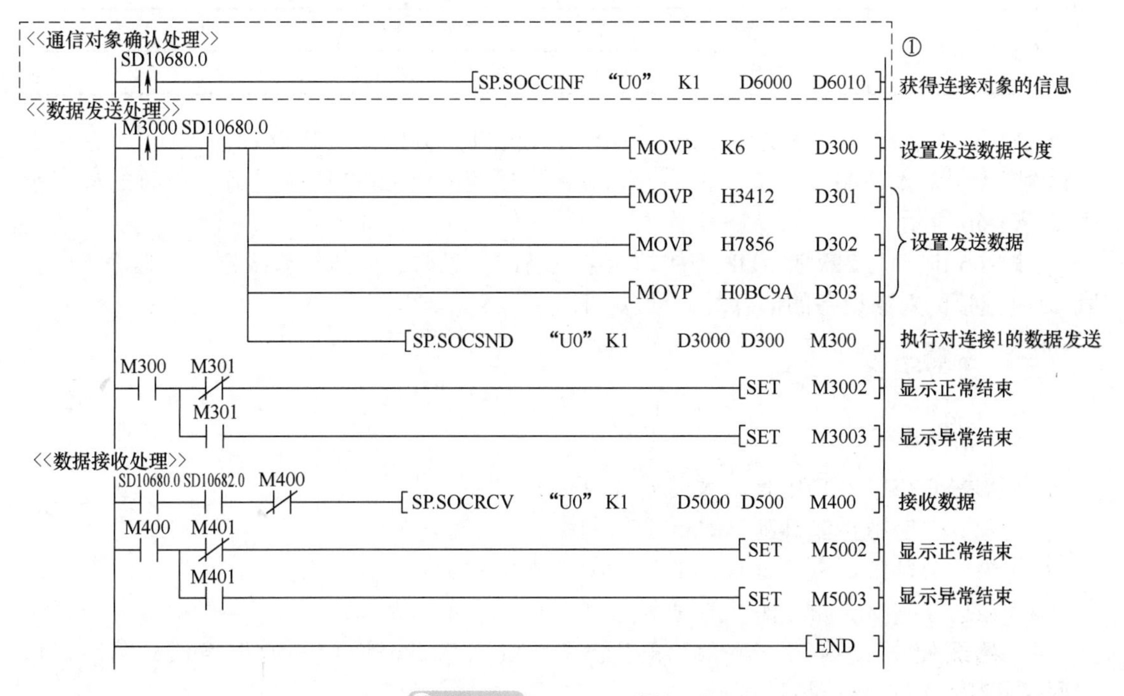

图 4-64　Passive 开放的程序

图 4-64 中，①要获取 TCP 连接的对象设备的信息时，应执行虚线内的程序。不获取 TCP 连接的对象设备的信息时，可以省略。

2. UDP 通信程序

（1）参数设置　对于 CPU 模块，打开 GX Works3 编程软件，新建项目，进入编程界面，在导航窗口，选择“参数”→“FX5U CPU”→“模块参数”→“以太网端口”→“基本设置”→“对象设备连接配置设置”→“详细设置”，双击“详细设置”，打开以太网配置（内置以太网端口）界面如图 4-65 所示。展开“模块一览”下“以太网设备（通用)”，将其下的“UDP 连接设备”拖放到界面左侧，并按表 4-45 进行设置。

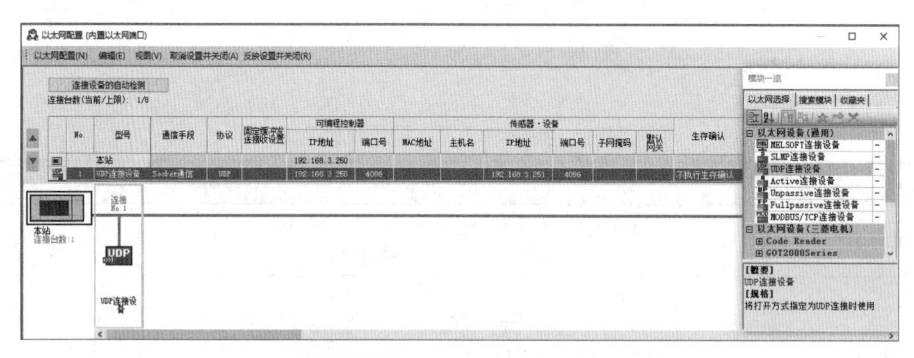

图 4-65　以太网配置界面（三）

表 4-45　UDP 连接设备的参数设置

项目		内容
可编程控制器	端口号	4095（设置范围：1 ～ 5548、5570 ～ 65534） 5549 ～ 5569 已被系统使用，请勿指定
传感器・设备	IP 地址	192.168.3.251（设置范围：0.0.0.1 ～ 223.255.255.254）
	端口号	4096（设置范围：1 ～ 65534/65535）

（2）程序示例　参数设置完成后，单击该窗口上方的“反映设置并关闭”，返回至“模块参数　以太网端口”窗口，单击“应用”按钮。以 UDP 协议进行通信时的程序示例如图 4-66 所示。

图 4-66 中，①要获取 UDP 连接的对象设备的信息时，应执行虚线框内的程序。不获取 UDP 连接的对象设备的信息时，可以省略。

三、任务实施

（一）任务目标

1）掌握 FX5U PLC 内置以太网端口的使用。

2）能根据控制要求组建 Socket 通信网络。

3）会 FX5U PLC Socket 通信的参数设置及 I/O 接线。

4）根据控制要求编写梯形图程序。

5）熟练使用三菱 GX Works3 编程软件，设置 Socket 通信的通信参数、编制梯形图程序并写入 PLC 进行调试运行。

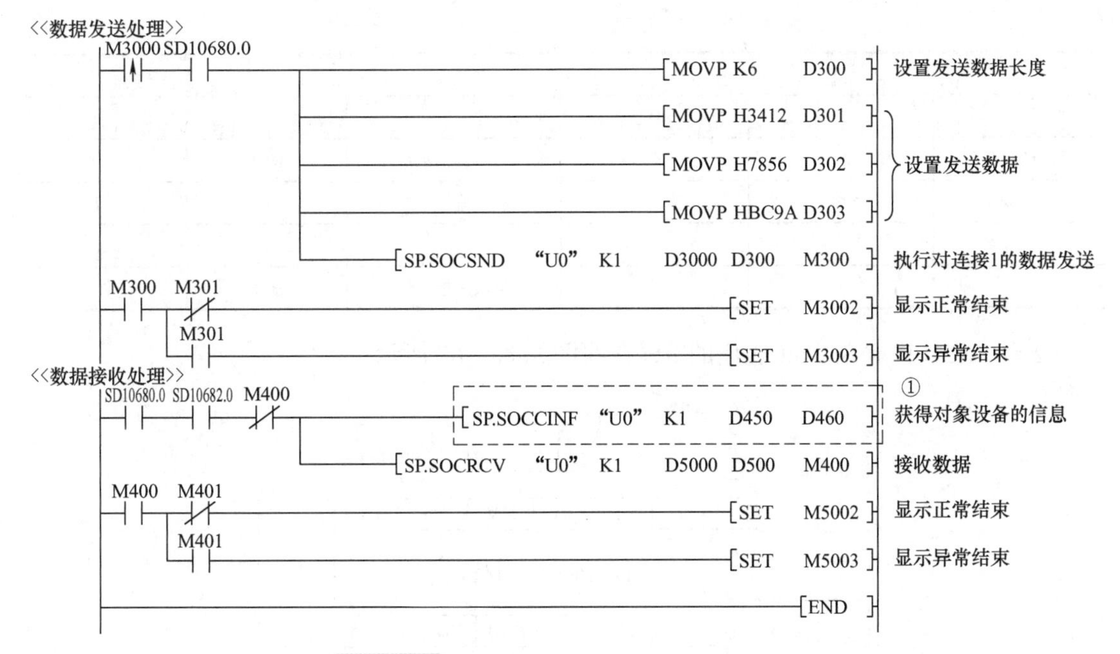

图 4-66　以 UDP 协议进行通信时的程序示例

（二）设备与器材

本任务所需设备与器材，见表 4-46。

表 4-46　设备与器材

序号	名称	符号	型号规格	数量	备注
1	常用电工工具		十字螺钉旋具、一字螺钉旋具、尖嘴钳、剥线钳等	2 套	表中所列设备、器材的型号规格仅供参考
2	计算机（安装 GX Works3 编程软件）			2 台	
3	三菱 FX5U 可编程控制器	PLC	FX5U-32MR/ES	2 台	
4	以太网通信电缆			3 根	
5	连接导线			若干	

（三）内容与步骤

1. 任务要求

2 台 FX5U PLC 之间进行 Socket 通信，一台作为客户端（主站），一台作为服务器（从站）。控制要求：在客户端按下起动按钮，服务器端控制的 8 盏指示灯按 HL1、HL8 → HL2、HL7 → HL3、HL6 → HL4、HL5 → HL1、HL8 顺序每隔 1.5s 循环点亮，指示灯在循环点亮过程中，按下停止按钮指示灯熄灭；在服务器端按下起动按钮，客户端控制的 8 盏指示灯按 HL4、HL5 → HL3、HL6 → HL2、HL7 → HL1、HL8 → HL4、HL5 顺序每隔 1.5s 循环点亮，指示灯在循环点亮过程中，按下停止按钮指示灯熄灭。

2. I/O 分配与接线图

2 台 FX5U PLC Socket 通信 I/O 分配见表 4-47。

表 4-47　2 台 FX5U PLC Socket 通信 I/O 分配表

输入			输出		
设备名称	符号	X 元件编号	设备名称	符号	Y 元件编号
起动按钮	SB1	X0	第一盏指示灯	HL1	Y0
停止按钮	SB2	X1	第二盏指示灯	HL2	Y1
			⋮	⋮	⋮
			第八盏指示灯	HL8	Y7

2 台 FX5U PLC Socket 通信的 I/O 接线图如图 4-67 所示。

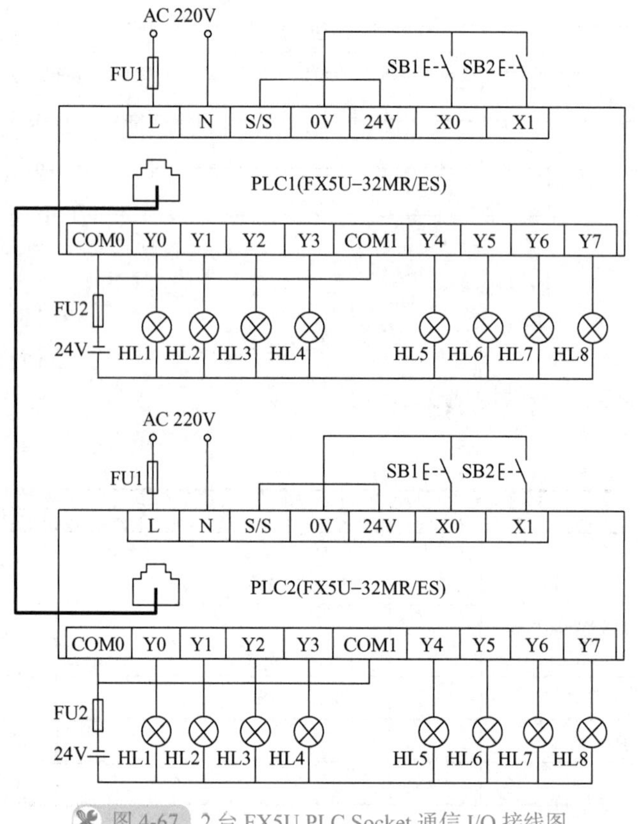

图 4-67　2 台 FX5U PLC Socket 通信 I/O 接线图

3. 通信参数设置

打开 GX Works3 编程软件，分别新建两个项目，进入编程界面，在导航窗口，依次双击“参数”→“FX5U CPU”→“模块参数”→“以太网端口”，在打开的“模块参数 以太网端口”窗口，按照前面介绍的方法分别进行主站（Active 连接设备）和从站（Unpassive 连接设备）的“基本设置”项目下“自节点设置”和“对象设备连接配置设置”。参数设置完成后，一定要单击“反映设置并关闭”按钮，返回至“模块参数以太网端口”窗口，单击“应用”按钮，这样设置的参数才有效。

4. 编写梯形图程序

根据控制要求编写主站及从站梯形图，如图 4-68 所示。

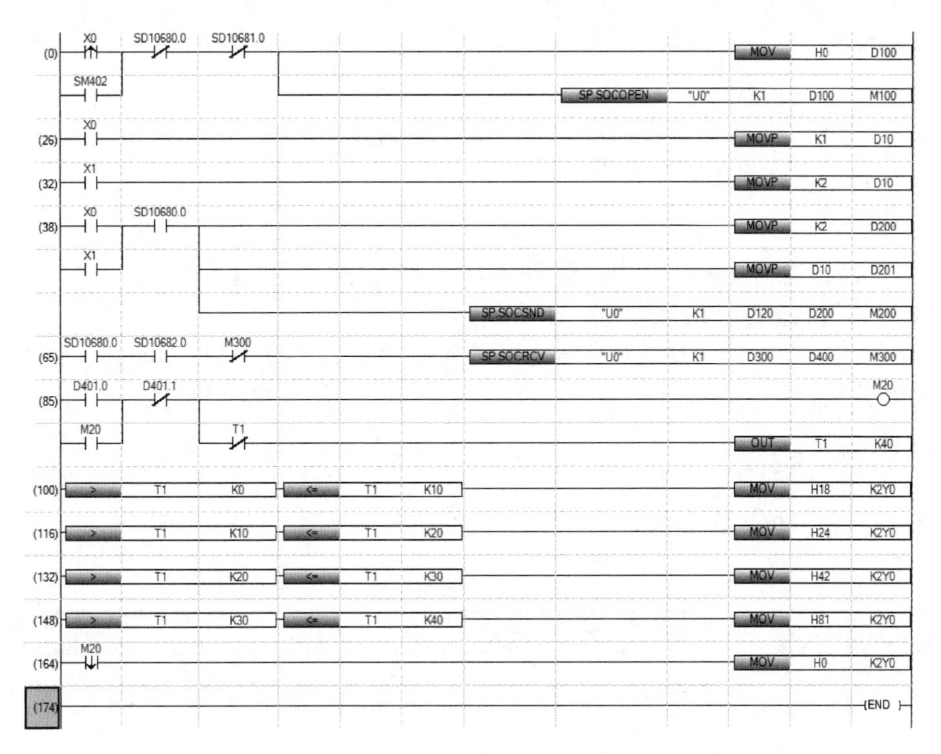

a) 主站程序

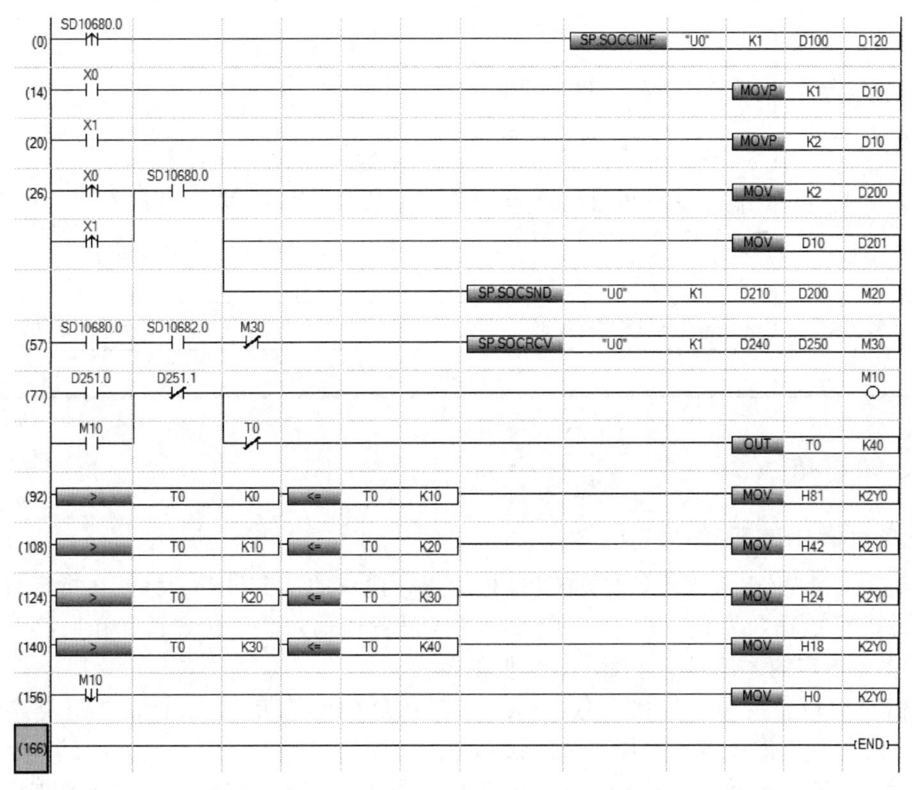

b) 从站程序

图 4-68　2 台 FX5U PLC 之间 Socket 通信梯形图

5. 调试运行

按照图 4-67 进行 PLC 输入、输出端接线，将两台 PLC 用以太网通信电缆连起来，利用编程软件将梯形图程序分别写入主站和从站 PLC，然后，把两台 PLC 调至 RUN 状态，调试运行程序，观察运行结果。

（四）分析与思考

1. 在 Socket 通信功能指令中，数据发送指令的数据发送长度的设定单位是字节还是字，如果发送的数据是位应该如何处理？

2. 在图 4-68 中主站和从站程序部分的特殊寄存器的位指定 SD10680.0、SD10681.0、SD10682.0 分别表示什么意思？

四、任务考核

本任务实施考核见表 4-48。

表 4-48　任务考核表

序号	考核内容	考核要求	评分标准	配分	得分
1	电路及程序设计	（1）能正确分配 I/O，并绘制 I/O 接线图 （2）根据控制要求，正确编制梯形图程序	（1）I/O 分配错或少，每个扣 5 分 （2）I/O 接线图设计不全或有错，每处扣 5 分 （3）梯形图表达不正确或画法不规范，每处扣 5 分	40 分	
2	安装与连线	根据 I/O 分配，正确连接电路	（1）连线错 1 处，扣 5 分 （2）损坏元器件，每只扣 5 ~ 10 分 （3）损坏连接线，每根扣 5 ~ 10 分	20 分	
3	调试与运行	能熟练使用编程软件编制程序写入 PLC，并按要求调试运行	（1）不会熟练使用编程软件进行梯形图的编辑、修改、转换、写入及监视，每项扣 2 分 （2）不能按照控制要求完成相应的功能，每缺 1 项扣 5 分	20 分	
4	安全操作	确保人身和设备安全	违反安全文明操作规程，扣 10 ~ 20 分	20 分	
5	合计				

五、知识拓展

（一）简单 CPU 通信功能

只需用 GX Works3 编程软件对 CPU 模块进行简单的参数设置，就能在指定时间与指定软元件进行数据收发的功能。以 1∶1 的方式设置通信对象（传送源）和通信对象（传送目标），在指定的通信对象之间进行数据的收发。

通信对象设备的最大连接台数：FX5U/FX5UC CPU 模块为 16 台，还可经路由器进行访问。设置时，需设置子网掩码和默认网关。

使用时需注意，对于三菱 iQ-F（内置以太网）、SLMP 支持设备（QnA 兼容 3E 帧）以外的通信对象仅 FX5U/FX5UC CPU 模块支持。

1. 参数设置

（1）客户端设置

1）新建一个 FX5U 工程，进行本机 IP 地址和子网掩码设置。

打开 GX Works3 编程软件，新建项目，进入编程界面，在导航窗口，选择“参数”→“FX5U CPU”→“模块参数”→“以太网端口”，双击“以太网端口”，在右边打开的“模块参数　以太网端口”窗口，选择基本设置中的自节点设置，将 IP 地址设置为“192.168.3.10”，子网掩码设置为“255.255.255.0”，如图 4-69 所示，设置完成后单击“应用”按钮。

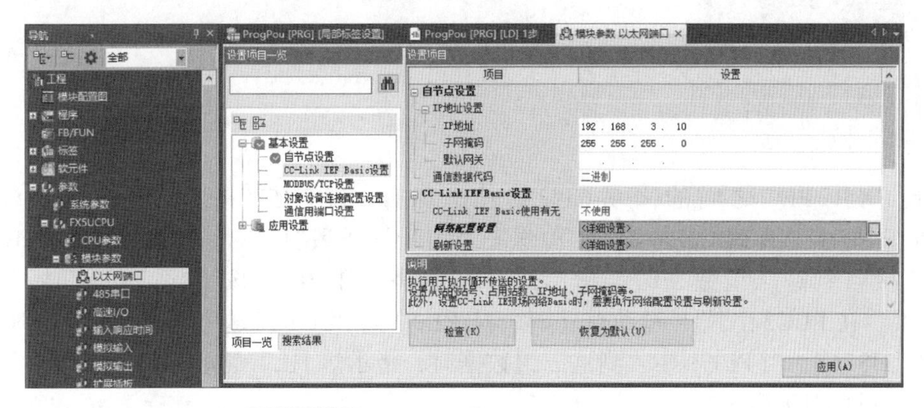

图 4-69　基本设置 / 自节点设置（客户端）

2）应用设置 / 简单 CPU 通信设置。在图 4-69 中，选择“应用设置”→“简单 CPU 通信设置”，单击“简单 CPU 通信使用有无”文本框右侧的“▾”图标，从打开的下拉选项中单击“使用”，双击“简单 CPU 通信设置”的“<详细设置>”，将打开“详细设置”窗口，如图 4-70 所示，设置内容主要包括通信类型、通信对象（IP 地址）、字软元件等，设置完成后单击“应用”按钮。

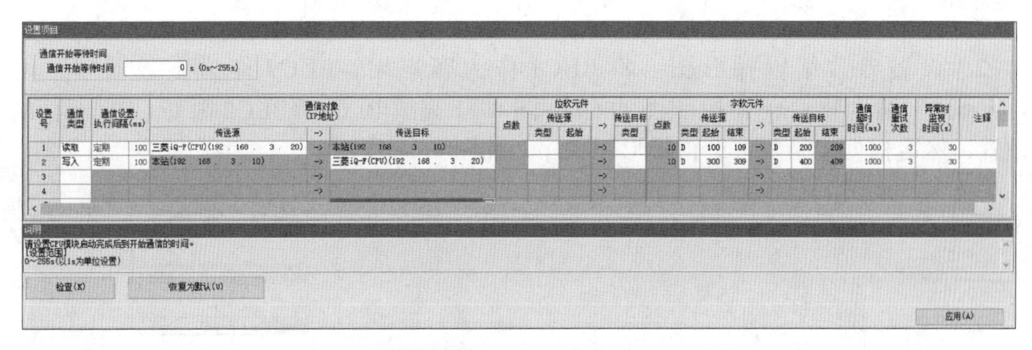

图 4-70　应用设置 / 详细设置

（2）服务器端设置　新建一个 FX5U 工程，进行本机 IP 地址和子网掩码设置。

打开 GX Works3 编程软件，新建项目，进入编程界面，在导航窗口，选择“参数”→“FX5U CPU”→“模块参数”→“以太网端口”，双击“以太网端口”，在右边打开的“模块参数　以太网端口”窗口，选择基本设置中的自节点设置，将 IP 地址设置为“192.168.3.20”，子网掩码设置为“255.255.255.0”，如图 4-71 所示，设置完成后单击“应用”按钮。

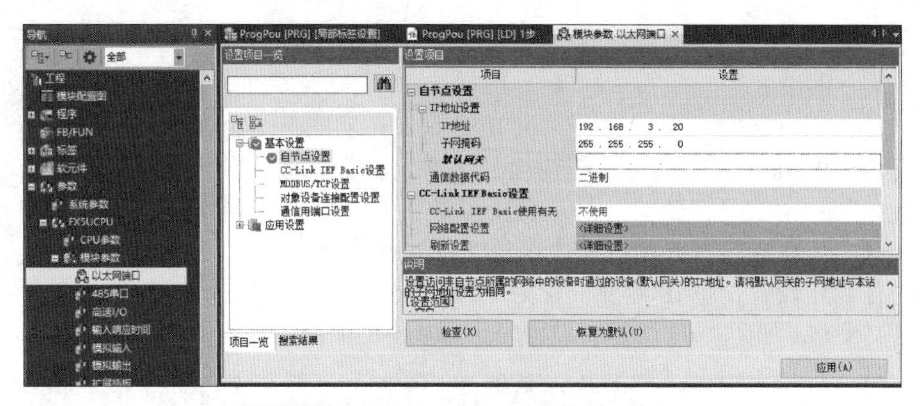

图 4-71　基本设置 / 自节点设置（服务器端）

2. 应用举例

2 台 FX5U PLC 之间的简易 CPU 通信。现有 2 台 FX5U PLC，要求在 PLC1 上按下起动按钮时，从 PLC1 向 PLC2 发送三组 16 进制数 H1234、H5678、H90AB 数据，当 PLC2 接收到这三组数据时，指示灯 HL1 点亮，在 PLC1 按下停止按钮时，指示灯 HL1 熄灭。在 PLC2 上按下起动按钮时，从 PLC2 向 PLC1 发送三组 16 进制数 HFEDC、HBA09、H8765，当 PLC1 接收到这三组数据时，指示灯 HL2 点亮，在 PLC2 按下停止按钮时，指示灯 HL2 熄灭。

（1）I/O 分配　2 台 FX5U PLC 简易 CPU 通信的 I/O 分配见表 4-49。

表 4-49　2 台 FX5U PLC 简易 CPU 通信 I/O 分配表

输入			输出		
设备名称	符号	X 元件编号	设备名称	符号	Y 元件编号
起动按钮	SB1	X0	指示灯	HL1（HL2）	Y0
停止按钮	SB2	X1			

（2）设置参数编辑梯形图　将 PLC1 作为客户端、PLC2 作为服务器端，使用 GX Works3 编程软件，并按照图 4-69 ～图 4-71 完成 PLC1、PLC2 简易 CPU 通信的参数设置，然后根据控制要求编辑梯形图程序，如图 4-72 所示。

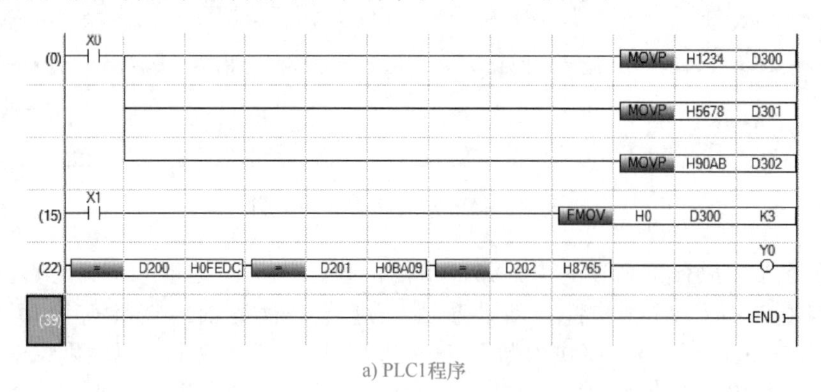

a) PLC1程序

图 4-72　2 台 FX5U PLC 之间简易 CPU 通信梯形图

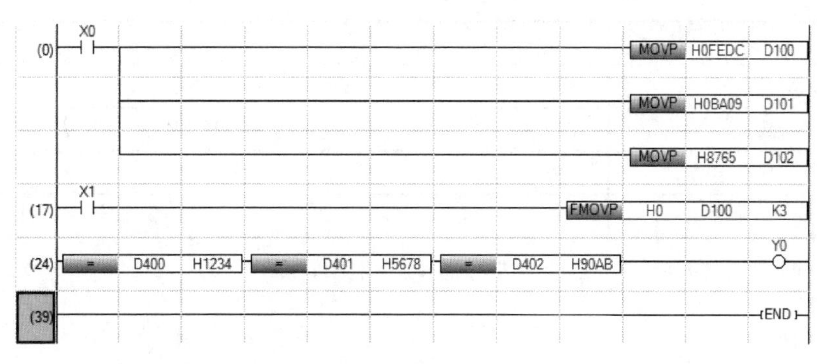

b) PLC2程序

图 4-72 2 台 FX5U PLC 之间简易 CPU 通信梯形图（续）

（二）MODBUS/TCP 通信功能

1. 概述

使用 FX5 的 MODBUS/TCP 通信功能时，可与将 FX5 作为从站并通过以太网连接的各种 MODBUS/TCP 主站设备进行通信。系统构成如图 4-73 所示。

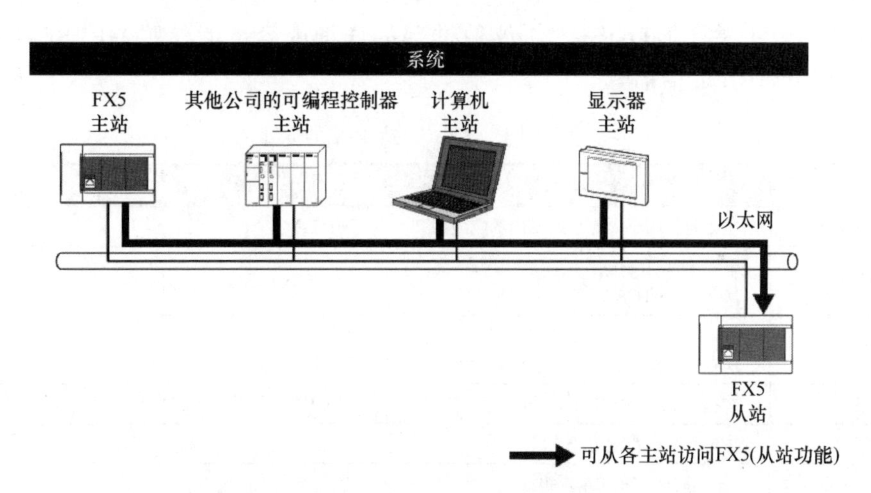

图 4-73 MODBUS/TCP 通信系统构成

1）对应主站功能及从站功能，1 台 FX5 可同时使用作为主站及从站。

2）1 台 CPU 模块中可用作 MODBUS 串行通信功能的通道数最多为 8 个连接。

3）在主站中，使用通信协议支持功能控制从站。

2. 通信规格

FX5U PLC 在执行 MODBUS/TCP 通信时的规格见表 4-50。

3. MODBUS/TCP 通信中 MODBUS 协议

（1）MODBUS 协议帧规格　MODBUS 协议帧规格如图 4-74 所示。MODBUS 协议的帧规格的详细内容见表 4-51。

表 4-50 FX5U PLC MODBUS/TCP 通信规格

项目		规格内容
支持协议		MODBUS/TCP（仅支持二进制）
连接数		总计 8 个连接①（可以同时访问 1 个 CPU 模块的外部设备最多为 8 台）
从站数	功能数	10
	端口站号	502②

① 使用其他以太网通信功能时，连接数将会减少。关于以太网通信功能，请参照 MELSEC iQ-F FX5 用户手册（以太网通信篇）。

② 可通过通信设置进行变更。

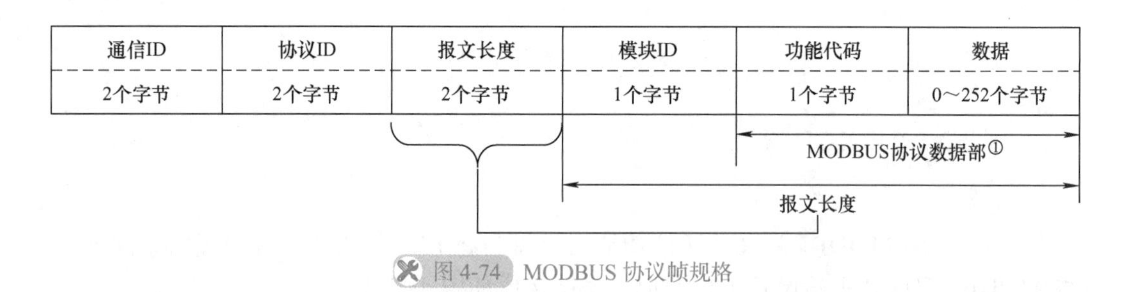

图 4-74 MODBUS 协议帧规格

图 4-74 中，①关于 MODBUS 协议数据部的详细内容，请参照 MELSEC iQ-F FX5 用户手册（MODBUS 通信篇）。

表 4-51 MODBUS 协议的帧规格的详细内容

区域名	内容
通信 ID	主站将其用于对照从站发出的响应报文
协议 ID	显示 PDU（协议数据部）的协议 MODBUS/TCP 通信时，存储为 0
报文长度	报文大小将以字节单位被存储 所存储的报文长度即为该区域后的报文长度（参照图 4-74）
模块 ID	在指定 MODBUS Serial 协议等其他回路上连接的从站时使用（不支持 FX5）
功能代码	主站对从站指定处理内容
数据	[主站向从站发送请求报文时] 存储处理的要求内容 [从站向主站发送响应报文时] 存储处理的执行结果

（2）MODBUS 标准功能对应一览　FX5 的 MODBUS/TCP 通信所对应的 MODBUS 标准功能见表 4-52。

表 4-52 FX5 的 MODBUS/TCP 通信所对应的 MODBUS 标准功能对应一览表

功能代码	功能名	详细内容	1 个报文可访问的软元件数
01H	线圈读取	线圈读取（可以多点）	1 ～ 2000 点
02H	输入读取	输入读取（可以多点）	1 ～ 2000 点
03H	保持寄存器读取	保持寄存器读取（可以多点）	1 ～ 125 点

（续）

功能代码	功能名	详细内容	1 个报文可访问的软元件数
04H	输入寄存器读取	输入寄存器读取（可以多点）	1 ～ 125 点
05H	1 线圈写入	线圈写入（仅 1 点）	1 点
06H	1 寄存器写入	保持寄存器写入（仅 1 点）	1 点
0FH	多线圈写入	多点的线圈写入	1 ～ 1968 点
10H	多寄存器写入	多点的保持寄存器写入	1 ～ 123 点
16H	保持寄存器掩码写入	保持寄存器的 AND/OR 掩码写入（仅 1 点）	1 点
17H	批量寄存器读出 / 写入	保持寄存器的多点读出和多点写入	读出：1 ～ 125 点 写入：1 ～ 121 点

4. 通信设置

FX5U PLC MODBUS/TCP 的通信设置

（1）主站设置　FX5 的主站使用通信协议支持功能进行主站与从站的通信。执行通信协议支持功能的 CPU 模块是主站。

MODBUS/CP 通信（主站）的通信设置如下。

1）连接设置。打开 GX Works3 编程软件，新建项目，进入编程界面，在导航窗口，选择“参数”→“FX5U CPU”→“模块参数”→“以太网端口”，双击“以太网端口”，在右边打开的“模块参数　以太网端口”窗口，选择基本设置中的自节点设置，将 IP 地址设置为“192.168.3.100”，子网掩码设置为“255.255.255.0”，然后再单击“基本设置”下的“对象设备连接配置设置”，这时，右边的设置项目下的“对象设备连接配置设置”变为斜体显示，双击其右边框中的“<详细设置>”，打开以太网配置（内置以太网端口）界面，如图 4-75 所示。展开“模块一览”下“以太网设备（通用)”，将其下的“Active 连接设备”拖放到界面左侧，并按表 4-53 进行设置。

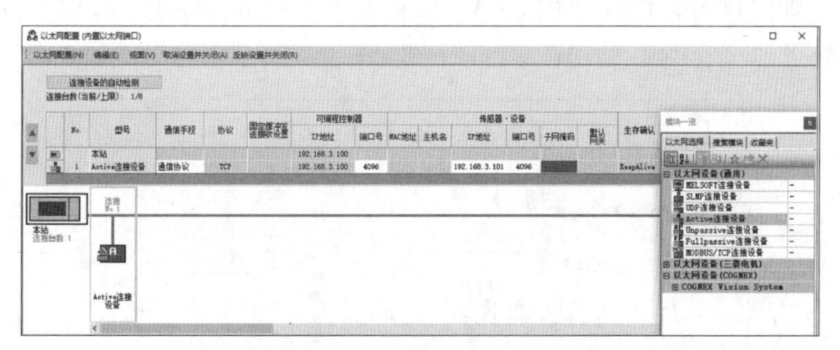

图 4-75　以太网配置界面（四）

表 4-53　Active 连接设备的参数设置

<table>
<tr><th colspan="2">项目</th><th>内容</th><th>备注</th></tr>
<tr><td colspan="2">通信手段</td><td>指定通信协议</td><td>—</td></tr>
<tr><td>可编程控制器</td><td>端口号</td><td>4096（设置范围：1 ～ 5548、5570 ～ 65534）
5549 ～ 5569 已被系统使用，请勿指定</td><td>设置主站的端口号</td></tr>
<tr><td rowspan="2">传感器・设备</td><td>IP 地址</td><td>192.168.3.101（设置范围：0.0.0.1 ～ 223.255.255.254）</td><td>设置从站的 IP 地址</td></tr>
<tr><td>端口号</td><td>4096（设置范围：1 ～ 65534）</td><td>设置从站的端口号</td></tr>
</table>

参数设置完成后，单击该窗口上方的“反映设置并关闭”，返回至“模块参数 以太网端口”窗口，如图 4-76 所示，单击“应用”按钮。

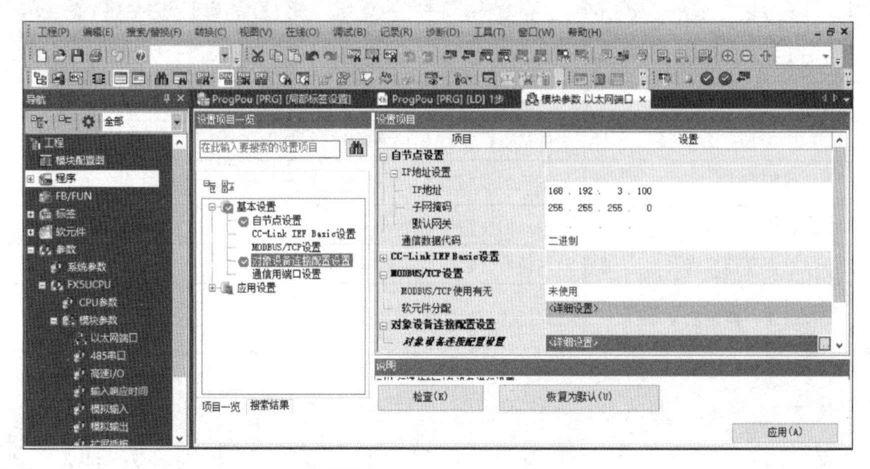

图 4-76 主站链接设置

2）协议设置。将要求报文从主站发送至从站时，需要使用协议支援功能。创建向从站要求的 MODBUS 功能的协议数据。

在图 4-76 中，选择菜单命令“工具”→“通信协议支持功能”执行，弹出“通信协议支持功能”对话框，单击“确定”按钮，在新打开的界面中，选择菜单命令“文件”→“新建”执行，或单击工具栏上“新建”图标，在打开的“协议设置”界面，选择菜单命令“编辑”→“协议添加”执行，或单击该界面的“添加”，便弹出“协议添加”对话框，在该对话框中，“型号”选择“MODBUS/TCP”，单击“协议名”栏右边的倒实三角形，在打开的下拉列表中按表 4-54 选择相应选项进行“协议名”设置，如图 4-77 所示，如协议名分别选择 01、03，设置完成后单击“确定”按钮，打开协议设置窗口，如图 4-78 所示。

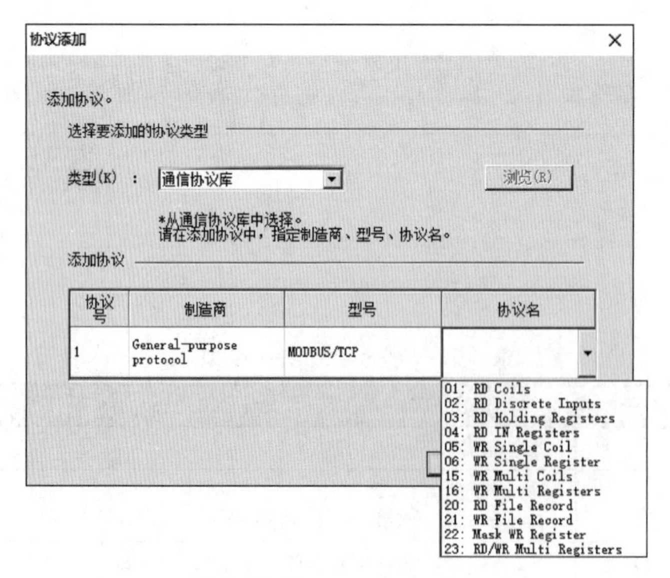

图 4-77 协议添加对话框

表 4-54　MODBUS/TCP 通信协议添加的项目相关内容

项目	内容
类型	通信协议库
制造商	General-purpose protocol
型号	MODBUS/TCP
协议名[①]	01：RD Coils（01H：线圈读取）
	02：RD Discrete Inputs（02H：输入读取）
	03：RD Holding Registers（03H：保持寄存器读取）
	04：RD IN Registers（04H：输入寄存器读取）
	05：WR Single Coil（05H：1 线圈写入）
	06：WR Single Register（06H：1 寄存器写入）
	15：WR Multi Coils（0FH：多线圈写入）
	16：WR Multi Registers（10H：多寄存器写入）
	20：RD File Record（14H：文件记录读取）[②]
	21：WR File Record（15H：文件记录写入）[②]
	22：Mask WR Register（16H：保持寄存器掩码写入）
	23：RD/WR Multi Registers（17H：批量寄存器读出 / 写入）

①( ) 是与各协议名对应的 MODBUS 标准功能。

② 仅支持主站。

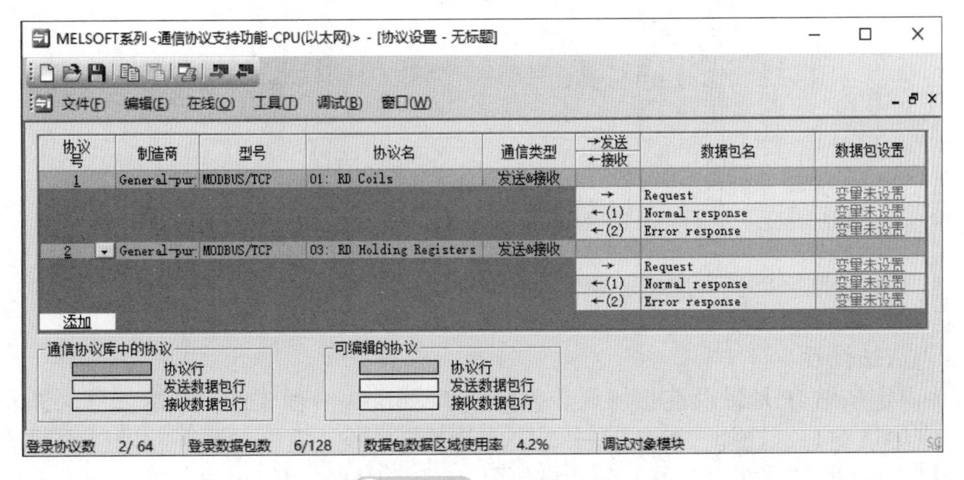

图 4-78　协议设置窗口

在图 4-78 中，右击协议号 1 所在行的任意位置，在打开的下拉菜单中单击“协议详细设置”，便弹出“协议详细设置”对话框，将接收设置栏的“接收等待时间”更改为“1”，如图 4-79 所示，单击“确定”按钮，再在该行任意处单击右键，在打开的下拉菜单中单击“软元件批量设置”，便弹出“软元件批量设置”对话框，将“软元件号”设置为 D10，单击“确定”按钮，弹出“是否覆盖已设置的变量？”警示框，如图 4-80 所示，单击“是”，用同样的方法进行协议名“03”数据包设置，不同的是“软元件号”设置为

D40，至此完成数据包设置，如图 4-81 所示，单击该窗口工具栏上的“模块写入”图标 ，将设置完成的协议及数据包写入 PLC 并保存，保存的文件扩展名为 tpx。

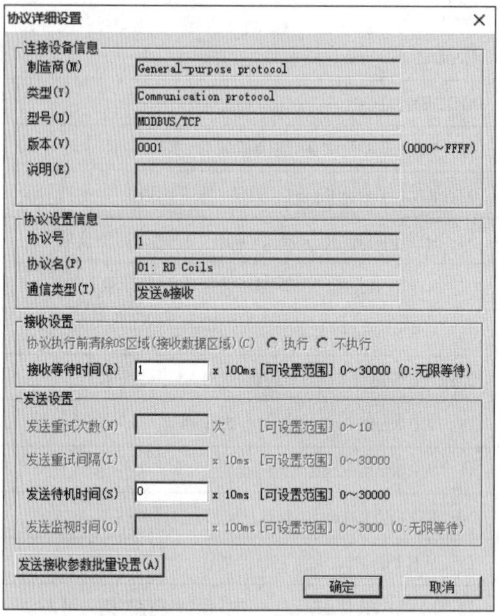

协议详细设置
连接设备信息
制造商(M)
General-purpose protocol
类型(Y)
Communication protocol
型号(D)
MODBUS/TCP
版本(V)
0001
(0000~FFFF)
说明(E)
协议设置信息
协议号
1
协议名(P)
01: RD Coils
通信类型(T)
发送&接收
接收设置
协议执行前清除OS区域(接收数据区域)(C) 执行 不执行
接收等待时间(R)
1
x 100ms [可设置范围] 0~30000 (0:无限等待)
发送设置
发送重试次数(N)
次 [可设置范围] 0~10
发送重试间隔(I)
x 10ms [可设置范围] 0~30000
发送待机时间(S)
0
x 10ms [可设置范围] 0~30000
发送监视时间(O)
x 100ms [可设置范围] 0~3000 (0:无限等待)
发送接收参数批量设置(A)
确定
取消

图 4-79 “协议详细设置”对话框

软元件批量设置
MELSOFT系列 通信协议支持功能
是否覆盖已设置的变量?
是(Y)
否(N)
确定
取消

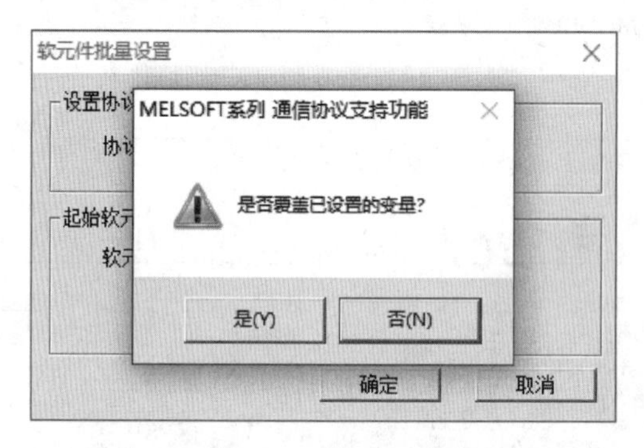

图 4-80 “软元件批量设置”对话框

（2）从站设置

1）设定从站 IP 地址及连接协议。打开 GX Works3 编程软件，新建项目，进入编程界面，在导航窗口，选择“参数”→“FX5U CPU”→“模块参数”→“以太网端口”，双击“以太网端口”，在右边打开的“模块参数 以太网端口”窗口，选择基本设置中的自节点设置，将 IP 地址设置为“192.168.3.101”，子网掩码设置为“255.255.255.0”，然后再单击“基本设置”下的“对象设备连接配置设置”，这时，右边的设置项目下的“对象设备连接配置设置”变为斜体显示，双击其右边框中的“<详细设置>”，打开以太网配置（内置以太网端口）界面，如图 4-82 所示。展开“模块一览”下“以太网设备（通用）”，将其下的“MODBUS/TCP 连接设备”拖放到界面左侧，并按表 4-50 进行设置。参数设置完成后，单击该界面上方的“反映设置并关闭”，返回至“模块参数 以太网端口”窗口，如图 4-83 所示，单击“应用”按钮。

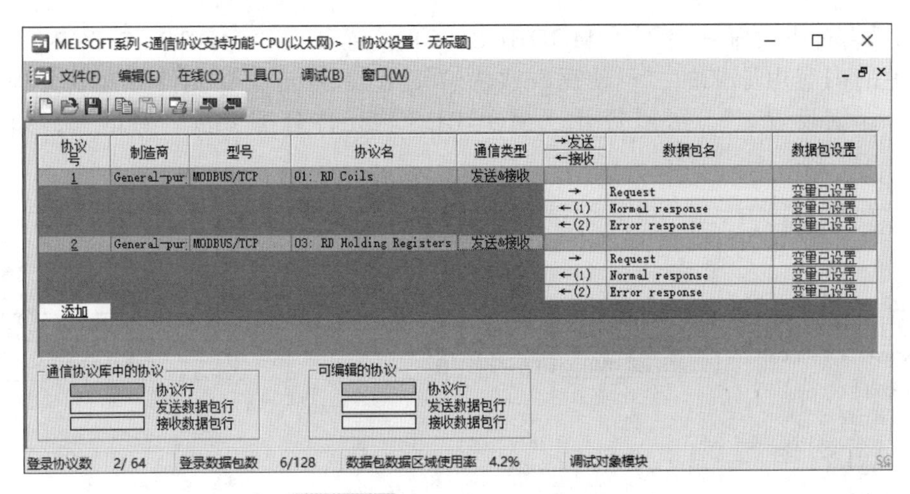

图 4-81　已完成的协议设置窗口

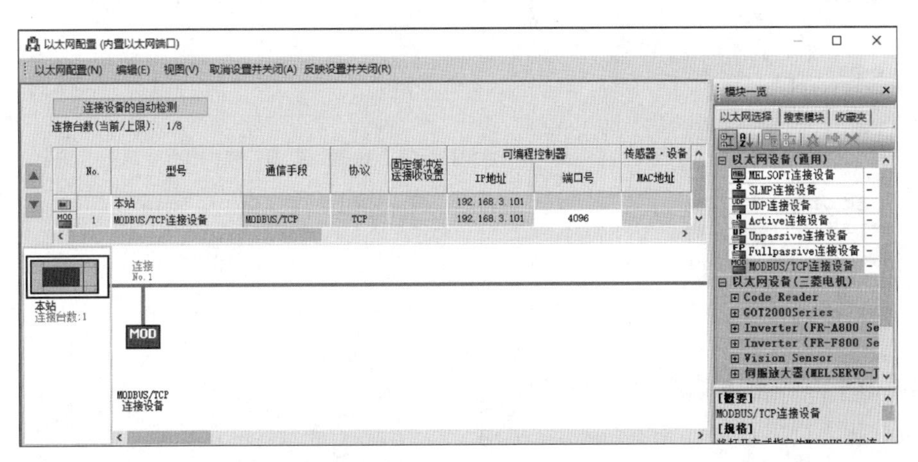

图 4-82　从站连接协议设置

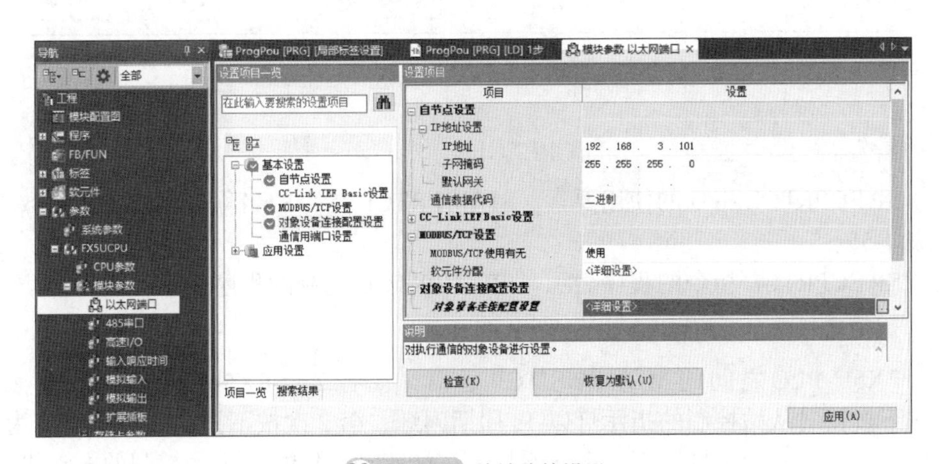

图 4-83　从站连接设置

2）分配 MODBUS 地址软元件。在完成从站 IP 地址及连接协议设定后，此时，图 4-83 中基本设置下的 MODBUS/TCP 设置、对象设备连接配置设置选项前面均显示出绿色“√”，右边设置项目下的 MODBUS/TCP 设置分项“ MODBUS/TCP 使用有无”右边框中的内容由原来的“不使用”改为“使用”，双击“软元件分配”分项右边框中的“<详细设置>”，可以打开“ MODBUS 软元件分配参数”对话框，如图 4-84 所示。

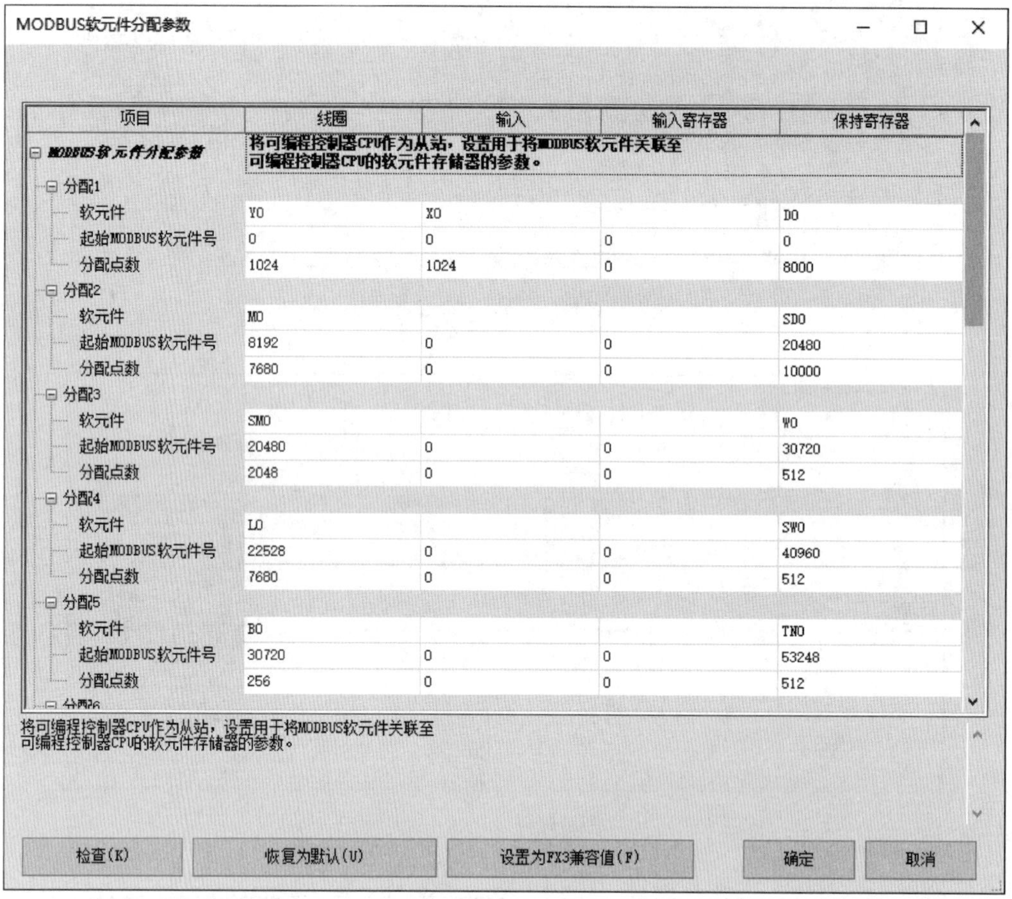

MODBUS软元件分配参数

项目	线圈	输入	输入寄存器	保持寄存器
MODBUS软元件分配参数	将可编程控制器CPU作为从站，设置用于将MODBUS软元件关联至可编程控制器CPU的软元件存储器的参数。			
分配1				
软元件	Y0	X0		D0
起始MODBUS软元件号	0	0	0	0
分配点数	1024	1024	0	8000
分配2				
软元件	M0			SD0
起始MODBUS软元件号	8192	0	0	20480
分配点数	7680	0	0	10000
分配3				
软元件	SM0			W0
起始MODBUS软元件号	20480	0	0	30720
分配点数	2048	0	0	512
分配4				
软元件	L0			SW0
起始MODBUS软元件号	22528	0	0	40960
分配点数	7680	0	0	512
分配5				
软元件	B0			TN0
起始MODBUS软元件号	30720	0	0	53248
分配点数	256	0	0	512

将可编程控制器CPU作为从站，设置用于将MODBUS软元件关联至可编程控制器CPU的软元件存储器的参数。

检查(K)　恢复为默认(U)　设置为FX3兼容值(F)　确定　取消

图 4-84 从站 MODBUS 软元件地址分配

5. 通信协议支持功能指令（SP.ECPRTCL）

（1）SP.ECPRTCL 指令的使用要素　SP.ECPRTCL 指令的名称、功能、操作数等使用要素见表 4-55。

（2）SP.ECPRTCL 指令的程序表示　SP.ECPRTCL 指令的程序表示见表 4-56。

6. 应用举例

2 台 FX5U PLC 之间的 MODBUS/TCP 通信。现有 2 台 FX5U PLC，要求：在主站第 1 次按下按钮时从站控制的指示灯以 1s 周期闪烁，第 2 次按下按钮时指示灯变为常亮，第 3 次按下按钮时，指示灯熄灭；在从站按下正转起动按钮时，主站控制的电动机正向运行，按下反转起动按钮时，主站控制的电动机反向运行，在运行过程中按下停止按钮或发生过载故障，电动机立即停止运行。

表 4-55　SP.ECPRTCL 指令的使用要素

<table>
<tr><th rowspan="2">名称</th><th rowspan="2">助记符</th><th rowspan="2">功能</th><th colspan="5">操作数</th></tr>
<tr><th>(U)</th><th>(s1)</th><th>(s2)</th><th>(s3)</th><th>(d)</th></tr>
<tr><td>通信协议支持功能</td><td>SP.ECPRTCL</td><td>执行工程工具中登录的协议。使用（s1）中指定的连接后，执行的协议取决于（s3）中指定的软元件及以后的控制数据。1 次指令执行中，连续执行（s2）中指定的协议数（最大 8）
执行的协议数存储到（s3）+0（执行数结果）中
SP.ECPRTCL 指令完成的确认可通过完成软元件（d）+0 以及（d）+1 进行
• 完成软元件（d）+0：通过 SP.ECPRTCL 指令完成的扫描的 END 处理置为 ON，通过下一个 END 处理置为 OFF
• 完成软元件（d）+1：根据 SP.ECPRTCL 指令完成时的状态置为 ON 或 OFF</td><td>虚拟（应输入字符串“‘U0’”）</td><td>连接编号
范围：1 ～ 8</td><td>连续执行的协议数
范围：1 ～ 8</td><td>存储控制数据的软元件起始编号</td><td>指令结束时，1 个扫描为 ON 的软元件起始编号
异常完成时（d）+1 也变为 ON</td></tr>
</table>

注：操作数可使用的软元件，(U)：$；(s1)、(s2)：常数 K、H，位元件 X、Y、M、L、SM、F、B、SB、S，字元件 T、ST、C、D、W、SD、SW、R；(s3)：位元件 X、Y、M、L、SM、F、B、SB、S，字元件 T、ST、C、D、W、SD、SW、R；(d)：位元件 X、Y、M、L、SM、F、B、SB、S，字元件 D、W、SD、SW、R 的位指定。其中控制数据软元件（s3）+0 ～（s3）+17 的详细内容，请参照 MELSEC iQ-F FX5 用户手册（以太网通信篇）。

表 4-56　SP.ECPRTCL 指令程序表示

名称	梯形图表示	FBD/LD 表示	ST 表示
通信协议支持功能	SP.ECPRTCL (U) (s1) (s2) (s3) (d)	SP_ECPRTCL：EN、U0、s1、s2、s3 → ENO、d	ENO:=SP_ECPRTCL (EN，U0，s1，s2，s3，d);

（1）I/O 分配　2 台 FX5U PLC MODBUS/TCP 通信的 I/O 分配见表 4-57。

（2）设置主站参数、编辑梯形图　使用 GX Works3 编程软件，按照图 4-75 ～图 4-78 设置主站通信参数，不同的是在进行协议设置协议名选择时，协议名分别选择 02、06，然后根据控制要求编辑主站梯形图程序，如图 4-85 所示。

表 4-57　2 台 FX5U PLC MODBUS/TCP 通信 I/O 分配表

信号类型	主站			从站		
	设备名称	符号	软元件编号	设备名称	符号	软元件编号
输入	起动按钮	SB	X0	正转起动按钮	SB1	X0
	热继电器	FR	X1	反转起动按钮	SB2	X1
				停止按钮	SB3	X2
输出	正转控制接触器	KM1	Y0	指示灯	HL	Y0
	反转控制接触器	KM2	Y1			

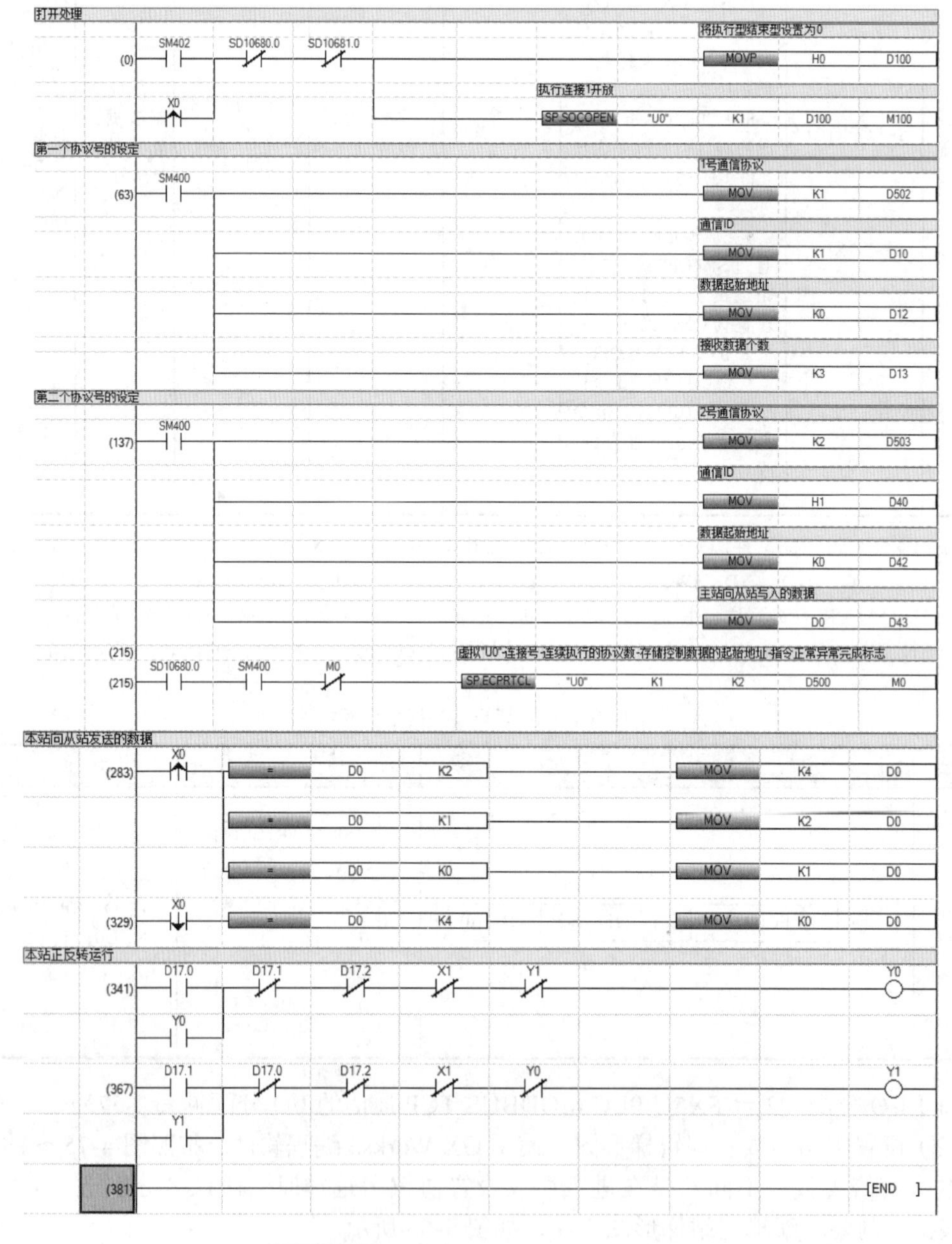

图 4-85　MODBUS/TCP 通信主站梯形图

（3）设置从站参数、编辑梯形图　使用 GX Works3 编程软件，按照图 4-82 ～图 4-84 设置从站通信参数，然后根据控制要求编辑从站梯形图程序，如图 4-86 所示。

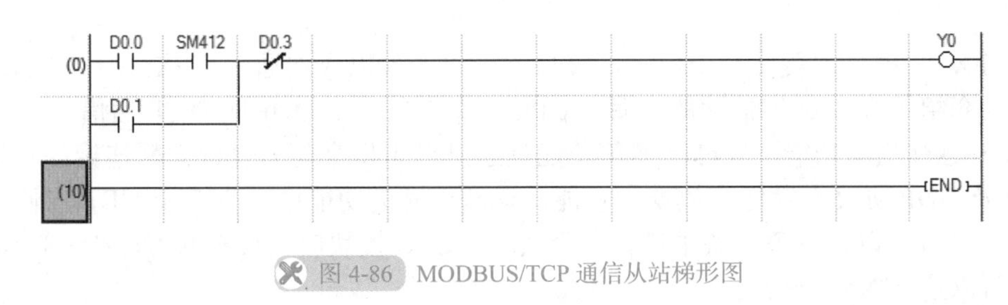

图 4-86　MODBUS/TCP 通信从站梯形图

六、任务总结

本任务以 2 台 FX5U PLC 之间的 Socket 通信为载体，主要介绍了 FX5U PLC 基于以太网的 Socket 通信功能、简单 CPU 通信功能、MODBUS/TCP 通信的指令、参数设置及编程。在此基础上分析了 2 台 FX5U PLC 之间的 TCP 协议通信控制程序的编制、程序写入及调试运行，达成会组建 FX5U PLC 以太网通信网络、参数设置、编程及调试运行的目标。

梳理与总结

本项目通过三相异步电动机变频调速正反向运行的 PLC 控制、3 台 FX5U PLC 之间的简易 PLC 间链接通信及 2 台 FX5U PLC 之间的 Socket 通信 3 个任务的学习与实践，达成掌握 FX5U PLC 模拟量控制与通信功能实现的编程及应用。

1）FX5U PLC 基本单元除了可以实现开关量（数字量）控制外，还可以处理 2 通道模拟量输入、1 通道模拟量输出，另外 FX5U PLC 也可以通过扩展模拟量输入 / 输出适配器或模拟量输入 / 输出模块进行模拟量控制，模拟量输入 / 输出适配器连接在 PLC 基本单元的左侧，且最多只能连接 4 台，其模拟量控制是通过参数设置和特殊寄存器编程实现的，而模拟量输入 / 输出模块连接于 PLC 基本单元的右侧，最多不超过 8 台，其模拟量控制也是通过参数设置和特殊寄存器编程实现的。

2）FX5U PLC 内置了 RS–485 接口，可以实现串行通信，也可以通过扩展 RS–485 通信适配器进行。常用的串行通信有简易 PLC 间链接通信、并列链接通信、MODBUS_RTU 通信、变频器通信等。

① 简易 PLC 间链接通信。最多 8 台 FX5U PLC 组成分布式系统，其中 1 台为主站（任意一台均可设置为主站），另外 7 台为从站。组网时，将各 FX5U PLC 内置的 RS–485 接口的通信数据端进行串行连接，然后通过 GX Works3 编程软件设置各站通信参数，通过分配相应范围内的共享位元件和字元件，实现通信联网的目的。

② 并列链接通信。2 台 FX5U PLC 组成分布式系统，其中 1 台为主站（任意一台均可设置为主站），另外 1 台为从站。若 2 台 PLC 之间采用普通并列链接模式时，则主站和从站之间通过 100 点内部继电器和 10 点数据寄存器来完成数据传输和共享；若采用高速并列链接模式时，则主站和从站之间通过 2 点数据寄存器来完成数据传输和共享。

③ MODBUS_RTU 通信。FX5 的 MODBUS 串行通信功能通过 1 台主站，在 RS–485

通信时可控制32个从站，在RS-232C通信时可控制1个从站。FX5的主站功能中，使用ADPRW指令与从站进行通信，从站功能通过与主站之间的通信，依照对应的功能代码进行动作。

3）FX5U PLC内置了一个以太网接口，可以实现以太网通信，FX5U PLC的以太网通信主要介绍了Socket通信功能、简单CPU通信功能和MODBUS/TCP通信。

① Socket通信功能。Socket通信功能是通过专用指令与通过以太网连接的对象设备以TCP及UDP协议收发任意数据的功能。Socket通信功能中，TCP及UDP均使用识别通信的端口号，以在对象设备中进行多个通信。CPU模块时可以连接No.1 ～ 8，以太网模块时可以连接No.1 ～ 32。

② 简单CPU通信功能。使用GX Works3编程软件对CPU模块进行简单的参数设置，就能在指定时间与指定软元件进行数据收发的功能。以1∶1的方式设置通信对象（传送源）和通信对象（传送目标），在指定的通信对象之间进行数据的收发。最多可以连接16台FX5U/FX5UC CPU模块。

③ MODBUS/TCP通信。使用FX5的MODBUS/TCP通信功能时，可与将FX5作为从站并通过以太网连接的各种MODBUS/TCP主站设备进行通信。FX5的主站使用通信协议支持功能进行主站与从站的通信。执行通信协议支持功能的CPU模块是主站。FX5的从站自动响应，通过与主站之间的通信，依照对应的功能代码进行动作。

一、填空题

1. FX5U PLC内置了模拟量输入输出端口，它是________模拟量输入和________模拟量输出、分辨率为________位二进制的模拟量输入输出。模拟量输入、输出信号均只能是________，范围是________。

2. FX5-4AD-ADP将接收的4通道模拟量________或________转换为________的数字量，并保存在规定的________。

3. 对于FX5U PLC，在其________侧最多可以连接________台FX5-4AD-ADP（包括其他适配器）。

4. FX5-4DA-ADP连接在FX5U PLC的________侧，它将来自PLC的________通道的数字值转换成________（电压/电流）。

5. 在数据信息通信时，按同时传送的数据位数可以分为________和________。

6. 串行通信的连接方式有________、________和________三种。

7. FX5U PLC在进行简易PLC间链接通信时，主站的站点号只能设置为________，从站站点号依次设置为________到________，从站数最小________，最大________。

8. FX5U PLC简易PLC间链接通信的刷新模式有________、________、________3种。

9. FX5U PLC并列链接通信有________、________两种模式，它们链接的内部继电器分别为________和________点，数据寄存器分别为________和________点。

10. FX5U PLC基于RS-485串口的MODBUS串行通信有________和MODBUS_ASCⅡ两种，MODBUS串行通信时，主站通过________指令与从站之间进行数据传送，这种方式称为________通信方式。

11. FX5U PLC上集成了一个以太网接口，利用此接口基于以太网通信的主要有________、________和________通信，其中________，只需用GX Works3编程软件对CPU模块进行简单的参数设置，不需要编写通信程序就能在指定时间与指定元件进行数据的收发。

12. FX5U PLC 基于以太网的 Socket 通信，其以太网功能内置用指令有________、________、________、________和________。

13. FX5U PLC 在进行 MODBUS/TCP 通信时，FX5 的________使用通信协议支持功能进行主站与从站的通信。FX5 的从站________，通过与主站之间的通信，依照对应的________进行动作。

14. FX5U PLC 的 Socket 通信功能是通过________与通过________对象设备以________及________协议收发任意数据的功能。Socket 通信功能中，________及________均使用识别通信的端口号，以在对象设备中进行多个通信。CPU 模块时可以连接 No.________，以太网模块时可以连接 No.________。

二、判断题

1. FX5U PLC 上集成了 2 通道模拟量输入、1 通道模拟量输出，模拟量信号可以是电压也可以是电流。（　　）

2. FX5U PLC 上集成了 1 通道模拟量输入、2 通道模拟量输出，模拟量信号只能是电流。（　　）

3. FX5U-4AD-ADP 是将 4 通道模拟量输入转换为数字量的模拟量输入模块。（　　）

4. FX5U-4AD-ADP 适配器可将接收 4 通道模拟量输入（电压或电流）转换成 14 位二进制的数字量。（　　）

5. FX5U-4DA-ADP 模块将输出 4 通道模拟量（电压或电流）。（　　）

6. FX5U PLC 基本单元右侧最多可以连接 8 台特殊功能模块。（　　）

7. FX5U PLC 基本单元左边最多可以连接 4 台适配器。（　　）

8. FX5U-4AD-ADP 适配器将模拟量转换为数字量值，是通过参数设置实现的。（　　）

9. 通信按数据发送的方式不同可分为并行通信与串行通信两种。（　　）

10. 串行通信的连接方式有单工方式、全双工方式两种。（　　）

11. 在组建简单 PLC 间链接通信网络时，只要在 GX Works3 编程软件上设置主站的通信参数，从站不需要设置。（　　）

12. FX5U PLC 并列链接通信的普通并列链接模式链接软元件的范围：内部继电器 100 点，数据寄存器 10 点。（　　）

13. FX5U PLC MODBUS 通信只能通过 RS-485 串口实现。（　　）

14. FX5U PLC 基于以太网的 Socket 通信功能有 TCP 和 UDP 两种通信协议。（　　）

15. FX5U PLC 基于以太网的简单 CPU 通信是以 1∶1 的方式设置通信对象（传送源）和通信对象（传送目标），在指定的通信对象之间进行数据的收发。（　　）

16. 2 台 FX5U PLC 在进行 Socket 通信时，它们的 IP 地址必须在同一网段内，但不能相同，端口号可以相同。（　　）

17. FX5U PLC 基于以太网的 MODBUS/TCP 通信是双向的。（　　）

18. FX5U PLC 执行的 MODBUS 通信只能使用串行通信。（　　）

三、单项选择题

1. FX5U PLC 内置的模拟量输入输出单元电压输入时，输入信号的范围为（　　）。

A. DC 0 ～ 24V　　B. DC 0 ～ 5V　　C. DC 0 ～ 12V　　D. DC 0 ～ 10V

2. FX5U PLC 内置的模拟量输入输出单元电流输出时，输出信号的范围为（　　）。

A. DC 0 ～ 10mA　　B. DC 4 ～ 10mA　　C. DC 0 ～ 20mA　　D. DC 4 ～ 20mA

3. FX5U PLC 简易 PLC 链接通信中，刷新范围模式 0 主站用于通信的共享数据寄存器有（　　）点。

A. 4　　B. 8　　C. 6　　D. 32

4. 在 FX5U PLC 简易 PLC 链接通信中，主从站的总数最多（　　）台。

A. 8　　B. 16　　C. 7　　D. 2

5. FX5U PLC 简易 PLC 链接通信采用 FX5-485-BD 通信板和专用通信电缆进行连接，最大有效通信距离是（　　）。

A. 15m　　B. 20m　　C. 50m　　D. 1200m

6. 在FX5U PLC简易PLC链接通信中，当主站发生数据传送序列错误时置ON的特殊继电器是（　　）。

A. SM9041　　B. SM9042　　C. SM9040　　D. SM9043

7. 在FX5U PLC并列链接通信中，其通信方式为（　　）。

A. 全双工　　B. 半双工，双向　　C. 半双工，单向　　D. 单工

8. FX5U PLC基于以太网的通信，只需通过编程软件进行参数设置，不需要编写通信程序即可以进行数据收发的通信是（　　）。

A. TCP　　B. UDP　　C. MODBUS/TCP　　D. 简单CPU通信

9. FX5U PLC MODBUS串行通信在设置好通信参数后，编程时主要是在主站用（　　）指令与从站之间进行数据的读取和写入。

A. SP.SOCOPEN　　B. ADPRW　　C. SP.SOCSND　　D. SP.SOCRCV

10. FX5U PLC基于以太网的Socket通信在设置通信参数后，编程时客户端（主站）向服务器（从站）发送数据的指令是（　　）。

A. SP.SOCCLOSE　　B. SP.SOCRCV　　C. SP.SOCSND　　D. SP.SOCOPEN

11. FX5U PLC Socket通信功能通过专用指令与通过以太网连接的对象设备以TCP及UDP协议收发任意数据的功能。当采用以太网模块时，最多可以连接（　　）台。

A. 8　　B. 32　　C. 16　　D. 2

12. FX5U PLC简单CPU通信功能。以1:1的方式设置通信对象（传送源）和通信对象（传送目标），在指定的通信对象之间进行数据的收发。对于FX5U/FX5UC CPU模块最多可以链接（　　）台。

A. 2　　B. 32　　C. 16　　D. 8

四、简答题

1. FX5U PLC通信方式有哪几种？

2. 查阅相关资料回答FX5U PLC模拟量模块有哪几种？

3. FX5U PLC使用并列链接通信时，2台PLC之间是如何交换数据的？

4. FX5U PLC采用简单CPU通信时，3台PLC之间是如何交换数据的？

五、程序设计题

1. 某自动化流水线传送带系统由1台FX5U PLC控制，调试时要求：按下调试按钮SB，传送带驱动三相异步电动机分别以40Hz、30Hz、20Hz频率正向运行30s、20s、10s后，自动停止，正向运行过程中绿灯HL以1Hz频率闪烁；再次按下调试按钮SB，传送带驱动三相异步电动机分别以40Hz、30Hz、20Hz频率反向运行30s、20s、10s后，自动停止，反向运行绿灯HL以2.5Hz频率闪烁。试绘制PLC控制I/O接线图并编制梯形图。

2. 在4台FX5U PLC构成的简易PLC间链接通信中，要求所有各站的输出信号Y0～Y7和数据寄存器D100～D107共享，各站都将这些信号保存在各自的内部继电器和数据寄存器中，试设计通信程序。

3. 在2台FX5U PLC中，采用并列链接通信实现以下功能。

1）主站中数据寄存器D0每5s自动加1，D2每10s自动加1。

2）主站输入继电器X0～X7的ON/OFF状态输出到从站的Y0～Y7。

3）当主站计算结果（D0+D2）<200，从站的Y10变为ON。

4）当主站计算结果（D0+D2）=200，从站的Y11变为ON。

5）当主站计算结果（D0+D2）>200，从站的Y12变为ON。

6）从站中X0～X7的ON/OFF状态输出到主站的Y0～Y7。

7）主站D10的值用来作为从站计数器C0设定值的间接设定，该值等于K100，用于从站中每秒1次的计数。

4. 2台FX5U PLC之间进行MODBUS_RTU通信。控制要求：在PLC_1上按下起动按钮，PLC_2

控制的 8 盏灯按正序每隔 1s 两两轮流点亮（HL1、HL2 → HL3、HL4 → HL5、HL6 → HL7、HL8），并不断循环，若按下停止按钮灯立即熄灭；在 PLC_2 上按下起动按钮，PLC_1 控制的 8 盏灯按反序每隔 1s 两两轮流点亮（HL8、HL7 → HL6、HL5 → HL4、HL3 → HL2、HL1），并不断循环，若按下停止按钮灯立即熄灭。试绘制 I/O 接线图并编写程序。若采用 MODBUS/TCP 通信，试绘制 I/O 接线图并编写程序。

5. 2 台 FX5U PLC 之间进行以太网通信。在 PLC_1 上按下起动按钮，PLC_2 控制的三相异步电动机以Y－△减压起动，起动的时间 10s 在 PLC_1 上设置，进入运行状态后，在 PLC_1 上按下停止按钮，PLC_2 控制的电动机停止，PLC_2 上正反转起动按钮、停止按钮分别控制 PLC_1 上的三相异步电动机进行正反转运行及停止。试绘制 I/O 接线图并编写程序。

参考文献

[1] 王烈准 .FX3U 系列 PLC 应用技术项目教程 [M] . 北京：机械工业出版社，2021.

[2] 王烈准 . 可编程序控制器技术及应用 [M] .2 版 . 北京：机械工业出版社，2023.

[3] 姚晓宁 . 三菱 FX5UPLC 编程及应用 [M] . 北京：机械工业出版社，2021.

[4] 严伟，胡国珍，胡学明 . 三菱 FX5U PLC 编程一本通 [M] . 北京：化学工业出版社，2022.

[5] 向晓汉 . 三菱 FX5U PLC 编程从入门到精通 [M] . 北京：化学工业出版社，2021.

[6] 刘建春 .PLC 原理及应用（三菱 FX5U）[M] . 北京：电子工业出版社，2021.

[7] 李林涛 . 三菱 FX3U/5U PLC 从入门到精通 [M] . 北京：机械工业出版社，2022.

[8] 李林涛 .PLC 应用技术（FX5U 系列）[M] . 北京：北京理工大学出版社，2022.